水利类专业认证十周年学术研讨会

论文集

中国工程教育专业认证协会水利类专业认证委员会 编

中国水利水电出版社
www.waterpub.com.cn
·北京·

内 容 提 要

本书为2017年7月下旬在大连召开的全国水利类专业认证十周年学术研讨会论文集。其主要内容有：①有关认证方面的总论，包括对10年来水利类专业认证工作的梳理总结、水利高等教育发展历程和教材建设工作的历史回顾；②认证与专业建设方面，包括以认证引领开展专业课程体系改革、师资队伍建设和认证教材建设规划等；③认证与教育教学改革方面，主要涉及认证促进人才培养模式改革和教育教学方式改革；④认证理念与实践方面，包括对认证理念的理解，对培养目标、毕业要求、课程目标达成的评价以及与认证相关的教学管理等。论文集还给出5个附录，包括水利类专业办学点的设置、已开展认证的水利类专业点、水利类专业认证10年大事记以及最新的认证标准等。该书对于今后做好专业认证工作和教育教学改革具有重要参考价值。

图书在版编目（CIP）数据

水利类专业认证十周年学术研讨会论文集 / 中国工程教育专业认证协会水利类专业认证委员会编. -- 北京 : 中国水利水电出版社, 2018.1
ISBN 978-7-5170-6285-1

Ⅰ. ①水… Ⅱ. ①中… Ⅲ. ①水利工程－专业－认证－中国－文集 Ⅳ. ①TV-53

中国版本图书馆CIP数据核字(2018)第014012号

书 名	**水利类专业认证十周年学术研讨会论文集** SHUILILEI ZHUANYE RENZHENG SHI ZHOUNIAN XUESHU YANTAOHUI LUNWENJI
作 者	中国工程教育专业认证协会水利类专业认证委员会 编
出版发行	中国水利水电出版社 （北京市海淀区玉渊潭南路1号D座 100038） 网址：www.waterpub.com.cn E-mail：sales@waterpub.com.cn 电话：（010）68367658（营销中心）
经 售	北京科水图书销售中心（零售） 电话：（010）88383994、63202643、68545874 全国各地新华书店和相关出版物销售网点
排 版	中国水利水电出版社微机排版中心
印 刷	北京市密东印刷有限公司
规 格	210mm×285mm 16开本 18.5印张 560千字
版 次	2018年1月第1版 2018年1月第1次印刷
印 数	0001—1200册
定 价	**86.00**元

《水利类专业认证十周年学术研讨会论文集》

做好工程教育认证　撬动专业质量提升

代　序

“我们对高等教育的需要比以往任何时候都更加迫切，对科学知识和卓越人才的渴求比以往任何时候都更加强烈”。对于水利类人才培养更是如此。纵览中华民族五千年历史，为政之要，其枢在水；治水之要，唯在得人。

10年前，教育部本着相关国计民生、国家安全和人身安全优先的原则，先期在10个专业领域启动了全国工程教育专业认证试点工作，水利类专业即在其中。

10年来，按照推动改革、提高质量、加强衔接、推进互认的总体目标，水利类专业认证工作与全国各试点专业领域认证工作一起，稳扎稳打、扎实推进，从无到有、不断壮大，先后经历了试点工作组、分委员会、专业类认证委员会等几个不同发展阶段。2011年起，中国水利学会承担水利类专业认证委员会秘书处工作，使得水利类专业认证组织机构更加健全，组织工作更加有力。认证专业从原来的水文与水资源工程一个，扩大到如今涵盖水文与水资源工程、水利水电工程、港口航道与海岸工程、农业水利工程4个专业。认证专业点数量从原来的每年两个，扩大到如今的每年20个左右。截至2017年年底，已认证了32所高校的45个水利类专业，认证规模不断扩大，社会影响显著增强。

10年来，我们按照国际实质等效的目标，积极完善体系，努力提高质量，水利类专业认证在其中发挥了重要作用。先后承担了标准研制、程序完善、文件修订等大量试点性、基础性工作，为我国工程教育认证体系的建立和完善作出了积极贡献。建设了一支近百位专家组成的认证专家队伍，探索了一套行之有效的认证专家培训与管理机制，在认证工作中发挥了关键作用。

今天，我们经过十年发展，建立了成熟完善的工程教育专业认证体系，成为《华盛顿协议》正式成员，专业认证站在了新的历史起点。在全国上下深入学习贯彻十九大精神，加快推进双一流，实现高等教育内涵发展的大背景下，面对《中国制造2025》和“一带一路”国家倡议，以及当前水利行业面临着的良好发展机遇，工程教育认证被赋予了更多的意义，作用更加凸显，已经成为了国家推进改革、提高质量的一面旗帜和重要抓手。

百尺竿头，更进一步。非常欣喜地看到，即将付梓的《水利类专业认证十周年学术研讨会论文集》，以专业建设、教育教学改革和教育教学管理的丰硕成果，展示了专业认证推进教育质量提高的积极作用。希望水利类专业认证在今后的工作中，进一步加强标准研究、队伍建设和组织管理，探索出更多新的、有益的工作方法和路子，为整个工程教育专业认证工作和国家工程教育改革作出更大的贡献。也相信水利类专业认证工作在水利部的支持下，在水利类专业认证委员会的具体组织与水利教指委和水利学会等学会、协会的积极参与下，必将迈上新的、更高的台阶。

大禹治水，三过家门而不入，凭借的就是对事业的执着和认真。认证即认真，今天的我们，做好人才培养，做好专业认证，仍然需要这份坚持和认真。

教育部高等教育教学评估中心副主任

中国工程教育专业认证协会副秘书长

周爱军

2017年12月

前言

为提高工程教育质量，建立具有国际实质等效性的工程教育质量保障体系，我国于2006年启动工程教育专业认证试点工作。2007年，水利类专业启动认证，设立了试点工作组，并对水文与水资源工程专业开始实施认证。2011年，水利类专业认证委员会获批成立，秘书处设在中国水利学会。水利类认证专业先后扩充水利水电工程、港口航道与海岸工程以及农业水利工程3个专业，认证的规模从最初一年两个专业点扩大到2017年16个专业点。截至2016年年末，水利类专业已通过认证28所高校的38个专业点（其中水文与水资源工程专业点12个、水利水电工程专业点14个、港口航道与海岸工程专业点6个、农业水利工程专业点6个），入校考查46次。包括河海大学、武汉大学、长沙理工大学等高校的水文专业和港航专业的8个专业点（水文专业7个、港航专业1个）已进行过第二轮认证。

认证实践表明，认证体系建设的关键是认证标准的制定与认证专家队伍的建设。目前，2015版的认证标准较好地体现了以学生为中心、产出导向和持续改进的认证核心理念，得到认证专家与学校的普遍认同，也得到《华盛顿协议》组织的肯定与接受。在这一过程中，水利类专业认证委员会承担了许多试点性、基础性工作，经历了专业认证体系从无到有、从不成熟到成熟的创建过程，走过了中国从《华盛顿协议》的学习者逐渐成长为正式成员的十年历程，并在此项工作开展的过程中发挥着探索者和先行者的作用，为我国工程教育认证体系的构建和发展做出了贡献。水利类专业认证委员会还在先后制定4个专业补充标准的基础上，于2012年制定了4个专业统一在一起的补充标准，基本满足了这几年认证的需要。

十年来，水利类专业认证委员会一直重视加强认证专家队伍建设。在学会、协会、教指委和有关学校的支持下，先后有百余位专家参加认证，目前，已形成了一支由80多名专家组成的认证团队。为了保证认证质量，委员会十分重视专家培训，除了积极推荐专家参加认证协会组织的培训外，还自行组织了多次研讨培训，并在结论审查会上针对具体问题展开讨论，有效提高了对认证专业存在问题的正确判定。认证专家们积极参加培训，认真审查自评报告，严格按标准进行考查，并以高度的责任感完成认证报告，有效地推动认证专业深化教育教学改革，提高教育质量。

随着专业认证工作的深入展开，越来越多的学校与水利类专业认识到认证是推动专业提高教育质量的有效途径、毕业生质量保证的可靠标志，大多能以积极的姿态申请认证，并在撰写自评报告的同时对照标准改进教学与教学管理，在认证后，针对存在的问题积极整改。在这一过程中，也就在提高教育质量上取得了经验与成果。鉴于专业认证的终极目标是按标准保证教育质量，中国水利学会、高等学校水利类专业教指委与水利类专业认证委员会共同决定，在水利类专业认证十年之际，组织举行以“专业认证促进人才培养”为主题的学术研讨会，于2017年7月在大连顺利召开。会议得到各学校、专业与认证专家的积极响应，共收到论文50篇，会后经过相关专家审查，作者进一步修订补充完善后，现全部收录在本论文集中。本论文集所收编的这些论文从修订人才培养方案、改革人才培养模式、调整课程设置、加强青年教师培养、改革实践教学体系、修编与毕业要求相适应的教材以及如何修订培养目标与毕业要求、开展毕业要求达成度评价等多方面总结了由认证带来的变化与经验，佐证了认证推动教育质量的提高，有力提升了进一步做好认证工作的信心与决心。

从最初的认证试点，到2016年正式加入《华盛顿协议》，认证实践时间较短，积累经验不多，而且2015年的认证标准才执行了两年，因此，无论是认证组织与专家，还是申请认证的学校与专业，都还需要进一步深入学习、深化理解、深刻掌握认证相关理念和做法，在实践基础上不断提高认证评估工作水平，促进人才培养质量的持续提高。

“人是科技创新最关键的因素，创新的事业呼唤创新的人材；创新驱动实质上是人才驱动。”我们有理由相信，我国的工程人才培养将以加入《华盛顿协议》为契机，为创新驱动发展提供更加充分的人才和智力支撑。中国水利学会及水利类专业认证委员会、高等学校水利类专业教指委将在教育部和中国科协领导下，在中国工程教育专业认证协会的支持下，推动水利类专业认证迈上一个新的台阶，为创新型工程人才培养做出新贡献。

本论文集正式出版得到了河海大学、武汉大学、四川大学和华北水利水电大学出版经费的支持，在此请允许我代表编委会和水利类专业认证委员会，对他们表示衷心的感谢。此外，也对中国水利水电出版社的鼎力支持致谢。

水利类专业认证委员会主任委员

姜弘道

2017年12月16日

目　录 CONTENTS

代序
前言

总　论

专业认证——提高本科教育质量的有效途径 …… 姜弘道（3）
我国水利类本科专业十年认证试点的实践与探索 …… 陈元芳　李贵宝　姜弘道　李国芳（7）
中国近代百年水利教育演变特征及变化趋势分析 …… 李贵宝　李赞堂　韩春辉　左其亭（13）
高等教育水利类专业教材的发展演变及措施建议 …… 王　丽（21）

认证与专业建设

以专业认证为契机全面提升专业建设水平 …… 王瑞骏　李晓娜　任　杰（27）
依托工程教育认证　推动水文与水资源工程专业可持续发展的实践与改革 …… 覃光华　李渭新　梁　川（31）
以专业认证理念推动农业水利工程专业建设 …… 王修贵　夏富洲　伍靖伟（35）
水利水电工程本科专业课程体系的构建 …… 张庆华　刘传孝（40）
专业认证和大类招生背景下的水利水电工程专业课程体系改革 …… 苏　凯　肖　宜　何金平　严　鹏（44）
构建以OBE为导向的水文与水资源工程专业课程体系 …… 卞建民　辛　欣　杜新强　鲍新华　冯　波　方　樟（53）
以工程教育认证标准促进水文与水资源工程专业课程体系改革的思考——以中国地质大学（北京）为例 …… 高　冰　武　雄　李占玲（59）
基于OBE的课程教学体系、教学模式及学习评价构建与实践 …… 包　耘（63）
高校水文与水资源工程专业本科实践教学体系构建研究 …… 卞建民　方　樟　鲍新华　冯　波　辛　欣（71）
协同融合　学创一体的水利水电工程专业实践模式改革与创新 …… 李艳玲　张立勇　费文平（76）
基于虚拟仿真实验教学平台的水利水能规划实验教学 …… 魏　娜　解建仓　罗军刚　汪　妮（81）
“本硕协同”开放式学习平台在边疆地方院校本科生创新能力培养中的应用 …… 邱　勇　龚爱民（87）
从“三关”谈青年教师教学创新培养模式 …… 白　涛　黄　强　王义民（92）
工程教育认证背景下高校青年教师创新能力提升策略探究 …… 李明伟　耿　敬　胡振红　周素莲（96）
水利类本科生教育国际化中教材建设问题浅析 …… 陈　达　江朝华　庄　宁　廖迎娣　欧阳峰（101）
解决复杂工程问题能力的培养与水利类专业教材建设问题 …… 顾圣平（105）

水利类专业环境知识课程设置和认证背景下教材建设的调查分析及思考
…………………………………… 陈元芳　张　薇　关　蕾　陈文琪　胡　明　任　黎（110）

认证与教育教学改革

基于OBE的水利人才培养模式改革与实践 ……………………………… 刘　超　陈建康（117）
农工交融　知行合一：农业院校水利类专业卓越人才培养体系构建与实践
………………………………………………………… 李云开　刘　浏　袁林娟（122）
基于成果导向教育　构建复合应用型水利人才培养体系的实践 ………………… 龚爱民　邱　勇（130）
国际化工程教育背景下的水利类人才培养模式研究与实践 ………………… 韩菊红　程红强（137）
工程教育和创新创业教育背景下人才培养方案修订与思考
——以西北农林科技大学水利类专业为例 ………………………… 李宗利　杨彦勤　胡笑涛（142）
专业认证背景下的面向旱区的水文与水资源工程专业人才培养模式探索
……………………………………………… 宋孝玉　沈　冰　黄　强　黄领梅　张建丰（147）
通过工程教育专业认证后水利人才培养模式的思考 …………………………… 纳学梅　付俊峰（152）
基于专业认证理念的学生工程意识培养 ……………………… 孟静静　宋孝玉　李　涛　张建丰（156）
坚持以学生为中心　开展人才培养工作 ……………………………… 汪　宏　全　凤　刘为民（161）
大学生创新创业教育教学方法与专业认证的实践与思考 …… 覃　源　张鲜维　薛　文　王瑞骏（166）
农业水利工程专业毕业设计质量提升方法探究 ……………………… 朱红艳　费良军　聂卫波（169）
基于工程教育专业认证的农业水利工程专业教育教学改进与实践
…………………………………………………… 仇锦先　陈　平　程吉林　吉庆丰（174）
基于成果导向的课程教学设计、评价与持续改进方法研究与实践
——以“水文学原理”为例 ……………………… 董晓华　刘　冀　陈　敏　薄会娟　马海波（182）

认证理念与实践

水文职业要求与工程教育浅析 ………………………………………………………………… 张建新（191）
关于水利类工程教育认证工作的认识 ………………………………………………………… 姜广斌（196）
武汉大学水文与水资源工程专业认证10年 ……… 陈　华　梅亚东　张利平　刘　攀　吴云芳（201）
工程教育专业认证背景下的培养目标合理性评价
——以华北水利水电大学水文与水资源工程专业为例 ………………… 臧红飞　王文川　马明卫（205）
对工程教育认证中毕业要求的探讨 ……………………………………… 李　淼　汤　骅　李　刚（210）
基于OBE理念的水文与水资源工程专业人才培养探索 ……………… 王文川　徐冬梅　邱　林（214）
面向工程教育专业认证的课程教学产出评价
——以水文专业“运筹学”课程为例 ……………………… 马明卫　王文川　臧红飞　万　芳（218）
工程教育认证中教学质量监控机制的建设与实践 …………… 李占玲　武　雄　沈　晔　高　冰（223）
工程教育专业认证中选修课与培养目标达成度的几点思考 ………………………… 王慧亮　管新建（227）
以专业认证为导向的教学档案分类管理方法 ………………………………………… 李圆圆　李道西（231）
符合工程教育认证标准的课程教学大纲编制要领探讨 ……… 贺　晖　陈　杰　蒋中明　谢树春（235）
工程教育专业认证背景下毕业设计教学管理模式探讨 ………………… 张继勋　蔡付林　顾圣平（242）
基于工程专业认证标准的专业人才培养方案修订实践
——以河北农业大学农业水利工程专业为例 ……………… 夏　辉　冯利军　刘宏权　郗志红（246）
持续改进理念及机制在人才培养中的实际应用 ……………… 何文社　虞庐松　蔺鹏臻　孙　文（252）

推进工程教育专业认证的认识与体会
——以华南农业大学水利水电工程专业为例 …………………………… 韦　未　丛沛桐　周浩澜（257）
基于OBE的专业课课堂教学改革与教学质量提升策略的思考 ……… 降亚楠　胡笑涛　张　鑫（261）

附录1　全国开设水利类四个专业的本科高校表 ………………………………………………（267）
附录2　水利类专业认证委员会历年认证专业点状况（2007—2017年） ……………………（268）
附录3　水利类专业认证大事记（2006—2017.12） …………………………………………（269）
附录4　水利类工程教育专业认证进校考查专家信息汇总（2007—2017年） ………………（272）
附录5　2018年实施的工程教育认证标准 ……………………………………………………（277）

总 论

专业认证——提高本科教育质量的有效途径

姜弘道

（中国工程教育专业认证协会水利类专业认证委员会，北京，100053；
河海大学，江苏南京，210024）

摘　要

作者在简要回顾参加我国工程教育专业认证10年经历的基础上，分析提出专业认证是现阶段提高本科教育质量有效途径的几个理由。为了进一步做好以专业认证推进提高教育质量，结合认证实践中所反映出的问题，提出4点建议：总结认证经验，修订专业人才培养方案；修订有关规章制度；抓紧修编教材，以适应认证背景下教学工作的需要；用全面质量管理方法，实现精准化教育教学管理。

关键词

专业认证；提高质量；有效途径；建议

从2006年开始，我参加工程教育专业认证工作，经历了从试点到正式开展，到现在我国已成为《华盛顿协议》正式成员的全过程；也经历了水利类专业认证从2007年开始，一年一个水文与水资源工程专业两个专业点的试点，到现在一年4个专业10余个专业点的开展。认证实践给我的认识与体会是专业认证是现阶段提高本科教育质量的有效途径。

这首先是因为，专业认证以学生（发展）为中心的理念不是停留在纸上，更不是嘴上说说而已，而是实实在在地以学生达成培养目标为顶层，科学地通过系统的、层层递进的认证项目的设计，能对培养目标的达成度及存在的问题作出客观、公正的评价，并通过持续改进的机制，保证由通过认证的专业培养出的学生是满足毕业要求，达成培养目标的。其次，结果/产出导向的理念是以学生（发展）为中心理念的必然引伸。我们看教育质量究竟怎样，归根到底是看毕业的学生“学”得怎样，是从学生“学”得怎样来看学校、教师“教”得怎样。但是，我们质量工程的大量工作，大多是以教师（发展）为中心的，对由于教师发展带来的学生发展关注较少。至于持续改进的理念，是借鉴全面质量管理（TQM）的思想，是其PDCA管理循环中，即计划—执行—检查—处理4个环节中的第4个环节。对教育而言，这个环节强调要建立常态性的评价机制，对培养目标、毕业要求、所有教学环节进行全面的评价，而且每个相关人员均应在持续改进中承担责任，持续改进的效果还是要以学生的表现来评价。

为了进一步做好以专业认证推进提高教育质量，以上述3个理念为指导，结合认证实践中所反映出的问题，有如下4点建议。

1　总结认证经验，修订专业人才培养方案

（1）关于培养目标。制定培养目标要有两点基本认识：工程教育认证是对未来工程师所受专业教育的质量评价，它提供了人才培养与执业工程师制度衔接的“许可证”；当今社会，科技进步对工程师既有共性的要求，不同岗位又都有所侧重。因此，培养目标既要描述学生毕业几年后作为执业工程

师的预期目标，也要描述本专业的优势所在。

（2）关于毕业要求。其关键在于如何把每项毕业要求分解为若干指标点，每个指标点既提出了安排教学内容的具体要求，又可以衡量它的达成对该项毕业要求的效果。可以尝试用逆向设计的思路来实现指标点的分解。即不是从设计到产品，而是从产品到设计。设有能达到预期功能的产品；分析其应有哪些部件组成，各有什么功能；每个部件又是由哪些零件协同工作来实现部件的功能；在上述过程中发现存在的缺陷，用新材料、新工艺、新技术加以改进，获得更好的新产品。

对于分解毕业要求的指标点来说，逆向设计就成为：设有某项本专业的具有复杂工程特点的“产品”（如城市的水资源规划、水工建筑物的设计、灌区的规划、设计与改造方案、水利工程的施工方案，已建工程的管理等）；分析该“产品”由哪些“部件”组成（如大坝的地基、上部结构、水流系统、安全监控等，以及经济评价、生态环境保护、移民方案等），这些“部件”各有什么功能，以及如何生产这些“部件”（如规范的使用、结构与水流的科学计算、模型试验等）；每个“部件”又由具有什么能力与素质的人，应用哪些概念、理论、方法、技术等“生产”出来。把它们当作“零件”逐项列出，按每项“零件”内容分别归入 12 条毕业要求中。对专业毕业生有能力“生产”的各类“产品”都这样做后，将每条毕业要求中所包含的“零件”归并，即得若干指标点；这样的指标点包含了若干“零件”，就能用来安排课程及其必须有的内容。

（3）培养方案的全面性。现行的专业人才培养方案主要有专业简介、培养目标、培养要求（毕业要求）、主干学科、主要课程、毕业学分要求以及指导性教学计划（课程设置）等部分，这并不是完整的人才培养方案。事实上，各学校在努力提高课程教学质量的同时，大力组织开展的课外教育活动，在培养德智体美全面发展的大学生方面起着重要作用，也可以在达成认证标准的毕业要求方面起重要作用。现在，有的学校已将部分教育活动纳入了课程设置，如专业导论、职业规划、就业指导、心理辅导、创新创业教育等，但大部分教育活动并没有纳入培养方案。这就可能使得这些教育活动随机性较强，不够稳定，也不够专业，也就给支撑毕业要求达成造成了不确定性。因此建议，根据培养目标与毕业要求，把必须进行的课程以外的教育活动组织成若干专题，明确每个专题的教学目标、要求、内容，以及专兼职任课教师、教学安排、参考资料、考核方式等，并把这些专题结合在一起成为培养方案的一个重要组成部分。例如下列内容均可考虑作为专题：校史、校风和校训，大学生成长之路，毕业生发展之路，工程与社会，个人与团队，表达能力与终身学习，社会实践与志愿者，等等。

2 修订有关规章制度

学校的规章制度是开展各项教育教学活动的基本依据，因此，修订有关的规章制度，使其能与认证标准相衔接，将有利于专业实现认证标准的各项要求。例如修改或制订：专业人才培养方案的修订办法与要求，关于编制课程教学大纲的要求，将解决复杂工程问题写入有关教学文件（例如毕业设计的规定），关于任课教师的工作规范，关于校、院、系教学管理工作的实施细则，关于企业行业专家参与专业人才培养工作的规定，关于学生课外专题教育活动的规定，关于选修课的规定，等等。

有些规章制度在学校修订后，还需学院制定实施办法，以便实施。

3 抓紧修编教材，以适应认证背景下教学工作的需要

在考查毕业要求达成度时可以发现，常见的问题除了指标点分解得不好，支撑指标点达成的课程选得不好，课程大纲中课程目标、要求并没有反映支撑指标点的内容等以外，还有一个基础性的问题，即课程大纲的目标要求中有支撑指标点的内容，但课程内容中却没有，所选用的教材中也没有相应的内容。解决这个问题比较好的办法是修订教材，使之适应认证背景下教学工作的需要。

从认证的角度来看，目前教材有以下 4 种情况需要修订或新编：

（1）在最新的课程设置中新设的课程，有完全新设或原课程合并新设，无教材可选，需新编。

（2）新设课程有教材可选，但内容不适合专业的需求，需新编。

（3）原有课程有教材，但没有需要新增的内容，或已有内容不完全满足需要，需修订；原有的辅助教材，如毕业设计指示书等，需修订。

（4）部分课外专题教育活动需要有新编教材。

水利教指委与水利类专业认证委员会曾发调查表，了解各校水利类专业在与毕业要求有关的环境问题、解决复杂工程问题、国际视野及跨文化交流问题与涉水法律四方面的课程设置与使用教材情况。

共收到26所学校33份回执调查表，初步统计结果见表1。

表1　水利类教材调查表统计结果分析表

毕业要求相关问题	是否有专门课程		是否有合适教材		建议如何设制课程（包括既集中又分散）	
	有	无	有	不合适或无	集中	分散在各课程
环境问题	22	10	15	17	20	15
解决复杂工程	1	31	1	31	9	24
国际视野及跨文化交流	16	16	9	23	9	21
涉水法律	13	19	7	25	23	9

从以上统计可以看出以下问题：

（1）环境问题。尽管三分之二的学校有专门课程，但有一半以上学校无教材（或教材不合适）。已有的教材，如《水环境保护》《水环境评价》《水环境监测与评价》《环境水利学》《生态水利工程原理与技术》等，有的适合水文水资源专业，不适合其他专业；有的是专著，不适合作为教材。需要指出的是，即使设有专门的环境生态类课程，不少也是选修课，不能保证每个学生均选。

鉴于环境问题对水利类专业的重要性，建议采用既集中又分散的办法设置课程。集中设置环境生态类必修课，如“环境水利”，并在有的课程内增加相关的章节。

（2）解决复杂工程问题。基本上均未开设专门课程，无专门教材，并主张将有关内容分散在相关课程中。问题是需要将水利类专业中“复杂工程问题”的7个特征具体列出来，从而确定在修订教材时，哪门课程需要加强或增加什么内容，把此项要求切实予以落实。有的学校开设讲座性质的课程，剖析重大工程案例和科研成果，这也是可以采取的好方法。

（3）国际视野与跨文化交流。尽管有一半专业设置了专门课程，但基本上是“国际工程管理”“英语”“专业英语”等课程，这就涉及此项毕业要求的具体内涵应该包括些什么。有些学校为适应涉外水利类专业人才的要求，开设“国际工程管理”等课程，也有学校改革英语教学，将英语语言教学与外国文化教育紧密结合起来，都是可以采取的方式。

此项毕业要求，可能也应采取集中与分散设课方式予以实现。学校开设的公共选修课也可加强这方面的课程设置，并在课外的专题教育中设置此类专题。

（4）涉水法律。较多的建议是在“法律基础”课程外，专设涉水的法律类课程，并编写专门的教材。

除了以上4个问题外，毕业要求中还有一些非技术性质的要求，也应分析研究，通过新设课程和新编教材或在原课程及课外教育活动中增加相关内容予以落实。

此项工作宜由水利教指委与出版社协同去做，先提出需新编、修订的教材清单，再研讨新编教材大纲与修订内容提纲，再落实作者、确定出版计划。

在这次教材建设工作中，宜出几种“互联网＋”教材，以适应教学方法改革需要。

4 用全面质量管理方法，实现精准化教育教学管理

认证实践告诉我们，现行的教育教学管理工作还有众多可以改进的空间，用全面质量管理的思路与方法来做此事，可能是比较有效的途径。

就人才培养工作而言，全面质量管理就是学校以教育质量为中心，以教职工全员参与为基础，目的在于通过让学生满意和学校所有成员及社会受益而达到长期成功的管理途径。它具有全面性（管理的对象是人才培养的全过程）、全员性（依靠全体教职工参与质量管理）、预防性（及时发现、纠正影响质量的问题）、服务性（服务于以学生发展为中心）以及科学性（利用现代科学技术和管理方法，用数据说话）等特点。它的支柱是以持续改进来保证一切教育教学活动的质量。

在全面质量管理的 PDCA 管理循环中，不能忽视每一个环节。容易存在的问题是，有 PLAN，也有 DO，但没有 CHECK，也就不可能有 ACTION。例如，规定课程考核成绩可分平时与期末考试两部分，又规定平时成绩由教师自行规定如何评定，期末考试则有一系列详细的规定。于是有的课程就出现了平时成绩绝大多数在 90 分以上的情况，导致最终成绩不及格的人数大大减少。要解决这类问题需要有精准化的教学管理，及时发现，通过 ACTION 加以解决。

全面质量管理有几种常用的工具，若能加以学习、借鉴，可能对我们如何评价毕业要求的达成度也会有所启发。

以上建议不很成熟，抛砖引玉供讨论。

作者简介： 姜弘道（1940— ），男，河海大学，教授，博导，水利类专业认证委员会主任委员。
Email：hdjiang@hhu. edu. cn。

我国水利类本科专业十年认证试点的实践与探索

陈元芳[1,2]　李贵宝[1,3]　姜弘道[1,2]　李国芳[2]

（1. 中国工程教育专业认证协会水利类专业认证委员会，北京，100053；
2. 河海大学，江苏南京，210024；3. 中国水利学会，北京，100053）

摘　要

简要回顾了工程教育专业认证工作发展历程，着重阐述了2007年以来我国水利类专业十年认证试点工作的探索实践与思考，包括如何构建合适的认证标准体系，如何有效开展现场考查，如何建设和管理专家队伍，如何有效评价毕业要求达成度，如何正确看待评价结果及存在的问题等，这对今后更加规范有效开展相关专业的认证具有参考价值。

关键词

专业认证；水利；标准体系；现场考查；毕业要求；达成评价；探索

1　引言

工程教育专业认证作为一种高等教育质量保障活动最早始于美国。美国工程与技术认证委员会（简称ABET，其前身为1932年成立的美国工程师专业发展理事会）于1936年进行第一次工程教育专业认证，首批被认证的有哥伦比亚大学、康乃尔大学等高校的相关专业点。ABET现已发展成由30多个专业和技术性协会组成的联盟，作为一个非官方、非营利性认证机构，目前主要在工程、技术、计算机科学和应用科学4个学科领域开展专业认证。

为了促进工程教育国际化和注册工程师的国际互认。由美国、澳大利亚、爱尔兰、新西兰、英国和加拿大6个国家于1989年发起并共同签署《华盛顿协议》（Washington Accord，WA），旨在实现缔约国之间的学士学位互认。之后中国香港、中国台湾、南非、日本、韩国、新加坡、马来西亚等先后成为正式缔约国或地区。

提高高等教育质量、促进高等教育国际化是当前我国高等教育改革的主要目标。我国本科高等工程教育规模巨大，全国有90%的高校开设工科专业，工科学生人数约占学生总人数的30%，工科专业点有16249个，占总专业点的30%以上。因此，我国政府长期以来高度重视高等工程教育的改革与建设。

1992年，由原建设部组织开展了建筑土木工程专业评估，截至2017年5月，累计评估建筑学、土木工程、工程管理等6个专业的324个专业点。2006年，由教育部组织开展以提高教学质量、加入《华盛顿协议》为宗旨的工程教育专业认证试点工作，2013年6月，我国以全票加入《华盛顿协议》临时缔约国，2016年6月，我国结束了十年认证试点，正式加入《华盛顿协议》。目前进入了工程教育专业认证的全新阶段，真可谓十年磨一剑。截至2016年年底，已在14个专业领域的780多个专业点开展认证。水利类专业于2007年开始认证，2007—2010年认证的专业是水文与水资源工程专业（简称水文专业），2011—2013年先后新增水利水电工程专业（简称水工专业）、港口航道与海岸工程专业（简称港航专业）和农业水利工程专业（简称农水专业）开展认证。目前，水文、水工、港航和农水专业已认证专业点分别有12个、14个、6个和6个，共计38个专业点，其中包括河海大学、武汉大学、长沙理工大学等高校7个水文专业和1个港航专业，已进行过第二轮认证。

10年专业认证（试点），促进了我国工程教育质量的提高并积累了经验，形成了比较完善并与国际实质等效的认证工作体系。为了适应加入《华盛顿协议》后对认证工作的新要求，更好地开展水利类专业认证工作，本文对近10多年来所开展的专业认证工作包括认证标准体系构建、认证现场考查开展和结论形成、专业队伍建设、毕业要求评价等作回顾和总结分析，梳理经验和总结不足，进而提出对策措施等，以供今后专业认证借鉴和参考。

2 水利类专业认证标准体系构建过程总结与分析评价

制定出国际实质等效与可操作性强的专业认证标准是开展工程教育专业认证的前提和依据。专业认证标准分为两个方面：一是通用标准，由全国工程教育专业认证专家委员会（现已由组建的中国工程教育专业认证协会代替，下同）组织专家统一制定（包括部分分委员会认证专家参与），面向所有工程教育专业，即不同专业都要符合该标准的要求；另一个是专业补充标准（简称补充标准），根据不同专业的实际，由各专业类认证分委员会（或称试点工作组，以下均称认证分委员会）组织制定初稿，由中国工程教育专业认证协会审查定稿发布。通用标准和补充标准如何制定，一直是认证的重点和难点之一。10年来，通过边认证试点、边修改完善，目前已与美国的认证标准十分接近。

通用标准自2006年以来，已经历4个阶段：第一阶段2006—2008年，第二阶段2009—2011年，第三阶段2012—2014年，第四阶段2015至今。4个阶段的通用标准发展变化对比，见表1。

表1　我国工程教育专业认证通用标准不同阶段框架及指标变化的对比

阶段	第一阶段：2006—2008年	第二阶段：2009—2011年	第三阶段：2012—2014年	第四阶段：2015年至今
通用标准内容	（1）专业目标（专业设置，毕业生能力）	（1）专业目标（专业设置，毕业生能力）	（1）学生（4条要求）	（1）学生（4条要求）
	（2）质量评价（内部评价，社会评价）	（2）课程体系［课程设置、实践环节、毕业设计（论文）］	（2）培养目标（3条要求）	（2）培养目标（3条要求）
	（3）课程体系［课程设置、实践环节、毕业设计（论文）］	（3）师资队伍（师资结构、教师发展）	（3）毕业要求（1+10条要求）	（3）毕业要求（1+12条要求）
	（4）师资队伍（师资结构、教师发展）	（4）支持条件（教学经费、教学设施、图书资料，校企结合）	（4）持续改进（3条要求）	（4）持续改进（3条要求）
	（5）支持条件（教学经费、教学设施、图书资料、产学研）	（5）学生发展（招生、就业、学生指导）	（5）课程体系（1+4条要求）	（5）课程体系（1+4条要求）
	（6）学生发展（招生、就业、学生指导）	（6）管理制度（教学管理、过程控制与反馈）	（6）师资队伍（5条要求）	（6）师资队伍（5条要求）
	（7）管理制度（教学管理、质量控制）	（7）质量评价（内部评价，社会评价，持续改进）	（7）支持条件（6条要求）	（7）支持条件（6条要求）
	2012年起，标准框架与WA框架非常接近，2015年毕业要求做了较大幅度调整，与WA更接近			
备注	为了便于比较和理解，附上美国ABET 1997年采纳的认证标准（EC 2000标准）框架：（1）Students；（2）Program Educational Objectives；（3）Student Outcomes；（4）Continuous Improvement；（5）Curriculum；（6）Faculty；（7）Facilities；（8）Institutional Support			

从表1可见，第一阶段与第二阶段通用标准总体框架差异较小，主要变化是第二阶段把质量评价从原来的（2）移到（7），并在质量评价中增加了持续改进的内容，不过这两个阶段均未能见到单独毕业要求的指标内容，说明这个时期在制订标准时，对于产出导向认证核心理念未能给予足够考虑，而且在第一阶段都未见到有持续改进指标内容，显然这是对认证核心理念持续改进没有得到反映，同时也说明制订认证标准时，仍是受到过去本科教育评估思想束缚，不过在第二阶段标准质量评价指标中有了持续改进，但尚未作为七大指标之一，说明对于持续改进核心理念未能得到充分重视，总之，现在看来前两个阶段的认证标准框架，与国际上认证要求差距甚远，很不成熟。而2012年参照美国ABET 1997年（EC 2000标准）采纳的认证标准后对通用标准作了重大调整。第三阶段通用标准的主要特点：面向全体学生，以学生为首位，更突出学生在认证中的重要性；更强调定性判断和发挥专家的作用；合并归类更加科学，如把原来的专业目标分解成培养目标和毕业要求两个指标，把原来的质量评价和管理制度合并为持续改进；条理化更加明晰，所罗列的5个术语解释更易于理解。在第三阶段，中国与美国通用标准主要差异在美国把支持条件分解成教学设施和制度支持两个指标，因此，美国通用标准是8个指标而中国变成7个指标。这个通用标准也是水利类专业认证必须遵循的标准。

2012年认证标准实施仅两年，2015年初，中国工程教育专业认证协会就发布了最新认证通用标准，本文称为第四阶段通用标准，该通用标准与2012年第三阶段通用标准主要差异表现在：第四阶段把第三阶段毕业要求指标内容10条变成12条，在毕业要求中有9个地方增加了对于解决复杂工程问题的要求，在此阶段，对于毕业要求指标，要求做到逐条进行定量和定性相结合的评价。第四阶段认证通用标准的实施，使我国工程教育认证通用标准与《华盛顿协议》的要求更加接近，为达到与国际实质等效奠定了坚实基础，这也为2016年我国能够顺利成为《华盛顿协议》正式成员国打下了很好基础。

至于认证补充标准，就全国而言，2006年来也经历了4次变化，分成4个阶段。不同阶段补充标准框架及内容变化的对比，见表2。

表2　　我国工程教育专业认证补充标准不同阶段框架对照表

阶段	第一阶段：2006—2007年	第二阶段：2008年	第三阶段：2009—2011年	第四阶段：2012年至今
标准内容	（1）培养目标与要求	（1）课程设置	（1）培养目标与要求	（1）课程体系
	（2）课程	（2）实践环节	（2）课程设置	（2）师资队伍
	（3）师资队伍		（3）师资队伍	（3）支持条件
	（4）支持条件		（4）专业条件	

从表2可知，2008年补充标准最简单，仅包括课程体系内容，这是在2008年初经过两年试点实践，有些专家认为补充标准内容过多，有些与通用标准重复，因此对补充标准做了简化。但经过一年实践，又觉得2008年补充标准过于简单，不能反映不同专业之间差异的要求。因此，2009年又基本恢复到第一阶段补充标准的框架，但把课程改成课程设置，把支持条件改成专业条件。2012年在第三阶段基础上，删掉培养目标与要求，把课程设置改成课程体系，专业条件写成支持条件。2012年补充标准中，课程体系包含课程设置、实践环节、毕业设计（论文），师资队伍包括专业背景和工程背景，支持条件包括专业资料、实验条件和实践基地。目前我国的补充标准比美国多了支持条件内容。

在补充标准制定过程中，如何处理好各校同一专业的共性要求与个性特色之间的关系是需要重点解决的问题之一。水利类专业中，水工、港航与农水专业课程体系比较接近，而水文专业与其他3个专业差异较大，因此在补充标准中，多处把水工、港航和农水专业一起介绍知识领域要求，而水文专业则单独介绍。对于不同专业注意考虑让不同专业点办出特色，以利于更好地适应社会经济发展之需。以水文专业的课程设置为例，并没有把各校所有需要开设的课程都罗列进去，而是分为4个类型的课程；在每类课程均有学分要求的前提下，对其中的专业基础类和专业类课程部分，综合各校该专业特色，提出了必选的必修课程和可选的必修课程，这样既可保证一个专业点学生必修的专业基本知识点得以满足，也使得不同专业点可根据自身情况为学生选择能反映各自特色的课程，从而基本做到既满足认证基本共性要求但又允许保持各校专业特色的设想。

2015 年出台第四阶段认证通用标准后，中国工程教育专业认证协会要求各认证分委员会积极探索在新通用标准下修订完善其相应的补充标准，包括如何在课程体系中，如毕业设计、综合实习或实验中，考虑复杂工程问题，显然不同专业类对于复杂问题理解和要求应该是不一样的，水利类专业已经启动这一工作，但因为种种原因，至今未能完成进行专业认证补充标准的修订。

从以上介绍可以看出，补充标准的制定是一个不断完善的过程，需要充分征求高校、工业界和行业等专家的意见。此外，还要积极借鉴国外先进的理念和做法。

3　认证现场考查如何有效开展与认证结论的形成经验

开展专业认证的第一步是专业点所在高校要向中国工程教育专业认证协会提交认证申请（包括提交正在实施的培养目标和毕业要求原文、培养计划原件和针对某一毕业要求所开展达成度评价实例）。如申请审查通过，则该专业点可开展认证自评，按认证标准要求写出自评报告。在自评报告通过审查后，即可由中国工程教育专业认证协会统一安排专家进行现场考查。现场考查是认证工作中非常重要的一个环节，应引起足够重视，因为该环节工作的好坏直接影响到认证工作的质量和效率。

根据 10 年来的实践，水利类专业认证的主要经验和做法如下：

（1）教学评估和专业认证性质不同，要改变观念。要把过去教学评估中注重教育投入转变成注重产出，即以学生能力培养为导向，而且专业认证应面向全体学生，是否有标志性成果不应影响结论，认证是合格评估，不是评优。

（2）认证专家和专业专家工作内容不同，要科学组建专家队伍。认证专家工作背景要有合理结构并熟悉认证标准、理念及工作要求，应包括高校、行业或企业专家，而且还需接受过认证培训，熟悉最新认证标准和认证工程程序及相关要求，其中专家组组长应至少参加过 1 次以上现场考查。见习专家参加现场考查只试投票，无正式投票权。

（3）合理安排现场考查前准备，组织好进校后的预备会议。认证专家要仔细审阅自评报告、明确个人考查重点，进校前能拟出初步考查日程表。在考查前夜开预备会集中讨论确定考查总体与个人的详细日程。被认证学校应备有学生名册、课程表、教师名单和建议毕业生、用人单位名单等，以及方便专家查阅材料和档案的工作场所等。参会人员包括专家组成员及认证专业点相关人员。

（4）专家意见反馈会讲究实效，应明确指出办学中的不足与改进方向。反馈内容主要包括由专家组得出的该办学点的专业基本情况、对自评报告的评价意见、涉及 39 个通用标准关注点达成情况、存在问题和改进建议等。反馈会由考查组组长主持，以组长为主介绍反馈内容，考查专家结合自己的认识就某个问题作补充发言。参加人员有认证考查组成员、被认证学校代表、学校有关职能部门和学院系负责人、教师代表等。我们认为学校层面负责人参与还是有必要的，因为专业点整改和今后经费投入需要校方全盘考虑和重视，但不需要举行开、闭幕式。必要时，应进行录音和录像，以利于会后改进时参考使用，也可为认证结论审议取证提供参考与依据。

（5）现场考查报告现场形成，评价和分析要到位。达成度评价和存在不足分析要到位，有针对性，最终结论要科学合理，不要戴“高帽子”、上纲上线，直接把问题描述清楚。组长可参照相关要求和专家初步意见，在现场考查第二天晚组织讨论交流拟出现场考查报告初稿，第三天上午利用 1 个小时左右时间由各位考查组成员一起集中讨论定稿。由于考查专家往往都是各单位技术领导或带头人，工作忙，在考查期间就完成现场考查报告比较好，这是水利类专业 10 年认证试点形成的一个很好经验，与其他类别专业联合认证时，他们对于我们高效高水平写出现场考查报告做法给予高度评价和真心点赞。通过集中深入讨论，能够更精准判断不同指标点达成情况和问题，集思广益，产生思想火花，促进交流。

一个专业点认证结论的形成，原则上应召开分委员会全体委员（扩大）会议讨论确定，这样有利于发挥集体智慧的作用，讨论更深入，结论更合理可信。会议应先听取现场考查组长关于考查情况的介绍；然后，出席会议人员从不同层面发表自己的看法，注意要与已有专业点认证结论对比，不能因为不同的考查专家组由于掌握程度不同而导致结论明显不合理的情况发生。即在审议时应特别注意结论的一致性问题，包括考查中提出或发现问题与结论一致性、不同年度间不同专业点之间所得结论的相对一致性、与其他专业类结论的一致性等。分委员会全体委员（扩大）会议，除了委员，还应包括考查专家组主要成员。

4 加强认证专家队伍建设的主要做法与成效

拥有一支责任心强且熟悉认证工作要求、数量充足的认证专家队伍是高水准开展专业认证工作的重要保证。10 年来，水利类认证分委员会一直重视加强认证专家队伍建设。目前，形成了一支来自水利、水电、水运、交通等涉水不同的行业协会和高校的 80 多名专家组成的认证团队。

水利类认证分委员会在加强专家队伍建设方面的主要经验如下：

（1）做好规划。专家队伍建设有年度计划和水利类认证 5 年规划，以利于较好满足认证工作对专家的需求，并有前瞻性。

（2）统筹协调。做好相关工作引起有关部门、学会协会的重视，让他们推荐优秀的行业、企业专家。如水利类认证分委员会积极与水利部人事司、中国水利学会、中国水力发电工程学会、交通部相关司局和行业协会联系，得到他们的积极响应与支持。

（3）积极参与。每年选派有关人员参加教育部组织的专家和认证学校培训，包括派出水利认证资深专家参与辅导专业点撰写自评报告、集中答疑等。

（4）搞好研讨。水利类认证分委员会多次组织本专业类专家和认证学校的研讨和培训。如 2007 年，在武汉大学考查前对认证专家进行了半天培训，加深了专家对认证要求和水文专业近年来变化的了解；2012 年组织全国已经认证学校和所有的认证专家集中在南京进行经验交流研讨，组织认证标准修订后的专门培训，并邀请全国知名认证专家和领导到会指导。

（5）走出去、请进来。组织相关专家赴澳大利亚、香港，参与当地现场认证考查和观摩，赴日本进行职业工程师资格认定和专业认证培训，通过全程参与境外认证活动，加深了对认证工作的认识。同时邀请国外专家（如新加坡陈询吉教授）参与现场认证，并对国内专家进行培训和指导。

（6）发现苗子，及早培养。几乎每次现场考查均选派见习专家参与认证全过程，从而尽快培养合格专家。正是采取多种措施遴选和培训专家，使得水利类 4 个专业认证工作得以顺利开展。

5 做好水利类专业毕业要求达成度定量和定性结合的评价

2012 年之前，因为认证通用标准体系中无毕业要求内容，因此就没有毕业要求达成度评价问题，但 2012 年把毕业要求当作通用标准中第二项指标，从此开始要求有毕业要求达成评价，换句话说，从这个时候开始，产出导向理念（最先提出该理念的是美国学者 Spady 于 1981 年提出的）开始在认证中得以真正实施。不过，此阶段达成评价只停留在定性分析评价上并未进行定量评价。为了能尽快顺利地从临时缔约国转正，2014 年，中国工程教育专业认证协会要求所有专业点要对 10 条毕业要求的某一条内容进行达成度定量评价试点，以使得某一条毕业要求是否达成开始有了初步定量评价结论。

2015 年，在第四阶段通用标准出台后，中国工程教育专业认证协会要求各专业点对于所有 12 条毕业要求都要进行达成度定量评价，但考虑到毕业要求中有非技术因素，因此要求对毕业要求达成评价进行定量和定性评价相结合。定性评价更多提倡通过对于利益相关者开展调查评价。

根据水利类专业认证的经验和实践，专业点做好毕业要求达成评价，需做好以下工作：

（1）要制定毕业要求达成度评价工作规定，可以以学院发文形式出台，工作规定包括评价时间和周期、评价人员组成和分工、评价定量和定性方法、评价结果记录和保存要求等。

（2）要真正按照所发文件要求，组织由学院领导、专业负责人、教师和企业行业专家参与的毕业要求指标点分解和指标点对应的教学活动确定的研讨等。目前，在实践中发现部分专业点在指标点分解、对应教学活动确定上存在明显不合理现象，据分析其原因是毕业要求评价时只是一些教学经验比较少的青年教师在开展达成评价，专业负责人等并未真正介入其中，缺乏真正集中一起来研讨。

（3）开展毕业要求达成度定量评价前，必须对所有相关课程开展课程本身评价，否则如果前提不合理，毕业要求定量达成评价难于达到预期目标。从目前实践看，专业点在开展课程评价并进行持续改进方面仍还有较大差距。

（4）除了毕业要求定量评价，还需有定性评价，因为毕业生非技术性能力，往往不能通过课程考试方式进行考核评价的，需通过设计调查问卷方式来进行。如何进行调查，要进一步探索实践来提高。

（5）对毕业要求达成度评价结果要有正确认识，不能把达成度定量评价数值看得太重，如超过所预定某一门限值（0.7等）就认为毕业要求达成就没有问题了，其实不然，这个定量值只是一个相对值，专业点应该从相对定量评价值中分析出本专业点毕业生在哪些能力方面存在短板，然后有针对性的去持续改进，这样才能使得人才培养质量得以不断提高，以达到认证工作的初衷。此外，毕业要求达成度评价之前，要分析本专业点毕业要求是否能够支撑培养目标，以及毕业要求是否完全涵盖通用标准中12条毕业要求的内容。根据水利类专业的特点，建议水利类专业点的毕业要求，除了应该包括通用标准中提出的包含考虑环境等要素制约，还应提出更高要求，包括生态因素的制约的毕业要求，这样才会更符合水利工程的实际。

6 结语

通过十年水利类专业认证试点的实践，进一步认识到在我国开展工程教育专业认证很有必要且意义重大，一方面有利于促进国际间学历互认和人才培养国际化；另一方面可促进专业点建设和人才培养质量的提升，包括大大推进了水利高等教育与行业、企业的联系，所培养毕业生能更快地适应社会需要。

经过短短十年时间，尽管已顺利开展了水利类所有不同基本专业的认证工作，形成了比较完善与国际实质等效的认证标准体系，拥有一定数量不同专业的认证专家队伍，并积累了比较丰富的认证工作经验，但随着我国加入《华盛顿协议》，今后专业认证工作将面临规模扩大和认证要求不断提高的新情况。因此，我们将在中国工程教育专业认证协会的指导和领导下，在做好日常专业认证工作的同时，还应加大人、财、物投入，加强认证中相关问题的实践研究，如认证标准体系特别是水利类专业认证补充标准如何进一步修订完善、水利类专业教材建设如何适应认证的新要求、不同水利类专业涉及的复杂工程问题如何在教学实施中体现、如何更加有效地在一个学校开展水利类不同专业同时认证考查或与其他类专业点开展同时现场考查、如何更好地实现认证结论一致性，以及毕业要求中非技术因素如何更好开展达成度评价，等等。

参 考 文 献

[1] 杨振宏，黄守信，等．国外工程教育（本科）专业认证分析与借鉴［J］．中国安全科学学报，2009，(2)：61-66.
[2] 余寿文，李曼丽．培养21世纪的优秀工程师［J］．高等工程教育研究，2005，(4)：9-11.
[3] 陈元芳，李贵宝，姜弘道．我国水利类本科专业认证试点工作的实践和思考［J］．科教导刊，2013，(5)：25-27.

作者简介： 陈元芳（1963— ），男，河海大学，教授，博导，水利类专业认证委员会副主任委员。
Email：chenyua6371@vip.sina.com。

中国近代百年水利教育演变特征及变化趋势分析*

李贵宝[1]　李赞堂[1]　韩春辉[2]　左其亭[2]

（1. 中国水利学会，北京，100053；
2. 郑州大学水科学研究中心，河南郑州，450001）

摘　要

水利教育事关水利发展的未来，是水利事业的重要组成部分和基石。我国近代百年水利教育是一部辉煌的发展史，跌宕起伏走过了一条不同寻常的发展之路。本文以历史演变轨迹为基础，通过理论分析、总结和数据统计等方法，分析水利教育的发展历程和变化趋势；从水利类专业学校的规模变化，水利类专业数量的变化，水利类专业招生、在校生、毕业生的规模变化等方面入手，对我国水利教育的发展方向和变化等进行时间上的跟踪分析和研究，为当前和今后的水利教育改革决策提供参考和借鉴。

关键词

中国近代水利；水利教育；演变特征；变化趋势分析

1　引言

水利教育是以教授水利基础理论、知识、技能和先进技术的一种专业教学形式。近代中国水利教育受到西方教育制度的影响，逐渐进行吸收和融合，特别是新中国成立以来的60多年间，伴随着改革开放的光辉历程，水利工作发生了深刻的历史转变，水利事业取得了举世瞩目的成就，水利教育也呈现出阶段性变化特征，形成了具有中国特色的水利教育发展历程。悠久的历史背景为我国水利教育事业打下了坚实的基础，培养出众多国家需要的专门人才，水利教育结构和布局也在不断进行转变并趋于成熟。

目前国内对于水利教育的研究相对较多，对于水利教育发展的历史研究相对较少，多数为对水利高等教育、职工教育等的历史研究，且往往局限在一个短期的时间段或特定的历史人物和事件上，如陆宏生[1]对近代水利高等教育的兴起与早期发展进行了初探；陆宏生[2]对1929—1937年间我国水利高等教育发展进行了简析；刘建华[3]对20世纪40年代之前的中国水利教育发展进行了初探；宋孝忠[4]对留学生与中国近代水利高等教育的关系进行了梳理，等等。对于百年水利教育史，宋孝忠[5]对中国水利高等教育百年发展史进行了初探，但并未对百年水利教育发展的各阶段演变趋势进行总结分析。

本文基于前期研究工作，提出新的百年水利教育历程阶段划分方式，划分为6个阶段，即水利教育早期萌芽（1900—1914年）、水利教育专门学校创建时期（1915—1928年）、水利教育新中国建立前艰难发展时期（1929—1949年）、水利教育新中国建立后调整发展时期（1949—1976年）、水利教育改

* **基金项目：**中国科协工程师资格互认国际交流专项。

革开放后恢复与快速发展时期（1977—1999年）、水利教育新世纪跨越式发展时期（2000年至今），给出了各阶段的主要历史事件节点图，并根据各阶段的水利教育特点进行了数据统计和分析，系统阐述了我国百年水利教育中水利类专业学校的规模；水利类专业数量；水利类专业招生、在校生、毕业生的规模趋势变化。为理清水利教育的历史和开拓水利教育的新格局做了基础性工作。

本文基于左其亭等撰写的《新时期水利高等教育研究》[6]和《水文化职工培训读本》[7]两本书籍，同时参考姚纬明等撰写的《中国水利高等教育100年》[8]，在查阅大量历史资料和文献的基础上，对我国百年水利教育发展演变历程进行了系统的梳理和总结，共划分6个阶段，展示了我国水利教育发展的历程，并对比各个阶段研究探索了水利教育发展的演变趋势及成因，以期能为我国水利科普教育和水利工程教育改革及水利类工程教育专业认证提供参考和借鉴。需要说明的是，本论文未涉及水利研究生教育，有兴趣的读者可参阅董增川主编的《河海大学研究生教育发展史（1955—2015年）》（中国水利水电出版社，2015年）。

2 中国近代百年水利教育发展历程

1900—1914年是我国水利教育的早期萌芽时期，在该时期水利教育还没有形成独立的学科体系，全国也没有设有专门的水利教育学校，水利职业教育多以特定的专业技术培训为主，与水利相关的少数课程也多设在工科门下。值得一提的是，水利教育其实在古代就已经多有涉及，只是符合现代水利教育特点的时期是从20世纪初才开始的。

该阶段水利教育发展的重要事件节点图如图1所示。

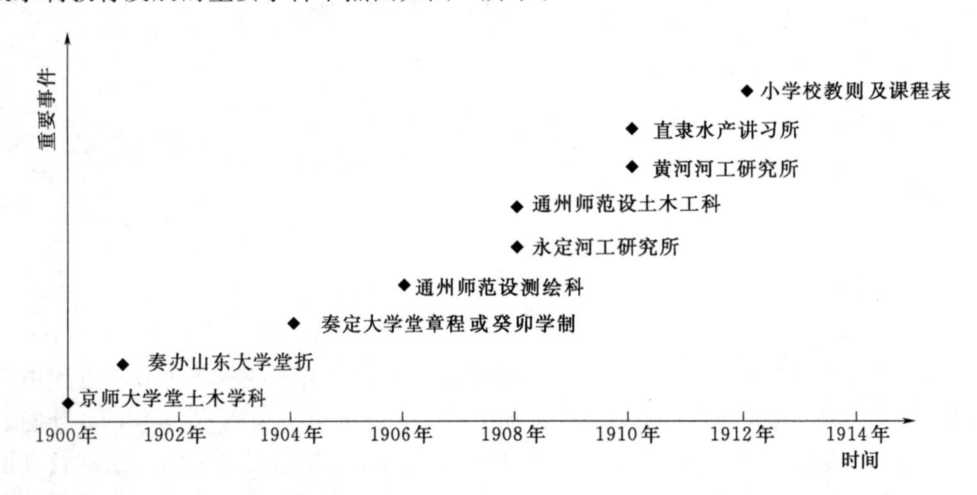

图1 水利教育早期萌芽时期（1900—1914年）重要事件节点图

1915年，随着我国建立第一所水利教育专门学校——河海工程专门学校，且一直到1929年之前也始终维持只有这么一所水利类专门学校。因此，将1915—1928年划定为中国水利教育专门学校创建时期。

该阶段水利教育发展的重要事件节点图如图2所示。

1929年之后，我国陆续建立了若干所水利类学校，水利组也逐渐在院校中开始设置。但是由于新中国成立前处于战乱时期，水利教育在发展的同时也遭受着破坏和不断的调整，拖延了水利教育的发展，直到1949年新中国成立后这种状况才得以缓解，可以说1929—1949年对于我国水利教育来说是一段艰难的时期。

该阶段水利教育发展的重要事件节点图如图3所示。

1949年新中国成立后，一方面是国家发展的迫切需要，另一方面是为了加快水利教育改革并向更高层次发展，我国采取了一系列整编、改造和调整措施，水利院校的数量、质量及规模得到了一定的提高，虽说“文革”期间我国水利教育遭受到了严重的冲击，损失巨大，但是该时期水利教育的发展也可以归因于是国家调整的问题，因此将1949—1976年划分为中国水利教育新中国建立后调整发展时期。

该阶段水利教育发展的重要事件节点图如图4所示。

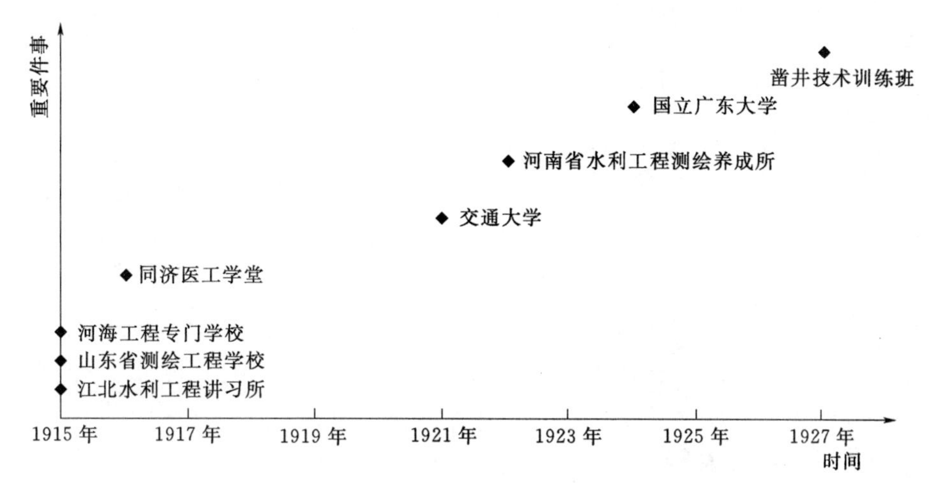

图 2　水利教育专门学校创建时期（1915—1928 年）重要事件节点图

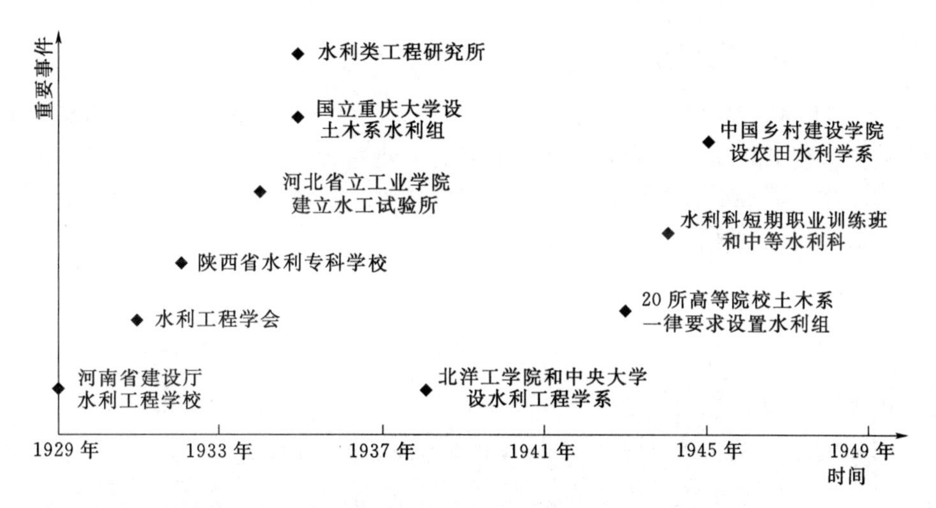

图 3　水利教育新中国建立前艰难发展时期（1929—1949 年）重要事件节点图

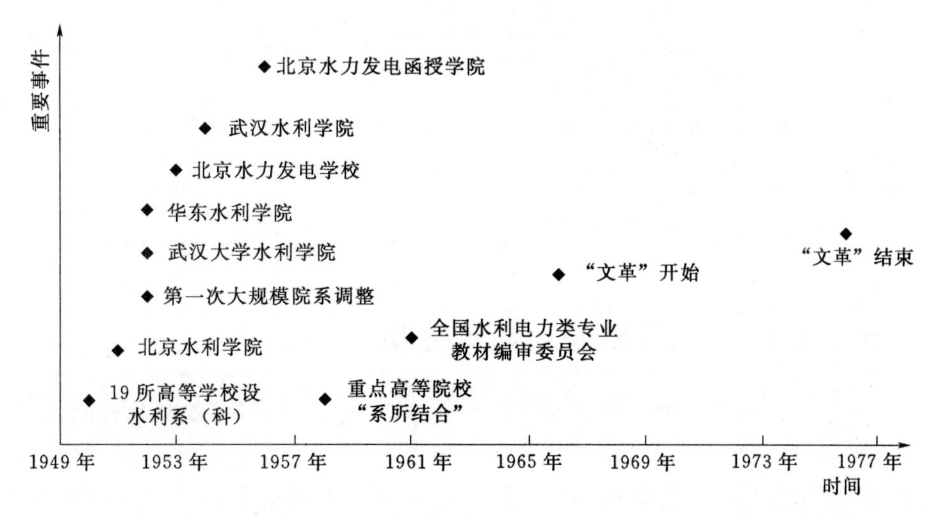

图 4　水利教育新中国建立后调整发展时期（1949—1976 年）重要事件节点图

1976 年“文革”结束之后，很快我国迎来了“改革开放”时期，“文革”期间水利教育遭受的损失得以迅速的恢复，新的改革政策更是推进了水利教育的快速发展，水利的战略地位得到确认，特别是在 20 世纪 90 年代，我国水利教育再次迎来重大的院校改革与调整，加之当时国内发生的一些与水有关的重大自然灾害，水利教育发展速度突飞猛进，由此将 1977—1999 年划分为中国水利教育改革开放后恢复与快速发展时期。

该阶段水利教育发展的重要事件节点图如图 5 所示。

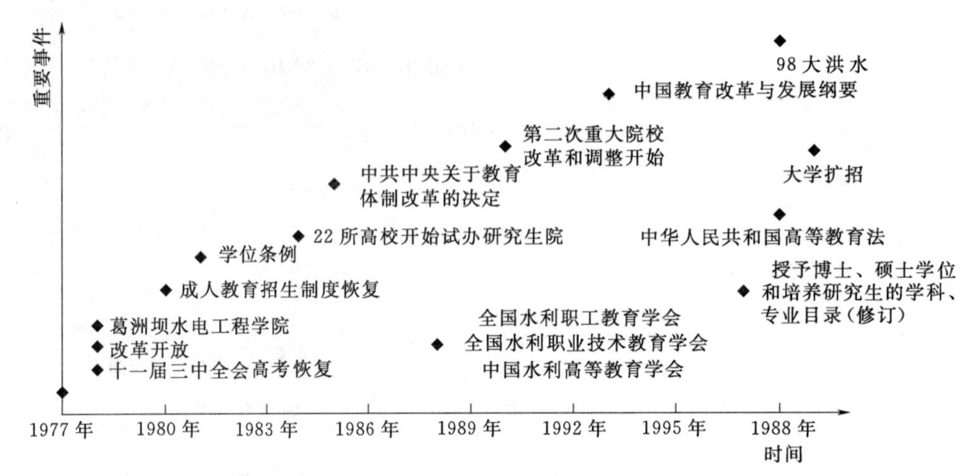

图 5 水利教育改革开放后恢复与快速发展时期（1977—1999 年）重要事件节点图

步入 21 世纪后，我国的经济社会发展速度直线上升，且由于水利得到了国家的高度重视，新时期一系列的水利发展新思想不断涌现，国家的改革发展需要更是促进了水利高等教育的进步，在我国走向特色社会主义的道路上，水利教育也同时在向中国特色水利教育转变。可以说，21 世纪初是跨世纪时期，同时也是中国水利教育新世纪的跨越式发展时期。

该阶段水利教育发展的重要事件节点图如图 6 所示。

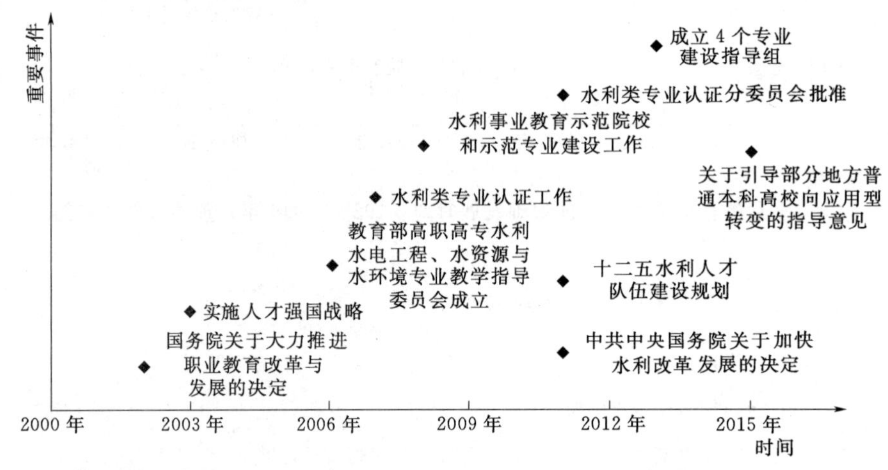

图 6 水利教育新世纪跨越式发展时期（2000 年至今）重要事件节点图

3 中国近代百年水利教育发展变化趋势分析

通过前面对各阶段水利教育发展历程的描述，可大体描绘出我国百年水利教育的发展及演变历程。为了更加直观和清晰的展现这个过程，查阅有关统计数据，尽量以数据来展示其变化历程，基本思路是：将我国水利教育百年发展演变历程分为 6 个阶段，以每个阶段的最后一年为时间节点，分别就含水利类专业学校规模变化，水利类专业数量变化，水利类专业在校生规模、招生规模及毕业生规模变化 3 个方面，绘制变化图或表格，用数据展示我国百年水利教育发展的演变趋势。

3.1 含水利类专业学校规模变化

根据查阅的资料，绘制了不同阶段含水利类专业学校数量变化图，如图 7 所示。

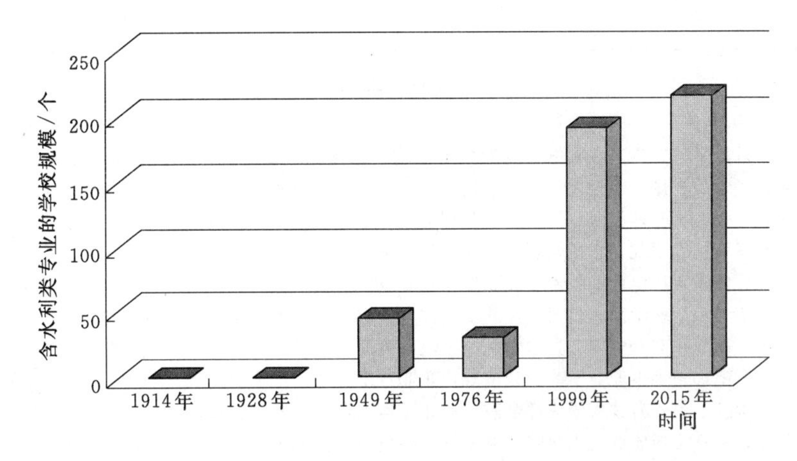

图7　不同阶段含水利类专业学校数量变化情况

从图7可见，我国含水利类专业的学校规模的变化总体上呈现上升趋势。在新中国成立之前，我国含水利类专业的院校总共只有几十所，独立设置的4所水利专科学校也都先后经过大调整，独立设置的水利高等学校更是没有一所，水利教育大多以水利系（科）的形式存在于个别院校中。新中国成立后，许多院校经过整编、改造和调整，水利教育得到有效改进，含水利类专业学校略有增加，但是1966—1976年"文革"十年，不仅阻碍了我国经济和社会的发展，同时也对我国水利教育产生了严重的影响，许多含水利类专业院校或合并或停办或撤销，院校数量相比于新中国成立前还略有下降。"文革"后，迎来改革开放，我国水利教育得以恢复和快速发展，开设水利专业的院校不断增加，已基本遍布国内大多数地区。截至1999年，开设水利类专业的高等学校就已经有61所之多，其中有8所为独立设置的水利普通高等学校；水利职工大学及高等专科学校14所；水利普通中等专业学校48所；职工中专36所；水利技工学校32所[9]。

进入21世纪后，水利教育仍然备受重视，含水利类专业学校仍有所增加，但增加幅度有所减缓，其原因是我国水利教育已从重视"数量"到"质量"上进行转变。根据中国水利高等教育100年的数据，经过总结和统计，截至2015年，全国开设有水利类学科、专业的本、专科高校数量见表1。

表1　　开设水利类学科专业的本、专科高校数量表

学科、专业层级	高 校 名 称	数量/所
仅本科	清华大学、中国农业大学、北京工业大学、中国地质大学（北京）、北京林业大学、华北电力大学（北京）、天津大学、河北地质大学、河北农业大学、太原理工大学、内蒙古农业大学、大连理工大学、大连海洋大学、辽宁工程技术大学、辽宁师范大学、吉林大学、吉林农业大学、哈尔滨工程大学、黑龙江大学、东北农业大学、同济大学、上海海事大学、东北大学、南京大学、东南大学、河海大学、中国矿业大学、扬州大学、江苏科技大学、浙江工业大学、浙江海洋学院、安徽理工大学、合肥工业大学、安徽农业大学、福州大学、福建农林大学、南昌大学、江西农业大学、东华理工大学、山东大学、中国海洋大学、济南大学、山东科技大学、山东农业大学、鲁东大学、郑州大学、河南理工大学、武汉大学、华中科技大学、中国地质大学（武汉）、长江大学、中南民族大学、湖南农业大学、中山大学、华南理工大学、华南农业大学、广东海洋大学、广西大学、桂林理工大学、西安交通大学、西南大学、重庆交通大学、四川大学、四川农业大学、西昌学院、贵州大学、安顺学院、铜仁学院、昆明理工大学、云南农业大学、西南林业大学、西北农林科技大学、西安理工大学、长安大学、兰州大学、兰州理工大学、兰州交通大学、甘肃农业大学、河西学院、青海大学、青海民族大学、宁夏大学、石河子大学、沈阳工学院、宁波大学、淮海工学院、厦门理工学院、绥化学院、天津城建学院、蚌埠学院、昆明学院、河套学院、吉林农业科技学院、河南城建学院、山东交通学院； 独立学院：东华理工大学长江学院、湖南农业大学东方科技学院、三峡大学科技学院、太原理工大学现代科技学院、长沙理工大学城南学院、兰州交通大学博文学院、兰州理工大学技术工程学院、河北工程大学科信学院、河北农业大学现代科技学院、昆明理工大学津桥学院、青海大学昆仑学院、贵州大学明德学院、新疆农业大学科学技术学院、成都理工大学工程技术学院、扬州大学广陵学院、天津大学仁爱学院、安徽建筑大学城市建设学院、河海大学文天学院	113

续表

学科、专业层级	高 校 名 称	数量/所
仅专科	黄河水利职业科技学院、广东水利电力职业技术学院、四川电力职业技术学院、安徽水利水电职业技术学院、杨陵职业技术学院、昆明冶金高等专科学校、广西水利电力职业技术学院、酒泉职业技术学院、甘肃建筑职业技术学院、云南经济管理学院、河南水利与环境职业学院、重庆工贸职业技术学院、福建水利与环境职业学院、四川水利职业技术学院、重庆水利电力职业技术学院、南充职业技术学院、内江职业技术学院、浙江同济科技职业学院、内蒙古机电职业技术学院、黑龙江农业职业技术学院、山西水利职业技术学院、云南城市建设职业学院、云南工程职业学院、黔西南民族职业技术学院、云南工商学院、湖南水利水电职业技术学院、山东水利职业学校、湖北水利水电职业技术学院、三峡电力职业学院、三峡大学科技学院、河套学院、长江工程职业技术学院、云南经贸外事职业学院、云南现代职业技术学院、辽宁水利职业学院、江西水利职业学院、云南国土资源职业学校、电子科技大学成都学院、河北工程技术高等专科学校、兰州石化职业技术学院、北京农业职业技术学院、南京交通职业技术学院、兰州资源环境职业技术学院、黑龙江农垦科技职业学院、陕西铁路工程职业技术学院、新疆农业职业技术学院、江苏建筑职业技术学院、江西交通职业技术学院、山西省财政税务专科学校、湖南高速铁路职业技术学院、保山学院、甘肃林业职业技术学院、新疆石河子职业技术学院、福建水利电力职业技术学院、毕节职业技术学院、山东英才学院、广州航海学院、云南三鑫职业技术学院、德宏师范高等专科学校、新疆轻工职业技术学院、山西交通职业技术学院、云南农业职业技术学院、西藏职业技术学院、重庆电力高等专科学校、江西电力职业技术学院、云南能源职业技术学院、广西电力职业技术学院、沈阳航空职业技术学院、闽南理工学院、四川工商职业技术学院、泸州职业技术学院、锡林郭勒职业学院、宁夏防沙治沙职业技术学院、武汉电力职业技术学院、苏州农业职业技术学院	75
本科+专科	天津农学院、河北工程大学、沈阳农业大学、长春工程学院、南昌工程学院、华北水利水电大学、三峡大学、长沙理工大学、西华大学、西藏大学农牧学院、新疆农业大学、塔里木大学、浙江水利水电学院	13

注 水利类本科专业包括了水文与水资源工程、水利水电工程、农业水利工程、港口航道与海岸工程、水土保持与荒漠化防治、水务工程，共计6个专业。

3.2 水利类专业数量变化

根据查阅的资料，绘制了不同阶段末水利类专业数量变化图，如图8所示。

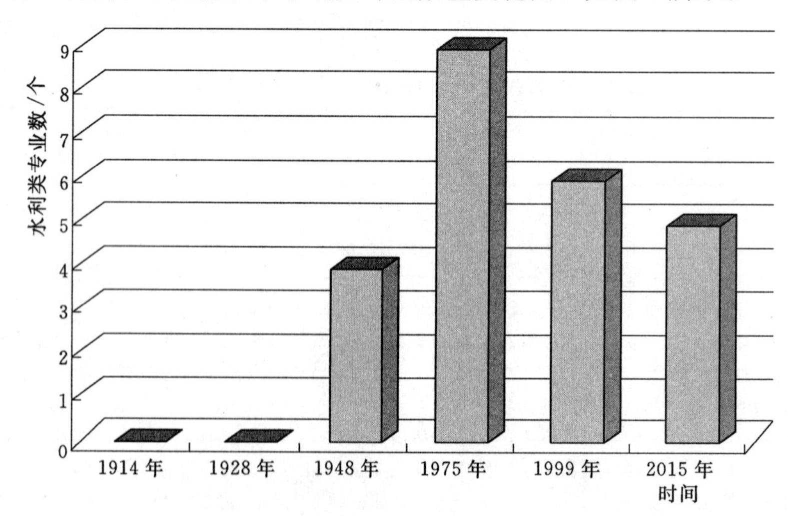

图8 不同阶段末水利类专业数量变化情况

从图8可见，我国水利类专业的数量呈现先增加后降低的趋势。在1928年之前，纯粹的水利类专业几乎没有，往往都是依托于土木工程学科中以教授与水利有关的课程的形式来开展水利教育。自20世纪50年代左右开始，我国才开始按学科分类和职业分工设置各种专业，水利类专业应运而生，并随着教育教学的改革和完善，水利专业数量在不断发展变化，在传统的水利水电工程、农田水利工程等专业基础上，新设置了水文与水资源工程、港口航道与海岸工程、水务工程等，专业内涵也在不断丰富，资源、生态、经济、管理等内容不断融入到水利专业的教育中。经过几十年的不断发展，基本建立起了学科、专业门类较为齐全，专业比例关系相对合理的水利教育结构，有力支撑了整个行业的人才培养需要。

据统计，20世纪50年代，我国设有水利类专业有河川枢纽及水电站的水工建筑、农田水利工程、河道及港口的水工建筑物、陆地水文等。1963年，教育部组织修订全国高等学校通用专业目录，在此基础上又增设有水电站动力装置、农田水利、水利工程施工、水土保持等。1982—1984年，专业划分再次修订，专业变得更加细化，一度达到了11个之多。90年代后，经过国家政策的调整，分别于1993年和1998年再次对专业的分类进行了组织和修订。在此期间确立了水利工程一级学科的地位，下设五类水利类二级学科。到了21世纪，为适应水利教育发展的需要，水利类专业的数量再次进行了压缩。

3.3 水利类专业招生、在校生、毕业生规模变化

根据查阅资料，绘制了不同阶段末水利类专业招生、在校生、毕业生规模变化图，如图9所示。

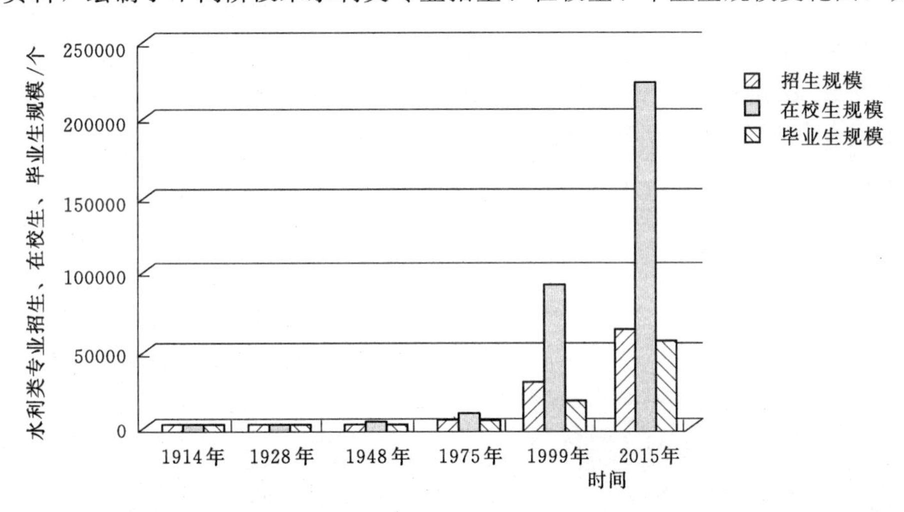

图9　不同阶段末水利类专业招生、在校生、毕业生规模变化情况（不含中专学生）

从图9可见，水利类专业的招生规模变化、在校生规模变化和毕业生规模变化在本质上存在着一定的联系，三者总体上均呈现上升趋势。特别是70年代中期之后，一方面随着我国水利建设的快速发展和含水利类专业院校的增加，急需大量水利技术的相关人才；另一方面随着“文革”后教育的复兴，高考招生的恢复，积累的一大批人才得以接受高等教育，水利类专业招生规模、在校生规模和毕业生得以不断扩大。到20世纪末期，仅全国招收的水利骨干专业学生就有5000人之多，仅全国高等学校的在校生数就已达18000多人[9]。到了2015年，全国水利类专科专业年招生规模近14000余人，水利类本科专业年招生更是达到了4万余人；全国水利类高校仅本专科的在校生数就已达22万余人；水利类高校仅本专科毕业生规模就已达到5万余人[8]。

4 结语

中国近代百年水利教育的发展历程，从19世纪90年代初的萌芽，到1915年第一所水利类专门学校的创建，再到如今数量众多的院校和庞大的水利学科体系，走过了一条漫长而又曲折的道路。百年来，水利教育政策不断进行着改革和创新，全国含水利类专业学校也在不断地进行着新的创建、合并和撤销，但整体上呈现上升的趋势；水利类专业数量的变化也经历了先增加后缩减的变化；水利类专业招生、在校生、毕业生规模也在不断进行扩大，特别是最近几十年更是发展迅速，这也从一个侧面

反映出我国对水利事业的重视程度达到了空前的高度。值此之际，作为水利工作者更应该抓住时机，积极投身到水利事业发展的建设当中。

参考文献

[1] 陆宏生. 近代水利高等教育的兴起与早期发展初探 [J]. 山西大学学报（哲学社会科学版），2001，(6)：104-106.

[2] 陆宏生. 1929—1937年间我国水利高等教育发展简析 [J]. 河海大学学报（哲学社会科学版），2003，(3)：92-94.

[3] 刘建华. 中国近代水利教育发展初探 [J]. 华北水利水电学院学报（社科版），2012，(6)：16-20.

[4] 宋孝忠. 留学生与中国近代水利高等教育 [J]. 华北水利水电大学学报（社科版），2014，(3)：111-115.

[5] 宋孝忠. 中国水利高等教育百年发展史初探 [J]. 华北水利水电学院学报（社科版），2013，(4)：1-5.

[6] 左其亭，李宗坤，梁士奎，等. 新时期水利高等教育研究 [M]. 北京：中国水利水电出版社，2014.

[7] 左其亭. 水文化职工培训读本 [M]. 北京：中国水利水电出版社，2015.

[8] 姚纬明. 中国水利高等教育100年 [M]. 北京：中国水利水电出版社，2015.

[9] 水利部人事劳动教育司. 中国水利教育50年 [M]. 北京：中国水利水电出版社，2000.

作者简介：李贵宝（1963—　），男，博士，教授级高级工程师，水利类专业认证委员会秘书处副秘书长，主要从事水利类工程教育认证管理工作等。
Email：ligb1891@126.com。

高等教育水利类专业教材的发展演变及措施建议

王　丽

（中国水利水电出版社，北京，100038）

摘　要

本文回顾了1978年以来中国水利水电出版社高等教育水利类教材演进发展的过程，分析了目前教材建设过程中存在的普遍问题，并提出了措施建议，对了解水利类教材发展情况，做好教材建设具有一定的参考价值。

关键词

教育；教材；水利；出版

1　引言

教材是学校教育教学的基本依据，其内容体现国家意志，是解决培养什么人和怎样培养人这一根本问题的重要载体，直接关系党和国家教育方针的落实和教育目标的实现。教材出版是教育事业的一个重要组成部分，一直被视为与教师队伍、实验室、图书馆建设同等重要的四大建设之一。

2　水利类教材的发展演变

中国水利水电出版社一向重视教材出版工作，1995年水利部批复的“三定”方案中明确中国水利水电出版社承担的主要职责之一就是负责出版发行水利水电行业各类教材。2011年3月，水利部《落实中央一号文件任务分工实施方案》中规定，由部人事司指导有关单位开展教材建设，要求中国水利水电出版社配合做好教材建设工作。中国水利水电出版社严格按照文件精神，把教材出版作为全社工作的重中之重，对外与中国水利教育协会、教育部高等学校水利类专业教学指导委员会（以下简称教指委）及各涉水院校加强合作，对内在组织机构、人员配备和生产环节等方面给予充分保障。

中国水利水电出版社水利类本科教材出版大致可分为以下4个阶段：

（1）第一阶段：1956—1966年。中国水利水电出版社1956年成立，1956—1960年，教材建设处于初创阶段，出版高校教材23种，其中我国自编10种，译自苏联的13种。1961年，由于中苏关系恶化，我国不再翻译出版苏联的教材，教育部要求组织编写自己的教材，水利电力部在当时的图书编辑部内增设教材编辑组，编辑下到各地现场组稿、督稿、收稿、编辑加工，抢时间、赶任务，1961—1966年出版高校教材61种，解决了教材有无的问题。

（2）第二阶段：1978—2004年。“文革”结束后，我社在当时水利电力部领导下，从各地抽调大学教师和工程技术人员10余人，组建教材编辑室，对部管的全国水利水电统编教材的编审和出版工作进行全方位管理和运作，取得了优异成绩，得到了水利（电）部教育主管部门的好评和表彰，并在国家教委、教育部和水利（电）部举办的历次全国优秀教材评选活动中，多次蝉联头奖，还被国家教委、教育部评为教材出版优秀单位。其间1978—1983年出版第一轮教材43种，1983—1990年出版第二轮教材95种，1990—1995年出版第三轮教材182种，1995—2000年出版第四轮教材36种。统编教材的出版填补了水利类教材的空白，丰富了水利类教材的种类，在水利类人才培养方面发挥了重要作用。这些教材中不乏一些经典教材，如《农田水利学》《岩石力学》《水力机械》《水利水能规划》等，已历经多次重印。但是，这些教材由于出版时间较久，很多内容已不适应目前教学要求，大部分已进行了修订，纳入新的教材体系。

（3）第三阶段：2000—2010年。进入21世纪以后，特别是原部属院校与部委脱钩以后，教材出版也走入了市场化阶段。我社凭借多年出版水利水电教材的实力，在招标中争取到“十五”水利类本科国家级规划教材18种，争取到水利学科教学指导委员会统一规划教材14种。教材从指定出版走向了主动策划、及早介入、做好全程管理和服务的阶段。

从2003年开始，我社开始与高等学校水利类专业教学指导委员会共同策划组织核心课程教材，共规划教材3个专业门类52种。核心教材延伸的习题、实验等配套辅导书和电子教案等也陆续推出，逐步完善。该套教材依据当时最新专业规范，由教指委整体规划、组织，集中了当时水利学科最优秀的师资力量，覆盖水利学科所有专业主干课程，并吸收了原水利部四轮统编教材和高等教育“十五”“十一五”国家级规划教材的优秀成果，代表了当时水利学科教材编写的最高水平和发展方向。这套教材基本可以满足水利、土建以及相关学科的需求。后期使用效果也表明，此套教材内容经典、适用性强，为多所学校选用，受到任课教师和学生的好评。

此阶段我社还出版了其他一些教材，如2009年，与能源动力学科教学指导委员会水利水电动力工程专业分委会合作，组织了高等学校统编精品规划教材，供水动学科使用，共14种。

（4）第四阶段：2011年至今。2011年以来，我社教材建设进一步发展，一方面开始与中国水利教育协会等单位加强紧密合作，联合组织教材，同时与各院校加强联系，组织了一些特色教材。如21世纪精品课程教材、普通高等教育“十二五”规划教材等。

为进一步优化教材体系，2012年和2013年水利学科教指委和中国水利教育协会与我社共同组织了全国水利行业规划教材，规划教材采取申报遴选的形式，选出49种列为水利行业规划教材。

2013年11月，我社与中国水利教育协会、教指委共同组织开展了第一届全国高等学校水利类专业优秀教材评选工作，此次评选活动也是近20年来首次举办，分四大专业（水工、水文、农水、港航），由各个专业的业内权威专家组成评审专家委员会，多家出版社参与了此项活动，最终从全国各个出版社出版的教材中评选出优秀教材77种，列为全国水利行业优秀教材。此举对激励学校和教师积极参与教材建设，促进水利专业教材质量进一步提高，使教材体系更加完善有着重要的意义。

2015年以来，以中国水利教育协会、高等学校水利类专业教学指导委员会组织，我社配合，组织了全国水利行业“十三五”水利类高等教育规划教材。教材以各院校申报为主，增加出版社对以往用量较大，认可度较高的教材，由中国水利教育协会高教分会、教指委各专业组的专家组成评委会进行评审，并经中国水利教育协会报水利部审定，共有59种教材列入行业规划教材。目前，这些教材正在陆续编写出版之中。

3　教材建设存在的问题

尽管我们在水利类教材出版方面做了很多工作，在高等院校水利类教材出版方面具有一定的经验，且所出版教材具有一定的系统性、权威性，但面临的困难和问题依然较多，主要有以下几方面：

（1）对教材建设的重视不够，部分教材不能满足教学需求。学校重科研轻教学的情况十分普遍。科研课题与学校评分、教师业绩评定息息相关。学术水平高、教学经验丰富的一线教师，往往忙于学校科研教学等各项工作，没有足够的时间投入教材编写，且多数学校的激励政策不到位，编写教材所得到的实惠与做科研项目不可相比，致使很多教材内容滞后于实际教学科研发展水平；一些规划教材几年不能交稿，部分教材内容陈旧但得不到修订，对学校教学造成一定程度的影响。

(2) 部分教材质量不高，缺少特色。有些教师自身水平有限，但从职称评聘、经济利益等方面考虑出版教材，这些教材往往质量不高，个别还有抄袭现象，致使重名教材较多，教材的针对性不强，彼此之间区别不大，缺少特色，教材质量难以保证。

(3) 部分学校教材选用缺乏监管，使教师为利益驱动选用教材。个别教师和教务管理部门人员在选用教材中拿回扣和返点，为利益驱动而不是秉持公正的原则选用教材，使某些质量不高的教材用量却不小，极大地损害学生利益，影响了教师形象。

(4) 学生复印教材的现象严重。部分学生为了省钱不买教材，而是到学校附近的复印店复印教材，不仅教材装帧质量极差而且对知识产权构成侵犯。

4 改进教材建设的措施及建议

为应对教材市场面临的困难和问题，建议采取以下对策措施：

(1) 要高度重视教材的编写和选用。学校要高度重视教材建设，摒弃重科研轻教学的现象，把教材建设列入学校考评和职称评聘的一项内容，与论文、专著等给予同等重视，并给予一定的奖励扶持政策。在选用教材上严格把关，根据教学要求严格筛选高质量的教材进课堂。

(2) 要严格规范教材的编写组织方式。应由教育指导部门或相关单位定期组织对教材进行研讨，新编或及时修订教材，遴选专家作为教材的编写和审定人员，根据教学大纲、人才培养需求规划教材内容，使之形成科学的体系，明确编写的章节细目，并对教材进行审定，确保教材质量。

(3) 出版社要对教材质量严格把关。要本着对学生高度负责的态度，从作者资质、编写质量、编校质量等方面对教材内容进行严格审核，如有必要，还需就同品类教材进行比较分析；要对教材出版全流程严格管理，对排版设计、印刷装订等环节加强质量管理，以保证出版高品质教材。

(4) 要适应新形势及时对教材进行修订。随着信息技术，“互联网＋”的发展，特别是参与工程教育专业认证的院校不断增加，对教材建设提出了更高的要求。教材内容要与学生培养目标紧密结合，达到工程教育专业认证要求的各项能力的需要；教材形式要及时应用新技术，补充富媒体资源，使教学内容更为直观生动，易于理解，从而不断提高教学效率，更好地为教学服务。

(5) 要加强对教材征订各环节的监管，使教材使用更加规范。建立教材遴选机制，对教材进行比较研究，由学校有关部门与教师共同确定选用的教材，筛选符合学生的能力和水平且质量较高的教材推荐给学生。学校应积极宣传倡导并严格规定学生使用正版教材，培养学生的版权意识，严禁把盗版盗印的教材带入课堂。

5 结语

教材建设是人才培养的基础工作之一，是一项长期而艰巨的任务，教材内容需要传承经典，更需要与时俱进。因此，做好建材建设有待于教育管理部门、学校、教师和出版社共同努力，以社会责任为己任，以职业的担当精神，以精益求精的态度把教材建设落到实处，为我国的人才培养和经济社会发展作出应有的贡献。

参 考 文 献

[1] 水利部人事劳动教育司. 中国水利教育50年 [M]. 北京：中国水利水电出版社，2000.

[2] 姚纬明．中国水利高等教育100年［M］．北京：中国水利水电出版社，2015.
[3] 金炎，王国仪．教材出版话今昔［M］//本书编委会．与水同歌——中国水利水电出版社50年．北京：中国水利水电出版社，2006.
[4] 本书编委会．水润甲子——中国水利水电出版社60年（1956—2016年）［M］．北京：中国水利水电出版社，2016.

作者简介： 王丽（1971—　），女，中国水利水电出版社副总编辑兼教育出版分社社长，编审。
Email：wangli@waterpub.com.cn。

认证与专业建设

以专业认证为契机全面提升专业建设水平

王瑞骏　李晓娜　任　杰

（西安理工大学水利水电学院，陕西西安，710048）

摘　要

专业建设是高等教育教学工作的基础。本文系统介绍了本专业以专业认证为契机，紧密结合本专业发展实际，以认证标准为准绳，针对本专业发展过程中存在的一些突出问题，在研究提出相应整改思路和整改对策的基础上，通过积极实施多项专业建设整改措施，全面提升专业建设水平的主要经验。本文关于结合专业认证积极实施专业建设的思路和经验，对于拟参与专业认证的类似专业具有较好的借鉴和参考价值。

关键词

专业认证；专业建设；水利水电工程专业

1　引言

专业建设是高等教育教学工作的基础，是提高本科人才培养质量的重要组成部分[1-3]。专业建设水平又体现了学校的办学理念、办学特色和办学实力[4]。我国工程教育专业认证始于2006年5月，其根本目的是保证和提高专业教育质量；通过工程教育专业认证可推动提升专业建设水平，并能有效提高专业的人才培养质量[5-7]。西安理工大学水利水电工程专业（以下简称水利水电工程专业或本专业）是于2013年参与并通过国家工程教育专业认证的。本文拟系统介绍本专业以此次专业认证为契机，通过积极实施多项专业建设整改措施，全面提升专业建设水平的主要经验。

2　专业认证以前专业建设的情况与问题

西安理工大学水利水电工程专业起源于1937年成立的西北工学院水利系，至今已有80年的办学历史。本专业是首批“国家级特色专业”，国家级“专业综合改革试点项目”专业，教育部首批“卓越工程师教育培养计划”专业，首批“陕西省名牌专业”。本专业核心课程教学团队为首批“国家级教学团队”，“水力学”课程为“国家级精品课程”，“水力学”课程教学团队为“国家级教学团队”，4门核心专业课程为“陕西省精品资源共享课程”。长期以来，本专业秉持“注重基础，强化实践，坚持探索和践行知识（knowledge）、能力（ability）、精神（spirit）和素质（quality）协调发展的KASQ教学理念”，积极响应国家水利发展需要，培养了大批扎根西部、面向全国的水利水电工程高级技术及管理人才。

基金项目：本文系2012年陕西高等学校省级“专业综合改革试点”项目、2013年教育部“专业综合改革试点”项目的研究成果。

虽然专业建设取得了上述成绩，但在专业认证之前，对照《工程教育认证标准》（2012 版），并通过与兄弟院校同类专业建设与发展情况的对比分析，我们发现本专业发展仍存在以下两个不容忽视的突出问题：

（1）专业课程实验教学条件亟待提升。由于年久失修，不少专业课程实验室的教学环境相对较差，部分实验设备陈旧老化，且可开出的实验项目总体偏少，这些都对专业主干课程的教学质量构成了潜在的影响。如：水工实验大厅内模型堆叠摆放、实验教学空间狭小；土坝渗流实验室亦十分拥挤；地下洞室结构模型由于长期反复加载几乎完全破坏，且部分实验测量仪器等也已损坏，已无法正常开出实验；实验室室内多年未粉刷，墙面渗水，墙体脱皮等。“水电站”课程实验能开出的实验项目总体偏少，即使能开出的实验项目其实验效果也相对较差。

（2）教学文件与认证标准的要求不相适应。主要体现在：当时执行的 2012 版专业培养方案的培养目标、培养要求（毕业要求）和课程设置等与认证标准的相关要求不尽相符；专业主干课程教学大纲中的教学目的对专业培养要求（毕业要求）的支撑性不强；专业教学管理文件不够系统，尤其是社会参与制度不够完善。

3 专业建设的对策与思路

针对上述问题，我们紧密结合本专业的发展实际，以认证标准为准绳，在广泛调研、论证的基础上，研究提出了下列专业建设整改思路：

（1）专业认证前，积极实施专业实验室更新改造项目，以有效提升专业课程实验教学条件。

（2）专业认证后，结合学校统一的培养方案修订周期，扎实推进专业教学文件的全面整改，以系统提升专业教学文件的针对性和对认证标准的适应性。

与上述专业建设整改思路相应的整改对策如图 1 和图 2 所示。

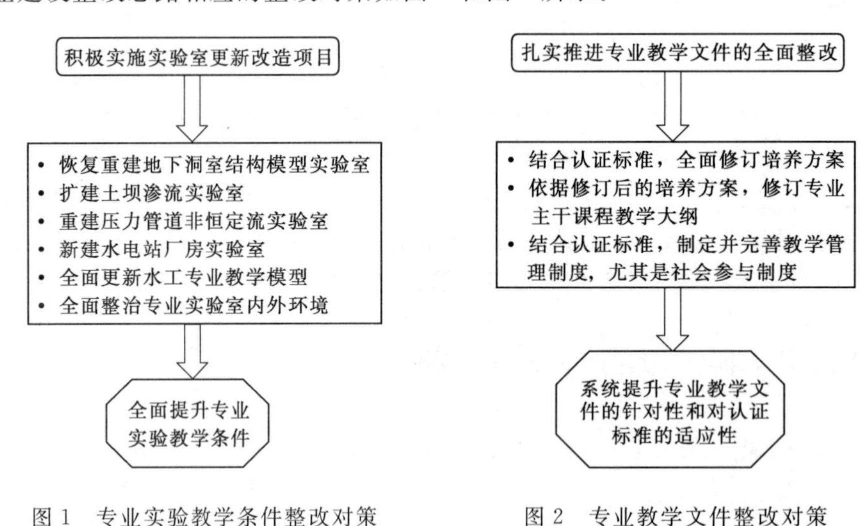

图 1　专业实验教学条件整改对策　　　　图 2　专业教学文件整改对策

4 认证前后专业建设的实施内容与过程

依据上述专业建设的对策与思路，我们对本专业的实验教学条件和教学文件进行了全面整改和提升。专业建设的主要实施内容与过程如下：

（1）专业认证前，积极实施专业实验室的更新改造项目。2012 年 9 月，针对本专业实验室所存在的一些突出问题（如前所述），在充分调研和综合分析的基础上，我们研究制定了《水利水电工程专业实验室更新改造实施方案》及《水工实验室改造实施计划》；2012 年 11 月，该实施方案获得学院和学校实验室管理处的审核批准；2012 年 12 月至 2013 年 9 月，本专业全面实施了该实施方案中的 6 项专业实验室更新改造项目（图 1）；2013 年 9 月，所有项目均按计划圆满实施完成。本次专业实验室更新改造的主要内容如下：

1）调整地下洞室结构模型实验室的整体布局，并进行恢复重建。

2）扩充土坝渗流实验室的使用面积。

3）将原压力管道非恒定流实验室进行搬迁后异地重建。

4）在原压力管道非恒定流实验室新建水电站厂房拆装实验室。

5）对水工专业教学模型室中原老旧及残损的教学模型进行全面更换。

6）对本专业全部实验室进行内外环境整治。

（2）专业认证后，扎实推进专业教学文件的全面整改。专业认证后，针对专业教学文件与认证标准的要求不相适应这一突出问题，从 2014 年年初至 2015 年年初，我们依据 2014 版《工程教育认证标准》，并针对水利类专业认证分委员会在本专业《工程教育认证现场考查报告》中所指出的问题和不足，扎实推进了专业教学文件的全面整改。其中包括：对本专业的培养方案进行全面修订，对全部专业基础课、专业课及院级选修课的教学大纲进行修订和完善，对部分教学管理文件进行补充和更新。通过上述整改，系统提升了专业教学文件的针对性和对认证标准的适应性。本次教学文件的主要整改情况如下：

1）全面修订专业培养方案。对 2012 版培养方案主要进行了下列修订：①根据本专业发展实际，并结合认证标准要求，修订了专业培养目标；②修订完善了专业培养要求（毕业要求），使其能实质覆盖认证通用标准的毕业要求；③按照认证标准要求，在培养方案中补充了关于学生毕业后 5 年左右在社会与专业领域预期能够取得的成就描述（毕业生发展预期）；④按照工程教育认证水利类专业《补充标准》关于经济、环境、法律（规）及管理等四类课程设置的基本要求，并结合本专业人才培养的实际需要，对教学计划中的上述四类课程设置进行了全面调整。

按照学校统一的培养方案修订周期（四年一大修），本次修订后的专业培养方案，于 2015 年 3 月经学院教学指导委员会审议通过后，成为正式的 2016 版培养方案（草案）。通过本次专业培养方案修订，使得本专业的培养目标及培养要求（毕业要求）与专业认证标准的适应性明显提高，课程设置及课程结构更趋优化、合理，对于加强学生实践能力和创业能力的培养发挥了重要作用。

2）全面修订专业主干课程教学大纲。按照上述新修订形成的专业培养要求（毕业要求），并根据实际教学需要，对本专业全部 19 门专业基础课、11 门专业课及 20 门院级选修课的教学大纲进行了全面修订。本次教学大纲修订的主要特点包括：①明确并加强了课程“教学目的”对新修订专业培养方案中相应专业培养要求（毕业要求）的支撑性；②专业主干课程均增加了关于专业前沿发展现状和发展趋势的教学内容；③进一步加强了专业主干课程对学生创新思维和实践能力的培养功能。

修订后的 50 门专业主干课程教学大纲，经学院教学指导委员会审核批准后，已全面投入实施。

3）修订并完善专业教学的社会参与制度。在全面总结以往教学管理经验的基础上，按照认证标准的有关要求，主要修订和完善了专业教学的下列社会参与制度：

a. 水利水电工程专业培养目标达成度的定期评价制度（试行）。明确了毕业生、用人单位及企业或行业专家参与本专业培养目标达成度评价的范围、频次等要求，对评价结果的运用方法和途径做出了具体规定。

b. 水利水电工程专业持续改进的社会评价制度（试行）。明确了毕业生、用人单位及企业或行业专家进行本专业各主要教学环节质量评价、毕业生质量评价及社会需求状况反馈的范围、频次等要求，对评价及反馈结果的运用方法和途径做出了相应的具体规定。

c. 水利水电工程专业兼职教师聘任管理暂行规定。明确了本专业兼职教师聘任的条件、考核的办法等。

修订后的上述 3 个专业教学社会参与制度，经学院教学指导委员会审核批准后，已从 2015 年开始全面投入实施。从初步运行结果来看，这些制度对于提升本专业的教学管理水平及专业建设水平具有显著的促进作用。

5 结语

如何提升专业建设水平，是值得不断探索与研究的课题。我校水利水电工程专业以2013年参与国家工程教育专业认证为契机，在专业认证前后，针对本专业发展过程中存在的一些突出问题，紧密结合本专业发展实际，以认证标准为准绳，研究提出了相应的专业建设整改思路和整改对策，在此基础上，积极实施了多项专业建设整改措施。实践证明，以专业认证为契机扎实推进专业建设工作，对有效提升专业建设水平是大有裨益的。

需要指出的是，本文所述的上述工作之所以能够积极有效地开展并获得预期的效果，与校院领导及专业负责人对专业认证及专业建设的高度重视、全体教师对专业认证理念的深入领会及其对专业建设工作的积极参与是密不可分的。2015版认证标准正式发布以后，我们对其新内容、新变化和新要求等又进行了一次全面深入地学习和领会，然后在上述2016版培养方案（草案）的基础上，通过进一步补充吸收2015版认证标准要求，最终修订形成正式的2016版培养方案，并结合该版培养方案，对专业主干课程的教学大纲再次进行了全面修订，同时还对包括公共基础课在内的其他全部课程教学大纲也进行了一次全面系统地修订。显然，2013年前后结合专业认证所开展的上述专业建设工作，为2015版认证标准正式发布后的上述专业建设工作开辟了道路，奠定了基础，从而使得本专业的专业建设工作进入到一个水平不断得以提升的正确轨道。

参 考 文 献

[1] 张黎骅，倪福全，甘露萍．农业水利工程创新型人才培养模式研究与实践［J］．中国科技信息，2006，(4)：224-225.
[2] 刘传林，李继中，钱武．适应行业需要创建特色专业［J］．中国高等教育，2005，(19)：39-40.
[3] 周建超．论新世纪高等教育的改革与人才培养［J］．高等理科教育，2002，44(4)：7-11.
[4] 冯建刚，朱成立，王为木．农业水利工程国家特色专业建设探索［J］．高等理科教育，2014，(1)：72-77.
[5] 毕颖，刘桂萍，李文秀，等．以专业认证为导向的化工专业教学改革启示［J］．中国电力教育，2014，(2)：57-58.
[6] 高小鹏，吕卫锋，马殿富，等．工程教育认证提升专业建设水平［J］．计算机教育，2013，(20)：18-23.
[7] 王瑞骏，任杰．水利水电工程专业生产实习教学模式的探索与实践［J］．中国电力教育，2014，(2)：193-194.

作者简介： 王瑞骏（1963— ），男，西安理工大学水利水电学院，教授。
Email：332050742@qq.com。

依托工程教育认证　推动水文与水资源工程专业可持续发展的实践与改革

覃光华　李渭新　梁　川

（四川大学水利水电学院，四川成都，610065）

摘　要

依托《华盛顿协议》引领下的国际工程教育本科专业认证工作，四川大学水利水电学院水文与水资源工程专业积极探索改革创新，经两次专业认证，逐步形成了“以学生为中心，以培养目标和毕业要求为导向，以持续改进为主线”的三位一体的培养模式，很好地推动了本专业本科教学的可持续发展。同时，对专业认证与专业发展中存在的问题也提出了作者的几点思考。

关键词

水文与水资源工程专业；三位一体；可持续发展改革；实践

1　专业简介及认证情况

四川大学水文与水资源工程专业隶属四川大学水利水电学院，孕育于1944年建立的理工学院土木水利系，1952年土木水利系设立了水文测验专修科。1956年经中央高等教育部批准开始招收水文专业本科生，正式设立陆地水文专业。1966年6月至1972年夏，受“文革”影响停止招生，1972年恢复招生。1979年陆地水文专业改为水文学及水资源利用专业。1984年增设了水资源规划与利用本科专业。同年获准水文学及水资源专业硕士点。1989年获准水利土木博士后流动站。1990年获准水文学及水资源博士点。2004年获准四川省重点学科及四川省重点实验室建设。2007年教育部批准为重点（培育）学科建设，同年获准校级特色专业，2008年获准为四川省特色专业，同年获准国家级特色专业（自筹经费）。2013年获准四川省“专业综合试点改革”项目。

2008年9月该专业顺利通过教育部工程教育专业认证，2011年顺利通过有效期延长的申请。2015年6月通过第二次专业认证。

2　依托专业认证，构建“三位一体”人才培养模式

四川大学水文与水资源工程专业依托两次工程教育认证的实践工作，针对在该专业教学和人才培养过程中出现的问题，通过发挥西南区域优势，注重产学研相结合，构建了完善的实践教学平台与体系，取得了十分丰富的教学改革及专业建设的成功经验，形成了“学生为中心，培养目标和毕业要求为导向，持续改进为主线”的三位一体培养模式。

三位一体培养模式具有水文水资源本科专业素质教育培养特色，强化“以学生为中心的教育理念”，主动加强宣传吸引学生，多角度全方位指导学生，并对学生在整个学习过程中的表现进行跟踪与评估；明确“以成果为导向的教学取向”，明确专业培养目标制定依据，努力细化修订制度，不断优化

培养目标内容、深化培养目标评价；丰富“以持续改进为主线的质量文化”，通过校内评价和校外评价两条渠道，严格过程控制、出口控制和反馈控制的多维度质量评价与持续改进机制，基于评价结果不断提升持续改进教学工作。

3　人才培养模式应对培养全过程的主要措施

3.1　强化以学生为中心的教育理念

（1）全方位多层次指导学生。举办新生开学典礼、新生专业教育、选课指导；院系领导与本科生面对面交流、师生座谈会、校友报告会、特色班会、优秀学长访谈交流会、专业分流辅导讲座等。开展“三大论坛和一大讲座”入学教育，即“智者论水”系列讲坛、研究生水专题论坛、教授论坛和水利科技前沿讲座。

多层次“四位一体”（辅导员＋学分制导师＋班主任/名誉班主任＋教导员）学生指导。积极推进素质教育第二课堂：包括“四川大学大学生科学探索实验计划”“四川大学大学生创新性实验计划”“四川大学大学生科研训练计划”等。充分发挥第二课堂育人功能，积极鼓励学生参与本科生科研训练计划，培养学生的科技创新能力。

采取向个人、向课堂、向网络、向前、向后延伸的“五个延伸”要求，通过举办各种讲座和讨论会，从职业规划、就业心理辅导、面试技巧、劳动政策等方面对毕业生进行指导，增进学生对本专业前景的了解，引导学生树立正确的就业观，开创就业工作的新局面。

（2）宽领域多角度跟踪评估。不断深化考试制度改革，要求任课教师从专业培养目标和毕业要求出发选择考试形式和考题，注重对学生专业能力的考察。允许任课教师根据课程特点及教学要求，采用闭卷、开卷、小论文、课程设计等多种形式进行考试，同时加强对学生的过程考核，加大过程考核占期末总成绩比例，并将平时考核成绩纳入期末总成绩，以更加客观、全面地反映学生的学习情况。

重视学生专业技能的培养，在历次教学计划修订中，坚持知识、能力与素质的全面协调发展。在课程设置、实践教学环节的安排上突出强调专业技能的训练，每门课程均根据教学目标制定了详细的教学大纲，明确课程的教学内容、考核方式和成绩构成。构建了水文测验、地下水水文学（或水文地质学基础）、自然地理实习等专业实践平台，水文水利计算、水资源利用、水环境保护、水文预报、水文测验等课程设计，同时不断加强与深化校企合作，为学生提供到水文局、设计单位等实习实践的机会，比如与中国电建成都勘测设计研究院有限公司、四川省水利水电勘测设计研究院、都江堰水利电力勘测设计院、云南省水利水电勘测设计研究院等联合指导本科毕业设计。同时加强毕业设计的管理，提高质量。

许多单位定期来举办招聘活动并建立长期联系与交流，经用人单位反馈信息，我专业毕业生政治素质高，吃苦耐劳，踏实肯干，认真负责，顾全大局；知识面广，基础理论与基本技能扎实，计算机、外语应用能力较强，动手能力和解决工程实际问题的能力及创新意识强。

3.2　明确以成果为导向的教学取向

（1）主动评价与修订专业培养目标。每隔2～4年进行本专业人才培养目标和培养方案修订。修订培养目标前，成立专门本科培养方案修订专家委员会和本科培养方案修订工作委员会，根据本科生培养方案修订的工作条例和指导性意见，全面组织和负责完成修订任务。

为衡量培养目标是否合理，每1～3年对毕业生、用人单位、校友等进行调查，多方位对本专业培养目标合理性不断进行评价，范围涉及全国各省区、五大流域机构、30多个有代表性的水利水电单位。调查活动按照“点面”结合的原则，以座谈、问卷调查、电话采访等多种形式展开，通过科研合作、毕业生进校座谈、不定期发送毕业生调查表、院庆、校庆、校友会等多种方式和渠道进行。

（2）积极评价毕业要求达成度。毕业要求达成度评价每2～4年进行一次。学校、学院和水文系通过定量与定性相结合、过程监控与结果评价相结合，由学院教学指导委员会、学院领导、系室教师、企业导师等人员组成评价小组，采用多种评价方法，对所有评价数据进行分析、比较和综合，对毕业要求是否实质达到进行评价。

对每一项毕业要求进行指标分解，课程体系与分解后的指标紧密结合并形成很好的支撑。采用课程考核成绩分析法、评分表分析法和问卷调查法等多种评价方法分析毕业要求的达成度。对所有评价数据进行分析、比较和综合，对毕业要求是否实质达到进行评价，并将评价结果用于持续改进。

3.3 丰富以持续改进为着力点的质量文化

（1）建立教学过程质量监控机制。建立系列教学管理制度与质量标准，规范教师职责，明确教学要求；岗位考核中明确本科教学质与量；晋升技术职务实行一票否决；科研提成1%设立专项教学奖励基金等。并形成明确、健全的多级管理、督导和学生互动的监控机制。

教学质量是本科教学的生命线。主要教学环节包括培养方案、教学大纲制定，以及教学任务下达到教学任务完成的整个过程，包括培养方案制定、确定教师、教学大纲编制、选教材、备课、讲课、习题与答疑、命题、阅卷、提交成绩、课程总结等。制定了《水文与水资源工程系教学质量控制体系规定》等系列文件，从课堂教学质量标准、实验教学质量标准、批改作业质量标准、命题与阅卷质量标准等多方面严格保证教学质量。

（2）强化毕业生跟踪反馈与社会评价。建立多途径的毕业生跟踪反馈机制，主要是建立了长期稳定的毕业生问卷调查机制。每年向毕业生发放调查问卷，对毕业生情况进行跟踪调查，重点分析培养方案对培养目标的支撑度、校友主流职业发展与培养目标的吻合度、毕业出口能力与目标期望的吻合度；社会需求与培养目标的吻合度。将分析结果梳理后形成改进意见，并用于后续人才培养方案、教学计划修订等教学环节的持续改进。

通过向用人单位发放调查表的形式，请用人单位对本专业毕业学生进行全面评价。并通过一些调查机构或媒体对不同专业学生质量的调查报告或评价排名等获取社会评价信息。如中国科教评价网、第三方权威性数据机构麦克思公司等。

（3）评价结果用于持续改进的情况。通过教学大纲调整、教师教学能力提升培训、小班化教学、课程考试改革等方式提高教学质量。毕业设计实行开题报告、中期检查、毕业答辩全过程检查督导，并及时将检查结果反馈给相应教师和学生，以保证学生能够顺利完成毕业设计。这些综合措施的实施，可有效保证本专业主要教学环节教学目标的实现。

充分重视社会评价信息，在培养目标、毕业要求、课程设置等修订过程中均将该评价信息作为修订的重要依据。如近年来，社会评价对本专业反馈的信息为在“国际视野”“外语能力”“计算机应用能力”“工程实践能力”等方面有一定欠缺。根据社会评价结果，对培养目标、毕业要求、课程设置进行了及时修订和调整。

4 人才培养模式的主要特色

4.1 面向现代水利需求，强化两类实践相结合

为适应现代水利的发展，面向现代水利的需求，重构创新人才培养的研究型、创新探索型和实践应用型的一整套创新人才培养专业课程教学体系。结合专业特点，将工程实践和科研实践、校内实践和校外实践相结合，紧扣“强调基础，注重实践，科研促学，全面发展”水文及水资源工程专业素质教育培养的办学特色，依托学校“523”本科教学实验室、水力学与山区河流开发保护国家重点实验室、四川省水土资源重点实验室及各类本科实践基地，开设的实践类必修与选修课程共计45学分，占

总学分的 26.47%。

4.2 适应工程教育要求，促进两个体系优化

结合科学技术的发展和行业对人才培养的需求，本专业围绕人才培养目标，不断进行课程体系和教学内容体系的改革，以专业骨干课程改革为基础，以加强素质教育和实践教学为重点，以培养学生实践能力和创新精神为核心，结合学科发展前沿，深化教育教学改革，整合、优化课程体系和教学效果评定体系。课程体系的优化，充分考虑企业行业专家的意见和建议，开设“水文实时预报”“水能规划新进展”和“现代水文信息技术”3 门新课程。

4.3 加强职业规划与就业指导，建立“五个延伸”机制

为了适应新时期社会发展的要求，满足学生职业规划和就业指导的新需求，建立向个人、向课堂、向网络、向前、向后延伸的“五个延伸”的机制，学院通过举办各种创业就业、职业生涯规划讲座和讨论会，从职业规划、就业心理辅导、面试技巧、就业指导咨询、劳动政策等方面对毕业生进行多渠道指导。近三年本专业学生就业情况较好，近三年就业率高达 95%以上。

5 几点思考

（1）随着我国经济和技术的快速发展，社会对水文与水资源工程专业人才的需求更加趋于多样化。各个学校应结合自身特点适当进行专业延伸，形成具有一定差异的、特色鲜明的水文与水资源工程专业。如何做到与认证体系要求、专业规范要求、不同类型高校课程设置限制协调一致又独具特色是今后本专业需要深入思考的问题。

（2）工程教育专业认证是国际通行的工程教育质量保证制度，也是实现工程教育国际互认和工程师资格国际互认的重要基础。水利类专业认证工作自开展以来已有十余年，各大水利类院校也越来越重视该项工作，然而专业认证在促进本科生国内外就业、与注册工程师衔接方面还有较长的路要走。

（3）目前认证标准体系过于指标化、理想化，部分指标可操作性不强，实际完成过程中不好量化。

（4）目前国内很多水利类高校都已开始第二次专业认证，认证有效期一般为三年，然而任何教学改革在三年时间里都很难看到明显的效果。未来的认证是否可以考虑根据认证次数，重点考察上次评估期不足之处，或者适当延长多次认证合格专业的认证有效期。

参 考 文 献

[1] 陈元芳，李国芳，王建群，等. 河海大学水文与水资源工程专业教学改革实践与思考 [J]. 科教导刊，2012，(36)：104-106.

[2] 宋松柏，康艳. 我国水文与水资源工程专业教育的现状分析与思考 [J]. 中国地质教育，2011，(3)：68-73.

[3] 刘丽娜，刘卫林. 新形势下水文与水资源工程专业教育的若干思考 [J]. 南昌工程学院院报，2015，(6)：73-76.

[4] 莫淑红，宋孝玉，黄领梅. 新形势下水文与水资源工程专业人才培养保障体系探究 [J]. 中国电力教育，2014，(5)：61-63.

[5] 张升堂. 水文与水资源工程专业培养动态及问题分析 [J]. 中国电力教育，2009，(17)：18-20.

作者简介：覃光华（1975— ），女，四川大学教授，水文与水资源工程系主任。

Email：ghqin2000@163.com。

以专业认证理念推动农业水利工程专业建设

王修贵　夏富洲　伍靖伟

（武汉大学水利水电学院，湖北武汉，430072）

摘　要

我国农业水利工程专业历史悠久，随着经济社会的快速发展和信息化程度的不断提高，社会、行业和学生的需求更趋多元，专业建设的思路和模式需要更新。本文结合武汉大学农业水利工程专业建设，介绍了根据“以学生为中心”“目标导向”“持续改进”专业认证的核心理念，进行农业水利工程专业建设过程的经验和体会。包括以专业认证标准为基础，以学生为中心，制定具有本校鲜明特色的专业培养目标，将培养目标的达成贯穿于课程设置、教材和师资队伍建设、跟踪评估和持续改进的全过程中，以适应不断变化的新需求等。

关键词

农业水利工程；工程教育；专业认证；教学改革

1　引言

我国农业水利工程专业历史悠久，随着经济社会的发展，专业的内容和服务的范围正在发生变化，专业发展面临新的机遇和挑战，探讨以工程教育专业认证的理念推动专业建设，对于适应新的社会需求具有现实意义。

2　农业水利工程专业的发展和新机遇

2.1　农业水利工程专业的发展

农田水利工程是一项古老的事业，农业水利工程专业是为服务该项事业而逐步发展起来的一门专业，我校农业水利工程专业的发展历程是该专业的一个缩影，其前身可追溯到1928年国立武汉大学工学院土木系水利组，1950年成立水利系，1951年招收首批土壤改良专业本科生，1959年水利土壤改良专业更名为农田水利工程专业，1998年，国家教育部本科专业目录调整后将农田水利工程专业更名为农业水利工程专业。为适应社会对高等教育人才培养的“厚基础、宽口径、强能力、高素质”要求，2003年9月，我校农业水利工程专业和其他3个水利类本科专业一起按水利工程大类招生，经过1.5年的学习后再分专业。2013年我校农业水利工程专业通过了我国工程教育专业认证。

我校农业水利工程专业自1950年以来至2017年7月的63年间，共培养本科生6600余名，他们大部分工作在水利行业的生产、科研、教学和管理等各条战线，也有许多校友远渡重洋，为世界许多国家和地区的经济建设和科技进步贡献自己的力量。

传统的农业水利工程专业以灌溉排水工程为核心，以力学、水文和土壤与农作学等为专业基础课，研究利用灌溉排水工程措施调节农田水分状况和改变区域水情分布、消除水旱灾害、高效利用水资源、为农业生产提供水利保障。由于该专业的基础课涵盖数学、力学、地质、水文、土壤、农作等多门类课程，而专业课又包括农田水利学（灌溉排水工程学）、水泵及水泵站、水工建筑物等必修课，以及水电站、工程项目管理、房屋建筑设计等多门选修课，是典型的“基础厚、口径宽、适应广”的水利专业，被业内一些人士称为通用型的水利工程专业。毕业生几乎能适应和从事水利行业的所有领域和土木、国土、农业、环保、水保等领域的相关工作。

2.2 农业水利工程专业的发展机遇和挑战

（1）农业水利工程专业内容在发生转变。传统的以灌溉排水工程为核心的农业水利工程，主要目标是调节农田的水分状况和改变地区水情。在专业内容方面，主要是灌溉排水工程的规划、勘测、设计、施工和管理等相关工作。随着经济社会的发展，农业水利工程的内涵在变化，主要表现在随着大规模的水利工程建设的完成，灌区更新改造、现代灌区建设、灌区水资源高效利用和管理、城乡水务管理、农村饮水等成为农业水利工程专业的主要服务内容。

（2）现代农业对农业水利工程的要求在变化。我国现代农业的基本特征主要表现为：农业产业结构的市场化、农业生产方式的集约化、农业经营形式的产业化、农业生产技术的智能化、农业生产管理的信息化[1]。市场化的生产必然带来种植结构的调整，并引导资源向高效益、高效率的方向配置，人们对生态农业的需求必然通过市场信号反映出来，并引导生态型农业的发展，而生态农业要求灌区水质清洁、环境优美、生态良好；要求灌溉排水系统能适时适量地满足农田的灌溉和排水需求，排水水质达标；要保障生态用水和环境用水。农业种植方式的集约化，要求灌排设施必须跳出传统的土地条块分割、一家一户的经营模式，从灌区总体角度进行灌排设施规划，山、水、田、林、路、湖综合治理。农业生产技术的智能化与农业生产管理的信息化，要求有智能化的灌排技术体系，开放的灌区管理系统，信息化、自动化和智能化，将是现代灌区建设的主要内容。因此，农业水利工程将更加注重工程、生态、环保、信息、智能等多领域、多学科的综合运用。

（3）灌区的功能在变化。灌区是灌溉排水系统最为集中的场所，也是农业水利工程专业服务内容最为集中的地方。灌区传统的功能主要是通过灌溉排水系统的作用保障粮食和主要农产品的有效供给。据有关资料统计，我国各类灌区在约占全国50%的耕地上生产了约75%的粮食和90%以上的经济作物[2]。随着经济社会的发展，我国灌区正在经历由传统灌区向现代灌区转变的过程，灌区的基础设施和管理体制、机制正在进行现代化的改造，发电、航运、水产、水土保持和水资源保护等功能也在全面升级。由于良好的水土资源条件，灌区除了保持传统的粮食和主要农产品的生产基地之外，也成为生态优良、水清天蓝的休闲之地，自然灾害有效控制、供水有保障、交通便利、环境优美、留得住乡愁的宜居之地。

上述变化表明，灌溉排水工程仍然是农业水利工程专业的核心，但服务的重点、服务的内容和范围正在发生改变；与现代灌区建设相关的灌区生态、民生水利、工程安全、水利景观与休闲、灌排智能化以及相关的社会需求正在增长；毕业生就业的领域更加广泛。这些变化既为专业的发展提供了机遇，也为专业建设提出了新的挑战。为适应新的社会需求，主动迎接挑战，一些学者对农业水利工程专业建设和改革进行了探讨[3,4]。2016年，我国正式加入《华盛顿协议》，借鉴国际经验，探索以专业认证理念推动我国农业水利工程专业建设和改革具有现实意义。

3 以专业认证为契机推动农业水利工程专业建设

“以学生为中心”“目标导向”“持续改进”是专业认证的核心理念，也是国际工程教育的基本理念[5]，对于推动专业建设和教学改革具有引领作用。农业水利工程专业建设过程中，应以专业认证标准为基础，以学生为中心，制定具有本校特色的专业培养目标，将培养目标的达成贯穿于课程设置、教材和师资队伍建设、跟踪评估和持续改进的全过程中，以适应不断变化的新需求。

3.1 以学生为中心的教育

传统教学评估，往往着眼于部分优秀的学生，通过优秀学生的表现、杰出校友的业绩来证明教学质量。实际上，很多杰出的校友在校时并非最优秀的学生，很难证明杰出校友的成功究竟是在校教育还是其他因素的结果。

专业认证所强调的以学生为中心，要求在招生、学习指导、职业规划、就业指导、心理辅导、转专业、学分认可等整个学校的教学过程中，针对所有学生教学活动，使所有学生能达成专业目标培养的要求。同时，对毕业生进行跟踪调查评估，评价培养目标是否达成。

武汉大学农业水利工程专业积极实践以学生为中心的专业教育。以招生和跟踪评估为例：在招生方面，武汉大学深知优质生源对本科教育质量的重要性，制定并实施了多种吸引优秀生源的措施。同许多学校一样，农业水利工程专业由于专业名称和服务对象缺乏明显的竞争优势，在吸引优质生源方面面临更大的挑战，尽管如此，由于同我校其他专业相比所具备较高的就业率、良好的学科基础、广泛的社会认可、针对本专业设置的多渠道的专业奖学金，以及学校采取的按水利大类招生等措施，本专业仍然吸引了较多的优质生源。如，2011—2013 年录取的学生在 6 个专业平行志愿中填报了水利类专业的比例在 98%以上，约 60%学生将水利类专业排在专业平行志愿中的第一，稳居全校 114 个本科专业的前十。在跟踪评估方面，以 2012 年 3 月的调查为例，学院在该次调查中选择了湖北省水利水电勘测设计院、长江勘测设计研究院、长江三峡集团公司、葛洲坝集团等 4 家单位，进行了水利水电学院毕业生社会调查。发出问卷 200 份，收回 150 份。96%被调查毕业生认为学院办学水平较高或很高；94.7%对学院教学水平比较满意或满意；86%认为学院教学安排、课程设置基本合理；75%认为实践教学效果较好或好；74.4%认为学院对创新能力培养比较重视或很重视；79%被调查毕业生对目前工作较满意或很满意；93%的从事专业对口或在相关行业工作。同时，问卷也提出了在校教学中应加强的方面：不断学习能力、人际交往能力、创新能力、团队精神等。

3.2 目标导向构建课程体系

目标导向就是用期望全体学生获得的学习成果，反推出所需的培养过程、培养要素和培养环节，以及对应的持续改进机制。专业认证中的培养目标、毕业要求和课程设置之间存在紧密的内在联系。

我校 2013 版的《农业水利工程专业本科人才培养方案》中对培养目标的描述为：培养适应社会经济发展需要，具有良好的修养与道德水准，能够承担社会责任，具有创新精神的农业水利工程专业人才。毕业生在水利工程及相关领域具有就业竞争力，并有能力进入研究生阶段学习；能够通过继续教育或其他终身学习途径拓展自己的知识和能力；毕业后能够承担水利工程的勘测、规划、设计、施工与管理工作；毕业后经过 5 年左右实际工作的锻炼，预期获得职业工程师资格或者具备相当水平的工作能力；能够在工作团队中作为成员或领导者有效地发挥作用。

对毕业生提了 10 项应达到的要求：①具有科学和人文素养、社会责任感和职业道德；②具有从事水利工程工作所需的相关数学、自然科学以及经济和管理知识；③掌握水利工程学科的基本理论和知识，了解国内外水利工程及相关学科的前沿发展现状和趋势；④具有一定的实验设计和实施的能力，具有归纳、整理、分析实验结果，撰写报告的能力；⑤掌握基本的创新方法，具有追求创新的态度和意识，具有从事水利、水土资源开发利用与保护、城乡供排水工程的勘测、规划、设计、施工和管理能力；⑥掌握文献检索、资料查询、信息获取的基本方法以及信息处理的能力；⑦了解国家在水利水电工程建设、水资源开发与保护、水土保持方面的有关方针、政策和法规，能正确认识水利水电工程对生态环境和社会的影响；⑧具有一定的组织管理能力、表达能力和人际交往能力以及在团队中发挥作用的能力；⑨对终身学习有正确认识，具有不断学习和适应发展的能力；⑩较好地掌握一门外语，具有国际视野和跨文化的交流、竞争与合作能力。

可以看出，培养目标反映了学生通过本科阶段的学习和实践，所期望达到的知识、素质和能力，以及毕业后在社会与专业领域的预期。培养目标通过10个方面的毕业要求来实现，而毕业要求又是通过构建的课程体系（包括实践教学环节）来完成。例如，毕业要求的第10项“较好地掌握一门外语，具有国际视野和跨文化的交流、竞争与合作能力。”是通过“大学英语”让学生具备基本的英语听、说、读、写能力，初步了解欧美文化背景；通过“专业英语”使学生了解本专业的基本词汇以及国外发展趋势；通过“水力学”“灌溉排水工程学”“水利学科导论”“水资源规划及管理”等课程中关于国内外研究进展的介绍，使学生了解本专业国内外发展动态，通过毕业论文或毕业设计中要求的“国内外研究进展综述”的文献阅读和总结，以及英文摘要写作的训练，通过教学实践和毕业设计中的团队协作等活动，使学生基本具备国际视野和跨文化的交流、竞争与合作能力。

总之，根据专业认证的要求，培养目标、毕业要求中的每一项抽象的、定性描述，都对应具体的课程或者实践环节的设置。培养目标需要根据经济社会发展的需求和学校的定位来设置，而培养目标的实现则体现在毕业要求的落实，毕业要求又是通过课程设置来完成。

3.3 持续改进是适应社会需求和保障培养目标达成的重要措施

专业认证所要求的持续改进是保证培养目标达成和不断调整目标以适应社会需求的重要措施，是教学过程中的一种监控与反馈机制。

根据专业认证标准，持续改进包括：①教学质量过程的监控，其主要内容是监控教学环节的质量、教学过程，并评估课程设置对毕业要求的达成，这些评估结果应用于课程设置的改进；②毕业生的跟踪评估和社会参与的评估，这些评估包括对毕业生达成培养目标的评估以及适应社会需求的评估，社会对本专业人才新的要求的反馈。这些评估与反馈结果也应应用于教学方案修订与完善之中。

武汉大学具有较为完善的持续改进措施，对于保障农业水利工程专业的人才培养质量，保证毕业要求的达成和培养目标的实现起到了重要作用，也使我校的农业水利工程专业培养目标能够基本上紧扣时代需要。以教学质量过程的监控体系为例，校院两级成立有教学督导团（组），负责对教学秩序、教学质量、教学管理及教学工作状态进行监督、检查、评估和指导；学校建立有教师、干部听课制度，通过教师的互帮互助，改进教学方法，而干部听课不仅有利于监督教师的教学过程，检查教师的授课效果，也有利于提高管理干部的业务水平，让教学管理更接地气；学生网上评教系统，对教学保证教学质量具有良好的作用。学校先后出台了《武汉大学教师教学工作规范》《武汉大学本科教学过程规范要点》等一系列文件，对教学过程管理和质量控制作出了明确规范。学校每年开展学院本科教学工作状态评估，制定了《武汉大学本科教学工作状态评估指标体系》，同时定期召开“本科教学工作会议”，编制《本科质量报告》，总结本科教学工作经验，对后期的本科教学做出部署。

4 突出区域优势，办出特色鲜明的农业水利工程专业

我国幅员辽阔，自然资源禀赋各异，南方水资源丰富，但洪涝渍害问题突出，尤其是东部和南方沿海地区经济快速发展，人均水资源少、农业用水呈现负增长，水污染导致水质型缺水问题突出。农田排水、面源污染控制、节水灌溉、适应农业新业态（如都市农业、观光农业、产业园农业、生态农业、设施农业等）的灌溉排水措施，是该地区的主要社会需求；西北地区水资源短缺，土壤盐碱化问题突出，节水灌溉、盐碱化防治是该地区面临的主要农业水利问题；此外，不同的地形、作物和经济发展水平不同的地区，面临的农业水利问题各不相同。水利部针对全国节水问题开展的具有区域特色的“东北节水增粮、西北节水增效、华北节水压采、南方节水减排”行动，反映了不同地区水资源突出问题及其应对方案。

农业水利专业涉及面广，要培养出适应全国各地“通用型”专业人才，必然会降低人才的“专”和“特”等方面的要求。因此，根据各校的办学经验和区位优势，办出各具特色的农业水利工程人才，

是适应我国地域和水资源分布特点的解决方案。

参 考 文 献

[1] 曹林奎，高峰．中国现代农业的基本特征 [J]．中国农学通报，2005，21（7）：115-118.
[2] 王修贵，张绍强，刘丽艳，等．现代灌区的特征与建设重点 [J]．中国农村水利水电，2016，（8）：6-9.
[3] 李宗利，马孝义，蔡焕杰，等．农业水利工程专业人才培养模式实践与探索 [J]．高等农业教育，2012，（6）：28-30.
[4] 王振华，王京，刘建军．农业水利工程专业认识实习实践教学模式改革 [J]．中国电力教育，2010，（9）：129-131.
[5] 陈平．专业认证理念推进工科专业建设内涵式发展 [J]．中国大学教学，2014，（1）：42-47.

作者简介： 王修贵（1962— ），男，教授，博士生导师，主要从事农田水利工程方面的教学、科研工作。
Email：wangxg@whu.edu.cn。

说明： 本文已投至《高等农业教育》并录用，拟计划2018年第2期刊出，特此说明。

水利水电工程本科专业课程体系的构建*

张庆华　刘传孝

（山东农业大学水利土木工程学院，山东泰安，271018）

摘　要

课程体系是人才培养方案的重要组成部分。本文介绍了水利水电工程本科专业课程体系设计的依据及形成过程、课程设置及课程类型，并对照工程教育专业认证标准，对课程体系的学分构成达成度进行了分析。

关键词

水利水电工程；本科专业；课程体系；达成度

1　引言

我校水利水电工程专业具有60多年的办学历史，历经农田水利工程专业（中专，1955—1983年）、水利工程专业（专科，1984—2005年），1999年，山东省教育厅批准设置“水利水电工程”本科专业，并于2000年开始招生。该专业1978年招一届本科生，1998年开始“专升本”招生。水利水电工程学科为山东省“十一五”重点建设学科，2003年批准为硕士学位授权点，依托该专业2010年“农业水土工程”批准为博士学位授权点。2006年被山东省教育厅批准为山东省特色专业，2012年被山东省教育厅批准为山东省成人高等教育品牌专业，2013年被山东省教育厅批准为山东省“名校工程”点建设专业，2015年被山东省教育厅批准为“山东省普通本科高校应用型人才培养专业发展支持计划”建设专业，及山东农业大学与山东水利职业学院水利水电工程专业“3＋2”对口贯通分段人才培养专业。

水利水电工程本科专业2000年、2003年、2007年、2010年、2015年进行了5次专业人才培养方案修订，目前执行的是2015版的专业人才培养方案。本文结合2015版人才培养方案，介绍水利水电工程本科专业课程体系的构建。

2　课程体系设计的依据

2015年，我校水利水电工程专业被山东省教育厅批准为“山东省普通本科高校应用型人才培养专业发展支持计划”建设专业，及山东农业大学与山东水利职业学院水利水电工程专业“3＋2”对口贯通分段人才培养专业。2015年，学校批准水利水电工程专业申报参加“工程教育专业认证[1]”。2015年，学校提出了全面修订本科专业人才培养方案的通知。水利水电工程专业课程体系正是在这样的背

* **基金项目：** 山东省普通本科高校应用型人才培养专业发展支持计划项目（2015）。

景下修订的。

构建科学合理的课程体系，必须立足于应用型人才培养目标，围绕人才培养目标设置相对应的课程内容，明确课程在人才培养中所发挥的作用[2]。因此，本专业课程体系设计的指导思想是：以工程教育认证标准为准则，以应用型人才培养为目标，突出人才培养的区域特色。

本专业课程体系设计主要依据以下文件和要求进行：

(1)《工程教育认证标准》(中国工程教育专业认证协会，2015 年 3 月修订)。

(2)《水利类专业认证补充标准》。

(3) 山东省教育厅、山东省财政厅《关于实施普通本科高校应用型人才培养专业发展支持计划试点工作的通知》(鲁教高字〔2014〕14 号)。

(4) 山东农业大学本科专业人才培养方案修订指导意见 (2015)。

同时，课程体系设计还依据《山东农业大学水利水电工程本科专业培养方案》中的培养目标、毕业要求等。

3 课程体系形成的过程

水利工程系组织全体教师认真学习课程体系设计的有关文件，领会工程教育专业认证标准（包括水利类专业补充标准)，剖析本专业培养目标、毕业要求，特别是 32 个指标点的内涵，充分认识课程对培养目标、毕业要求的支撑作用，在广泛讨论的基础上，形成了《水利水电工程专业本科人才培养课程体系》初稿。水利土木工程学院组织有关人员（教授委员会），对课程体系初稿进行了论证。

另外，应用型人才培养课程体系，需同行业企业联合，校企双方协同构建[3]。因此，本专业课程体系构建通过走访的形式，调研了水利企业、行业的代表，向他们汇报“水利水电工程专业本科人才培养方案（初稿)”，听取了生产单位人员对课程体系设计的意见与建议，在此基础上做进一步修改、完善，并报学校批准，最终形成本课程体系。

4 课程体系构成

4.1 课程设置

水利水电工程专业课程设置主要考虑以下要素：①工程教育认证标准及水利补充标准中规定的课程及课程比例；②课程设置能够支撑专业培养目标与毕业要求；③体现我校的专业特色。

我校水利水电工程专业本科人才培养方案的特色是：在水利水电工程大专业背景下，体现人才培养的区域特色，即兼顾农业水利工程专业。因此，在课程体系中设置了“农田水利学”“水泵与泵站”“节水灌溉技术”等必修课程。

另外，课程设置分必修课程与选修课程。其中在专业方向与拓展教育课中，选修课程又分为“专业型”“创新型”两种。“专业型”选修课程是为专业内容、方向拓展而设置的选修课程，“创新型”选修课程是为深入专业研究而设置的拓展课程。为了使课程能够支撑毕业要求与培养目标，对某些选修课程做了限制，为二者兼有的选修课程——“专业型”与“创新型”，这类课程为限选课程，也即必选课程。

4.2 课程分类

课程设置包括课程体系与实践体系。按照“通识教育”“专业教育”“专业方向教育”“拓展教育”4 个培养平台（模块）设置课程。各类必修课程学分分布见表 1、图 1 和图 2。

表 1　　　　水利水电工程专业四年制本科专业学分分配表

培养平台（模块）	课程体系			实践体系			合计
	课程类别	性质	学分	实践层次	性质	学分	
通识教育	通识课程	必修	22.5	基础实践	必修	10	44.5
		选修	12				
专业教育	学科基础课	必修	57.35	专业实践	必修	15.4	84
	专业核心课	必修	17.25				
专业方向教育	专业方向课	选修	21	综合实践	必修	11	41.5
拓展教育	拓展教育课	必修	3.5				
合　计	133.6			36.4			170

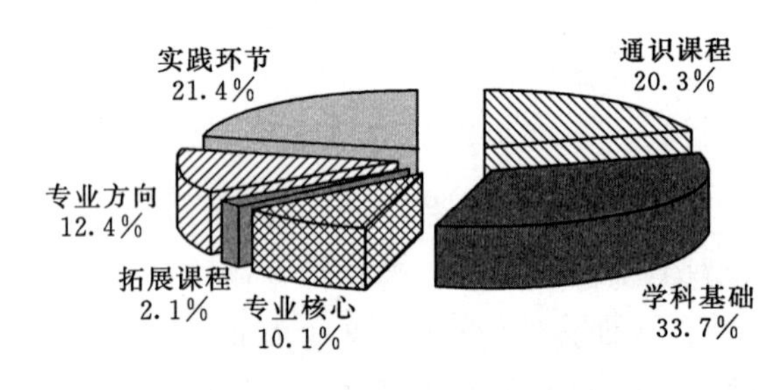

图 1　各类课程学分比例（必修）

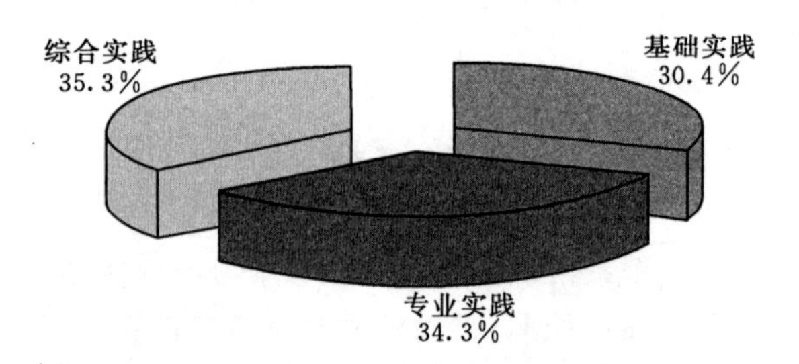

图 2　实践环节学分比例（必修）

5　学分结构与标准的符合度

根据 2015 版的水利水电工程本科人才培养方案，毕业生应修 170 学分。按照工程教育认证标准，各类课程必修/选修课总学分统计见表 2。

表 2　　　　水利水电工程专业各类必修/选修课程总学分

序号	专业认证标准课程类别		通用标准要求	学分			占学分比例/%			
				必修	限选	选修	必修	限选	选修	小计
1	数学与自然科学		至少 15%	25.8			15.2	0	0	15.2
2	工程及专业相关	工程基础	至少 30%	17.875	7		10.5	4.1	0	14.6
		专业基础		16	10	5	9.4	5.9	2.9	18.2
		专业课		18.75	2		11.0	1.2	0	12.2
		小计		52.625	19	5	31.0	11.2	2.9	45.1
3	工程实践与毕业设计		至少 20%	34.075	1		20.0	0.6	0	20.6
4	人文社会科学		至少 15%	24.5	8		14.4	4.7	0	19.1
	小　计			137	28	5	80.6	16.5	2.9	100.0
	总　计			170			100			

注　1. 工程实践学分包括理论课中的课程内实验学分，工程及专业课类则不包括课内实验学分；
2. 工程实践与毕业设计学分不包括物理实验（与自然科学重复）。

由表 2 看到，本培养方案数学与自然科学学分（必修课）占总学分的比例为 15.2%，满足通用标准至少 15%的要求；工程及相关专业课程学分（必修、限选课程）占总学分的比例为 45.1%，满足通用标准至少 30%的要求；工程实践与毕业设计学分（必修、限选）占总学分的比例为 20.6%，满足通用标准至少 20%的要求；人文社会科学课程学分（必修、限选）占总学分的比例为 19.1%，满足通用标准至少15%的要求。

由此可见，本培养方案各类课程学分满足专业认证通用标准及水利类专业补充标准的要求。

参考文献

[1] 樊一阳，易静怡.《华盛顿协议》对我国高等工程教育的启示 [J]. 中国高教研究，2014，(8)：45-49.
[2] 佟艳芬. 构建应用型本科院校通识教育课程体系路径探析 [J]. 亚太教育，2016，(3)：197.
[3] 俞华. 应用型人才培养课程体系改革与研究 [J]. 决策与信息，2015，(35)：95.

作者简介： 张庆华（1960— ），教授，主要从事水利工程建设与管理研究。
Email：zqh@sdau.edu.cn。

专业认证和大类招生背景下的水利水电工程专业课程体系改革

苏　凯　肖　宜　何金平　严　鹏

（武汉大学水利水电学院，湖北武汉，430072）

摘　要

专业认证是工程专业教育质量的重要保证，由于我国庞大的工科类本科生群体而显得愈发重要。本文结合专业认证标准，介绍了武汉大学水利水电工程专业现行培养方案中课程体系结构现状。大类招生模式是高校“双一流”建设中的首选模式，武汉大学针对本校培养模式特点，提出水利大类招生培养的改革设想，水利水电学院作为水利类招生培养方案构建的实体，采用了院系两级协同制定大类培养课程体系的模式。作为水利大类的重要组成部分，既要满足大类招生指导思想，又要满足专业认证要求，本文初步构建了水利水电工程专业的课程体系。

关键词

华盛顿协议；专业认证；大类招生；水利水电工程；课程体系

1　《华盛顿协议》与专业认证

经过20多年的发展，1989年，由美国等6国签署的《华盛顿协议》已成为最具国际影响力的教育互认协议，目前包括15个正式成员和7个预备成员[1]，已经成为国际工程界公认的对工科本科毕业生和工程师职业能力的要求。我国于2006年启动工程教育专业认证试点工作，2013年成为了《华盛顿协议》的预备成员国，2016年正式加入《华盛顿协议》，标志着我国专业认证工作开启新的篇章。水利类专业于2007年启动认证工作，2011年经批准正式成立水利类专业认证委员会，到2017年，水利类工程教育专业认证工作开展了10年。

《华盛顿协议》的主要内容简述如下：各正式成员所采用的工程专业认证标准、政策和程序基本等效；各正式成员互相承认其他正式成员提供的认证结果，并以适当的方式发表声明承认该结果；促进专业教育实现工程职业实践所需的教育准备；各正式成员保持相互的监督和信息交流，等等。其核心内容是经过各成员组织认证的工程专业培养方案具有实质等效性[2]。《华盛顿协议》制定了系统化的制度，规范各国对高等工程教育的认证过程，有严格的定期审查和相互监督机制，各成员组织承担和享有明确的责任和义务，在推进本国或本地区高等工程教育评估、提高大学生基本科学素养和从业能力的同时，也要致力于推广《华盛顿协议》，更大限度地保证各国或地区在学历和工作资格认证上的一致性和融合性[3]。

据统计，2015年我国工科在校生数量总计约1072万，位居世界第一。其中，专科478.8万，本科524.8万，硕士55.5万，博士13.5万，中国已成为名副其实的世界工程教育大国。然而，“大而不强”一直是国内外同行给中国工程教育贴上的标签。随着中国工程教育加入《华盛顿协议》，“回归工程”，培养学生的“大工程观”，这些国际工程教育主流观念将会逐步改造传统的中国工程教育，我国传统的工程教育更加注重毕业生的工程知识和技术能力，对于沟通、团队合作、工程伦理等方面重视不够。

2 现行培养方案中的课程体系现状

武汉大学水利水电学院水利水电工程专业，依托2010版培养方案和2012年的认证过程中经验总结的积累，在2013版培养方案中做了部分调整，明确提出学生需要在4年期间修满150个学分，与认证标准相对应课程体系构建如下[4,5]：

（1）数学与自然科学类，总学分为29.5，占19.7%，具体为：高等数学（10学分）、线性代数（2学分）、概率统计与数理统计（2学分）、C语言程序设计（2学分）、计算方法（2学分）、水工工程制图（3.5学分）、大学物理（4学分）、理论力学（4学分）。

（2）工程基础类、专业基础类与专业课程（不含实践类），总学分为68：其中必修课程51.5学分，水利学科导论（1学分）、环境学基础（2学分）、工程测量（1.5学分）、计算机辅助设计（2学分）、水力学（5学分）、材料力学（3.5学分）、结构力学（3.5学分）、土力学（2.5学分）、建筑材料（2.5学分）、工程地质（2.5学分）、工程水文及水利计算（3学分）、钢筋混凝土结构（3学分）、水资源规划与管理（2学分）、工程经济（2学分）、钢结构（2学分）、水工建筑物（3.5学分）、水电站（3.5学分）、水利水电工程施工（3.5学分）、水利水电工程管理（3.0学分）；选修课程共16.5学分，并分成两类，一类要求在13个学分中选择11个学分（核心选修课程）：含数理方程（2学分）、工程化学（2学分）、水电站电气设备（1.5学分）、弹性力学及有限元（2学分）、岩石力学与岩体工程（2学分）、水环境与水生态（1.5学分）、移民规划（1学分）、新能源开发与利用（1学分）；第二类为任选5.5学分（拓展选修课程14.5学分）：含信息系统与数据库、地下工程结构等共12门课程。

（3）工程实践与毕业设计（论文）类课程，单独开课的集中实践教学环节共14.5学分，含：物理实验（1.5学分，54学时）、工程测量学实验（1.0学分，36学时）、水力学实验（0.5学分，18学时）、测量实习（0.5学分，1周）、认识实习（0.5学分，1周）、地质实习（0.5学分，1周）、钢筋混凝土结构课设（0.5学分，1.5周）、水工建筑物课设（0.5学分，1.5周）、水电站课设（0.5学分，1.5周）、水利水电工程施工课设（0.5学分，1.5周）、生产与毕业实习（1学分，2周）和毕业设计（7学分，14周）；同时，尚有部分学时的实践环节涵盖在相关课程中，计74+24学时，具体为：①必修涵盖：结构力学（上机6小时）、工程水文与水利计算（上机6学时、实验6学时）、钢筋混凝土结构（上机6学时、实验6学时）、土力学（实验6学时）、水工建筑物（实验4学时）、水电站（实验4学时）、水利水电工程施工（实验4学时）、建筑材料（实验8学时）、工程测量学（4学时）、工程经济（上机6学时）、工程地质（实验8学时）；②选修涵盖：水利水电工程软件（上机6学时）、信息系统与数据库（上机18学时）等。

（4）通识教育课程38学分（计入学位统计有效分），占30%。其中必修课33个学分（计入学位26学分），包括马克思主义基本原理概论（3学分）、毛泽东思想和中国特色社会主义体系概论（4学分）、中国近现代史纲要（2学分）、思想道德修养与法律基础（3学分）、形势与政策（2学分，不计入学位学分）、国情教育与社会实践（2学分，不计入学位学分）、英语（9～12，计有效学分9）、体育（4学分）、军事理论（1学分）等。另含选修课12学分，要求：人文与社会类（4学分），艺术与欣赏类（2学分）、中国与全球类（2学分）、研究与领导类（2学分）、交流与写作类（2学分）总共最低修满12个学分。

以上课程体系的情况汇总详见表1。

表1　武汉大学水利水电工程专业学分设置与认证标准对比分析

课程类别	武汉大学 水电学院		专业认证标准	
	学分/周数	学分占比例/%	比例	时长
数学与自然科学类	29.5	19.7	≥15%（满足）	
工程基础类、专业基础类与专业课程（不含实践类）	68.0	45.3	≥30%（满足）	
工程实践与毕业设计（论文）类课程	14.5 / 27周（必修集中） +108学时（必修集中） +74学时（必修涵盖） +24学时（选修涵盖）	9.7	≥20%	≥30周（满足）
通识教育课程	38.0	30.0	≥15%（满足）	

从表1可以看出，武汉大学水利水电工程专业，在数学与自然科学类的学分比例为19.7%，满足认证标准15%的要求；工程基础类、专业基础类与专业课程（不含实践课程）占比45.3%，满足认证标准30%的要求；通识教育课程占比30%，满足认证标准15%的要求，而工程时间与毕业设计类，由于武汉大学学分计算体系的自身特点，学分占比仅为总学分的9.7%，但是通过分析总实践环节的学时可以看出，实际执行的实践教学环节中包含：除了必修的集中实践环节27周和必修的集中实践环节108学时，另含了必修课程涵盖的实践环节72学时，选修涵盖的实践环节24学时，按照每周40学时（5天，每天8学时）折算实践周数达到32周，满足认证补充标准30周的要求，其中毕业设计时长14周（满足认证补充标准12周要求）。可以看出，武汉大学水利水电工程专业的课程体系涉及的实践环节时长需要折算后方能与认证标准（或补充标准）进行匹配，这也将是武汉大学课程体系改革的一个方向。

3　大类招生培养的现状与进展

3.1　大类招生与培养的现状

我国在1952年院系调整时期，参考苏联的培养模式，将“专业”当成了人才培养的实体，即每个学生都有一个固定的专业，而在就业方向分配与选择时与就业单位的需求进行配套，在高校教职工的组织框架中就出现了配套的或与专业同名的教研室或院系结构。而在1990年以后，我国高等教育界逐渐认识到：“专业”，与人才培养的实体相比，作为一组柔性课程选择体系更为合适，专业应是通过建立一组合适的课程，涵盖一定的知识结构和能力训练环节，而让学生获得对应的专业证书，大学可以不具有对应学生班集体以及对应的教师组织，这也为跨学科学习和人才培养成为了可能。大类招生模式始于2002年，上海大学与山东理工大学均提出大胆的改革方案，前者执行的更为彻底，并于2016年将25个专业分为人文社科类、经济管理类、理学工学类3个大类进行招生。北京大学、浙江大学均进行了与大类招生配套的课程体系调整。清华大学也宣布从2017年开始进行大类招生，将本科专业归并为16个大类招生。

3.2　武汉大学大类招生与培养相关引导

武汉大学在2017版培养方案修订之际，先后开展了本科教育大讨论等相关准备工作，并借校院两级共同推进“双一流”建设的契机，拟以院系为基础开展大类招生的相关工作推进，水利水电学院作为大类招生的6个试点学院之一[6]。武汉大学打破学科壁垒，逐步实施大类招生和大类培养，构建相关学科基础课程平台，为培养复合型、宽口径、高素质人才奠定基础。要求各个学院按照大类制定培养方案，构建对应的课程体系，即每个水利类制定一个培养方案，专业方向以不同的模块来区分，且一个大类各个专业之间的课程差异原则上不超过总学分的20%，且要求四年制的学生在第六期前进入专业模块的学习。

课程体系原则上划分为三大部分：公共基础课程、通识教育课程和专业教育课程。

（1）公共基础课程，包括全校性的公共基础必修课程和由学院自主决定必修或选修的公共基础课程，公共基础课程以培养学生的爱国情怀和民族精神为导向，促进学生强健体魄和塑造健全人格，提高学生国际交流能力，培养德智体全面发展的人才，因而校级公共课程主要分为思想政治理论课（14＋2学分）、体育（4学分）、军事理论（1学分）和大学英语（≥6学分），而其他公共基础课程，如高等数学、计算机基础与应用、大学物理、大学化学、制图、大学语文等，则由各个学院根据专业决定课程性质和学分数。

（2）通识教育课程，包括核心通史课程与一般通识课程，划分为四大模块："中华文化与世界文明、科学精神与生命关怀、社会科学与现代社会、艺术体验与审美鉴赏"，要求各专业必须至少跨3个模块选修至少12学分，要求所有专业必须选修"中华文化与世界文明""艺术体验与审美鉴赏模块"，人文社科类必须选修"科学精神与生命关怀"模块，理工医类学生必须选修"社会科学与现代社会"模块。

（3）专业教育课程，包括专业平台课程和专业课程。专业平台课程包括专业平台必修课程与专业平台选修课程，其中专业平台课程是理论学习与科学研究的基石，可有学院根据大类培养的需求来设置。专业课程包括专业必修课程和专业选修课程，目的是对学生进行系统的专业训练，是学生掌握本专业的基本理论、知识和研究方法，把握学科动向，培养较强的专业实践能力。

4　水利水电工程专业的课程体系构建

武汉大学在各学院制定大类招生方案时提出：各专业总学分不低于130学分（4年制专业），选修课比例不低于30%，实践教学课程环节占比在25%左右（理工医类），大类招生的各专业间差异不大于20%。经过大量的调研和讨论，水利水电学院设定大类招生目标为170学分（4年制），并构建了院、系两级共同制定培养方案框架的工作模式，即首先由学院统一制定学院下辖4个专业的公共基础课程、通识教育课程，同时制定4个专业共有的专业平台课程（专业教育课程），然后由各个系实体制定对应专业的专业课程，具体初步课程体系介绍如下。

4.1　公共基础课程

公共基础类课程包含马哲类、体育、英语、数理化、力学类，具体详见表2。

表2　　武汉大学水利类课程体系之公共基础课

类别	课　程	学分	总学分	备注（含专业论证知识体系说明）
马哲史	思想道德修养与法律	3	17	必修。 "毛泽东思想和特色理论"含实践2学分。"形势与政策"不计入学位学分。 专业认证：通识教育课程
	中国近现代史纲要	2		
	马克思主义基本原理	3		
	毛泽东思想和特色理论	4+2		
	军事理论	1		
	形势与政策	2		
	国情教育与社会实践	2		
体育	体育1	1	4	必修，不算实践学分。 专业认证：通识教育课程
	体育2	1		
	体育3	1		
	体育4	1		

续表

类别	课程	学分	总学分	备注（含专业论证知识体系说明）
英语	英语 2	2	6	必修，免修生直接给学分。 专业认证：通识教育课程
	英语 3	2		
	英语 4	2		
数理化	高等数学 B1	5	24.5	必修。 “物理实验”为实践 1.5 学分。 专业认证：通识教育课程
	高等数学 B2	5		
	线性代数 D	3		
	概率论与数理统计 D	2		
	数学物理方程	2		
	大学物理 C	4		
	物理实验	1.5		
	工程化学或水环境化学	2		
力学	理论力学	3.5	15.5	必修。 “水力学实验”为实践 1 学分。 “材料力学”含实践 6 学时、0.25 学分。 专业认证：数学与自然科学类以及工程基础类、专业基础类与专业课程
	材料力学 C	3		
	结构力学	3		
	水力学	3		
	流体力学	2		
	水力学实验	1		
计算机	计算机应用基础	2	6	必修。 专业认证：数学与自然科学类
	计算机辅助设计	2		
	C 语言程序设计	2		

4.2 通识教育类课程

通识教育类课程要求选修 12 学分，涵盖“中华文化与世界文明”“艺术体验与审美鉴赏”和“社会科学与现代社会”模块课程，对应于专业认证中的通识教育课程体系。

4.3 专业教育课程

4.3.1 专业平台类课程

专业平台课程主要包含专业基础类课程、基础支撑课程和实习类课程，详见表 3。

表 3　武汉大学水利类课程体系之专业平台课

类别	课程	学分	总学分	备注（含专业论证知识体系说明）
专业基础	水利工程制图 1	2	13.5	必修（其中新生研讨课选修）。 “工程地质及水文地质”含 6 学时、0.25 学分实验课。 “测量实验”为实践 1.5 学分。 “地质实习”为实践 1 学分。 专业认证：工程基础类、专业基础类与专业课程
	水利工程制图 2	1.5		
	测量学	2		
	测量实验	1.5		
	工程地质及水文地质	2.5		
	地质实习	1		
	工程经济	2		
	新生研讨课	1		

续表

类　别	课　　程	学分	总学分	备注（含专业论证知识体系说明）
基础支撑课程	水资源规划与管理	2	4	必修。 另：建筑材料实验（0.5）。 专业认证：工程基础类、专业基础类与专业课程
	建筑材料	2		
实习类课程	认识实习	1	16	必修或选修。每个学生必须修读不低于3学分（或不低于48学时）的创新创业教育课程。 均为实践课，16学分
	毕业实	2		
	毕业设计	10		
	创新创业训练课	3		

4.3.2 专业课程

对于水利水电工程专业，由水力发电工程系主持规划专业课程。初步设定专业课程由专业必修课程与专业选修课程组成，其中专业必修课程详见表4。

表4　　武汉大学水利类课程体系之专业课（必修课程）

类　别	课　　程	学分	总学分	备注（含专业认证知识体系说明）
专业必修课程	水工建筑物	3	17	必修。 专业认证：工程基础类、专业基础类与专业课程
	水电站	3		
	水利水电工程施工	3		
	水利水电工程管理	2		
	钢筋混凝土结构	2		
	土力学	2		
	工程水文学	2		

对于专业选修课程部分，可以分为两个大类，分别是实践类和理论知识类，实践类几位实践课程系列，理论知识类又下分5类课程。包含：信息化类、结构与岩土基础类、工程管理类、运行与安全类、写作与拓展类，其中实践课程系列详见表5、理论知识类选修课程详见表6。

表5　　武汉大学水利类课程体系之专业课（实践类选修课程）

序号	名　　称	学分	备　　注
此部分实践课程单独开设，作为配套课程的必要补充			
1	水工建筑物课设	1.5	配套课程：水工建筑物
2	水利水电工程施工课设	1.5	配套课程：水利水电工程施工
3	水电站课设	1.5	配套课程：水电站
4	水利水电工程管理课设	1.5	配套课程：水利水电工程管理
5	钢筋混凝土结构课设	1.5	配套课程：钢筋混凝土结构
6	建筑材料实验	0.5	配套课程：建筑材料
7	土力学实验	0.5	配套课程：土力学
8	工程水文学课设	1.5	配套课程：工程水文学
以下实践课程不单独开设（选修不少于4.5学分）			
9	信息系统与工程数据库 实践	1.0	不单独开设
10	三维协同设计与BIM技术 实践	1.0	不单独开设
11	数字水电与智慧工程 实践	1.0	不单独开设
12	水电工程成图语言与程序开发 实践	1.0	不单独开设

续表

序号	名　称	学分	备　注
13	工程数据挖掘与机器学习 实践	1.0	不单独开设
14	钢结构 实践	0.5	不单独开设
15	电工学及电气设备 实践	0.5	不单独开设
16	水电站安全运行与管理 课设	0.5	不单独开设
17	工程安全监测与健康诊断 实践	0.5	不单独开设
18	防灾减灾与应急管理 实践	0.5	不单独开设
19	专业外语 实践	0.5	不单独开设
20	文献管理与科技写作 实践	0.5	不单独开设
21	工程检测 实践	1.0	不单独开设

对于信息化类、结构与岩土基础类、工程管理类、运行与安全类、写作与拓展类课程，分别建议选修4学分（不少于）、4学分（不少于）、3学分（不少于）、4学分（不少于）、6学分（不少于），共应选24.5学分，详见表6。

表6　武汉大学水利类课程体系之专业课（理论知识类选修课程）

类别与学分引导	名　称	学分	备　注
信息化类（不少于4学分）	信息系统与工程数据库	2.0	含实践1.0
	三维协同设计与BIM技术	2.0	含实践1.0
	数字水电与智慧工程	2.0	含实践1.0
	水电工程成图语言与开发	2.0	含实践1.0
	工程数据挖掘与机器学习	2.0	含实践1.0
结构与岩土基础类（不少于4学分）	钢结构	2.0	含实践0.5
	弹性力学及有限元	2.0	
	道路桥梁工程	2.0	
	水工岩石力学	2.0	
	地下空间与工程实践	2.0	
工程管理类（不少于3学分）	合同管理与FIDIC条款	1.5	
	国际法与EHS管理（环境&健康&安全）	1.5	
	工程造价	1.5	
	招投标与项目投融资	1.5	
	系统工程	1.5	
运行与安全类（不少于4学分）	电工学及电气设备	2.0	含实践环节0.5
	水电站安全运行与管理	2.0	含实践环节0.5
	工程安全监测与健康诊断	2.0	含实践环节0.5
	防灾减灾与应急管理	2.0	含实践环节0.5
	工程检测	2.0	含实践环节1.0
写作与拓展类（不少于6学分）	新能源开发与利用	1.5	
	海洋工程概论	1.5	
	输水系统设计理论与实践	1.5	
	现代坝工理论	1.5	
	工程材料新进展	1.5	
	专业外语	1.5	含实践环节0.5
	文献管理与科技写作	1.5	含实践环节0.5

综合以上课程体系设计，对课程的构成进行初步估计，必修课程占比70.29%，实践课程占比22.65%，基本满足武汉大学培养方案的指导性比例设定。其中水利水电工程专业自主设计课程共51.5学分，占比30.3%，若进一步剔除各个专业间的重叠选修课部分，有望靠近专业间20%的差异控制要求。

同时，将当下的课程体系与专业认证标准体系对照，可以看出（表2）：武大课程类别明显有别于专业认证标准的课程体系，详见表7。

表7 武汉大学水利大类课程体系与专业认证课程体系的对应关系

序号	水利大类课程类别	专业认证标准对应的课程类别
1	通识教育课程（12学分）	通识教育课程（12学分）
2	专业教育课程（不含6.75实践学分）(51.25学分)	工程基础类、专业基础类与专业课程（不含实践学分）(51.25学分)
3	公共基础课程（不含4.75实践学分）(68.25学分)	通识教育课程（25学分）、数学与自然科学类（43.25学分）
4	实践类（38.5学分），含单独开课（26学分）＋分单独开课（12.5学分）	工程实践与毕业设计（论文）类课程（38.5学分）
汇总	170学分	通识教育课程（37学分，占比21.8%），工程基础、专业基础类与专业课程等（51.25学分，占比30.1%），工程实践与毕业设计（论文）类课程（38.5学分，占比22.65%）

从表7可以看出，按照初步规划的课程体系，武汉大学大类招生课程体系可以同时满足专业认证的各个比例要求，即通识课程占比21.8%，满足不小于15%的要求；工程基础、专业基础和专业课程占比30.1%（不含实践学分），满足不小于30%要求；工程实践与毕业设计类占比22.65%，满足不小于20%的要求。

同时，从目前的课程体系设计可以看出：相关课程不但体现了对学生数学和自然科学能力的要求，而且设计了完整的实践课程知识体系，培养学生应对复杂工程问题的能力，且在此过程中兼顾经济、环境、法律、伦理等各种制约因素。

5 结语

本文在介绍《华盛顿协议》与专业认证发展历程的基础上，总结和分析了武汉大学水利水电工程专业现行培养方案中课程体系的设置情况，并参考专业认证标准作了一一分析，并在此基础上，介绍了大类招生环境下的武汉大学水利大类招生与培养的指导思想，详细介绍了武汉大学关于大类招生的课程设置体系。水利水电学院采用了院系共建水利大类课程体系的模式，由学院平台共同制定大类的公共基础课程、通识教育课程和共有的专业平台课程。以水力发电工程系为实体依托，初步构建了水利水电工程专业的课程体系，并对课程的设置情况进行了详细介绍，最后结合专业认证标准进行了分析，以确保同时满足大类招生指导思想和专业认证标准。

参 考 文 献

[1] 王孙禹，孔钢城，雷环.《华盛顿协议》及其对我国工程教育的借鉴意义[J]. 高等工程教育研究，2007，(1)：10-15.
[2] 方峥. 中国工程教育认证国际化之路——成为《华盛顿协议》预备成员之后[J]. 高等工程教育研究，2013，(6)：72-76.
[3] 吴海林，周宜红. 水利水电工程专业认证的实践与思考[J]. 科教文汇（中旬刊），2015，(2)：59-61.
[4] 武汉大学. 全国工程教育专业认证自评报告（水利水电工程专业）[R]. 2012.
[5] 武汉大学. 工程教育认证年度改进报告（水利水电工程专业）[R]. 2015.

[6] 武汉大学. 关于做好本科人才培养方案修订工作的通知 [R]. 2016.

作者简介： 苏凯（1977— ），武汉大学水利水电学院副教授，水电系副主任（教学主任）。
Email：suker8044@163.com。

构建以OBE为导向的水文与水资源工程专业课程体系

卞建民　辛　欣　杜新强　鲍新华　冯　波　方　樟

（吉林大学环境与资源学院，吉林长春，130021）

摘　要

课程体系构建是基于“OBE”理念培养模式中的关键一环。吉林大学水文与水资源工程专业以OBE为导向，按照知识获取与能力培养并行推进的思路，强化地学特色，从多层次课程的同步设置、专业核心内容的提炼、实践性综合课程的增强等方面入手，重构凸显水文与水资源工程专业特色的课程体系。

关键词

水文与水资源工程；工程教育认证；地学特色；课程体系；构建

1　引言

2016年6月，国际工程联盟大会一致同意我国成为《华盛顿协议》正式成员，意味着其他正式成员组织认可中国工程教育认证专业（质量）的实质等效，标志着我国工程教育实现国际互认跨出重要一步。专业认证十年历程，不仅使我国成为了《华盛顿协议》的正式成员，更重要的是专业认证的先进理念有力推动了我国工程教育专业教学改革。

随着我国人口增加和社会经济不断发展，对水资源的需求日益增大，受全球气候变化和人类活动的双重影响，水环境和水生态的恶化加剧，水资源开发利用和管理中存在着许多问题，诸如水资源短缺对策、水资源持续利用、水资源合理配置、水灾害防治以及水污染治理、水生态环境功能恢复及保护等目前已成为亟待研究和解决的问题。水文与水资源工程专业，是培养解决水资源与水环境领域问题专业人才的重要学科。如何培养适应社会需要的学生，实现OBE导向中强调的以学生产出是否合格为目的的人才培养体系，是我们专业建设和人才培养的关键。

课程体系是构建人才培养方案的核心内容，课程体系是否科学、合理，对高等学校高质量实现人才培养目标有决定性的意义[1]。为培养具备扎实专业知识、特色专业能力、较高行业竞争力的学生，吉林大学水文与水资源工程专业以工程教育认证理念为依托，在专业建设的过程中强化地学基础、不断突出特色和优势，形成了自身优势鲜明的课程体系。本文以吉林大学水文与水资源工程专业的课程体系为例，从构建原则、模块化设置的角度，探讨建设专业课程体系整体优化的思路与途径。

教改项目：吉林大学2017年度本科教学改革研究项目（2017X2D003）。

2 专业特色及培养目标

2.1 发展历史及特色

吉林大学水文与水资源学科创建于1952年，前身为长春地质学院水文地质及工程地质专业，1997年学科调整为水文学及水资源学科。该学科是吉林省重点学科，2009年通过全国工程教育专业认证。

经过60余年的办学实践，本学科坚持以人才培养为核心，不断加强专业人才基础教育，强化科学研究、社会服务和文化传承能力。在工程教育认证的建设过程中，本学科系统研究分析国内外同类专业课程体系建设的现状，不断总结和提炼本专业特色，逐渐形成自己的课程体系特点。

2.2 国内发展现状及分析

通过对国内水文与水资源工程专业布局的分析，归纳总结我国水文与水资源工程专业的发展历程、专业分布格局和特色，从学科设置、办学规模、课程设置等角度，分析该专业的办学差异[2-4]。

目前，我国本科设置水文与水资源工程专业的高校有54所，大致可分为两类：一类是以水文、水资源、水环境设置水文与水资源工程专业的高校，如河海大学、四川大学、武汉大学、西安理工大学、华北水利水电大学等；另一类是以地下水资源为主设置水文与水资源工程专业的高校，如南京大学、吉林大学、中国矿业大学、中国地质大学、长安大学、桂林理工大学等。其中，第二类中的高校水文与水资源工程专业多为1997年学科调整后改设，具有浓厚的水文地质的历史背景。通过以上横向对比和分析，将本专业定位为，依托吉林大学地学优势，统筹兼顾地下水与地表水资源以及地下水与地表水环境问题，开展完整宏观水资源与水环境研究。

为此，本专业人才培养模式改革的重点与难点就是优化课程体系，即构成课程体系的各类课程组成以及各门课程之间的相互关系，通过重新调整、改造，使课程各要素相互配合，整体功能达到最佳。

2.3 专业人才培养目标

吉林大学水文与水资源工程专业培养目标为，致力于培养具有深厚人文底蕴、扎实专业知识、强烈创新意识、宽广国际视野的高级专门人才。学生毕业后5年左右，通过工程实践，全面掌握水资源和水环境方面的知识和技能，具有高尚的职业道德、社会责任感，适应社会经济发展需求，具备工程师或相应职称的专业技术能力和基本工程素养，能够在水利、水务、能源、交通、城建、农林、环保、国土等部门从事与水资源、水环境有关的勘测、评价、规划、设计、预测预报和管理等方面的生产实践以及教学和科学研究等工作，能够通过继续教育或其他终身学习渠道增加知识和提升能力，为国内外水资源与环境相关事业服务。学生毕业后，经5年实际工作锻炼，预期达到水文水资源工程师的素质和能力，能够针对水文与水资源领域的复杂工程问题，具备分析、解决和实际操作的能力，能够成为水利、水务、能源、交通、城建、农林、环保、国土等单位的技术骨干或负责人。

上述培养目标其特点在于对学生知识面的要求横跨地下水和地表水两个领域，使其专业覆盖面广而专业深度略浅，就业适用面宽且强调实践能力的培养，具体定位在“应用型人才”的培养。

3 专业课程体系建设有待完善的环节

现有2009版、2013版培养方案所确定的课程体系，是在学科整合与分化的过渡时期确定的，虽在人才培养中发挥了重要作用，但在几年的运行中发现了一些有待进一步完善的方面。

3.1 强化地学基础

为突出专业学科原有背景，打造坚实的地学基础，提高学生对岩石圈与水圈交互关系的认知，开阔学生在水资源研究方面的视野，使未来工作可面向更广阔空间。增加了地质学基础的学时及与本专业密切相关的构造地质学和地层学课程。

3.2 调整专业领域核心课程

在理论课时有限的条件下，必修课和限选课应讲授专业领域的核心知识，自选课程也应与专业领域密切相关，共同打造专业知识体系。增加了“水资源概论”“自然地理学”“环境学导论”等前导性课程作为自选课。

3.3 精简课程教学内容

针对部门课程存在的内容重复交叉问题，进行了课程的合并和内容的精简。

3.4 优化学时分配

水文与水资源工程专业，在第6学期修读课程总学分为11学分，折合课时176学时，第7学期必修和限选课程学分为12.5学分，折合课时为200学时；在第8学期必修和限选课程学分为9学分，折合课时为144学时。总体上看，第8学期的课程较多，上课集中，对毕业设计（论文）开展不利，新版方案可以根据各学期学生的学习任务和特点，将课程学分重新均衡分配，以保证学生有充足的时间进行毕业设计（论文）。

4 课程体系建设思路

4.1 课程体系构建原则

（1）基于培养目标和毕业要求的反向设计。本专业的课程体系设计总体思路：以学生应具备怎样的专业能力、应掌握什么样的专业技能为目标，重建课程体系，利用产出效应驱动课程体系的运行。具体做法为：首先，进行广泛调研、分析、总结，为学生找到准确的社会定位，对学生毕业5年后应达到的能力和水平有清楚的构想；其次，整合教学资源，继承和发扬本专业在课程建设、教学改革、实践教学等方面的特色和优势；第三，以专业培养目标为导向，将12项毕业要求的达成为基本标准，设计出注重课内与课外、校内与校外有机结合的课程体系，加强基础理论、基本知识与基本技能的培养，强调学生自主学习能力的培养。遵循工程教育认证的要求，课程体系包括“数学与自然科学类”“工程及专业类”（包括工程基础类、专业基础类和专业类）“工程实践与毕业设计类”“人文与社会科学类”等四大类课程。

（2）基于专业属性的设计原则。吉林大学水文与水资源工程专业具有“综合、实践、创新”的特点，因此在设置课程时，广泛了解了相关院校和专业的设置情况[5-7]，提出注重基础与专业的结合、人文与理工的结合、理论与实践的结合的原则。课程体系中注重基础知识、基本理论、基本技能的综合教学及综合素质的培养，注重学生发现问题、分析问题和解决问题能力的培养，激励学生树立创新意识，并为学生终身教育和自我发展打下坚实基础。从各类课程所占的学分比例看（表1），本专业各类课程的学分比例符合专业认证标准。

（3）基于专业特色的设计原则。吉林大学水文与水资源工程专业，基于其60余年的发展历程，形成了地表水、地下水综合知识体系培养的专业特色，因此，在工程及专业类课程设置时，充分体现了地表水、地下水综合知识培养的设计理念。具体系现在：

表 1　　水文与水资源工程专业各类课程学分比例说明表

序号	专业认证标准课程类别		标准要求	实　际　比　例	
1	数学与自然科学		至少 15%	18.78%	
2	工程及专业相关	工程基础	至少 30%	42.20%	12.19%
		专业基础			13.41%
		专业课			16.58%
3	工程实践与毕业设计		至少 20%	21.46%	
4	人文社会科学		至少 15%	17.56%	

第一，在课程体系上，将地下水、地表水作为两条连枝并蒂，既具有平行推进性，又具有相互支撑性。如，在同一学期开设“水文学原理”与“水文地质学基础”两门主干课，让学生从定性角度同时了解地表水、地下水赋存与流动形态。

第二，注重地表水、地下水课程教学内容的交叉意识。如，在“专门水文地质学”课程中的工程勘察设计等方面增加考虑地表水的影响因素，在“水环境监测与评价”的课程教学中，为学生讲授地表水与地下水环境的监测与评价关系等。

(4) 基于课程知识先后逻辑关系的设计原则。课程教学计划按照“知识、能力与技能培养由基础到专业、由浅入深、循序渐进、稳步提高”的原则制定，第一学年以大类共同环节和普通教育为主，按学科门类构建一级平台，重点加强外语、数学、计算机、自然地理等课程的学习，数学、物理等课程实施分层次教学；第二学年按专业构建二级平台，重点安排学科基础课，加强本专业所必需的专业基础知识；第三、四学年则是设置专业教育课、专业实践环节和适应社会需求的应用课程。

本专业必修课程的先修关系如图 1 所示。

4.2　模块化课程设置

按吉林大学专业培养计划的统一要求，结合工程教育认证的原则，本专业课程体系包括大类共同环节、普通教育课、学科基础课、专业教育课和专业实践环节等 5 个模块。

(1) 大类共同环节。大类共同环节模块包括入学教育、军事训练、公益劳动、毕业教育和课外实践等。

(2) 普通教育课模块。普通教育课以加强科学精神和人文精神的贯通与整合，全面提升学生的综合素质为目标，由学校统一规划，与相关教学单位共同组织实施和建设。该模块包括思想政治、大学外语、计算机、体育、数学与自然科学类课程，共 15 门课程。

(3) 学科基础课模块。以学生学习本学科专业必须掌握的相关学科知识为目标，主要包括地质学基础、地貌学与第四纪地质学、水力学、水文学原理、水文地质学基础、河流动力学、地下水动力学、水环境化学等必修课程以及部分选修课程。其中，地质学基础、地貌学与第四纪地质学的课堂教学和课后实验环节是体现地学基础教学的基本课程。

(4) 专业教育课模块。参照教育部《普通高等学校本科专业目录介绍》(2013 版) 对课程的要求、教育部教学指导委员会制定的专业规范和专业认证标准，又兼顾本专业的培养目标、优势与特色，根据毕业要求设置。主要包括水文水利计算、专门水文地质学、水文测验与调查、水文预报、水环境监测与评价等必修课程以及部分选修课程。其中，专门水文地质学的课堂教学和课程设计是地表水、地下水综合课程体系构建的关键链接。

(5) 专业实践环节模块。实践教学包括依附理论课程的实验环节、集中开设的综合性和设计性实验、野外实习、课程设计以及毕业设计（论文）等。水文与水资源工程专业野外实习按“2＋6＋8＋16周”模式设置，即一年级 2 周长春周边水文水资源认识实习，二年级 6 周辽宁兴城地质基础教学实习，三年级 8 周水资源生产实习，四年级 16 周毕业设计（论文）。在每一个野外实习阶段，都利用野外实

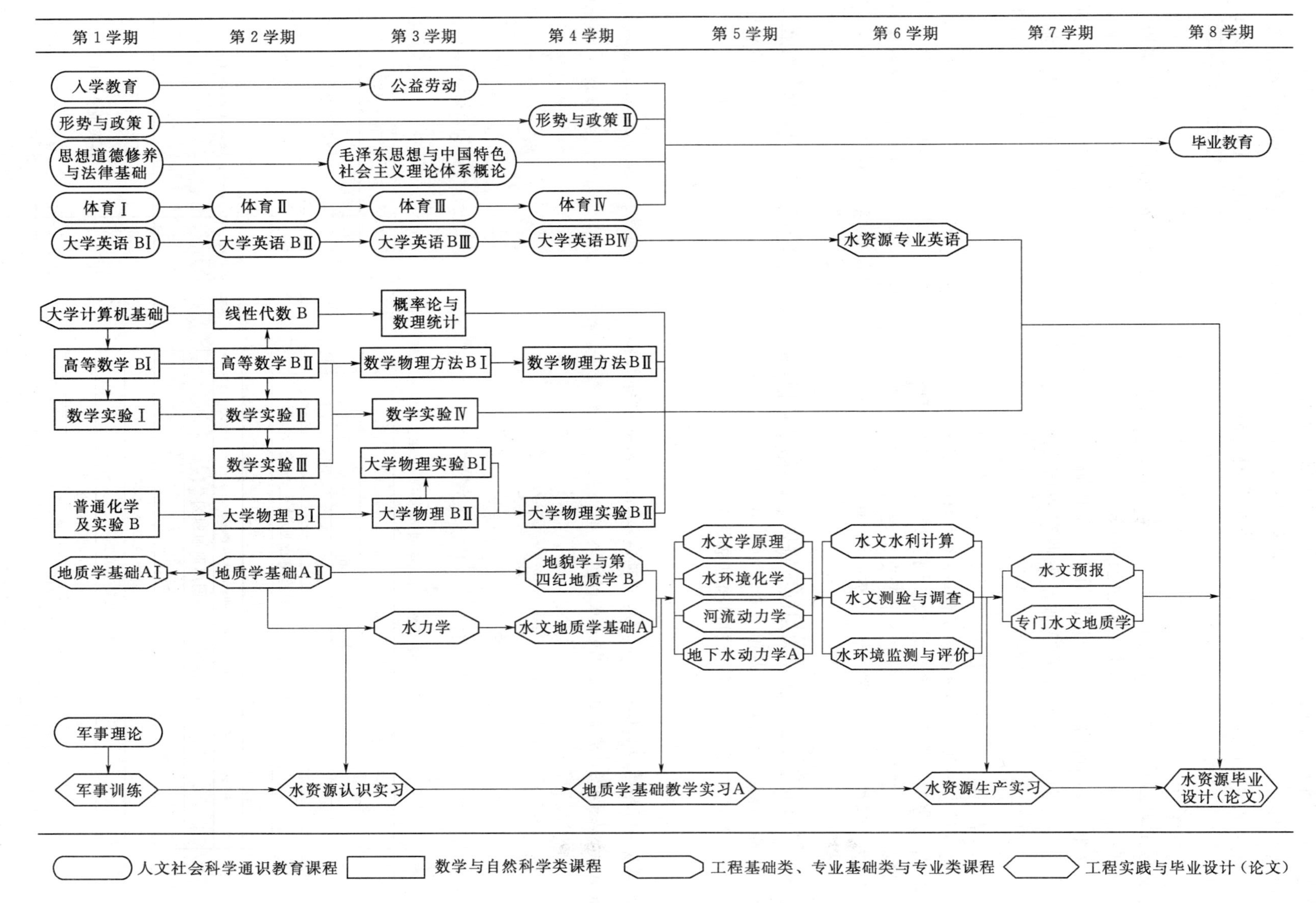

图1 水文与水资源工程专业必修课程的先修关系

际现场教学，从理论联系实践的角度，为学生搭建地表水、地下水资源综合问题学习平台。

另外，为了培养学生的综合素质，学校增设了科研训练与创新活动平台；以及公共选修课模块。

科研训练与创新活动包括：学生完成国家级和校级大学生创新性实验，相关本科生科学研究或实验基金项目以及学院设立的科研训练项目，参加学科竞赛、导师科研活动等，可按相关规定予以认定创新学分。

公共选修课模块包括：帮助学生在某些专业领域的知识深化及拓宽，为其进一步深造或者走向工作岗位奠定基础。学生从第二学年开始可以修读公共选修课程，学生选择空间较大，涵盖了文、史、理、工等众多知识领域，拓宽学生学习视野。

参 考 文 献

[1] 曾冬梅. 课程体系优化的三个层面 [J]. 高等理科教育，2003，(2)：34 - 38.

[2] 宋松柏，康艳. 我国水文与水资源工程专业教育的现状分析与思考 [J]. 中国地质教育，2011，(3)：68 - 73.

[3] 陈元芳，芮孝芳，董增川. 国内外水文水资源专业教育比较研究 [J]. 河海大学学报（社科版），1999，(4)：67 - 70.

[4] 陈元芳，董增川，任立良，等. 水文与水资源工程专业教学改革初探 [J]. 河海大学学报（社科版），2001，(2)：20 - 22.

[5] 周训. 水文与水资源工程专业本科培养方案修订的若干思考 [J]. 中国地质教育，2005，(1)：56 - 158.

[6] 赵强，徐征和，李秀梅. 水文与水资源工程专业课程体系整体优化探析——以济南大学资源与环境学院为例 [J]. 中国地质教育，2014，(11)：27 - 30.

[7] 段海燕，李杰，王宪恩. 环境规划与管理课程体系建设的研究 [J]. 科技创新导报，2013，(32)：131.

作者简介： 卞建民（1968—　），女，教授，主要研究方向为水资源评价与管理。

Email：bianjianmin@ 126. com。

以工程教育认证标准促进水文与水资源工程专业课程体系改革的思考

——以中国地质大学（北京）为例

高　冰　武　雄　李占玲

（中国地质大学（北京）水资源与环境学院，北京，100083）

摘　要

本文以中国地质大学（北京）水文与水资源工程专业为案例，对照工程教育认证标准，分析了传统的水文与水资源工程专业课程体系中存在的薄弱环节，主要包括对解决复杂工程问题能力培养支持不够，对终身学习、项目管理和国际交往能力的培养缺乏有效支撑，课程中涉及法律、环境等因素的内容较少等。为此，结合水文与水资源工程专业培养方案修订和专业认证中专家意见，以提升人才培养质量为目的，提出了对水文与水资源工程专业课程改革的建议，包括增加工程管理类课程、加强课程设计和工程实践类课程教学、加强基础课程对专业课程的支撑等。

关键词

专业认证；复杂工程问题；课程改革；人才培养

1　引言

水文与水资源工程专业是水利类本科专业中具有重要地位和广阔前景的专业，为水资源的评价、开发、利用、规划、管理培养专门人才。前人从不同角度对水文与水资源工程专业课程体系建设进行了探索[1-4]，但从工程教育专业认证角度出发进行的探讨还较少。工程教育专业认证以产出评价为核心，以能力培养为主线，得到了国际工程教育界的广泛认可，也是我国面对工业化快速发展和经济全球化趋势下工程教育改革的必然选择。随着我国正式加入《华盛顿协议》，工程教育认证工作在水利类专业中得到了广泛开展。因此，从工程教育认证的要求出发，探索水文与水资源工程专业课程改革，对于提高人才培养质量，促进专业发展具有重要意义。

2　传统的水文与水资源工程专业课程体系存在的问题

目前开设水文与水资源工程专业的高校较多，各校课程设置并不完全相同，课程体系建设情况差异较大，对于课程设置的合理性也缺乏统一的评判标准。笔者认为，目前传统的水文与水资源工程专业课程体系中存在的问题有以下 3 个方面：

（1）课程体系设计更多的考虑专业知识的传授，而没有围绕学生能力培养进行课程体系建设。部

基金项目：中国地质大学（北京）教学研究与教学改革专项经费资助（项目号：JGYB201510）。

分课程在学生毕业要求达成和培养学生解决复杂工程问题方面的定位不清楚。例如，很多专业的实践、实验、设计课程较为分散[7]，综合性的实验、设计和实践课程较少，很难支撑对解决复杂工程实践问题能力的培养要求。

（2）课程体系对部分工程教育认证要求的支持度较弱。特别是部分学校水文与水资源工程专业为新设或新调整而来的专业，课程设置与传统水利类院校有所区别。课程体系中对终身学习、项目管理、工程经济和国际交流能力等方面的要求缺乏针对性的设计。虽然有部分课程涉及环境和法律等问题，但很多时候不够深入，难以真正满足认证的要求。

（3）课程体系设计和优化工作中没有充分考虑社会、用人单位和毕业生的反馈意见。很多专业具有和企业、用人单位和毕业生交流的渠道，但毕业生和用人单位反馈信息并未在课程体系设计和调整中得到充分的应用。

3 水文与水资源工程专业课程体系改革实践

我校水文与水资源工程专业于2016年启动了新一轮培养方案的修订和课程体系改革工作。课程改革设计的总体思路是突出本专业培养目标和特色，结合学科发展的前沿和趋势，以及社会发展对人才的需求，并考虑工程教育认证的标准要求和社会反馈意见，在2010版课程体系基础上修订形成新版的课程体系。

在新版课程体系中主要做了以下改进：

（1）考虑到用人单位反馈意见中普遍要求加强学生实践能力的培养，重视实践环节和动手能力的培养，加强计算机实践能力教学（表1），在2016版课程体系设计中，特别对工程实践\工程设计类课程进行了优化和调整。新增了“GIS及其在水文中的应用实践”“土工试验”2门实践课程，同时将“AutoCAD与水工制图”由专业课改为实践课程，加强了学生实践能力的培养和使用现代工具能力的培养。同时将“水文学原理”“气象与气候学”“水文水利计算”“地下水动力学”“专门工程地质学”“地基与基础”6门专业课程的实践环节整合为综合课程设计1、2、3。加强了对学生解决复杂工程问题能力的培养。新设创新创业实践系列课程，增加对学生社会实践能力培养和创业的引导。优化之后，2016版课程体系中工程实践类课程的总学分相比于2010版有所提升（表2和表3），实践环节得到了明显加强。

表1　用人单位对水文与水资源工程专业人才培养的意见汇总

序号	类别	意见和建议
1	课程教学	学生毕业工作后有很多新知识需要学习。因此课程建设应有清晰的社会定位，强调学之有用、用而有效的课程建设发展特征，课程教学要注重地学基础知识的学习，要注重培养学生终身学习与自学的能力，建议加强地学基础和计算机等方面的教学
2	专业发展	坚持专业建设与产业发展相适应以及特色发展，主动面向区域支柱产业、重点产业和特色产业培养高端技能型人才
3	实践能力	学生野外实践能力有待加强。建议加强野外教学实践环节；加大实习和实验教学强度，重视实践环节和动手能力的培养
4	人才需求	应加强专业与企业在人才培养方面的合作。与企业共同制定专业人才培养方案，实现专业教学要求与企业岗位要求对接；校企合作共同深入开展实习基地建设，突出人才培养的针对性、灵活性

（2）充分考虑工程教育认证标准对于终身学习和国际视野的要求，新增设了“新生研讨课”，培养学生创新精神、建立探索学习方法和终身学习能力。新增“学科前沿课程”和“专业导论课”，使学生更好地了解学科和专业的国际前沿，培养学生的国际视野。

表 2　　水文与水资源工程专业必修课程学分分配（2010 版）

序号	专业认证标准课程类别	学分	认证标准要求	实际比例
1	数学与自然科学	29	至少 15%	16.3%
2	工程基础、专业基础与专业类	62.5	至少 30%	35.1%
3	工程实践与毕业设计	38.5	至少 20%	21.6%
4	人文社会科学	34	至少 15%	19.1%
最低毕业总学分		178		

表 3　　水文与水资源工程专业必修课程学分分配（2016 版）

序号	专业认证标准课程类别	学分	认证标准要求	实际比例
1	数学与自然科学	33	至少 15%	18.1%
2	工程基础、专业基础与专业类	60	至少 30%	32.9%
3	工程实践与毕业设计	43	至少 20%	23.6%
4	人文社会科学	41	至少 15%	22.5%
最低毕业总学分		182.5		

（3）用人单位反馈要求加强地学基础知识的学习，因此 2016 版课程体系调整时将“地球科学概论”课时由 40 学时增加到 64 学时，使学生更好的掌握地球科学的基础知识和基本能力，同时更好地了解资源与环境可持续发展的重要性。

（4）考虑上一轮认证中的专家意见。将原有的水文地质实习改为水文与水资源工程专业实习，增加了地表水的相关实习内容。在“水文学原理”和“水文与水资源工程专业实习”课程中增加了水文测验相关实践环节的教学。

4　水文与水资源工程专业进一步改进的建议

经过 2016 年课程体系的改革，水文与水资源工程专业课程体系得到了优化，更好地体现了工程教育认证的要求，对专业培养目标有了更好的支撑，但仍然存在一些不足。例如水环境保护知识点和能力要求散落分布于水资源开发利用与保护、水文地质学基础、水文地球化学等课程中；水灾害防治相关知识点和能力要求散落分布于“地质灾害与防治”“水文水利计算”“气象学与气候学”等课程中，这些方面的能力支撑不够系统。此外，现有课程体系对工程管理和工程经济等方面认证要求的支撑相对较弱。部分课程，特别是基础课和专业课能力培养之间的相互关系需要进一步理清等。

因此笔者提出以下建议：

（1）梳理各门课程的教学内容，将水环境保护、水灾害防治等内容集中在 1～2 门课程内，或开设专门课程进行教学。

（2）开设专门的工程管理课程，加强对学生工程管理和工程经济方面的能力培养。同时建议加强对自然科学类课程内数学建模等方面的教学，使学生更好地掌握管理、经济决策等方面的知识和能力。

（3）加强与基础课教师的交流和专业认证理念的沟通，使基础课教师能够在课程内容和目标中更好地体现学生能力培养。

（4）继续加强工程设计和工程实践类教学，特别是在毕业设计环节，需加强与企业等的合作和沟通反馈，与校外实践基地进一步合作，开展联合指导和培养。

5 结语

本文分析了传统的水文与水资源工程专业课程体系中存在的一些问题和与工程教育专业认证要求之间的差距；分析了水文与水资源工程专业课程改革的思路，结合水文与水资源工程专业的实际，以产出评价和能力培养为核心，提出了对水文与水资源工程专业课程改革的一些可行的建议。对其他学校，特别是地矿类院校水文与水资源工程专业课程改革具有参考意义。

参考文献

[1] 张升堂. 水文与水资源工程专业培养动态及问题分析 [J]. 中国电力教育，2009，(17)：18-20.
[2] 赵强，徐征和，李秀梅. 水文与水资源工程专业课程体系整体优化探析——以济南大学资源与环境学院为例 [J]. 中国地质教育，2014，(1).
[3] 张永波，张志祥，杨军耀，等. 水文与水资源工程专业课程体系构建 [J]. 科技创新导报，2015，(18)：133-134.
[4] 祖波，王维，李颖，等. 关于水文与水资源工程专业教学改革初探 [J]. 环境科学与管理，2011，36 (6)：190-192.

作者简介： 高冰（1984—　），男，讲师，博士，主要从事水文学及水资源研究。
Email：gb03@cugb. edu. cn。

基于 OBE 的课程教学体系、教学模式及学习评价构建与实践

包　耘

（河海大学水利水电学院，江苏南京，210098）

摘　要

本文对比了基于 OBE 教学和传统教学在教学模式、学习评价上各自的特点和区别，通过学生对教学环节调查反馈的数据分析，提出了水利类相关课程的翻转课堂模式及形成性学习评价模型，建立了成功实现 OBE 视角下的教学效果的保障机制。最后创造性的给出了适应工程专业认证高标准的课程教学体系构想，该体系可以有效地保障各项毕业要求的达成。

关键词

成果导向；课程教学体系；翻转课堂；形成性评价

1　引言

2016 年 6 月 2 日，中国正式成为《华盛顿协议》第 18 个成员，意味着只要被中国工程教育专业认证协会（CEEAA）认证的各工程专业本科学位将得到美、英、澳等《华盛顿协议》正式成员的承认。这将极大的促进我国工程教育质量和我国工程技术人才的培养质量，是推进我国工程师资格国际互认的基础和关键。

2　OBE 理念在工程教育专业认证中的应用现状

2.1　基于 OBE 的教育理念

OBE（outcome based education）的中文为成果导向教育，是由美国教育学家斯派蒂（William G. Spady）等人于 20 世纪 80 年代初提出。斯派蒂在其 1994 年出版的《以结果为基础的教育：重要的争议和答案》一书中，对 OBE 的概念、定义及组成做了较为完整的描述[1]。其后 OBE 的教育理念被美国教育界所认可，美国工程技术认证委员会（ABET）1997 年颁布和实施以 OBE 为基础的 EC 2000（Engineering Criteria 2000），随后《华盛顿协议》各成员修订了各自的认证标准，均引入“成果导向”理念。基于 OBE 理念的认证标准将学生表现作为教学成果的评价依据，并认为工程教育专业认证的最终目标是采取一切措施，促进专业教育的持续改进[2]。

OBE 的核心理念包括三个方面[3]：①强调学生为中心，一切教学活动都围绕学生的顶峰成果而开

基金项目： 1. 河海大学高等教育科学研究 2016 年度立项课题（课题编号：201612011）；
2. 江苏省高校品牌专业建设基金（A 类，序号 PPZY2015A043）。

展；②成果导向，对课程体系及具体教学内容进行反向设计，正向实施；③教育过程中的持续改进，涉及三个层面：一是培养方案的持续改进；二是具体课程内容的持续改进；三是教与学双方的模式方法等的持续改进。

2.2 国内研究现状

在中国知网期刊全文数据库查询，截至2017年上半年，有关成果导向或OBE的研究论文共有298篇，最早的发表于2003年。纵观论文发表情况，研究虽起步较早，但2013年之前每年仅有1～3篇，到2014年后论文数才突飞猛进，主要原因便是中国在2013年成为了《华盛顿协议》签约成员。不过值得水利类高校关注的是，其中和水利类有关的论文仅有两篇，说明水利类高校对此重视不够，今后急需鼓励和支持相关的研究工作。

国内的研究成果主要涉及OBE的特征、OBE背后的理论支撑、OBE在人才培养方面的应用，以及OBE在具体课程中的实证研究等层面。在围绕OBE实施原则上主要分为顶层设计、底层设计以及评价体系设计三大应用展开：①顶层设计主要关注专业培养方案中的反向设计应用、创新能力设计等；②底层设计主要是基于OBE理念的具体课程的教学大纲、模式、方法、教师角色转变等实证研究；③评价体系设计主要对学生综合素质、课程体系、学习评价，以及循环改进的措施等方面的设计与实践。但这些研究很少考虑学生的感受，"以学生为中心"的OBE核心理念，必须从学生的视角来审视目前专业认证中发现的问题，从而设计出符合当今学生特点的教学模式和教学方法，顶峰成果才可能顺利实现。此外，随着信息通信技术的迅猛发展，"互联网＋"深刻影响着人们的学习行为、思维方式及知识获取途径，给传统的高等教育带来了极大的冲击，基于OBE理念的工程教育专业认证，也无法更不应该忽视现代教育技术学的作用。

3 基于OBE理念的教学

不同的教学理念，必然带来不同的教学方法、教学设计和教学流程，也必然改变学生的学习行为和教师的教学行为。20世纪初，美国哲学家、教育学家杜威首次明确提出了"儿童中心主义"概念，指出了传统教育的缺陷，认为现代教育应"以儿童为中心"，他认为"教育的各种措施应围绕儿童而组织起来"。20世纪中叶，罗杰斯受到杜威的影响，提出了"以学生为中心"，他深信，良好的师生关系和人道性、支持性、建设性的课堂气氛比任何教学方法和教育技术都更重要。"以学生为中心"的思想对美国及世界教育产生了深远的影响[4]。

表1分析对比了基于OBE理念的教学与传统教学的特点，可以明显看出，两者之间本质的区别，是"以学生为中心"还是"以教师为中心"，前者对学生的关注度大大超过了后者，教师也会主动寻找与学生交流的一切方式，看重和学生交流反馈得到的信息。这也是工程教育专业认证"一切以学生的顶峰成果为目标"的具体诠释。

被誉为成果导向教育鼻祖的斯派蒂对OBE的定义是：聚焦教育系统中的每个环节，这些环节均围绕着一个根本目标，就是让所有学生在学习活动结束时能够获得最终成功。这就意味着，应首先对学生能够完成的重要的事情有一个清楚的规划，据此组织课程、教学以及评估，并确保这种学习的最终实施以学生为中心的理念[5]。从斯派蒂对OBE的定义上可以看出，其教学理念同样强调"以学生为中心"，是西方现代教育哲学思想的延伸和扩展，核心就是所有的教学设计和教学实施的目标都围绕着学生通过教育过程最后所取得的学习成果[6]。同样，基于OBE的教学也十分看重学习评价，强调形成性评价与总结性评价相结合的评价模式，在关注学生学习的过程中，获得形成性评价指标值，并促进学生循环改进和自我提高。

表 1 OBE 教学理念与传统教学理念的区别

教学理念	OBE 教学理念	传统教学理念
教学环节	需要了解学生的感受和需求，根据学生的学习效果及反馈信息及时调整，教学过程是动态的	在教学的各个环节中，考虑更多的是教师本身的作用，包括提高教学质量及课件 PPT 的质量等
师生关系	教学是双向的，教师是引导者，强调知识的吸收内化，强化生生、生师交流，鼓励学生团队合作	教学是单向的，教师具有最高的权威性，强调知识的传递，缺少生生、生师交流，较少开展学生团队协作学习
学习过程控制	采取各种措施了解学习过程中学生的状态，考虑学生的差异性，真正开展因材施教，对落后生足够的关注和尊重	较少考虑学生的学习情境，对落后生缺少或几乎没有帮助和关注
学生的学习行为	大多数学生的学习具有主动性，鼓励学生深度学习及评判性思维	大多数学生的学习是被动的，缺少主动探求精神和评判性思维
教学模式	线上线下深度融合的可以获得形成性评价指标值的各种混合式教学模式	主要依靠一本教材、一张嘴、一支粉笔、一套教学 PPT 的传统课堂教学模式，缺少获取学生学习过程数据的手段
学习评价	引入形成性评价机制，大幅提高形成性评价占比，开展多种评价形式，包括教师评价、学生互评等	只能依靠总结性评价，多采用平时作业、点名等代替形成性评价，评价一般为教师评价，手段单一

4 目前高校教与学现状

以下数据来源于文献及作者的调查报告，不同性质的高校及学生群体可能略有差异，但其数据还是有一定的代表性，值得关注。

4.1 学生的学习行为调查

近几年有文献调查显示，学生总体学习状况较为良好，但也有一些不可忽视的问题，甚至有些问题是长期存在的，在互联网及信息通信技术高速发展的当下，如果不妥善处理，问题会越来越严重。

杨妍艳等[7]对上海某高校进行了大学生学习现状调查，其中选择平均每天自习“3 小时、4 小时及以上”的学生（39.6%），远低于选择平均每天上网“3 小时、4 小时及以上”的学生（57.5%）。这表明部分学生对网络有较强的依赖性，学业自我管理能力有待加强。从资源管理的角度，结合“我每天上网主要在做什么”发现，大学生上网时，48.4%的学生主要关注的是娱乐功能，还有 11.2%的学生关注的是聊天。问及“碰到学习困难时，通常借助什么途径解决?”时，37.5%的被调查学生选择的是“网络搜索引擎”，34.4%的被调查学生选择了“同辈群体（同学和朋友）”，12.4%选择“任课老师”，8.9%选择“图书馆查阅相关资料”。这个结果出乎意外，选择“任课教师”排列第三，且比例连两成都达不到，足见师生沟通和交流不畅，出现了问题甚至危机。通过调研访谈后进一步了解到，有一定比例的学生对于如何运用网络有效查找学习资料，特别是一些学术资源的查找缺乏训练，渠道单一，学生利用网络解决学习困惑的能力有待进一步增强。

作者在 2015 年、2016 年及 2017 年上半年，连续 5 个学期对河海大学水工专业、水文专业、校公选课选课学生，通过纸质调查表、电子文档调查表及手机学习软件，利用课间填写、课堂手机提交、公共场所随机抽查、班干部组织答卷等方式，进行翻转课堂教学效果的调查，其中涉及学生学习行为及教学满意度的选项有 14 条（满意度调查见 4.2）。调查共发放问卷 1400 份，收回有效问卷 1238 份，有效率为 88.43%。其中选择上课玩手机而影响听课的达 38%，课外活动排列前三项依次是社团、玩手机、运动，排在最后的是完成作业、进行和专业有关的活动如创训创业、专利开发、助课助研等。在回答“每周课后自主学习时间”时，选择 2 小时以内的为 12%，3～4 小时的为 19%，5～6 小时的为 31%，7 小时以上的为 17%，其中每周 6 小时以内的占比 79%，平均每天 1 小时，而这个学习时间，主要用来完成作业。“平时不看书，考前一周冲刺，考完就忘”已是很多大学生的学习模式了。

4.2 教师的教学行为调查

徐立等[8]对某大学开展了学生专业满意度调查。数据分析显示，学生对所学专业培养目标定位不准确是影响学生专业满意度评价的重要因素之一。专业培养目标在学生中特别是低年级学生中宣传不够，导致了学生的专业认同感和满意度较低。调查中也发现专业教育中需要改善和加强的一些问题，特别是师生交流、教学模式和实践教学环节、讲座论坛和在线课程等学习资源等方面，仍然是专业教育中迫切需要改善和影响学生专业满意度的重要因素。

王运武等[9]在全国各地38所高校，对9个学科的大学生发放了572份调查问卷，调查了解学生对教师课堂教学的满意程度，包括四个维度21个测量选项。调查结果发现，影响课堂教学满意度的重要性排序依次为：教学方法、教学效果与创新能力培养、教学内容以及教学态度。满意度调查结果不容乐观，83.21%的学生对教学满意度较低，其中理科满意度最高，经济学满意度最低，工科满意度在9个学科中排名倒数第三。文献认为满意度较低的主要原因之一是教师不能因材施教，“照PPT宣科”现象普遍存在，不能恰当运用信息化手段辅助教学，教学活动设计不合适，教学语言不生动，师生互动不够，不能及时为学生答疑等。文献最后指出高校学生对课堂教学满意度较低的本质原因在于课堂教学缺乏创新。

在作者的调查中，学生自认为课程教学过程中被教师经常关注的只占12%，45%的学生自认为从未被关注。仅有17%的学生认为教师了解自己的学习过程。此外，在教学过程中得到过教师鼓励和认可的学生占比18%，被呵斥型或讽刺挖苦型教育指导的学生占比23%，其中绩点排名年级前1/3的为8%，排名中等的为61%，排名靠后的为31%。

另一项调查选取水工专业大三的一个专业班进行，内容是针对水工专业前三年的所有必修课的课堂教学环节调查，包括组织同学讨论、教师提问、课堂测试等活跃课堂气氛、鼓励师生、生生交流、检验平时学习成果的活动，调查显示开展情况并不令人满意（表2），后采用表3的调查项进行同样的调查以作两两互证，结果证明表2的数据基本合理。相对于学科平台课和专业基础课，专业主干课在这三项都是明显的落后，这可能和专业课的教学内容有难度、分量重有关，也可能和教师的投入有关。

表2　　学生调查表之一（课堂教学环节调查）

课程性质	组织同学讨论			教师提问			课堂测试		
	经常有	很少	从没有	经常有	很少	从没有	经常有	很少	从没有
学科平台课	22%	41%	37%	35%	46%	19%	24%	37%	30%
专业基础课	32%	60%	11%	50%	46%	4%	20%	40%	40%
专业主干课	25%	25%	50%	60%	30%	10%	25%	17%	58%

表3　　学生调查表之二（课堂教学环节调查）（用来与表1两两互证）

课程性质	组织同学讨论				教师提问				课堂测试			
	每次课	每周	3～4次课一次	全程一次	每次课	每周	3～4次课一次	全程一次	每次课	每周	3～4次课一次	全程一次
学科平台课	11%	19%	28%	43%	10%	24%	37%	30%	5%	16%	30%	47%
专业基础课	11%	25%	32%	30%	4%	43%	36%	18%	11%	18%	21%	50%
专业主干课	0	17%	25%	58%	8%	42%	40%	8%	0	17%	25%	58%

5 现代信息技术背景下的课程体系、教学模式及评价设计

5.1 “互联网＋”与通信信息技术对教学的作用

“互联网＋”与通信信息技术的高速发展，对各行各业产生了变革性的影响，也必然促进和改变高

等教育的各个层面。在此背景下的水利水电工程专业的课程教学体系设计，应该对在线课程及基于在线课程和智能手机引入课堂的创新型教学模式给予足够的重视。OBE 体现学生为中心，强调学生的最终成果反向设计课程，其教学模式和评价体系要能够体现学生的学习过程，只有对学生学习过程足够的了解，才能实现学生的个体化发展和教师的个别指导，实现人人得以成功、知识能力素质三者全面提升的 OBE 目标。

5.1.1 传统的教学模式有先天劣势

在常规的教学模式下，无论教学内容怎么安排，讲课如何精彩，都有一个现实的问题，即目前高校理工科专业中，课程数越来越多，分摊到每门课的学时数越来越少，而教学内容却反而有所增加，在这样的背景下，教师在课堂上就无法进行过多的互动，既然不能互动，就不能对学生有更多的了解，尤其是动辄数百人的大班课堂。常规教学模式下，因材施教，师生交流互动，对学生的学习情况及时反馈等，就是开展了，也只能是蜻蜓点水。且预习效果如何可控？学习过程中的答疑解惑如何及时进行？因材施教如何实施？传统教学模式的特点及学生满意度调查结果，都集中表现在教学模式、教学评价和师生交流上的局限性。

5.1.2 OBE 需要在线课程及创新型教学模式

全面引入在线课程，丰富在线资源，既可以满足研讨性教学、案例教学、体验式教学等创新型教学方法，加强学生预习，课前学习组织，在线答疑，在线讨论，在线测试，增强互动，解决了传统教学答疑不及时、知识传授单向、师生互动缺失以及无法跟踪学生学习过程的问题，还可为形成性评价提供可测量可记录的数据。如果真正实施以学生为中心的课堂，合理分配课堂内外的课程内容，将部分或大部分易于自学的内容让学生在线上完成，课堂组织讨论、测试和精讲，传统教学模式的局限性便可迎刃而解。

在长期的填鸭式教育下，学生自主学习能力低下，自主学习动机严重不足，同样也会造成学生信息检索能力、团队协作和沟通能力无法满足工程专业的培养要求。很难说传统模式下培养的学生，其终身学习能力能够得以保证。如此，实施水利职工终身教育体系建设、水利职工教育培训实施体系建设与水利院校人才培养体系建设相结合的制度[10]，这一愿景也可能较难实现。

5.2 在线课程建设

建设支撑教学所需的在线课程，首先需要一个功能强大的系统平台，可以支持课程建设、在线教学、在线考试、在线统计等，可以与校园网门户无缝对接，师生一站式登录。教学互动平台必须以课程为中心，提供全面的网络教学功能，包括作业、测验、通知、答疑、讨论、资料、评价等。通过统计教学过程中所产生的数据，可以对教师的教学情况、学生的学习情况、课程的访问情况等进行全面的、可视化的统计分析，以帮助学校和教师更好地进行教学管理评估。

需要重视在线课程的框架体系建设，引导教师根据不同课程本身及在线课程的特点，重塑课程结构，丰富课程资源，建立重点难点、教学课件、教学视频、基本概念及术语、在线测试及拓展资料六大功能模块。教学视频在内容上多做铺垫、强化知识点之间的关联性、专业知识通俗化，改善自学者的学习情境。视频知识点间遵循高内聚低耦合的原则；重点难点设计为引入问题为导向的方式；在线测试大量设计学生互评题，提高学生发现问题自我发展的能力；拓展资料大量增加趣味类、学术前沿类、工程实例类、创新创业类等视频和读物。此在线课程更可以作为学生终身学习的平台，允许向已毕业的学生定期或随时开放，满足他们的需求。

5.3 现代信息技术背景下的课程体系设计

基于线上、线下课堂的混合式学习，真正有效的是翻转课堂，也就是先学后教，这种教学模式能够让学生从自主学习、语言表达、团队协作、资料收集整理以及制作 PPT 等综合素质的提高，对课程进行深度和广度的学习。但不可否认的是，翻转课堂学生和教师的投入数倍增加，大量的课程开展翻转课堂教学是不可想象的也是不可能的。所以面对这种矛盾，应该从专业培养方案中的教学体系的顶层设计角度来考虑翻转课堂的设置。合理的做法是认真研究专业培养方案中的每门课程，寻找适合翻转课堂的课程以及愿意投入翻转教学的有能力、有经验适应现代教育技术发展的教师，而这些课程要覆盖公共基础课、专业基础课和专业核心课，覆盖除最后一学期的其他七个学期，每学期二门左右，时间错开，完全小班化。

在此基础上，将培养方案的顶层设计和单一课程的教学方法与学生评价的微观设计相融合，提出了课程体系为一体、在线课程（全体）及翻转课堂（部分）为两翼的基于专业培养方案的顶层设计，在线课程提供海量资源、支撑探究性教学活动及终身学习的平台；翻转课堂从教学的角度培养学生个性发展、团队协作、基本技能、学习行为及变被动学习为主动学习及教师教学行为的改变，因材施教和教学相长。创新型教学模式全面引入形成性评价，其指标可分为质性评价（在线讨论、课堂讨论及专题演讲答辩情况）和量化评价（在线测试及课堂测试成绩）两方面共五个维度。

一体两翼顶层设计课程教学体系，具体如图1所示。

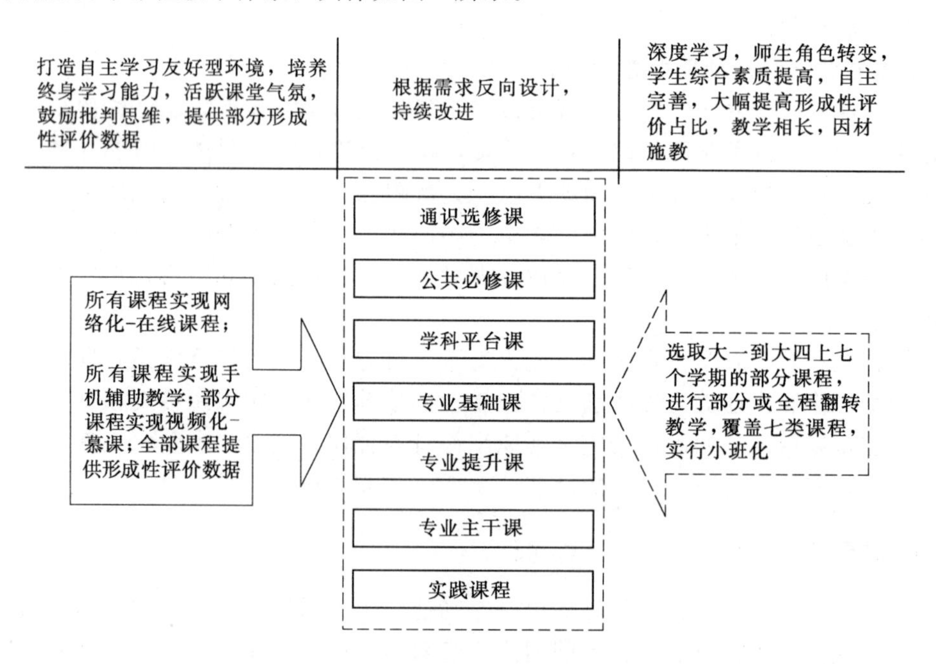

图1 基于OBE及在线课程的一体两翼顶层设计

6 实践与总结

6.1 在线课程建设及应用

2014年9月17日，全新的个性化交互式教学平台——“河海课堂在线”正式上线，该平台体现在线教育的未来发展趋势，稳定性好、适应性强、易用性好；覆盖学习全流程，并对视频、资料分享、作业、答疑、提问、考试等各个环节实施全面的数据采集、分析与监控，实现对教学效果、教学组织等方面的科学评估；平台充分发挥现代信息技术作用，倡导启发式、探究式、讨论式、参与式教学，培养学生的学习兴趣与自主学习能力。

以水利水电工程专业为例，共建设校省国家三级在线课程共23门，包括公共必修课的马克思主义基本原理概论、大学英语等，学科平台课的高等数学、大学物理、材料力学、工程制图基础、测量学等，专业基础课的土木水利专业导论，水力学、钢筋混凝土结构等，专业课的水工建筑物、水电站、工程施工等，占必修课程的65.7%，较好地支持了线上、线下课堂三者融合的各种混合式教学方法，尤其是土木水利专业导论、理论力学、材料力学、结构力学、工程制图、水电站6门课程开展了全程或部分翻转课堂教学，师生、生生交流活跃，极大地促进了深度学习，学生的自主学习能力有所提高，教师也受益匪浅。这些课程都引入形成性评价与总结性评价相结合的多元评价方法，关注学生的学习过程，定期发布形成性评价数据，引导学生不断改进学习方式和提高学习自觉性，形成良性循环。除此之外，手机教学软件的成熟、操作的实时性、便捷实用的界面，吸引了不少教师将其作为课堂教学的辅助，提高了课堂测试和师生交流的效率。

表4为水工专业2014级和2013级的前五个学期的平均绩点的对比，在经历了混合式教学和形成性评价的洗礼之后，2014级的学生成绩总体上是有成效的。

表4　水工13级与水工14级全体学生平均绩点对比

年级平均绩点	大一上学期	大一下学期	大二上学期	大二下学期	大三上学期
水工13级平均绩点	3.91	3.64	3.61	3.69	3.72
水工14级平均绩点	4	3.58	3.54	3.88	3.86
14级比13级增加或减少百分比	2.30%	−1.65%	−1.94%	5.15%	3.76%

6.2　总结

在OBE的三个核心理念中，“学生为中心”贯穿了专业教育的全过程，“持续改进”和“反向设计”也需要结合课程教学设计层面，才能更好地体现“学生为中心”理念。只有改变现有的传统教学模式，积极开展基于在线课程的线上、线下课堂深度融合的教学实践和探索，关注学生的个体差异，因材施教才不是一句空话。

“反向设计、正向实施”的效果究竟如何，将取决于任课教师的专业水准、教学水平和教学投入。改变教学模式、掌握现代教育技术手段，是“以学生为中心”的必经之路，是形成性评价得以有效实施的前提。“以学生为中心”，将对教师提出更高要求、更多挑战。

在2016年4月11日北京召开的工程教育认证国际研讨会上，各国专家从不同角度强调了“复杂问题解决”能力培养的重要性，强调了OBE的重要性和必要性，指出“工程的成果是在经过复杂问题的解决后得到的”“复杂问题的解决应该在以成果为基础的工程教育中占重要位置”[11]。培养学生解决复杂问题的能力不是一朝一夕之事，也不是一门或若干门课程的教学改革能够完成的，只有在专业培养方案的视角下开展多层次多维度的教学模式教学方法的革新，工程专业教育认证背景下的教育发展才能真正得以实现。

参　考　文　献

[1] 姜波. OBE：以结果为基础的教育[J]. 外国教育研究，2003，(3)：35-37.

[2] 顾佩华，胡文龙，林鹏，等. 基于“学习产出”(OBE)的工程教育模式——汕头大学的实践与探索[J]. 高等工程教育研究，2014，(1)：27-37.

[3] 李志义，朱泓，刘志军，等. 用成果导向教育理念引导高等工程教育教学改革[J]. 高等工程教育研究，2014，(2)：29-34，70.

[4] 吴亚林. 以学生为中心的教育理念解读[J]. 教育评论，2005，(4)：21-23.

[5] 祝怀新，毛红霞. 南非“以结果为本的教育”课程模式探析[J]. 外国教育研究，2006，(4)：34-38.

[6] 李志义. 解析工程教育专业认证的学生中心理念[J]. 中国高等教育，2014，(21)：19-22.

[7] 杨妍艳，高晓丽. 当代大学生学习现状与对策分析——以上海某高校为例[J]. 教育教学论坛，2017，(11)：5-8.

[8] 徐立，张态，黄和飞，等. 基于学生满意度评价的专业质量调查与分析[J]. 大理大学学报，2017，(3)：102-107.

[9] 王运武，杨曼. 从高校学生课堂教学满意度透视课堂教学创新性变革[J]. 现代远程教育研究，2016，(6)：65-73.

[10] 李贵宝，李建国，李赞堂. 以水利类工程教育认证为契机　推进水利专业技术人员职业资格认证［J］. 学会，2016，(1)：59-64.
[11] 周红坊，朱正伟，李茂国. 工程教育认证的发展与创新及其对我国工程教育的启示——2016年工程教育认证国际研讨会综述［J］. 中国大学教学，2017，(1)：88-95.

作者简介：包耘（1964—　），讲师，硕士，河海大学水利水电学院，研究方向为水利工程的教学与科研。Email：351554653@qq.com。

高校水文与水资源工程专业本科实践教学体系构建研究

卞建民　方　樟　鲍新华　冯　波　辛　欣

（吉林大学环境与资源学院，吉林长春，130021）

摘　要

水文与水资源工程专业作为工科类专业实践性很强，构建有效的实践教学体系是实现培养目标的关键。本文在分析了吉林大学水文与水资源工程专业鲜明地学特色与优势的基础上，提出了实践教学体系的设置理念，从专业基础实验、专业技能实验、创新性实验和野外实习教学4个方面构建了具有本校优势的水文与水资源工程专业实践教学体系，为培养社会需要的专业人才提供了良好的实践模式。

关键词

水文与水资源工程；地学特色；实践教学；体系构建

1　引言

我国的中长期教育改革和发展规划纲要（2010—2020年）和国家中长期人才发展规划纲要（2010—2020年）文件精神强调，高等学校工程教育应强化主动服务国家战略需求、主动服务行业企业需求的功能。基于这一精神，要求高校在专业结构设置及人才培养方面应满足社会对人才的需求。专业课程体系是人才培养新模式实现的重要保障，课程体系涵盖课程内容的设置、教学计划的实施、教材的选取、教师授课方式、科目考核方式、学分的定制等方方面面。课程体系构建是否结合专业人才需求和课程要求，直接影响着人才培养的质量。地学类基础的院校，原有学科和专业优势，为实践教学体系构建奠定了良好的基础，成为学生实践能力培养的重要环节。

为培养出适应水文与水资源学科发展和具有行业特色的高质量专业人才，水文与水资源工程专业迫切需要对专业人才培养的目标、模式等方面进行准确定位[1-3]。同时作为实践性很强的工科专业来说，完善并设计合理的实践教学体系，加强专业实习教学，增强学生的野外独立工作能力和创新能力，可为其后续深造及从事相关工作奠定扎实基础[4,5]。

吉林大学水文与水资源工程专业依托水文地质专业原有的实践教学体系，具有扎实的地质、水文地质基础。近年来，本专业结合工程教育专业认证，在分析吉林大学水文与水资源工程专业特色的基础上，建立了具有我校优势的实践教学体系，为培养社会需要的专业人才提供了良好的实践模式。

教改项目：吉林大学2017年度本科教学改革研究项目（2017XZD003）。

2 专业特色与优势

吉林大学环境与资源学院坚持以人才培养为核心，强化科学研究、社会服务和文化传承能力。以本科教学为基础，着力提高研究生培养和科学研究水平；以理工并重、文理渗透为特色，建设高水平的研究型学院。水文学及水资源学科紧密围绕学校办学定位与社会经济发展需求，科学制定和修订人才培养目标。

在专业定位方面，依托传统水文地质，拓展地表水方向的教学和实习内容，培养学生具有较强的地下水优势和良好的地表水基础。不断明确专业特色为，在地下水资源寻找、评价、开发利用与管理方面具有坚实基础，掌握地表水资源与水环境评价与管理核心技能。培养的本科生不仅具有扎实的地下水方面的坚实基础，还同时具有地表水方面的知识体系和较强的实践应用能力。

3 实践教学体系设置理念

近年来，随着水文水资源领域复杂工程问题日益突出，迫切需要大批具有创新意识、创业能力和服务社会能力的高层次专门人才。面对经济社会发展对人才的需求形势，结合本专业学科教育的特殊性和水文与水资源工程的专业特点，吉林大学水文与水资源工程专业进一步明确实践教育是工科人才培养过程中贯穿始终、不可缺少的重要组成部分，是培养学生科学的世界观、人生观、价值观的重要渠道，是培养学生理论联系实际、了解国情、熟悉社会、提高思想政治素质和业务水平的重要形式。

吉林大学环境与资源学院在继承优良传统的基础上，进一步梳理了原有实践教学体系中地表水方面较弱的缺陷，在野外实习路线和内容方面不断进行完善。首先，加强室内实验教学和野外实习教学改革，增加学生课外自主实践环节；其次，实现室内与野外的有机融合，构建了室内实验—野外实习—自主实践一体化的“三元”实践教学体系。该体系由课程实验、自主实践和野外实习三个系列构成，注重理论与实践、室内与野外、教学与科研三个结合。在野外实习环节增加了校外导师的参与度，加大学生进入企业参与行业实践环节的实践和覆盖面，并在毕业设计环节对设计类选题实行校外导师和校内导师的共同指导，取得了较好的效果。

课程实验系列：配合理论教学，建立学生培养目标所需的基本知识框架；大量的基础实验和规范训练，强化基本功；必要的综合性（设计性）实验，培养专业能力，发展研究潜力。以指导性学习为主。

自主实践系列：丰富而灵活的技能实训，普遍而深入的专题实验研究，因人而异，培养动手能力、综合能力乃至创新能力；强化课程之间纵向关联、学科之间横向关联、室内实验和野外实习教学之间的联系。以自主性学习为主。

野外实习系列：根据学生知识技能不同阶段的积累，开展不同的野外实习教学，从感性了解、认知理解、模拟实践，到实际参与生产科研，循序渐进，综合运用知识、训练专业技能，培养观察能力、发现问题和解决问题的综合实践能力，磨炼意志品质。以自主性、指导性学习相结合为主。

实践教学与理论教学紧密结合：依托良好的学科优势、系统的创新人才培养课程体系、高水平的教师队伍，各类实验和野外实习均由主讲教师担任，实现了实验课与理论课的打通，保证了实验内容与理论内容的一致性和连贯性，对指导学生实践起到了重要的作用。

室内实验与野外实习紧密结合：依托学院现有的长春周边认识实习、兴城地质实习、秦皇岛—兴城—长春专业实习，以及东北地区多个专业实习和科研实习等野外实习教学平台。一方面，学生在室内实验得到的认识在野外进行验证和再认识；另一方面，将野外获得的实际资料和发现的科学问题带回室内，反哺室内实验教学，同时开发一系列基础性、设计性、综合性、研究性实验项目，实现了实验教学与野外实习的贯通。

实践教学与科学研究紧密结合：将教师多年积累的科研资料和成果转化为实践教学资源，设计适合不同专业学生的研究性、创新性、综合性实验项目，以国家、学校“大学生创新性实验计划”和本科生导师制为依托，通过综合实验室和科研实验室等支撑平台，在教师的指导下加大学生从事科学研究能力的培养。学生完成实验项目的同时，了解相关领域的科学前沿问题，熟悉科学研究的技术与方法，为后续科学研究奠定建设基础。

4　实践教学体系构建

根据专业知识结构的需要和课程的设置，水文与水资源工程专业实验教学体系包括学科基础实验和专业实验教学两大部分，其中地质学基础、地貌学与第四纪地质学B、水力学、水文学原理、水文地质学基础A、地下水动力学A、水环境化学、工程力学、工程测量学B、工程制图B、水分析化学实验、地下水溶质运移理论、专门水文地质学、水文预报等地质基础实验课程；专业实验教学部分包括专业基础实验教学、专业技能实验教学、创新性实验教学和野外实践教学4个模块（图1）。

4.1　专业基础实验教学

以地下水资源的勘查与评价、开发和利用为主要教学内容，以专业基础课程和专业主干课程等的实验教学内容为主线，通过认识性实验和综合性实验教学，使学生对专业基础理论知识得以深化。

4.2　专业技能实验教学

在这一模块中，除了有验证性实验和操作性实验外，根据不同层次学生的需要，开设了一些综合性和创新性实验项目，从而全面提高学生从事水文与水资源实际工作，解决工程实际问题的能力，掌握相应的水资源调查和评价的基本技能，为今后从事水文与水资源调查与评价等具体工作打下坚实基础。

4.3　创新性实验教学

创新性实验教学模块是以矿产资源拓展性研究为主要教学内容，以具有一定特色内容的专业选修课程的实验教学为主线，知识特点着重强调学生为适应当今信息化时代从事水文与水资源工作所必需的拓展能力的训练。

4.4　野外实习教学

本专业的野外实习教学分为地质认识实习、地质教学实习、专业实习和毕业设计4个层次（表1）。

表1　　水文与水资源工程专业野外实习的阶段划分及主要内容

<table>
<tr><th>实习类别</th><th>实习地区</th><th>实　习　项　目</th><th>时间</th></tr>
<tr><td rowspan="2">一年级认识实习</td><td rowspan="2">长春周边</td><td>路线地质观察</td><td rowspan="2">2周</td></tr>
<tr><td>资源环境参观</td></tr>
<tr><td rowspan="5">二年级教学实习</td><td rowspan="5">辽宁兴城</td><td>基础地质路线观察（8～10条）</td><td rowspan="5">6周</td></tr>
<tr><td>地质矿产综合路线观察（2～3条）</td></tr>
<tr><td>实测地质剖面（1～2条）</td></tr>
<tr><td>区域地质填图（10～20km²）</td></tr>
<tr><td>实习报告编写</td></tr>
<tr><td rowspan="4">三年级专业实习</td><td rowspan="4">辽宁、吉林</td><td>典型水文地质现象路线观察（8～10条）</td><td>2周</td></tr>
<tr><td>独立水文地质填图</td><td>1周</td></tr>
<tr><td>典型环境地质问题专题设计与调查评价（2～3个）</td><td>3周</td></tr>
<tr><td>抽水试验</td><td>2周</td></tr>
<tr><td rowspan="2">毕业实习及毕业设计（论文）</td><td>全国各地</td><td>补充调研</td><td rowspan="2">10周</td></tr>
<tr><td>校内</td><td>综合研究及论文（设计）编写</td></tr>
</table>

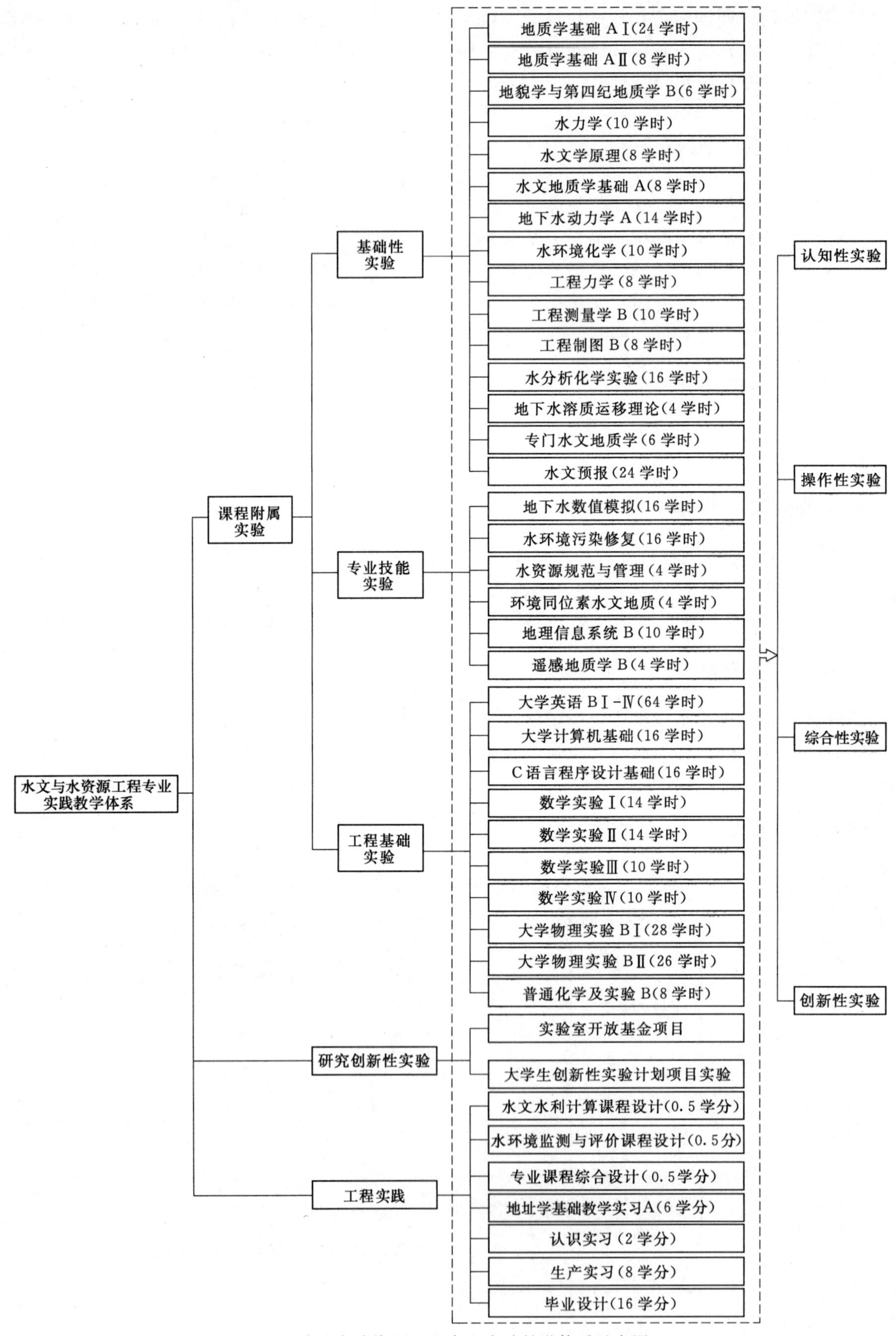

图 1　水文与水资源工程专业实验教学体系示意图

原长春地质学院在国内最早建立了野外基础地质实习基地，目前有一年级的长春周边、二年级的辽宁兴城和三年级秦皇岛-兴城3个成熟稳定的实践教学基地。

专业实习和生产实习在各个产学研基地展开，学生在校内专职教师和校外兼职教师的指导下，发现水文与水资源中的工程问题，分析和解决实际问题。生产实践教学主要在长期建立合作关系的企业基地进行，目前本学科已建立十余个稳定的专业实践企业基地。

参 考 文 献

[1] 陈支武，张德容．完善实践教学体系培养应用型创新人才［J］．实验室研究与探索，2012，(8)：167-170.
[2] 孔建益，邹光明，侯宇，等．卓越机械工程师培养的实践教学体系研究［J］．高等工程教育研究，2013，(3)：18-21.
[3] 赵华荣．环境学科背景下水文与水资源工程专业教学改革与实践［J］．大学教育，2013，(8)：61-62.
[4] 韦化．构建多元化开放式实践教学体系培养大学生的"四种能力"［J］．实验室研究与探索，2011，(5)：1-3.
[5] 沈奇，张燕，罗扬．应用型本科实践教学体系的构建与改革［J］．实验技术与管理，2010，(10)：36-38.

作者简介：卞建民（1968— ），女，教授，主要研究方向为水资源评价与管理。
Email：bianjianmin@ 126. com。

协同融合　学创一体的水利水电工程专业实践模式改革与创新

李艳玲　张立勇　费文平

（四川大学水利水电学院，四川成都，610065）

摘　要

传统水利水电工程专业实践模式以教为中心，实训模式单一，已成为制约学生工程能力提升的瓶颈，亟待改革和创新。本文以提升毕业生品质为导向，构建了校企协同合力、学科交叉融合、集自主学习和创新实践为一体的专业实践创新模式，形成了“以学生为中心”的实践培养体系。实践表明，该模式强化本科生自主学习、创新实践、工程实践等能力培养，着力提升其解决复杂工程问题的能力，对促进水利水电工程专业人才培养质量全面提高作用明显。

关键词

实践教学；校企合作；学科交叉；自主学习；创新实践

1　引言

2013年，我国作为预备成员加入《华盛顿协议》，2016年成为其正式会员，这是我国工程教育国际化的重大突破，同时对我国工程技术人才培养质量提出了更高的要求。传统工科实践环节多采用“以教师为中心”的教学模式，其长期单一的实践环节指导，制约了学生的自主学习能力，学生创新思维、创新能力以及解决复杂工程问题的能力不足，不能满足工程教育国际化需求，也不能适应国家推动大众创业、万众创新的重大战略要求。纵观水利工程实践教育，企业被动参与、实训体系少、模式单一，以及以教为中心的单一参与式教育已成为提升学生工程素养和工程创新实践能力的瓶颈，亟待传统工科专业实践模式的改革和创新。

四川大学水利水电工程专业依托学校及水利水电学院优势学科群体支撑，借力国家卓越工程师计划、国家级工程实践中心等项目建设与实践，以提升毕业生品质为导向，构建校企协同合力、学科交叉融合、集自主学习和创新实践为一体的水利水电工程专业实践创新模式，逐步改变了传统模式下的“以教师为中心”的教学模式，变被动学习为主动学习，变教师主导学习进程为学生自主负责学习进程，形成“以学生为中心”的实践培养体系，强化水利水电工程专业本科生自主学习、创新实践、工程实践等能力培养，提升其解决复杂工程问题的能力，有效解决了学生创新实训平台少、个性化缺失，创新思维和创新实践能力匮乏，以及工科学生工程综合素养不足和解决复杂工程问题能力欠缺的难题。

2　水利水电工程专业实践模式改革与实践

以提升毕业生品质为导向，四川大学水利水电工程专业和中电建成都勘测设计研究院有限公司、四川省水利水电勘测设计研究院等国家级工程实践中心，协同搭建集学生自主学习和创新实践于一体的多学科交叉实训平台，合力将水工专业传统的“课程实验与设计＋课程实习＋毕业实习与设计”的单一实践教学模式扭转为“基础实践＋创新拓展＋工程实训”的创新实践模式，实现“教程”向“学程”转化和教育目标由指向知识传授向能力培养的转变，如图1所示。

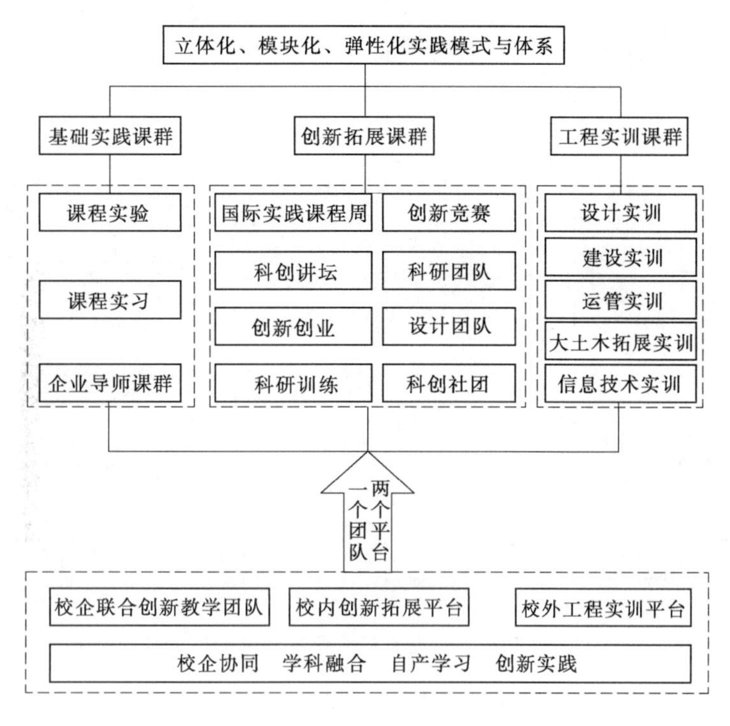

图1　四川大学水利水电工程专业实践模式架构

2.1　延展和拓宽传统实践教学课程体系，契合专业发展和工程教育国际化需求

借力强势学科优势、工程实践中心及多流域实习基地建设成果，全新设置创新实践拓展课堂和工程实训课堂，尊重学生的个人兴趣爱好，唤醒、复苏乃至激发本科生创新原动力，分阶段、渐进式开展工程教育和实践培训，实现实践教育模式由“内容为本”向“学生为本”的根本转变，增强学生工程实践、创新实践、自主学习等多能力培养，提升本科毕业生在工程教育国际化进程中的核心竞争力。

新增综合工程实践、生产实习等实践环节，将“水电站建筑物”“水利工程施工”“水工建筑物”三大核心专业课课程设计的时间由1.5周延长至2周。构建多管齐下、层次分明、全方位育人的企业导师课程体系，企业导师独立开设《现代工程监测技术》《国际水电工程设计与实践》《港口与航道》等十余门选修课程，将前沿的行业模式、市场规则，创新的技术意识、专业视野等元素引入高校，为充实专业知识和拓展专业领域奠定坚实基础。

2.2　打造创新拓展平台，提升创新实践能力

以学生为中心，专业教师为引导，搭建以多维度科创活动为载体的校内创新拓展平台，如图2所示。该平台提供全方位、个性化、不间断、递进式的创新实践拓展课群，让每位学生均能根据个性和爱好，自主选择各种创新实践活动，而教师则以灵活的方式提供差异化指导，将实践教学以教师为中心的单一参与模式逐步调整为以学生为中心的多元渐进模式，切实提高学生发现问题和解决问题的能力，最终使其成为适应社会和市场需求的水利水电高素质创新型人才。

（1）多元创新拓展课程贯穿本科学习全过程。依托水力学与山区河流开发保护国家重点实验室、岩土工程省重点实验室、水文及水资源省重点实验室、“985工程”Ⅰ类平台“西南资源环境与灾害防治科技创新平台”、中德能源联合研究中心、四川大学“工程安全与灾害力学交叉学科中心”等优势科

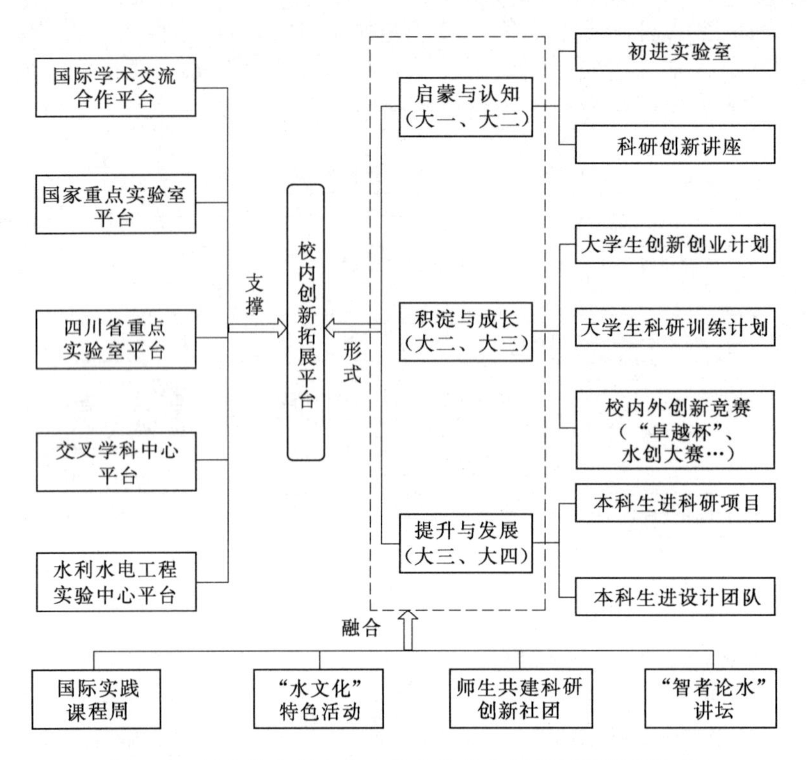

图 2　四川大学水利水电工程专业校内创新拓展课程体系

研，为本科生四年学习生涯全过程提供丰富的创新拓展课程和实践活动。譬如每年小学期开展的国际交流实践周课程，定期举办“水文化”特色活动、“智者论水”讲坛等活动、师生共建的“卓越工程师协会”“水利创新协会”等科研创新社团，创新拓展系列活动贯穿整个大学生涯进一步提升学生的团队协作能力、创新实践能力以及开阔学生的国际视野，培养本科生的科研创新意识与动手实践能力。

（2）融入连续渐进培养理念，分层分类设置创新拓展课程。学习产出教育理念认为，不同的学习者具备的基础条件不同，不能以相同的方法、同样的速度进行学习。因此，校内创新拓展课程平台针对各年级本科生，按启蒙认知、积淀成长和提升发展三个层次设置不同的创新拓展活动，连续渐进地培养学生的创新思维和创新实践能力。

大一、大二（上）的低年级本科生兴趣、特长尚未开发和挖掘，且理论知识储备较为匮乏，其创新实践能力的培养处于启蒙与认知阶段，应主要以认知教育，培养和挖掘学生兴趣为主，包括组织学生初进实验室参观、调研，如江安校区水系及试验场，或参加关于创新实践的科研讲座，从而达到培养学生初期创新意识的目的。

大二（下）、大三（上）的本科生随着知识储备的提升，科研创新能力增强，使得创新不再是无源之水，其创新实践能力的培养处于积淀与成长阶段，应设置大学生创新创业计划、教师科研训练计划及校内外的学科创新竞赛等，着力提升本科生的想象力和创造力，达到全面培养学生自主学习和创新设计与实践能力的目的。

大三（下）、大四年级的学生参与创新活动的需求差异性明显增强，处于提升与发展阶段，应以个性化培养为重。如让立志继续深造的学生进入教师科研团队，提前接触最前沿的科研成果，为攻读硕博士研究生奠定坚实基础；而让本科毕业即就业的同学进入工程设计团队，着力训练工程实践能力，为就业增添筹码。

2.3　搭建西部水利工程实训集控平台，培养解决复杂工程问题的素养和能力

以学习产出为导向，融“数据可溯、流域集控、智慧水电”等理念于一体，充分发挥地处中国西部水利资源富集、大型水电企业众多的地域优势，搭建“多流域支撑、全过程覆盖、多学科交叉、信

息化拓展”的水利水电工程专业校外工程实训平台，如图 3 所示。

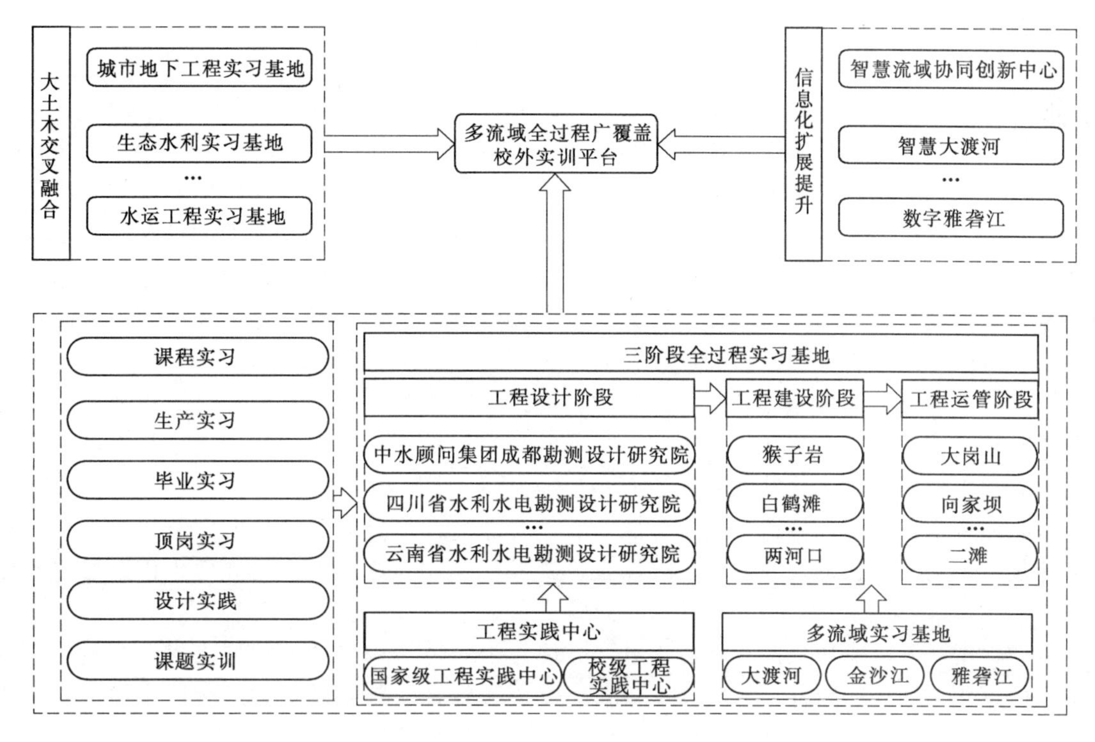

图 3　水利水电工程专业校外工程实训平台框架图

（1）工程实践中心和多流域实习基地合力支撑“多流域、全过程、广覆盖”工程实训主导体系。为更好适应市场多样化需求以及工程界发展需要，建立贯穿水电工程设计、施工、运行管理全过程，覆盖各水工建筑物类型的工程实训平台，提供水电工程设计阶段、建设阶段和运管阶段的全方位实训，强化学生流域开发、梯级管理、开发保护并重等意识，校企合力提升学生工程综合素养和解决复杂工程问题的能力。

依托成都勘测设计研究院和四川省水利水电勘测设计研究院两个国家级工程实践中心及云南省水利水电勘测设计院、四川省水利水电勘测设计院德阳分院等校级工程实践中心开展工程设计阶段实训，让学生进企业参加实际工程的设计工作，巩固理论教学成果，整合所学知识，增强学生的工程意识和设计能力。

结合大渡河、金沙江、雅砻江等多流域实习基地建设，学生进驻拱坝、重力坝、闸坝、土石坝等不同坝型施工现场开展工程施工阶段实训，培养综合运用能力和解决工程重大问题的能力，增强学生的价值感和学习动力。

结合紫坪铺、二滩、向家坝等已建成的典型水电工程，开展工程运管阶段实训，让学生全面了解水工建筑物运行性态，鼓励同学们用批判性思维进行思考和反思，进一步提升大学生工程创新意识、实践能力和团队合作精神。

（2）多领域交叉融合的工程实训助力模块。随着我国工程教育国际化进程加快，水电行业必将面临大土木领域拓展、工程建设管理信息化和决策智能化等挑战，这就需要借力学科交叉，建立大土木、信息技术等多领域的拓展实训平台，扩展学生在多学科领域的知识积累和工程能力，适应学科交叉融合的发展趋势，拓宽学生就业渠道，大力提升人才培养质量。

依托地铁、水运、环境治理等多类项目构建特色实习基地，增加学生对城市规划、地下工程施工关键技术、港航物流及涉水综合开发、水生态治理等领域的实践训练，提高学生水资源综合运用能力。

加强信息应用技术的工程实践，提高本科生以信息技术为平台，运用现代科学技术和科学方法创新管理技能与提升管理质量的综合能力，如与成都希盟泰克科技发展有限公司共建“川大水电-希盟智慧流域协同创新中心”，选派学生到企业进行三维设计解决方案、可视化技术课程培训，参加实际工程三维设计与施工仿真分析工作。

3 结语

四川大学水利水电工程专业依托优势学科群体支撑，借力国家卓越工程师培养计划等项目建设与实践，融入OBE教育理念，以提升毕业生品质为导向，构建校企协同合力、学科交叉融合、集自主学习和创新实践为一体的水利水电工程专业实践创新模式，着力提升工程教育国际化进程中水利类专业的核心竞争力。历经多年的探索与实践，逐步解决了工科学生创新思维和创新实践能力匮乏、工程综合素养不足和解决复杂工程问题能力欠缺等问题，取得了以下丰硕成果：

（1）以学习产出驱动，构建了“基础实践＋创新拓展＋工程实训”的立体化、模块化、弹性化创新实践模式，推动“教程”向“学程”转化，实现教育目标由指向知识传授向能力培养的转变，适应建设一流专业和工程教育国际化发展需求。

（2）依托强势学科资源，打造“彰显个性，多元助力、连续渐进”的校内创新拓展平台，提供全方位、个性化、不间断、递进式的创新实践课堂，激发学生创新原动力，培养学生创新思维和创新实践能力。

（3）融“数据可溯、流域集控、智慧水电”等理念于一体，构建“多流域支撑、全过程覆盖、多学科交叉、信息化拓展”的校外工程实训平台，建立工程设计、施工及运管三阶段全覆盖的工程实训体系和多领域交叉融合的工程实训助力模块，校企协同，合力提升学生解决复杂工程问题的能力。

参考文献

[1] 陈国松，许晓东．本科工程教育人才培养标准探析［J］．高等工程教育研究，2012，(2)：43-48.

[2] 李培根．我国本科工程教育实践教学问题与原因探析［J］．高等工程教育研究，2012，(3)：13-13.

[3] 丁晓红，李郝林，钱炜．基于成果导向的机械工程创新人才培养模式［J］．高等工程教育研究，2017，(1)：119-122.

[4] 方红远．基于特色培养的水利工程类专业教学改革探析［J］．高等建筑教育，2014，(2)：78-82.

[5] 钟亮．卓越水利人才培养实践教学体系构建研究［J］．教学研究，2016，(2)：100-104.

[6] 时伟．论大学实践教学体系［J］．高等教育研究，2013，(7)：61-64.

作者简介：李艳玲（1975—　），女，教授，四川大学水利水电学院。

Email：liyanling@scu. edu. cn. com。

基于虚拟仿真实验教学平台的水利水能规划实验教学*

魏　娜[1,2]　解建仓[1,2]　罗军刚[1,2]　汪　妮[1,2]

（1. 西安理工大学水利水电学院，陕西西安，710048；
2. 西安理工大学西北旱区生态水利工程国家重点实验室，陕西西安，710048）

摘　要

随着网络和多媒体等技术的发展，学习方式和获取知识的途径多样化，基于信息技术和互联网络的全新教学方式、学习技术和自主学习环境得以不断完善，促使教育教学正在发生巨大的变革。本文介绍了西安理工大学水资源与水环境虚拟仿真实验教学中心的建设，包括中心架构、中心特色，以及实验环境。以水利水能规划实验教学为例，介绍了基于虚拟仿真实验教学平台进行水利水能实验教学改革的做法和效果，实现了水利水能规划理论课程与实验课程的交叉融合，破解了传统实验教学中存在的环境复杂、成本高，以及部分实验不可及等难题，完善了现有实验教学体系，提高了学生的实践和创新能力。虚拟仿真实验教学中心的建设对传统教学模式产生积极而深远的影响。

关键词

虚拟仿真实验教学中心；水利水能规划；实验教学改革

1　引言

水利行业走绿色、安全、高效之路的理念已经成为共识，要实现这一理念，需要大量具备实践与创新精神的高级工程技术人才。目前，随着网络和多媒体等技术的发展，人们的学习方式和获取知识的途径多样化，基于信息技术和互联网络的全新教学方式、学习技术和自主学习环境得以不断完善，促使教育教学正在发生巨大的变革[1]。2013 年 9 月，教育部印发了《关于开展国家级虚拟仿真实验教学中心建设的通知》[2]，国家级虚拟仿真实验教学中心的建设工作正式拉开帷幕[3-7]。虚拟仿真实验教学中心的建设是实现教育信息化的必要条件，对提升高等教育教学水平、深化实验教学改革影响重大。

在以往的实验教学中，存在环境复杂、成本高、消耗高，部分实验不可及等难题，制约了学生工程创新能力的培养。虚拟仿真实验教学采用虚拟现实、多媒体、数据库、人机交互等技术，通过构建逼真的实验操作环境，使学生在开放、自主、交互的虚拟环境中开展安全、高效、经济的实验，从而达到真实实验不具备或难以实现的教学效果[8-10]。为此，本文依托水资源与水环境虚拟仿真实验教学中心，把虚拟仿真技术引入水利水能规划实验教学中来，充分拓展了传统水利水能规划的教学模式、

* **基金项目：**国家自然科学基金项目（编号：51679186，51679188）资助；西安理工大学教学研究项目（编号：xqj1613）资助；西安理工大学人才引进项目（编号：104－451016005、2016ZZKT－21、104－451116012）资助。

内容和方法，使水利类专业学生的培养更具现代水利特色。

2 水资源与水环境虚拟仿真实验教学中心的建设

西安理工大学水资源与水环境虚拟仿真实验教学中心隶属于水利水电学院，中心结合“育人为本、知行统一”的校办学理念，建成了以“水资源高效利用与保护”为核心，突出其主要技术环节，既能反映当前水资源与水环境技术领域的重要进展及主要方向，同时又具有“独立知识产权和现代水利特色”的虚拟仿真实验教学平台。中心根据“注重基础，强化实践，立足西北，面向全国，服务西部”的人才培养指导思想，将教学团队、特色专业、实践基地、创新团队、优势学科、创新基地等融为一体，构建了优势互补、学科交融、特色鲜明的实践与创新平台。使人才培养、学科建设、科学研究等相互融合、相互促进，为学生实践创新能力培养、教学质量提高提供了有力支撑。

2.1 中心架构

中心通过“虚、实”结合的方式完成教学大纲要求，中心建设依据科学规划、层次鲜明、重点突出、资源共享的原则推进，填补了真实实验无法实现的教学实验项目，实现资源共享。目前，中心由水文、水资源和水生态3大模块构成，下设5个实验教学平台：水文预报与水利计算、水库与水电站调度、水环境模拟与保护、水资源调配、水灾害事件应急应对虚拟仿真实验教学平台，形成了以“3模块、5平台”为基本架构的水资源与水环境虚拟仿真实验教学体系，如图1所示。按照学科和专业要求，各平台下设相应的虚拟仿真实验项目，目前共开设了124个实验项目，服务16门课程（11门本科课程、5门研究生课程）、5个专业。

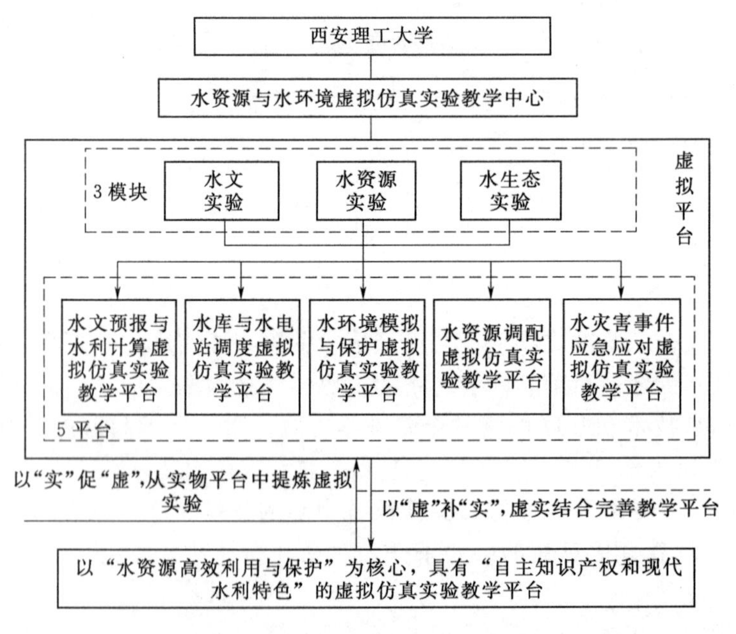

图1 “水资源与水环境虚拟仿真实验教学中心”构架

2.2 中心特色与创新

通过多年的建设，中心在虚拟仿真实验教学方面形成了“一体化、全过程、科研助推、校企协同、具有自主知识产权实验教学平台”这一现代水利特色，具体体现在以下4个方面：

（1）创新性的构建了“四层次、四类型、四结合”一体化虚拟仿真实验教学体系。根据实验教学理念和改革方法，以培养创新实践性人才为目标，以课程教学内容为主体，以基础认知、基本技能、综合能力、创新实践四个层次为架构，以基础型、综合型、实训（设计）型和创新科研型四种虚拟仿真教学实验为支撑，实现了实验教学点与面、静与动、远与近、真实与虚拟的结合，形成水资源与水环境虚拟仿真实验教学体系。

（2）强化全过程特色，实现了规划、开发、利用、保护全方位的虚拟仿真实验教学。围绕水资源与水环境各环节中的实验需求，综合应用虚拟现实技术、动态建模、三维动画技术、数值模拟软件，数字地球平台等，构建了水资源规划、开发、利用、保护全过程的虚拟仿真实验，实现了水资源开发利用全方位虚拟仿真实验教学。

（3）整合优质教学与科研资源，开发了具有自主知识产权的实验教学平台。中心充分利用学院国家重点学科和重点实验室的优质资源，强调多学科交叉融合，突出现代化特色，通过校企协同，科研助推，构建水资源与水环境虚拟仿真实验教学项目，不断更新实验教学内容和手段，支撑和完善具有较广阔涵盖领域和辐射效果的虚拟仿真实验教学体系。

（4）充分利用虚拟仿真实验教学，全面提升学生创新实践能力。开展系统深入的本科虚拟仿真实验教学，弥补了实践性教学的不足，克服了真实实验教学存在的环境复杂、成本高等问题，为深入系统开展本科实验教学创新及培养学生创新实践能力奠定了坚实的基础。

2.3 实验环境

由于水资源系统是一个受气候变化和人类活动影响的动态演化系统，跨区域、多目标、多尺度、动态性、复杂性的特点，使得水资源的工程规划、设计、开发利用与保护面临很大的不确定性，迫切需要借助模拟仿真实验来提高认识水平和决策的科学性。基于高校优质的校园网，西安理工大学已经实现了教学、科研、管理和综合服务等领域的信息化。水资源与水循环虚拟仿真实验教学中心，以知识可视化综合集成平台[11,12]为基础搭建虚拟仿真系统，如图 2 所示，逐步实现多媒体化、网络化和信息化管理，实现中心面向全体学生和社会公众的全面开放，与传统教学模式相比，无论在实验环境建设还是教学效果上都有明显优势：

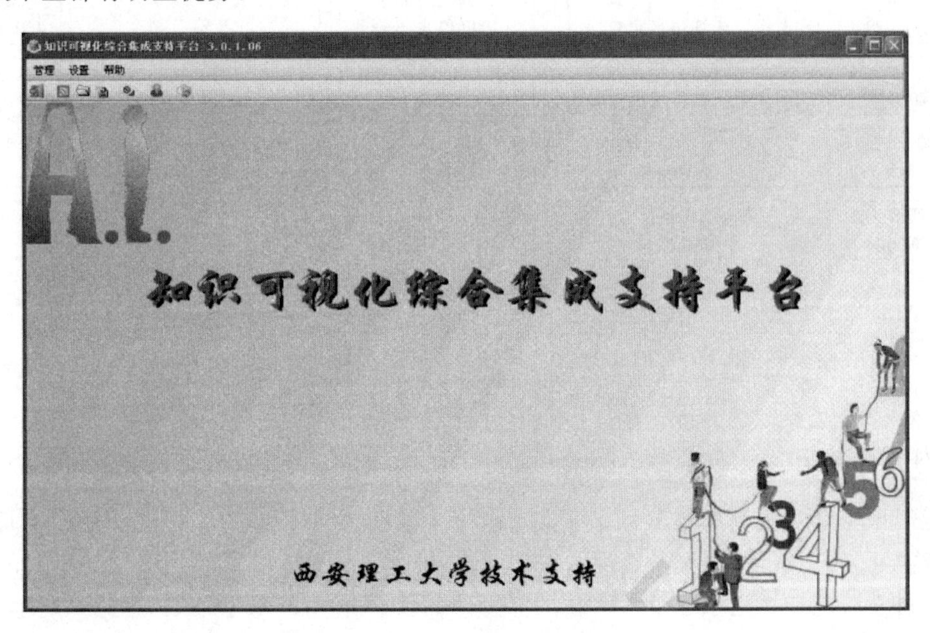

图 2　知识可视化综合集成平台

（1）虚拟仿真实验教学中心利用虚拟化技术为多门课程提供实验环境，有效减少实验教学中硬件设备的投入成本，在云端整合教学资源，有效提高实验教学工作的质量、效率和规范性。

（2）平台设置在线学习和考试模块，学生对实验课程的学习不再局限于教学安排的时间内，可随时随地访问教学中心进行专业知识训练和考核，不受时间和地域限制，显著提升学习效果。

(3) 平台简化了实验准备阶段工作，拥有良好的可扩展性，教师可以根据需要对实验内容进行调整，平台具有考核系统，可以记录学生的操作数据，为教师综合评定成绩提供客观依据。

(4) 平台建设以全面提升学生创新精神和实践能力为宗旨，大力发展和共享优质实验教学资源，可以面向全校提供实验教学服务，有效促进相关专业、学科交叉、融合发展，全面提升教育教学水平。

3 水利水能规划实验教学

3.1 虚拟仿真实验教学资源

本文以水库与水电站调度虚拟仿真实验教学平台为例，该平台承担了包括水利水能规划、水资源开发与利用、水电站水库群优化调度等5门课程的实验教学任务，由“水库调节计算”“水电站水能计算”“水库调度”“水电站经济运行”等4个虚拟仿真实验教学系统组成，包含了“水电站等流量调节计算”“水电站保证出力计算”“水库防洪调度”等23个具体的实验项目，如图3所示。平台采用计算机网络、大数据和云服务等新兴技术，可视化展示了多方法、多模型支撑下的动态优化调度，通过反复互动操作，激发学生自主学习和研发能力，提高学生参与实验的热情和效果。

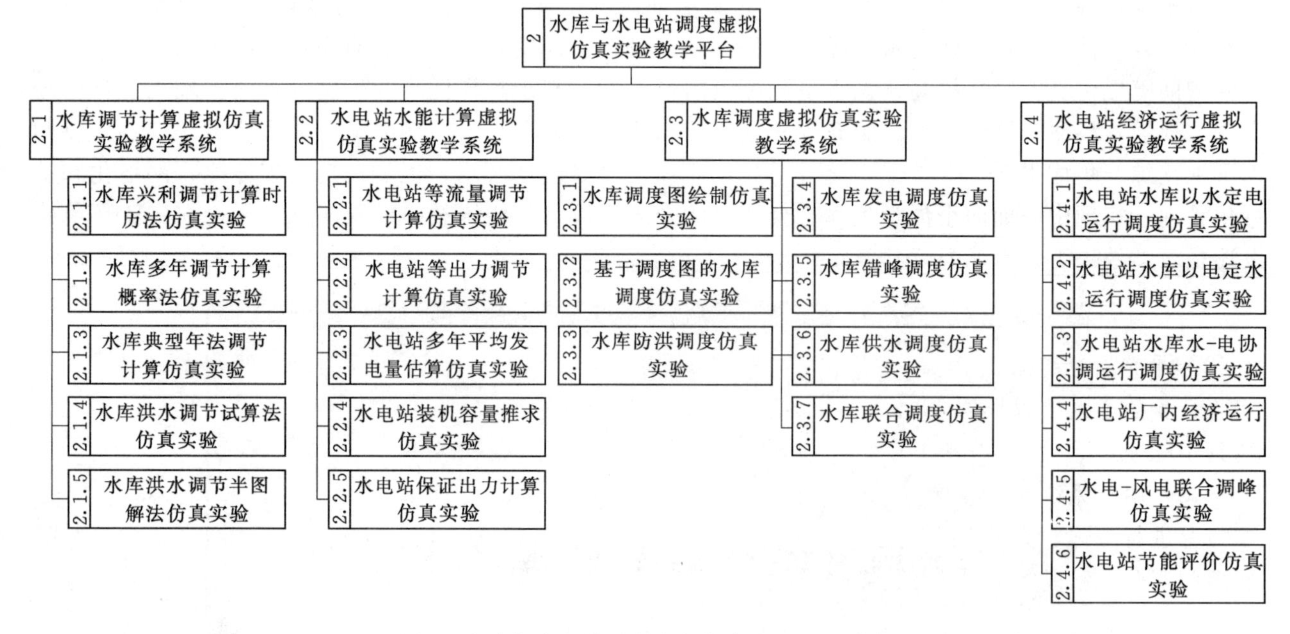

图3 水库与水电站调度虚拟仿真实验教学平台

3.2 课程内容建设

水利水能规划是针对水利水电工程和水文与水资源工程专业开设的一门重要的专业课程，教学内容包括水能资源开发方式、径流调节、洪水调节、水能计算、水电经济计算以及水火电站运行方式等，培养学生具有科学管理和运用水库及水电站的能力，为发挥水库、水电站最大综合效益，实现水资源合理调配奠定基础。使用虚拟仿真实验教学平台开设共计22学时的实验课程，包括水库调节计算、水电站水能计算、水库调度、水电站经济运行等。部分实验项目功能及效果如图4所示。

3.3 教学效果分析

与传统的教学模式相比，使用虚拟仿真实验教学平台之后，实际上课的时间会明显缩短，实验效

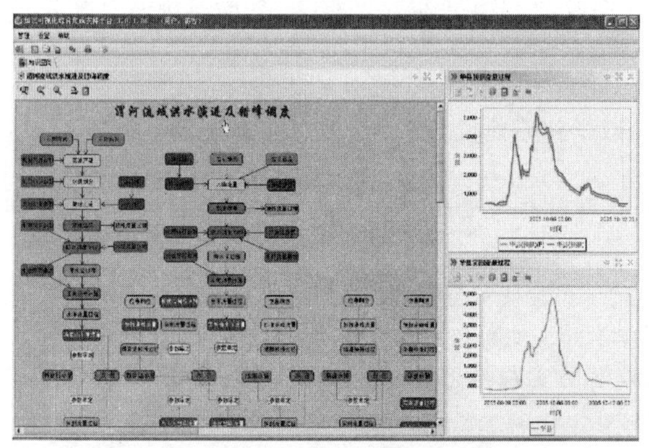

(a) 洪水演进及错峰调度系统

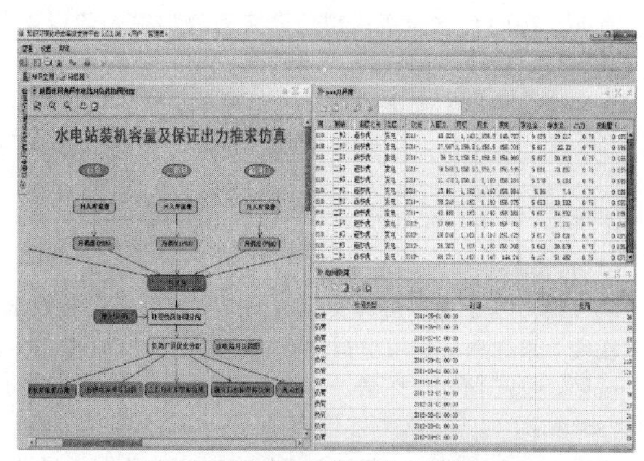

(b) 水电站装机容量保证出力推求系统

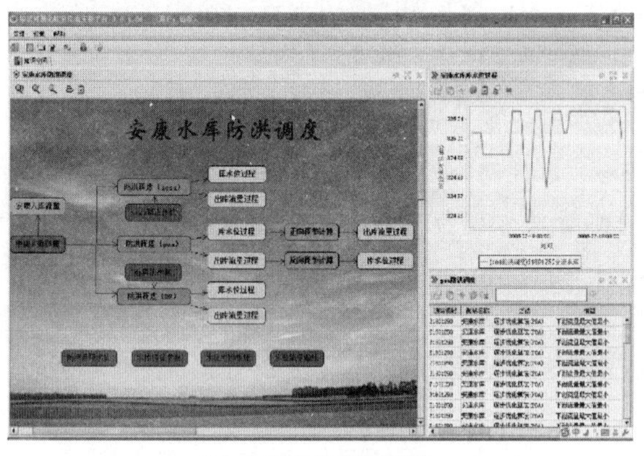

(c) 水库防洪调度系统

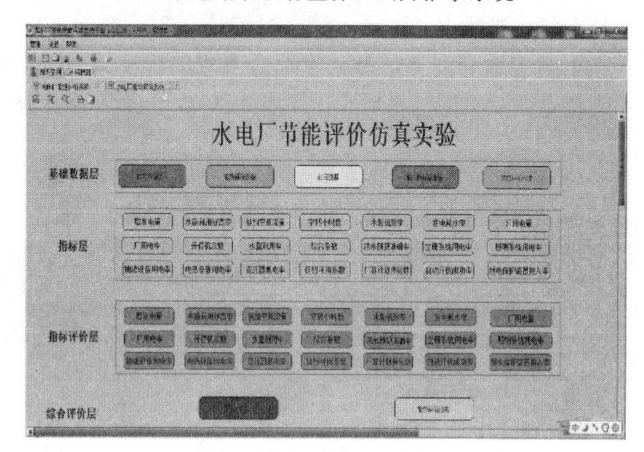

(d) 水电站节能评价系统

图 4　部分实验项目功能及效果展示

率显著提升，主要原因如下：

(1) 教学中心支持开放式的实验教学，学生具有更大的自主权。可以随时随地访问中心进行实验，有利于课前预习和课后复习。由于平台具有高效和便利的实验条件，大多数学生能够在第一时间完成实验，少数学生可以根据自身情况来安排实验进度，提升了对实验课的学习兴趣和热情，实验完成率达到 100%。

(2) 由于系统支持身份认证、辅助完成实验报告、成绩测评等功能，可以对学生的出勤、实验完成情况进行测评，方便教师综合评定。采用虚拟仿真实验教学平台，有效减少了资源需求压力，可实现多门实验课程并行授课，满足各学科的实验需求。

4　结语

使用虚拟仿真实验教学中心进行水利水能规划实验教学，破解了传统实验教学中存在的环境复杂、成本高，以及部分实验不可及等难题，完善了现有实验教学体系，学生通过多层次、全方位的综合训练，提高了实践能力和创新精神，大力发展和共享优质的实验教学资源，实现了真正意义上的开放实验室，为高素质水利技术人才的培养提供了切实可行的教学资源，对传统实验教学思想、体系、模式等产生了积极而又深远的意义。

参　考　文　献

[1] 王卫国. 虚拟仿真实验教学中心建设思考与建议 [J]. 实验室研究与探索，2013，32 (12)：5-8.

[2] 徐进. 2013年国家级虚拟仿真实验教学中心建设工作小结及2014年申报建议 [J]. 实验室研究与探索，2014，33 (8)：1-5.
[3] 朱宗奎. 地质专业虚拟仿真实验教学平台建设探析 [J]. 高教学刊，2016，(20)：54-55.
[4] 马文顶，吴作武，万志军，等. 采矿工程虚拟仿真实验教学体系建设与实践 [J]. 实验技术与管理，2014，31 (9)：14-18.
[5] 李洪亮，李想，崔浩龙，等. 基于虚拟仿真教学平台的云计算技术实验教学 [J]. 实验技术与管理，2016，33 (11)：125-129.
[6] 蔺智挺. 基于虚拟仿真实验的模拟集成电路实验教学 [J]. 实验技术与管理，2016，(1)：122-126.
[7] 任峻，张红燕. 运用虚拟仿真实验改革通信原理实验教学 [J]. 实验技术与管理，2014，(3)：95-97.
[8] 雷敏，张跃勤，汤怀清. 电工电子虚拟仿真实验辅助教学的实践与思考 [J]. 长沙大学学报，2005，19 (2)：78-80.
[9] 周世杰，吉家成，王华. 虚拟仿真实验教学中心建设与实践 [J]. 计算机教育，2015，(9)：5-11.
[10] 张玉清，郑新奇，管健，等. 虚拟仿真实验教学工作的改革与探索 [J]. 中国地质教育，2016，(3).
[11] 罗军刚. 水利业务信息化及综合集成应用模式研究 [D]. 西安理工大学，2009.
[12] 解建仓，罗军刚. 水利信息化综合集成服务平台及应用模式 [J]. 水利信息化，2010，(5)：18-23.

作者简介： 魏娜（1987—　），女，博士，讲师，从事水资源管理与水利信息化方面的教学与科研工作。Email：844787598@qq.com。

“本硕协同”开放式学习平台在边疆地方院校本科生创新能力培养中的应用

邱　勇　龚爱民

（云南农业大学水利学院，云南昆明　650201）

摘　要

在国家积极倡导高等学校创新创业教育背景下，依托国家级和省级科研平台，构建开放式的传、帮、带“本硕协同”学习平台，即将一至四年级不同学段的本科生和硕士研究生进行深度融合，以学生为中心，以实际工程为载体，组成包括低年级本科生、高年级本科生和硕士研究生的团队，基于科研和生产项目，开展本科生和硕士研究生共同参与的课外学术科技活动、大学生创新训练课题研究。在教师指导下，通过案例教学、问题教学和项目教学，适时对低年级学生进行专业引导，助其规划个人发展目标，端正学习态度；强化高年级学生创新能力培养和工程应用训练。不同年级、不同层次的同学，互相带动和影响，有效地提高了不同学段本科生的工程意识、工程素养和工程实践能力，将本科生创新能力的培养，贯穿其四年大学学习。“本硕协同”开放式学习平台有效促进了边疆地方院校本科生对理论知识的学习、实践技能的训练以及科技创新能力和团队协作精神的培养，达成工程能力和创新能力的提高。

关键词

本硕协同；开放式学习平台；创新能力培养；本科生；探索与实践

1　背景与意义

1.1　国家创新创业训练要求

根据《教育部　财政部关于“十二五”期间实施“高等学校本科教学质量与教学改革工程”的意见》（教高〔2011〕6号）和《教育部关于批准实施“十二五”期间“高等学校本科教学质量与教学改革工程”2012年建设项目的通知》（教高函〔2012〕2号），国家从“十二五”开始在全国实施大学生创新创业训练计划。

大学生创新创业训练计划的实施，能够促进高等学校转变教育思想观念，改革人才培养模式，强化创新创业能力训练，增强高校学生的创新能力和在创新基础上的创业能力，培养适应创新型国家建设需要的高水平创新人才。

国家级大学生创新创业训练计划内容包括创新训练项目、创业训练项目和创业实践项目三类。其中创新训练项目是本科生个人或团队，在导师指导下，自主完成创新性研究项目设计、研究条件准备和项目实施、研究报告撰写、成果（学术）交流等工作。

1.2　国家卓越工程师培养计划要求

“卓越工程师教育培养计划”是教育部贯彻落实《国家中长期教育改革和发展规划纲要（2010—

2020年)》和《国家中长期人才发展规划纲要(2010—2020年)》的重大改革项目，也是促进我国由工程教育大国迈向工程教育强国的重大举措。国家卓越工程师培养计划旨在培养造就一大批创新能力强、适应经济社会发展需要的高质量各类型工程技术人才，为国家走新型工业化发展道路、建设创新型国家和人才强国战略服务。国家卓越工程师培养计划对促进高等教育面向社会需求培养人才，全面提高工程教育人才培养质量必将起到十分重要的示范和引导作用。

走中国特色新型工业化道路、建设创新型国家、建设人才强国等一系列重大战略部署，对高等工程教育改革发展提出了迫切要求：迫切需要培养一大批能够适应和支撑产业发展的工程人才；提升我国工程科技队伍的创新能力，迫切需要培养一大批创新型工程人才；增强综合国力，应对经济全球化的挑战，迫切需要培养一大批具有国际竞争力的工程人才。

高等工程教育要求高校强化主动服务国家战略需求、主动服务行业企业需求的意识，确立以德为先、能力为重、全面发展的人才培养观念，创新与行业企业联合培养人才的机制，改革工程教育人才培养模式，提升学生的工程实践能力、创新能力和国际竞争力，构建布局合理、结构优化、类型多样、主动适应经济社会发展需要的、具有中国特色的社会主义现代高等工程教育体系。

1.3 工程教育专业认证要求

工程教育专业认证是指专业认证机构针对高等教育机构开设的工程类专业教育实施的专门性认证，由专门职业或行业协会(联合会)、专业学会会同该领域的教育专家和相关行业企业专家一起进行，旨在为相关工程技术人才进入工业界从业提供预备教育质量保证。

工程教育是我国高等教育的重要组成部分，工程教育专业认证是国际通行的工程教育质量保障制度，也是实现工程教育国际互认和工程师资格国际互认的重要基础。工程教育专业认证的核心就是要确认工科专业毕业生达到行业认可的既定质量标准要求，是一种以培养目标和毕业出口要求为导向的合格性评价。工程教育专业认证要求专业课程体系设置、师资队伍配备、办学条件配置等都围绕学生毕业能力达成这一核心任务展开，并强调建立专业持续改进机制和文化，以保证专业教育质量和专业教育活力。

1.4 专业建设要求

云南农业大学水利水电工程专业2013年获批“国家级专业综合改革试点”项目(教高司函〔2013〕56号)，2013年获批国家级“卓越工程师培养计划”项目(教高厅函〔2013〕38号)，2015年顺利通过工程教育专业认证(有效期：2016年1月—2018年12月)。本成果正是基于上述质量工程项目对边疆地方院校本科生创新能力的培养开展探索与实践。

1.5 本科生导师工作要求

2013年，水利学院对既有本科生导师制度进行改革，在不改变现有班主任管理模式的基础上，对新入学的同学增设本科生导师，以更好地进行学业上的引导和个人专业目标的规划培养。

1.5.1 专业咨询与主题班会

结合新生入学教育介绍水利水电工程专业的基本情况、发展前景、专业背景，引导一年级新生规划合理的个人专业目标定位，并且利用主题班会走进教室回答学生关心的问题。

1.5.2 本科生导师

导师对所指导的本科生进行专业引导、课程学习指导，分析考试存在的问题，培养对科学研究的兴趣以及实践能力、创新能力，着力打造适应社会发展和满足用人单位需求的专业人才。同时结合实验室正在进行的课题研究以及大学生创新创业训练项目，不定时地给学生进行专业素养教育。此外，组织所指导的本科生到在建工程实地参观学习，增强对专业的认识和了解。

1.5.3 大学生创新创业训练

通过创新创业训练，增强学生科学素养，实现本科生“早进课题、早进实验室、早进研究团队”。

2 “本硕协同”开放式学习平台的构建

基于多年的理论教学和实践指导，针对一、二年级学生专业目标不够清晰、学习动力不足，三、四年级学生理论学习和工程实践联系不够紧密，硕士研究生需要完成一定的本科教学工作情况，尝试将本科低年级、高年级学生和硕士研究生组织在一起，结合云南省情，以工程实际为载体，通过案例教学、问题教学和项目教学，将工程意识、工程素养和工程实践能力的提高，贯穿学生的四年大学学习。具体包括：①一年级新生入学后，第一时间向其开展专业认识教育，安排参观实际工程项目，促其尽快了解本专业的发展及“卓越工程师”的培养要求，端正学习态度，积极规划个人专业发展目标；②二年级学生开始进入专业基础课学习，通过多种形式的讲座、访谈，同时安排硕士研究生及高年级学生予以“拉帮结对”，力求增强课程学习的目的性、打通专业基础课和专业课之间的瓶颈，激发学生的工程兴趣；③三年级学生逐渐进入专业课学习，初步具备一定的动手能力，一方面结合课程设计强化学生实践能力培养；另外一方面，根据老师正在开展的生产项目和研究课题情况，安排学生适时进入课题组，通过创新训练，培养其研究思维及分析问题、解决问题的能力；④对于四年级学生，以提高其分析问题、解决实际问题的能力为目标，倡导科研探究型学习方式，注重培养学生的创新思维能力和实践意识，突出教学内容的工程化特征；同时，将毕业设计和实际工程有机结合，进一步提高学生的工程能力和创新能力。

依托学院生产、科研课题以及硕士研究生论文写作、本科生毕业设计指导，通过将硕士研究生和不同年级的本科生组织在一起，率先建立了开放式的传、帮、带“本硕协同”开放式学习平台（一方面，有利于低年级本科生明确自己的专业发展目标，并有助于打破先修课程与后续课程学习之间的瓶颈；另外一方面，本科生及早进入实验室和研究团队，有助于工程思维方式的训练及实践能力的提高，更有利于其工程能力的培养）。

（1）毕业设计指导：本科生毕业设计（论文）必须一人一题。项目组所指导的毕业设计课题均来自实际工程，直接面向生产第一线。毕业设计的完成，既锻炼了毕业班学生的实践能力，也为尚未毕业的本科生树立了努力学习功课、认真对待设计的良好榜样。

（2）硕士研究生课题研究：硕士研究生的课题研究具有一定的探索性，构建“本硕协同”开放式学习平台，对不同学段的本科生起到潜移默化的诱导（高年级学生直接参与硕士研究生课题研究、低年级学生通过课题参与强化对课程学习的进一步理解）。

“本硕协同”开放式学习平台要求进入团队的学生必须能够独立完成课程学习，能够充分利用课余时间积极主动地参与到实验室的课题研究工作，同时具备吃苦耐劳的精神及协作精神。

3 本科生创新能力培养成效及示范效应

通过探索与实践，“本硕协同”开放式学习平台在本科生创新能力方面取得了一系列的成效。

3.1 直接参与水工模型试验研究

四年来，水利水电工程专业的本科生和农业水土工程专业的硕士研究生作为主要完成人直接参与了大关县太华水库溢洪道、永德县德党河水库泄水建筑物等 7 项云南省在建中型水库水工模型试验研究。通过模型设计、模型制作、模型安装，试验测试、数据分析和方案讨论等环节，课本上的理论知识得到了很好的应用（泄水建筑物水力计算复核需要用到“水力学”“水工建筑物”课程知识，模型设计的绘图需要用到“画法几何与水利工程制图”“AutoCAD”课程知识，模型安装需要用到“水利工程测量”的施工放样知识，数据分析和方案讨论需要用到“工程水文与水利计算”“工程地质与水文地质”“水利工程施工”等的课程知识，试验研究报告撰写需要用到《科技文献检索和应用文写作》课程知识及查阅大量相关科技期刊文献）。由于工程水力学中，存在部分水力现象能够运用现有理论知识得到满意的解答；部分水力现象能够运用现有理论知识得到解答，但结论和工程实际不吻合；部分水力现象无法运用现有理论知识得到解答，必须借助水工模型试验研究才能得到可用结果的情况。而研究课题又直接服务于工程实践，解决实际工程水力学问题，没有固定模式求解。这就要求对泄水建筑物过流能力、沿程水面线（压坡线）、出口消能及水流流态等水力特性进行研究，课题组成员必须在融会贯通已学理论的基础上，仔细观察、认真分析、多角度讨论，通过解决问题，寻求理想的工程布置方案，达到创新能力的培养。

本科生直接参与横向课题研究，很好地诠释了“本科生早进实验室，本科生早进研究团队”的人才培养理念。

3.2 完成大学生科技创新课题研究

四年来，学习平台积极申报各级创新训练项目课题，累计获批国家级大学生创新创业训练计划项目 2 项，云南省大学生创新创业训练计划项目 2 项，云南农业大学学生科技创新创业行动基金项目 6 项（期中本科生 4 项、研究生 2 项），云南农业大学研究生科技创新基金 1 项。

每一项科技创新课题均有本科生直接参与完成：自行设计、自行制作、自行安装、自行测试、自行分析，指导老师仅进行宏观引导。项目不仅仅属于项目组成员，它更是一个真正意义上的开放式学习平台，研究对不同年级的学生形成了良好的引力效应：课堂教学之外的专业拓展有了切实可行的对象，理论得到了结合实践的有效链接。

3.3 本科生公开发表学术论文

近几年，依托大学生科技创新课题和横向研究课题，本科生在全国中文核心期刊《中国水利水电科学研究院学报》《水电能源科学》以及《水利规划与设计》《人民珠江》等水利类学术刊物公开发表了学术论文 10 篇。

通过论文撰写、投稿、修改，进一步将所学习的基础理论知识、专业知识和实际工程予以结合，更强化了科学研究的严谨和对未知世界的探求精神。

3.4 本科生创新能力培养

四年来，六个年级的本科生和五个年级的硕士研究生一百余人次直接参与了 7 项云南省在建中型水库泄水建筑物水工模型试验研究和 9 项国家级（省级）、校级大学生科技创新课题研究。

通过参与学院研究课题、大学生科技创新课题，通过试验测试、论文撰写，本科生的创新能力得到了明显提高！

此外，水力实验教学中心还承担了新生入学教育和“水力学”“水工建筑物”课程现场教学任务，累计受益学生每年超过 800 人次。

3.5 示范效应

经过探索和实践，“本硕协同”开放式学习平台不但在本科生创新能力培养中取得了良好的成效，同时对其他未参与课题研究的同学（包括同年级同学）起到了很好的示范作用，更对低年级本科生形成了强有力的引领效果：目前，2016 级本科生已经参与到正在进行的国家级大学生创新创业训练课题；2015 级同学再一次成功申报 2017 年国家级大学生创新创业训练计划项目；2014 级本科生、2015 级本科生和 2016 级本科生组成的团队荣获 2017 年的第五届全国水利创新设计大赛二等奖、2017 年第十一届全国大学生结构设计竞赛云南赛区特等奖！

4 结语

经过近几年的探索与实践，“本硕协同”开放式学习平台取得了很好的成效，毕业生的创新能力和工程能力均得到了很好的培养，成果荣获了2017年高等学校水利类专业教学成果二等奖。在下一步的推广过程中，将在既有成果的基础上，结合实际工程问题和各类大学生技能比赛，充分调动更多的学生参加到不同层次的课外学术科技活动中，进一步增加学生的受益面。

参 考 文 献

[1] 李志义. 解析工程教育专业认证的成果导向理念 [J]. 中国高等教育，2014，(17)：7-10.

[2] 陈平. 专业认证理念推进工科专业建设内涵式发展 [J]. 中国大学教学，2003，(1)：42-47.

[3] 陆勇. 浅谈工程教育专业认证与地方本科高校工程教育改革 [J]. 中国高等教育，2015，(6)：157-161.

[4] 李国臣，耿彦峰，杨纪红. 立足实践教学环节 加强本科生创新能力培养 [J]. 中国大学教学，2009，(6)：69-71.

[5] 李昱. 本科生加入研究生科研团队共同培养模式——长学制医学生创新能力和科研能力培养的体会 [J]. 中国高等医学教育，2010，(1)：70-71.

作者简介：邱勇（1971— ），男，硕士，教授，研究方向为水利水电工程。

Email：13108854817@126.com。

从“三关”谈青年教师教学创新培养模式

白　涛　黄　强　王义民

（西安理工大学水利水电学院，陕西西安，710048）

摘　要

随着高校教师队伍的老龄化，青年教师成批地加入到高校教师队伍，为高校教师队伍注入了新鲜的血液，亦对高校教学和科研工作带来了较大冲击。鉴于此，本文构建了兼顾教学与科研的青年教师引入体系，建立健全青年教师上讲台前的考核机制，完善了青年教师教学过程的评价系统，分别从青年教师入职前的“引入关”、课前的“考核关”和课后的“评价关”三道门槛剖析了青年教师本科教学能力培养和提升的措施和方法，为夯实教学基本功奠定理论与实践基础，以期为广大青年教师及高校对青年教师培养和管理工作提供参考。

关键词

青年教师；引入体系；考核机制；评价系统

1　引言

随着我国高校教师队伍的老龄化，各高校大力引入年轻教师，为教师队伍补充新鲜的血液，优化教师结构，以保障高校教师和科研队伍的可持续发展。但大批量、多批次引入的青年教师，面临短时期内从学生向教师的角色转变，面临由单一科研向教学、科研等多方面工作的转变，这无疑会给高校的本科教学和科研工作带来较大冲击。西安理工大学作为水利类重点高校，提出了“全面建设为以工为主、多学科协调发展，特色鲜明的国内一流教学研究型大学”的发展战略目标，无疑对新进青年教师的引进、培训和培养提出更高、更严、更实的要求，特别是对于水利类高校的生命线-教学质量提出了新的要求和任务。因此，新进青年教师如何上好第一门课、夯实上讲台前的基础，成为建设“国内一流教学研究型大学”的关键。

本文通过对青年教师入职后、授课前和讲授中存在教学问题的探讨，从青年教师入职前的“引入关”、课前的“考核关”和课后的“评价关”入手，提出了青年教师教学的创新培养模式，为夯实新进青年教师的教学基本功奠定理论与实践基础。研究成果对于提升广大青年教师的教学水平和能力具有指导意义，对高校引入、培养、考核和管理青年教师的教学工作具参考价值。

2　构建兼顾教学与科研的引入体系

教学工作是高校常规的中心工作，教学质量是高等院校的生命线。西安理工大学水利水电学院作为我国西北地区，乃至全国重点的水利水电教育中心，其教学工作更是关系到培养优秀水利水电规划、

资助项目：西安理工大学教学研究项目（xqj1612）。

建设、运行和管理等高级技术和管理人才的质量和水平。近年来，高校青年教师引进的首要标准和依据是具有博士学位及发表高水平 SCI 文章，更青睐于国外名校毕业的博士、博士后等优秀科研人员，青年教师引入的重点和核心是科研水平和科研成果，一味地过度关注青年博士的论文、著作、科研获奖、头衔等，单一的试讲评定环节忽视了助教、助研、作业和课程辅导、授课经历等教学环节的评估和审定，导致青年教师的引入体系注重科研而忽视教学，引入的青年教师不仅教学理论薄弱，更是缺乏教学实践环节的积累和经验。

笔者认为，与其以“先上车、后买票”的教学审核制度引入青年教师，即青年教师入校后再进行听课、教学观摩、教学培训等教学理论和实践的培养模式，不如抓好青年教师引入前的教学关，让有意从事高校工作的博士生提前接触教学活动，从各方面积累教学经验，在上学期间把握好科研与教学之间的平衡，从源头上改善新进青年教师的教学能力和水平。因此，要建立兼顾教学和科研的考核体系引入青年教师，重点在于形成以青年教师引入前助研、助教、作业和课程辅导、听课、教学观摩、授课经历等为综合评定指标的教学能力评估与审定标准，以考核青年教师的口语表达、语言组织、知识传授、实践引导等能力。与此同时，要求有意从事高校教学科研工作的广大博士生，上学期间注重上课与教学之间的换位思考，科研进步的同时注重教学经验的积累，以便在高校青年人才引进过程中全方面的展示自己的科研与教学能力与经验。

3 建立健全青年教师上讲台前的考核机制

对于新进青年教师上讲台前的考核工作是各高校人事、教务、院系等管理部门的主要工作之一，是青年教师教学能否上讲台、能否胜任教学任务的关键，更是保障和提高高校青年教师的教学能力和水平、维护高校正常教学秩序的重中之重。如果说兼顾教学与科研的引入体系是确保引进青年教师教学关的“第一道门槛”，建立健全青年教师上讲台前的考核机制，将是确保青年教师掌握教学理论、探索教学方法、尝试教学理论与实践相结合的“第二道门槛”。

目前，陕西省教育厅、各高校的人事和教师管理部门对于引进青年教师上讲台前培养工作的核心是入职后的教师资格岗前培训和考试，其次是高校各院系组织的教学观摩、助教、课程辅导等相关工作，对新进青年教师上讲台前的培养存在如下问题：一方面，部分高校引入青年教师后，科研论文著作、项目专利申报、课题研究汇报、研究生指导等繁重的科研任务和重科研、轻教学的考核指标，使得青年教师难以在教学能力的培养和提高中占据优势；另一方面，部分高校要求青年教师入职后立刻、马上投入到教学工作中，教师资格岗前培训、助教等其他考核体系形同虚设，导致青年教师上讲台前教学理论和实践严重不足，教学效果差，严重影响了青年教师的稳固发展和教学的质量；最后，岗前培训内容以理论为主、结构单一、时间短、授课集中、开卷考试、考核指标单一片面等问题造成岗前培训的效果差，青年教师不能单纯地依靠岗前培训提高上讲台前的教学能力，考核机制亦不能以岗前培训单一评价指标考核教学能力和水平。

因此，建立健全青年教师上讲台前的考核机制，应该建立全面、完善、可行、有效的评价指标体系。主要体现在以下方面：

（1）注重青年教师上讲台前的教学理论学习和教学实践积累，切勿急功近利，“赶鸭子上架”。

（2）引导青年教师积极参加教学实践活动，从作业辅导、课程辅导、助教、教学观摩、授课日历、教案撰写、讲稿修订、板书设计、多次试讲等基本功出发，夯实青年教师的教学基本素养。

（3）建立青年教师预讲授课的教学大纲、教学日志、教案、讲稿、板书、作业、试卷等前期准备的审查和验收机制。

（4）建立“先合带、再独立”的教学培养秩序。

（5）通过问卷调查、专家打分等评估方法，建立青年教师上讲台前的教学能力综合评价指标体系，将试讲、岗前培训、入职后各教学经历等考核指标全面地定性、定量描述，作为青年教师上讲台前教学能力评估的依据。

(6) 健全高校上级管理部门及校院系对新进青年教师的考核机制，鼓励青年教师注重教学实践积累，以此纳入年度和聘期内的考核指标，为青年教师的均衡、全面地发展指明方向。

4 完善青年教师教学过程的评价系统

以往针对青年教师教学过程中的能力培养和评价体系的研究成果众多，包括教学能力提升的方法、教学能力的评价体系、评教系统对青年教师教学能力提升的影响等。本文在严把青年教师的“引入关”和上讲台前的“考核关”的前提下，研究青年教师教学过程中“反馈-修正”系统，严把教学“评价关”，可以说是事半功倍，对于全面提升青年教师第一门课教学过程中能力的培养和提升，具有全局性、系统性的实践和指导意义。

目前，青年教师对于第一门课的教学准备往往不足，主要表现在：一是大部分摒弃传统教学，过度依赖于 PPT 教学，照本宣科，教学效果差强人意；二是教学过程中注重理论分析，缺乏与工程和实际经验的结合；三是教学热情不够，往往是平铺直叙，语言表达能力和知识总结凝练能力不足；四是付诸于备课的时间过少，无暇进行讲稿凝练、板书设计的教学实践环节的演练，临时抱佛脚，教学氛围和质量差。鉴于此，一方面，青年教师要端正态度、提高热情、高标准、严要求地完成教学任务；另一方面，高校院系要完善青年教师教学过程的评价系统，具体表现在以下方面：

(1) 具备本科教学能力的青年教师第一门课尽可能以传统教学为准，实施教案-讲稿-板书一体化模式下的本科教学改革，夯实传统教学基本功。

(2) 完善青年教师第一门课的课前节节试讲、课中追踪督导和课后反馈修正的审查和评价机制，实时保证教学质量和教学能力和水平的提高。

(3) 选派青年教师参加教学能力培训项目，鼓励青年教师参加院系组织的教学活动法、讲课观摩、讲课比赛、教案评比、板书创意设计等教学活动，以此作为青年教师年度和聘期考核的重要指标。

(4) 进一步完善教学成果的评价方法，不仅重视教学工作量，更要注重教学的课堂效果、学生评教、同行评价和教师自评等多元、综合的评价指标，提高教学工作在绩效考核中的比例，树立青年教师科学的教学观。

5 结语

本文通过对青年教师入职后、授课前和讲授中存在的问题探讨，提出了以兼顾教学与科研的引入体系把控“引入关”，建立健全青年教师上讲台前的考核机制把控“考核关”，完善青年教师教学过程的评价系统把控“评价关”，为夯实青年教师的教学基本功奠定理论与实践基础，为广大青年教师提高教学水平及高校对青年教师培养和管理工作提供依据。

参考文献

[1] 马强．高校青年教师教学能力提升机制探析 [J]．中国高等教育，2012，(9)：57-58.

[2] 张宇鹏，郭宝龙，赵韩强，等．新进教师教学能力提升方法探讨——以西安电子科技大学为例 [J]．中国电子教育，2015，(4)：20-22.

[3] 段秀娣．提升青年教师教学能力发展的几点措施——以西安科技大学材料科学与工程学院为例 [J]．西部素质教育，2016，2 (1)：25.

[4] 马健．高校青年教师能力培养的研究 [J]．教育教学论坛育，2015，(19)：27-28.

[5] 孙燕芳，李晓甜．高校学生评教探微［J］．教育探索，2015，(1)：78-80.

作者简介：白涛（1983— ），男，博士，讲师，现从事水文与水资源教学工作。
Email：baitao@xaut.edu.cn。

工程教育认证背景下高校青年教师创新能力提升策略探究

李明伟　耿　敬　胡振红　周素莲

（哈尔滨工程大学船舶工程学院，黑龙江哈尔滨，150001）

摘　要

工程教育认证标准明确了对学生创新能力的培养要求，大学教师是学校教学活动的直接承担者，是大学生创新能力的塑造者，大学教师创新能力的水平直接影响大学生创新能力的水平。为了适应全新的工程教育认证制度，高校教师创新能力的提高势在必行。为此，本文首先阐述了高校教师创新能力的内涵，然后基于已有研究成果，从客观和主观两个层次分析制约高校教师创新能力提升的因素，最后结合工程教育认证理念，从外部环境和自身内涵两个角度，阐述了提升高校教师创新能力的五点建议。

关键词

工程教育认证；高校教师；创新能力；制约因素；提升策略

1　引言

2016年6月2日，我国顺利成为《华盛顿协议》正式会员，这是国际上对我国工程教育认证工作的充分肯定，也标志着我国工程教育又迈出了重大步伐。工程教育认证提出了新的工程教育理念——成果导向教育（outcome based education，OBE）[1,2]，这个理念于1981年由Spady[3]提出，并在工程教育界被广泛应用。开展工程教育专业认证，对于构建我国工程教育的质量监控体系，推进我国工程教育改革，进一步提高工程教育的质量、建立与注册工程师制度相衔接的工程教育专业认证体系、构建工程教育与企业界的联系机制，增强工程教育人才培养对产业发展的适应性、促进我国工程教育的国际互认，提升国际竞争力，是十分重要的[4]。

2017年是我校港口航道与海岸工程专业申请工程教育专业认证关键的一年，新的机遇也带来了新的挑战和要求。首先，通过明确专业定位来确立培养目标是办好专业的关键，更是培养专业技术人才首要解决的问题，也是达到工程认证要求的重要指标。港口航道与海岸工程是一门实用性极强、发展非常迅速的且面向社会应用领域的专业。由于技术发展迅速，知识的融合与渗透性逐渐增强，对学生的逻辑思维能力、创新能力以及发散性思维能力的培养提出了更高的要求。港口航道相关领域需要的是实用型人才，在具有坚实的理论基础知识的同时，还需要具有较强的创新能力及创新思维，同时要求良好的沟通交流能力、团队合作以及自我约束的能力等。我们需要培养出勇于突破既定思维模式，具有独特见解的学生，希望他们能够提出和别人不同的创新性意见和建议及解决方法，能产生出新颖独特的创新思维成果。反映到港口航道工程技术领域，对于创新思维，其本质就是将对工程问题的创新性的感性认识提升至理性的工程探索中，实现创新活动由感性认识到理性认识的上升。

在教学过程中，教师的思维转换和创新能力对学生能力的影响至关重要。大学教师是学校教学、科研活动的直接承担者，是大学生创新能力的塑造者，是构建科技创新的基础力量。大学教师创新能力的水平直接影响大学生创新能力的水平和科研成果的质量。因此，培养学生的创新能力和提升实践能力首要思考的问题便是对教师创新思维能力的培养，如何创造条件不断激励和发展大学教师的创新能力是我们需要思考的关键问题，也是工程教育认证过程中急需解决的关键问题。

2 高校教师创新能力的内涵

创新是指人们为了发展的需要，运用已知的信息，不断突破常规，发现或产生某种独特、新颖的有个人价值或社会价值的新事物、新思想的活动。创新的本质是突破，即突破旧的常规戒律和旧的思维定式。创新能力是指创新主体从事创新活动所具备和表现出来的能力整体。包括创新人格化能力、创新思维能力、创新智力化能力。创造能力同创新能力、创新技能和创新素质是密切相关的，但又有所不同。创新能力简言之是指创新主体在创新活动中表现出来的能力整合体。创新素质是指主体在先天基础上，把获得的创新技术、创新知识、创新精神等通过内化而形成的稳定品质。创新技能是反映创新主体行为技巧的动作能力，主要包括创新的信息加工能力、一般的工作能力、操作能力、动手能力、熟练掌握和运用创新技法的能力、创新成果的表现能力和表达能力以及物化能力等。创造能力是指主体独创性和首创性的能力，创新能力包含着创造能力，是革新能力和的首创能力统一。创新能力是人们革旧布新以及创造新事物的能力，包括发现问题、分析问题、发现矛盾、提出假设、论证假设、解决问题以及在解决问题的过程中进一步发现新问题，从而不断地推动事物的发展变化等[5]。

高校教师的创新能力是指高校教师在教学和科研活动中进行创新的能力，其创新行为既要注重理论创新，又要兼顾实践创新；既要体现科学研究过程中的科研创新，又要体现传授知识过程中的教学创新；既要维护个体创新，又要培养合作创新；既要追求创新知识，又要探索创新方法[6]。培养和提升高校教师创新能力是高校办学的一项重要工作。

3 青年教师创新能力提升的制约因素

3.1 客观传统教育观念阻碍创新能力发展

我国传统教育崇尚经验、崇尚权威，以传习教育为主，以培养继承型人才为目标，以应付考试为目的，以灌输为教育手段，以教师和课堂为教育中心，强调“师道尊严”和“教师权威”。教学的过程中普遍存在“一堂”“满堂灌”的弊病，忽视学生的主体地位和能力培养，限制学生的个性发展。教师以自我为中心的“主体”意识异常强烈，教师普遍缺乏挑战精神和创新意识，遏制了学生创新能力的发展。

3.2 客观现行教育体制制约教师创新能力发展

现行教育管理体制仍然存在管得过宽、过死的弊端，学校缺乏管理自主权，只能按照大一统的教育模式制定一系列教育措施，规范学校教育活动中的各项内容。由于管理制度缺乏灵活性和弹性，教师在教育学生的过程中，其能力缺乏发挥的良性环境和施展的自由空间，传统的教育管理体制在一定程度上阻碍着创新教育的发展。

3.3 主观缺乏支撑创新的心理品质

强烈的创新心理愿望是激励高校教师致力于创新的基本内在动力。但部分教师把教学科研视作谋生手段而非事业，喜欢按部就班，对习惯化定型化的教学行为方式不想也不愿改变；对自身现有的教研水平盲目自信，找不到创新点；看问题刻板僵化，不能考虑多种可能的态度与思维方式，迷信权威，

"唯书""唯上"，对教育权威定论不依据具体情况予以证实和批判；缺乏创新胆量与激情。诸如此类的消极和惰性心理，严重阻碍着教师创新能力的发展，创新活力与怀疑精神易遭扼杀。

3.4 主观缺乏教育创新观念

教育观念决定教育活动质量与教学科研效果。唯有教育观念的创新，才有教育行为的创新；唯有教育行为持续创新，才会有教师创新能力的生成。然而，受到传统观念的影响，我国高等教育囿于固有的惯性思维，不敢或不愿突破前人的思维定式和传统继承模式，普遍存在着"以知识传授为重心，以培养传承型人才为目标，以照本宣科、满堂灌为传授手段"。这种崇尚经验与权威、重继承轻创新的传统守旧教育观念，致使高校教师的挑战精神普遍匮乏，沿袭陈旧的"陈述式"教学方法，对学科的新发展置若罔闻，限制了其个性发挥，消磨了其创新精神。

3.5 主观缺乏创新知识储备

当今社会，科学知识以裂变式速度在不断更新，高校教师理应不断接纳和吸收新知识，不断改造和更新知识结构，形成开放、复合型的知识结构，以适应改革和科技发展的要求。然而，封闭型结构即知识内容不变或基本不变的结构，依然是目前我国大学教师知识结构的主流。许多大学教师掌握的主要知识基本属于教科书中的内容，而教科书的内容往往长期不变。有些教师一本教案原封不动地用几年，没有源源不断的新知识来补充，跟不上学科的新发展，只能传授给学生大量陈旧的知识。这种陈旧老化的知识储备，难以成为现代意义上的教师，其教学活动充其量只是毫无创意的重复劳动。

4 高校青年教师创新能力提升策略

研究大学教师创新能力和创新思维能力的培养与激励措施可以帮助我们找寻更有效的激发教师创新能力的方法。最终实现通过对教师创新能力的培养和激发来培养学生的创新能力，提高学生创新水平。要发展和培养教师创新教育能力，有效发挥教师在创新教育中的重要作用，必须全方位推进高等教育各项领域的改革，加大师资队伍建设的力度，从自我激励和外部驱动两个层面寻找突破，培养和造就一支适应创新教育发展的高校教师队伍[7]。

4.1 营造良好的青年教师创新能力发展环境

和谐的环境、丰富的知识、科学的思维，是人的创造性产生的主要因素。在这些因素中，和谐的环境是创造性产生的重要外因。有了和谐环境，才会有自主学习与研究，才会产生创新意识和创新能力。培养和提高教师的创新精神和创新能力，重要的是要营造一个浓郁的创新氛围[8]。高校的创新教育环境应体现出宽松、自由、民主、开放、进取的特点，要把学校创新环境的建设放在学校工作的中心地位。一方面要加大创新教育硬环境建设的投入，以更新教学实验设备、完善信息网络系统、美化校园环境为重点，为教师有效发挥创新教育能力提供物质保障；另一方面要重视科技创新、研究创新等学术活动，扩展学术视野，活跃学术气氛，激发教师创新研究精神，积极开展全校师生共同参与的，以提高审美情趣、文化品位、科学素质和人文素养为主题的校园创新活动，形成浓厚的创新氛围，激发教师和学生的创新激情，营造一个有利于教师创新教育能力不断提高的创新软环境[7]；此外，还要给予各系部较为充分的自治，从而使其在管理制度、教师聘用、经费使用、招生、课程设置、教学评价等方面有更多的自主权，有助于教师创新能力的培养[9]。

4.2 建立必要的青年教师创新能力训练机制

要形成创新教育能力培养和发展的长效机制，制度的影响至关重要。高校教师的继续教育是一个长期的过程，必须形成长期而稳定的制度，督促和支持教师创新教育能力培养。一方面，要强化创新理论和创新技能培训。要将创新能力培养纳入青年教师职前、职中和职后进修培训的各个环节，增设成功学、创造学、创造思维和创新方法等培训课程，强化创新理论和创新技能的辅导和培训。另一方面，要实行基于个体的多元化培训方式。要充分尊重青年教师个体需求，因材施教，因人而异，对不同类型、不同专业和不同学科的青年教师采取不同的培训方式，努力构建网络状、多层次、立体化的青年教师创新能力培训体系[10]。此外，在培训内容上，注重以提高教师教学手段、教学技能、研究能力和树立教师现代教育观念为目标；在培训形式上，多途径、多形式，单一培训与综合培训相结合，分散培训与集中培训相结合，自主培训与组织培训相结合，强调灵活性；在管理上，注意纠正重培训轻管理的偏差，尤其要重视考察教师培训后知识、技能运用阶段和实践总结阶段，实行追踪管理，以促使教师完成“学-用-提高”的全过程，切实提高培训有效性[7]。

4.3 建立有效的青年教师创新能力发展激励机制

为改革高校的管理制度，形成对创新行为的有效激励，高校应通过制度创新和制度改革，建立起创新的激励机制，鼓励教师锐意创新、开拓进取，增强教师的自信心和社会责任感，形成正确的创新动机。首先，要进一步完善和优化教师绩效考核、职称评定和职务晋升等政策，坚持定性和定量相结合、柔性管理的原则，建立有利于青年教师专注学术、开拓创新的发展性评价机制；其次，要完善创新成果转化机制，建立科学的创新绩效激励机制，努力建立目标激励、精神激励、情感激励、薪酬激励和发展激励“五位一体”的青年教师创新绩效激励机制[10]；还要赋予教学创新的自主权，尊重教师选择教学方法、设计教学方案、教学手段的自主性，鼓励教师按照自己的方式去处理教学中的问题，减少不必要的规定和限制。关注教师教学过程中的创造性劳动，既要看教学的结果，又要看教学过程中的改革和创新之处[8]；最后，要加强创新绩效监督。对于不愿创新和不想创新，在教学科研创新活动中碌碌无为、混混沌沌的青年教师要予以批评教育，乃至调离教师岗位。对于违反学术诚信，在创新活动中弄虚作假，甚至剽窃抄袭他人教学科研成果等学术不端行为要予以严厉惩处。对于严重失德的，要及时调离教师岗位，甚至予以解聘[10]。以此催生教师创新教育能力发展。

4.4 青年教师应具备创新意识和创新精神

对于高等学校教师而言，创新意识比复合型更为重要。换言之，如果教师的创新意识缺乏或缺失，所谓复合型人才的培养必将无法落到实处。创新意识是创新能力的一个重要组成部分。要加强校园文化建设，努力激发青年教师的求知欲和好奇心，切实提高青年教师的创新精神和创新意识。要努力激发青年教师的创新动力和创新需求。要充分了解青年教师的个人需要和职业发展意愿，着力破除各种影响创新的禁锢，努力唤醒青年教师自我完善、创造成就的内在动机和愿望[10]。

创新工作非常艰辛，创新过程充满艰险。创新成果的实现不仅取决于人的智力，还与其个人机遇、个性品质和周围环境等因素密切相关。高校教师作为国家高级专门人才，应当具有创新精神，同时要具有远大的抱负、吃苦耐劳的精神、忧国忧民的责任心和不达目的誓不罢休的坚强毅力。只有不断创新，才不迷信权威，才能修正谬误；只有围绕明确的目标不断探索创新，才能不惧失败，百折不挠[11]。

4.5 青年教师应注重知识的积累与更新

创新是一种高级思维活动，要有大量的知识来支撑。当今世界科学技术突飞猛进，知识更新和传播速度明显加快，新的技术和学科不断涌现，学科间融合交叉趋势加剧，知识学习和应用的手段不断变化。这就要求教师必须牢固树立终身学习的观念，不断提高教学和科研的创新能力。创新活动的两个认识支柱是思维和想象。“新”不是凭空产生的，是在原有的基础上不断提高而来的。创新并非异想天开，而是在创造新的知识。要使教师在教学内容上有所革新，而不是照本宣科，就要创造机会让教师培训提高，扩大内涵，更新知识，把教学过程变成一个不断提高创新能力的过程[8]。一方面，教师要大量阅读有用的各类书籍，利用各种方式收集资料，不断学习新的知识，接受新的知识，开拓教师的思维视野，积极参与科研创新和教学改革，努力把最新的知识融入到教学与科研中。只有这样，教师才能从多角度思考问题，进行创造性思维，才能不断提高创新能力。另一方面，教师可以通过参加国内外学术会议、高层次培训或交流讲学等活动，激发创造欲望，唤起对创新强烈的使命感和责任感，让自己及时了解学科前沿动态、更新教学内容、改进教学科研方法，使自己的工作向本学科的广度、深度和新兴边缘领域发展，从而达到真正提高创新能力的目的。

总之，高校教师创新能力提升是一个非常复杂的系统工程问题，不仅强调教师创新能力的发展要依靠其自身的主观能动性，且更需要有良好的外部环境和政策的支撑与引导，如政府、高校、社会等对教师创新能力发展的支持，唯有教师主观努力和外部环境积极扶持，方能实现高校教师创新能力的持续发展。才能培养出适应企业需求和面向社会的新型创新型人才，进而从根本上达到工程教育认证对学生创新能力培养的要求。

参 考 文 献

[1] 李志义．适应认证要求推进工程教育教学改革［J］．中国大学教育，2014，(6)：9-12.
[2] 李志义，朱泓，刘志军，等．用成果导向教育理念引导高等工程教育教学改革［J］．高等工程教育研究，2014，(2)：29-32.
[3] Spady W. Choosing Outcomes of Significance［J］. Educational Leadership，1994，(6).
[4] 教育部办公厅．全国工程教育专业认证专家委员会章程（暂行）［Z］.
[5] 孙芳芳，任永祥．高校教师知识管理与创新能力研究［J］．软件导刊：教育技术，2009，(6)：50-51.
[6] 束仁龙．新建应用型本科高校教师创新能力提升探讨［J］．扬州大学学报：高教研究版，2015，(2)：50-53.
[7] 周芳．论高校教师创新教育能力的培养［J］．社会科学家，2006，(1)：194-196.
[8] 陈开燕．高校教师创新能力培养的内涵与途径［J］．教育评论，2007，(2)：39-41.
[9] 蒋峰华，李瑜玲．浅议提高高校教师创新能力的途径［J］．产业与科技论坛，2006，(5)：114-116.
[10] 应卫平，龚胜意，罗朝盛，等．地方高校青年教师创新能力发展现状及对策研究［J］．中国大学教学，2015，(7)：73-76.
[11] 江文丽．高校教师创新能力的培养［J］．安徽工业大学学报（社会科学版），2009，(2)：146-147.

作者简介：李明伟（1984— ），博士，副教授，硕导。
Email：limingwei@hrbeu. edu. cn。

水利类本科生教育国际化中教材建设问题浅析

陈　达　江朝华　庄　宁　廖迎娣　欧阳峰

（河海大学港口海岸与近海工程学院，江苏南京，210024）

摘　要

随着高等教育国际化进程不断加快，培养具有国际视野和国际竞争力的创新型人才成为当前本科教育的重要目标之一。水利类高学校已经认识到了本科生国际工程管理素质培养的重要性，但大部分高校没有开设专门课程，存在部分课程设置陈旧，缺乏国际化元素，极少有专门教材等问题。教材作为课程知识的载体，在人才培养过程中起着基础性作用。加强国际化教材编写工作，完善教材编写组织形式，推选具有国际化人才培养经验的一线教师专门编写国际水利工程管理相关教材等方式，保证一批高质量的国际化教材走进课堂，有效提升水利类本科生国际化教育。

关键词

水利工程专业；国际化教育；教材建设

1　引言

本科生国际化素养的培养与提升，是全球化背景下高等教育发展的一种基本趋势，也是中国建设高水平大学、培养高素质人才的必然途径[1]。教育国际化应立足于开放式办学理念，从培养体系与课程国际化、师资队伍国际化、学生交流国际化、国际合作办学等多种途径入手，采用自上而下的推进模式，从而开拓学生视野、增长才干，实现学生综合素养的全面提升[2]。

经过数十年发展，我国已形成比较完整齐备的水利高等教育体系，为我国的水利建设提供了有力科技、智力支撑和人才保障。但在我国由传统水利向现代水利、可持续发展水利转变的过程中，水利的功能不断拓展，涉及的领域不断扩大，对水利人才的层次、类型及内涵等需求也不断发展变化，要实施创新型水利人才培养工程，需尽快培养造就一批面向世界、面向未来、面向水利现代化的水利领军人才和水利发展改革急需的高层次人才[3]。因此，水利高等院校应在不断加强水利学科、专业建设，培养传统的水利专业、技术、管理人才的同时，更加重视培养符合现代水利发展需要的新型人才。并且随着科学技术的迅猛发展和全球一体化进程的加快，国际间的政治、经济、文化、科技、人才等竞争、交流、合作日益加强，要全面建设创新型国家、践行可持续发展治水思路，在国际水利建设管理和科技发展中占有重要一席，必须拥有一批具有国际视野、现代理念和相应知识、能力的创新型拔尖人才。因此，水利院校应围绕基础厚实、知识广博、能力出众、视野宽广的创新人才培养目标，通过加强国际间的合作与交流，拓宽视野，营造氛围，打破常规，努力培养具有厚实的基础知识、广博的知识面、较强的成功意识，有较好的沟通、协调、合作能力和创新精神，有正确的全球视野和现代理念，勇于攀登世界水利科技高峰的现代水利创新人才。

随着本科生教育国际化的深入，目前水利类高等学校本科生教育国际化途径已呈多样化：如通过互派留学生、交换生、国际暑期学校等扩大对外交流；通过立项建设校级国际化课程、课程共建，采取“2＋2”“3＋1”“3＋2”等模式促进课程国际化以及跨国教育；通过引进海外高层次人才和海外博士学位获得者构建国际化教师队伍。但在发展的同时，也存在缺乏先进的国际化教育理念、本科生教育国际化的资源配置与经费投入不足、师资队伍国际化竞争力比较弱、课程设置不尽合理以及相关教材严重匮乏等问题。

本文针对全国水利类专业国际化教育中的课程设置及教材开展研究，在调研全国水利类专业本科生国际工程管理素养培养问题基础上，分析现状，发现问题，提出相应的对策与建议。

2 水利类本科生教育国际化课程及教材现状与问题

随着国家“一带一路”战略的实施，水利工程等基础设施建设需要大量的工程管理类专业人才，特别需要具有跨文化交际能力的工程管理人才或者具备一定管理能力的技术人才[4]。因此，水利类高等学校需要预见行业企业的需求变化，满足经济增长方式转变、产业结构优化升级的需要，明确行业发展未来需要的工程人才的特征和要求。精心构建课程体系和设计教学进程，使各门课程设计相互之间具有连续性和整体性，使学生具备国际工程类专业知识、技术能力、创新发展实践能力等综合能力[5]。

调查了全国包括河海大学、武汉大学、大连理工大学、中山大学、兰州大学、华北水利水电大学等在内的25所大学的水利水电工程、水文与水资源工程、港口航道与海岸工程等32个水利类专业，征询关于本科生国际视野及跨文化交流培养中国际工程管理方面问题。调查的所有大学均认为“在毕业要求中有相应分解指标支撑”，培养目标中要求学生具有一定的国际视野和跨文化的沟通、交流、竞争与合作能力。大部分学校将相关内容分散在“专业英语”“水利水电工程造价与招投标”“工程项目管理”“专业导论”“水科学进展”等课程中，如武汉大学在“水利水电工程管理”讲授合同管理与FIDIC条款、国际工程承包与EHS管理等相关内容；部分大学采用开设双语课程的方式，如河海大学开设了“海岸工程”、中山大学开设了“地下水文学”和“水文统计”等双语英文课程。此外，鉴于国际行业企业对毕业生西班牙语和法语能力的重视，河海大学港口航道与海岸工程专业近年还专门开设了法语和西班牙语培训，有效提高了学生的就业能力和职业发展潜力。目前，少部分学校已经开设有专门课程，如河海大学水利水电和港口航道与海岸工程专业分别开设了“国际工程承包与管理”和“国际工程合同与合同管理”课程。中国地质大学建议在“水利工程案例分析”课程中增加国际工程管理相关内容。

对于“建议专门讲授或将教学内容分散至相关课程讲授”问题，大部分学校认为应将内容分散到相关课程中，如福州大学建议在“工程招投标”课程中增加“国际工程招投标”内容；哈尔滨工程大学建议在“专业导论课程”课程中增加国际前沿内容，提升学生利用外语交流专业知识的能力；河海大学建议开设专门课程“国际工程承包与管理”，大连理工大学建议专门开设包含国外水电工程规范、国际工程项目管理等内容的“国际水利工程建设”课程；部分大学建议专门讲授相关课程，如西安理工大学建议开设由河海大学或武汉大学等主编的“国外最新水利前沿问题研究进展”；兰州大学建议开设“国际工程项目管理”；郑州大学建议开设“国际水利工程管理与实践（英文）”；合肥工业大学建议开设选修课，专门讲解水利相关的国际视野及跨文化交流方面知识。

从以上调研结果可知，水利类高等学校已经认识到了本科生国际工程管理素质培养的重要性，在毕业要求中均有相应分解指标支撑。但大部分高校只将相关内容分散在“工程项目管理”等课程中，没有开设专门的课程。一些高校的课程设置比较陈旧，缺乏国际化元素。受师资力量等条件的限制，本科生实行双语教学还存在一定的困难。同时课程内容更新速度慢，翻译的外文课本质量参差不齐，课程内容应该吸纳国际前沿的最新成果。部分高校如河海大学、西安理工大学、兰州大学、郑州大学等分别建议专门开设“国际工程承包与管理”“国外最新水利前沿问题研究进展”“国际工程项目管理”“国际水利工程管理与实践（英文）”，但目前只有河海大学有中文版《国际工程承包与管理》教材，相关教材严重匮乏。教材作为课程知识的载体，在人才培养过程中起着基础性作用，学生通过国际化教材的学习，可以接触当今世界前沿的知识，建立起国际化的视野，从而提高自身的国际竞争力。因此，保证一批高质量的国际化教材走进课堂，应用于实际教学，是衡量一所高校教育国际化水平高低的重要标杆，也是提升水利类本科生国际化教育的有效途径。

3 对策与建议

教材建设是专业建设的基础性工作，是知识的直接载体，也是学生获取知识的主要来源。在高等教育国际化不断深入以及社会对国际化人才需求不断增强背景下，需要在教材建设中注入国际化元素，积极探索教材建设国际化的路径。

一要更新教材建设理念，不仅注重强调教材的学科知识体系的逻辑性，旨在向学生提供完整的知识结构，使学生系统地掌握基本原理，在教材的建设过程中树立国际化理念，积极进行对外交流与合作，加强对国外教材的研究，从教材的结构体系、写作风格、语言风格，乃至装帧图片、出版发行等方面取其适合我国教材建设的做法。

二要完善原版教材的引进与选用工作。原版教材的引进与选用需要注意以下几点：①教材的选用要结合国内的教育学改革，不能单纯为引进而引进，必须为实际教学服务；②注重原版教材的实用性、前瞻性，有助于学生的智力发展、个性发展，能够为学生提供将来职业发展所需要的知识；③兼顾配套教材的引进。丰富的教辅资料是国外大学教材的一大特色，通过图书、幻灯片、多媒体、电脑软件、电影胶片等媒介构成一种全方位立体化的教材组合。这些配套教材的引进有助于学生更全面的理解消化教材知识。

此外，教材建设的国际化不只是单方面的引进，更重要的是本土教材的输出，双向互动才符合教材国际化的内涵。因此，高校必须加强国际化教材的编写工作。具体对策和建议为：

（1）完善教材编写的组织形式。由教指委牵头，确定教材的编写思想、大纲、内容和要求，组织相关学校优质教学资源（精品课程、教学团队、精品资源共享课等）的教师成立教材编写指导小组，负责策划、申报、联络、组织和实施，保障教材的有序、有效编写。集合优势力量推选具有国际化人才培养经验的一线教师开发编写教材，打造高质量、高水平的精品教材，充分发挥教材建设在人才培养过程中的基础性作用。

（2）专门编写相关教材。组织具有丰富教学与实践经验的教师编写针对国际水利工程管理方面的专门教材，如组织河海大学、武汉大学等有能力的大学编写《国外最新水利前沿问题研究进展》《国际水利工程导论》和《国际水利工程管理与实践》等精品教材。在教材编写过程中注意引入国际元素，将知识的陈述、分析与研究置于国际化的背景下，与当今世界经济、科技和文化的发展紧密结合，吸收国际水利工程领域工程项目管理的最新研究成果和实践经验。

（3）将国际化内容分散至相关教材。将国际水利工程管理内容分散到相关教材中，如可以在原有教材的每一章节的开篇设一块国际专栏，专门介绍与之相关的国际性知识；或是在相关课程中增加国际工程管理内容，如在“工程招投标”增加“国际工程招投标”，在“专业导论课程”中增加国际前沿内容，在《水利工程案例分析》增加国际工程管理经验。

4 结语

通过以上分析，得出以下主要结论：

（1）本科生国际化素养的培养与提升，是全球化背景下高等教育发展的基本趋势，并且随着国家

“一带一路”战略的实施，水利工程等基础设施建设特别需要具有跨文化交际能力的工程管理人才或者具备一定管理能力的技术人才。

（2）水利类高等学校已经认识到了本科生国际工程管理素质培养的重要性，但大部分高校没有开设专门课程，只是将内容分散在相关课程中。一些高校的课程设置比较陈旧，缺乏国际化元素，极少有专门教材。同时受师资力量等条件的限制，本科生实行双语教学还存在一定的困难，翻译的外文课本质量参差不齐。

（3）教材作为课程知识的载体，在人才培养过程中起着基础性作用。积极探索教材建设国际化的路径，加强国际化教材编写工作，完善教材编写组织形式，推选具有国际化人才培养经验的一线教师专门编写国际水利工程管理相关教材等方式，保证一批高质量的国际化教材走进课堂，有效提升水利类本科生国际化教育。

参 考 文 献

[1] 韩阿伟．“985”高校本科生教育国际化的经验与思考［J］．教育教学论坛，2012，(32)：119－121.

[2] 张凌．本科生国际化培养的途径与思考［J］．吉林省教育学院学报，2013，29（9）：21－25.

[3] 耿彩芳，钟厦．高校本科生教育国际化模式探索［J］．学理论，2010，(6)：34－37.

[4] 孟卫军，梁晓宇，晏永刚．校企合作培养后备国际工程管理人才模式构建［J］．重庆交通大学学报（社会科学版），2016，16（5）：122－126.

[5] 王均星，谈广鸣，陈欢，等．水利类创新人才培养平台建设与机制研究初探［J］．2015，(3)：271－274.

作者简介：陈达（1978—　），男，教授，博士生导师，河海大学研究生院副院长。

Email：chenda@hhu.edu.cn。

解决复杂工程问题能力的培养与水利类专业教材建设问题

顾圣平

（河海大学水利水电学院，江苏南京，210024）

摘　要

分析了工程教育认证标准中解决复杂工程问题能力的要求及我国水利类专业有关解决复杂工程问题能力要求落实的现状，对基于解决复杂工程问题能力培养要求的水利类专业教材建设的有关问题进行了探讨。

关键词

复杂工程问题；水利类；教材建设

1　引言

我国高校水利类专业自2007年开始进行工程教育认证以来，至今已经整整十年。十年中，按照与《华盛顿协议》“实质等效”的原则，我国工程教育认证标准几经修订和调整，其中，解决复杂工程问题已成为工程专业学生毕业要求中极为重要的能力指向，为广大高等工程教育工作者日益关注。本文主要就基于解决复杂工程问题能力培养要求的水利类专业教材建设的有关问题进行初步探讨。

2　工程教育认证标准中解决复杂工程问题能力的要求

工程教育认证标准（2015版）的“1.3毕业要求”明确规定：专业必须有明确、公开的毕业要求，毕业要求应能支撑培养目标的达成。专业应通过评价证明毕业要求的达成。认证标准还具体规定了专业制定的毕业要求应完全覆盖的12项内容，其中“工程知识”“问题分析”“设计/开发解决方案”“研究”“使用现代工具”“工程与社会”“环境和可持续发展”以及“沟通”8项能力要求均与复杂工程问题有关。

由此可见，分析解决复杂工程问题在支撑工程教育人才培养目标的毕业要求中，是一个极为重要的能力指向，或者说，分析解决复杂工程问题的能力对于支撑人才培养目标的达成，有着极其重要的意义。

那么，这里的复杂工程问题究竟是什么样的一些问题呢？标准对此也给出了明确的界定：复杂工程问题必须具备下述特征①，同时具备下述特征②～⑦的部分或全部：①必须运用深入的工程原理，经过分析才可能得到解决；②涉及多方面的技术、工程和其他因素，并可能相互有一定冲突；③需要通过建立合适的抽象模型才能解决，在建模过程中需要体现出创造性；④不是仅靠常用方法就可以完

基金项目：本文获“江苏高校品牌专业建设工程”项目（PPZY2015A043）资助。

全解决的；⑤问题中涉及的因素可能没有完全包含在专业工程实践的标准和规范中；⑥问题相关各方利益不完全一致；⑦具有较高的综合性，包含多个相互关联的子问题。

将以上特征归结起来进行分析，复杂工程问题的复杂性主要表现在以下几个方面：

（1）形成的原因方面：复杂工程问题形成的原因是复杂的，即这类问题往往不是由单一原因形成的，而可能涉及多方面的因素，除了大量的工程、技术因素外，还可能涉及社会、健康、安全、法律、文化以及环境等因素，而且这些因素之间的关系是错综复杂的，并且可能存在相互矛盾和冲突的情形。有的问题涉及的因素可能没有完全包含在专业标准和规范中，有的问题具有较高的综合性，包含多个相互关联的子问题。

（2）产生的后果方面：复杂工程问题产生的后果是复杂的，即这类问题如果处理好了，其所产生的效果是非单一的，而是可能包括经济、社会、生态环境等多方面的综合效益；如果处理不好，其所产生的后果或影响也是非单一的，而是多方面的，既可能有工程、技术方面的不利后果，又可能有经济、社会、环境、生态方面的不利影响，有时甚至会出现因问题相关各方利益不一引发严重社会问题。

（3）解决的方法方面：复杂工程问题在形成原因和产生后果两方面的复杂性决定了解决问题的方法也是复杂的，就是说要解决这类问题，仅仅依靠某一学科知识，采用某一种分析处理方法，往往是不够的，而必须运用深入的工程原理，应用多学科的知识，采用综合的方法进行分析、设计和研究，且往往需要开发、选择与使用恰当的技术、资源、现代工程工具和信息技术工具，包括对复杂工程问题的预测与模拟；有的问题仅靠常用方法难以完全解决，而需要超越以往的经验，依靠创新的理论和方法才能解决问题；有的问题最终解决，还要求与业内外进行有效沟通和交流，包括在跨文化背景下的沟通和交流。

3　水利类专业有关解决复杂工程问题能力要求的落实现状

就我国高校中已经进行过工程教育认证的水利类专业目前的情况看，关于解决复杂工程问题能力要求的理解不尽相同，且截至目前，除个别高校在专业培养方案及专业认证自评报告中对毕业要求及其分解指标，较全面地反映了有关分析解决复杂工程问题的能力要求外，多数高校在这方面与认证标准要求相比还存在一定差距。主要问题如下：

（1）有的高校水利类专业培养方案中的毕业要求未完全按认证标准要求制定，而专业认证自评报告中对毕业要求进行指标分解时，涉及解决复杂工程问题能力要求的分解指标较为笼统。

例如，某高校水文专业的分解指标为：掌握工程工作所需的相关数学、自然科学和工程科学的知识，并用于解决复杂工程问题。某高校水工专业的分解指标为：能运用数学、自然科学和工程科学的知识进行复杂工程问题的分析与解决，以获得有效结论。某高校农水专业的分解指标为：掌握数学、自然科学、工程基础和专业课程的基础知识，并能够灵活应用于水利工程、农业工程领域解决复杂工程问题。

（2）有的高校水利类专业培养方案中的毕业要求未完全按认证标准要求制定，而专业认证自评报告中对毕业要求进行指标分解时，仅一两项毕业要求包含了较为具体的涉及解决复杂工程问题能力要求的分解指标。

例如，某高校水工专业仅在毕业要求 1、2 的分解指标中涉及解决复杂工程问题能力的要求，其中，毕业要求 1 的相关指标为：掌握本专业的基础理论知识并能应用于解决复杂水利工程问题；掌握本专业的专业理论知识并能应用于解决复杂水利工程问题；毕业要求 2 的相关指标为：能够应用数学、自然科学和工程科学的基本原理，识别、表达、分析水利工程的复杂工程问题。另一高校水工专业仅在毕业要求 2、5 的分解指标中涉及解决复杂工程问题能力要求，其中，毕业要求 2 的相关指标为：能够运用专业知识解决水利工程及相关领域中的规划、勘测、设计、施工等复杂工程问题；能够通过文献研究分析相关复杂工程问题并提出解决方案；毕业要求 5 的相关指标为：能够选择与使用恰当的技术、资源、现代工程工具和信息技术工具并对复杂工程问题进行预测与模拟；能够针对水利工程复杂问题选用相应的理论或模拟方法并能够理解其局限性。

(3) 有的高校水利类专业培养方案中毕业要求虽未完全按认证标准要求制定，但其专业认证自评报告中关于毕业要求的指标分解则是套用认证标准进行的。

例如，某高校农水专业培养方案中确定的毕业要求为8项，且并未明确提及有关解决复杂工程问题能力要求，但是，在该专业的认证自评报告中，经分析论证，认为培养方案中8项毕业要求能够覆盖认证标准的12项要求，而毕业要求的指标分解则基本上套用认证标准的12项要求进行，包括对其中涉及复杂工程问题能力的8项毕业要求也都确定了具体分解指标。这或许可以看作在充分论证该专业培养方案中8项毕业要求能够实质覆盖认证标准中12项毕业要求的前提下，为从“形似”上满足认证要求而采取的一种变通处理。

(4) 有的高校尽管在所修订的专业培养方案及专业认证自评报告中，关于解决复杂工程问题的能力要求已按认证标准要求予以明确的反映，但是，课程教学大纲对此要求并不明确。

据调查，目前水利类专业与解决复杂工程问题能力培养要求相关的专业基础和专业课程主要有：水文专业的“复杂水文与水资源问题”“水资源优化配置与调度”“Matlab的工程应用”等，水工专业的“现代工程安全监测技术”“水工建筑物”“水电站”“水工钢筋混凝土结构学”“水利工程施工”“水工钢结构”等，港航专业的“港口航道与海岸工程复杂问题概论”等，农水专业的“农田水利学”“供水工程”“水工建筑物”“水利工程施工”等。但是，在这些专业编制的作为指导课程教学实施的规范性文件的课程教学大纲中，关于解决复杂工程问题能力培养要求大多未得到应有的反映，往往只是笼统地提出课程教学的目标和要求，而未能针对课程具体支撑的哪些毕业要求进行阐述。关于教学内容部分，有的只是教材目录的罗列，关于解决哪些复杂工程问题以及相应的能力要求的具体内容是什么等，课程教学大纲基本上均未提及。教学大纲存在的这些问题，都会对解决复杂工程问题能力培养要求的具体落实产生影响。

出现以上这些问题的原因，客观上可能是由于目前工程教育认证所依据的认证标准为2015年修订版本，而相关高校目前执行的本科人才培养方案及相应的课程教学大纲均为2015年之前的版本，尚未开展新一轮修订。同时，也说明有关高校和专业以往对于工程教育中有关解决复杂工程问题能力要求在支撑学生培养目标达成的作用，实际上认识尚未完全到位。

针对这一情况，一方面，高校在进行新一轮水利类专业本科人才培养方案时，以及今后拟进行工程教育认证的专业在撰写专业认证自评报告时，应该严格按照认证标准，对学生毕业要求中有关解决复杂工程问题能力要求的指标予以充分全面地反映；另一方面，也是更为重要的是，应进一步深化有关解决复杂工程问题的能力在支撑专业人才培养目标达成作用的认识，在此基础上，切实按照“以学生为中心”“产出导向”“持续改进”的教育理念，以及人才培养系统化设计和实施的要求，进一步修订和完善课程教学大纲，透过课程体系的教学内容及其相应的教学活动，使有关解决复杂工程问题能力培养要求得到充分体现和真正落到实处。

4 解决复杂工程问题能力培养要求与水利类专业教材建设

根据上面有关复杂工程问题特征的分析，解决复杂工程问题能力培养要求的达成需要学生具备科学合理的知识结构，为此，应当构建符合要求的课程体系，并做好与之相应的教材建设工作。

(1) 按照解决复杂工程问题能力培养的需要构建课程体系。一般认为，能力培养是以知识为基础的，而不同课程在满足能力培养需求的知识结构构建中，其作用是不一样的。根据认证标准中的毕业要求1、2，解决复杂工程问题的能力指向要求该课程体系应包括数学、自然科学、工程基础和专业知识类的课程，根据毕业要求3、6、7、10，课程体系还应包括环境、社会、健康、安全、法律以及文化类的课程。另一方面，能力培养离不开实践训练，根据毕业要求4、5，课程体系中还应包括相关理论知识、科学方法、现代工具的应用等为主要内容的实验、设计等实践类课程。目前，我国水利类专业的课程体系大体上与上述要求是适应的，但是，相对比较普遍的一个问题是，一些高校在具体课程设置时，存在重自然科学及工程技术类课程、轻人文社科类课程，重专业教育效果、轻通识及综合素质教育效果的现象。例如，一些高校对工程经济、管理、法律，以及生态、环境类课程，至今全部以选修课安排，这就在一定程度上，对保证所有学生应用相关知识识别、分析、解决复杂工程问题能力要求的达成带来了不确定性。针对这种情形，必须在深刻理解工程教育认证标准要求和充分调查研究的基础上，对课程体系做出必要的调整，按照水利类专业解决复杂工程问题能力培养的需要，对工程经济、管理、法律，以及生态、环境类课程，该作为必修课程的明确按必修课程来设置，以满足保证所有学生应用相关知识进行复杂工程问题识别、分析、解决的能力要求的达成的需要。

（2）按照解决复杂工程问题能力培养的需要确定课程内容。在构建了与解决复杂工程问题能力培养要求相适应的课程体系的基础上，应当根据不同类型课程在解决复杂工程问题能力培养所需知识结构构建方面的实际作用，确定其具体的课程内容。尤其是对于数学、自然科学、工程基础和专业知识类课程，应当强调其课程内容必须包含相应领域的深入工程原理，不能仅仅满足于使学生简单的知道“是什么”“做什么”，更应重视使学生学会从基本概念出发，能够分析出“为什么”以及“怎么做”。换言之，要在重视课程知识体系完整性的前提下，更加重视向学生介绍，并使其掌握今后职业生涯中将反复用到的思想和方法。这里需要指出的是，按照OBE的理念，课程教学的最终目的不仅是“向学生介绍”，而且要“使其掌握”，并真正内化为灵活应用的能力。这就需要注意防止为了“深入工程原理”，而不切实际地追求更多、更深的知识，而忽略学生实际学习效果的偏向。

此外，课程内容是通过具体课堂教学环节落实的，而课堂教学的实施应当以课程教学大纲为指导。因此，在课程教学大纲中，应当对教学内容做出具体的描述，包括其中的基本概念、科学原理和分析方法等，关于课程教学主要解决哪些复杂工程问题以及相应的能力要求的具体内容是什么等，课程教学大纲也应予以明确，而仅仅将教材章节目录列举出来作为课程内容的“教材目录式”教学大纲是不能满足要求的。课程教学大纲还必须将课程的教学目标与其所支撑的毕业要求对应起来，以便将课程教学真正置于整个培养体系中，并使任课教师自觉地按照教学大纲实施教学，切实履行其学生解决复杂工作问题能力培养的职责。

（3）按照解决复杂工程问题能力培养的需要进行教材新编、修订。教材是课程教学内容的主要载体。自2008年起，由高等学校水利学科教学指导委员会与中国水利水电出版社共同策划和组织编写的“高等学校水利学科专业规范核心课程教材”陆续出版，这些教材在保证水利学科各专业的课程教学质量、促进人才培养质量的提升方面发挥了十分重要的作用。当前，工程教育认证工作正在我国逐步展开和进一步推进，为切实贯彻落实“以学生为中心”“产出导向”“持续改进”的教育理念，开展水利类专业新一轮课程教材建设有着特别重要的意义。前已提及，目前多数高校水利类专业有关复杂工程问题内容的教学涉及若干门专业基础和专业课程，多数高校也建议今后仍应将该内容分散到相关的若干门课程教学中。因此，在新编、修订有关课程教材时，应充分考虑这一需求，并重点关注以下几点：

（1）通过应用多因素、多学科综合分析才能解决的复杂工程问题。为使学生能够理解复杂工程问题除了表现为工程、技术上的复杂性之外，还常常涉及哪些社会、健康、安全、法律、文化以及环境等非技术因素，这些因素对工程活动可能产生哪些后果和影响，以及对这些复杂工程问题，一般的处置方法有哪些，在新编和修订有关课程教材时，应加强有关应用多因素、多学科综合分析解决复杂工程问题的内容，特别要重视如何使学生学会对这些问题进行多因素、多学科综合分析，包括应用自然科学及工程技术类课程知识和人文社科类课程知识，以及已有的学科知识和需要进一步学习的学科知识。

（2）通过建立合适的抽象模型才能分析处理的复杂工程问题。为了分析处理水利类专业领域的复杂工程问题，经常需要建立合适的抽象模型。因此，在新编、修订水利类专业有关课程教材时，应注意加强有关这方面的内容，重点要通过对课程所涉及的学科专业领域中有关复杂工程问题的深入分析，培养学生理解抽象模型的能力，并且能够根据实际需要选择抽象模型，通过形式化处理用抽象模型表示问题（包括描述系统状态及状态变化规律），构建抽象模型以及基于抽象模型进行工程实践等。其中，有的问题仅靠简单套用现有模型和常用方法是难以完全解决的，要注意通过这些问题，启发和引导学生的创新意识，培养学生的创新思维能力。

（3）案例分析。解决复杂工程问题能力的培养涉及许多环节，包括问题的识别、分析、方案设计、研究、预测与模拟、评价等，这些环节自然需要基于深入工程原理，并涉及相关科学理论和方法的应用过程。为使学生能够对这些环节及具体应用过程形成较为全面的了解和认识，在对水利类专业教材进行新编、修订时，应在介绍有关工程原理、理论和方法的基础上，加强有关复杂工程问题案例分析的内容，特别是有关水利工程规划、设计、施工等各阶段的国内外典型的重点水利工程案例分析，进而使学生更加深入地理解和掌握这些原理、理论和方法，并学会应用于分析、解决复杂工程问题的工程实践中。

5 结语

“以学生为中心”“产出导向”“持续改进”是工程教育认证的3个核心理念。而按照解决复杂工程问题这一极为重要能力培养的需要，做好水利类专业教材建设工作，对于贯彻落实这3个理念，促进水利类专业教学质量和人才培养质量的全面持续提升，有着特别重要的意义。期待水利类专业的广大同仁共同努力，不断取得新成效。

参 考 文 献

［1］ 中国工程教育专业认证协会．工程教育认证标准（2015版）．

［2］ 蒋宗礼．本科工程教育：聚焦学生解决复杂工程问题能力的培养［J］．中国大学教学，2016，(11)．

作者简介： 顾圣平（1957—　），男，教授，河海大学水利水电学院。

Email：spgu@hhu.edu.cn。

水利类专业环境知识课程设置和认证背景下教材建设的调查分析及思考

陈元芳[1]　张　薇[2]　关　蕾[2]　陈文琪[2]　胡　明[2]　任　黎[1]

（1. 河海大学水文水资源学院，2. 河海大学教务处，江苏南京，210024）

摘　要

论文梳理了我国工程教育认证标准中对于水利类专业在环境知识领域的要求；通过选择若干典型专业点做精细分析和大范围问卷调查统计分析相结合的途径，对于当前水利类专业点环境知识领域课程设置以及教材规划建设的现状及存在的问题进行了分析研究。在此基础上，论文对于新时期环境知识领域教材建设提出了一些建议，旨在为新一轮基于认证理念的水利类专业核心课程教材的规划提供参考。

关键词

认证标准；环境知识；课程设置；教材规划；现状；建议；水利类专业

1　引言

教材规划与建设是高等教育的一项重要基础工作，我国教育部内设机构不仅有负责教材规划出版和精品教材评选的高等教育出版社，近期还专门成立了教育部教材局，这些机构设立说明教育部高度重视教材工作。作为全国高等学校水利类专业教学指导方面的权威组织——教育部高等学校水利类专业教学指导委员会也一直重视水利类专业教材建设。早在2005年，教育部高等学校水利学科教学指导委员会水文与水资源工程专业分委员会就集中开会策划出版专业规范核心课程教材，2006年教育部高等学校水利学科教学指导委员会全面启动水利类专业规范核心课程教材建设，该套教材第一批共规划52种教材在中国水利水电出版社出版，包括水文与水资源工程专业（简称水文专业）17种，水利水电工程专业（简称水工专业）17种，农业水利工程（简称农水专业）18种。此外，还有港口航道与海岸工程专业（简称港航专业）10多种教材（在人民交通出版社出版）。

这一套教材多数在2009年前已经出版，至今大多数已经出版甚至多次印刷重印，在教育教学中发挥了很大作用。2007年水利类专业启动工程教育专业认证，刚开始4年一般每年认证两个专业点，近期从每年8个到10多个，认证专业点规模迅速扩大，至今已经有38个专业点通过了专业认证（其中水文12个，水工14个，港航6个和农水6个），还有一批专业点正积极准备申请专业认证。认证的三大核心理念（以学生为中心面向全体学生，产出导向和持续改进）逐步深入人心，被广大师生所接受和高度点赞。但是，专业规范核心课程教材规划和编写时，不是所有系列教材策划者和教材作者都熟悉专业认证新理念和新要求，因此，教材规划时对如何考虑环境生态知识领域，如何解决复杂工程问题，如何培养学生国际视野和跨文化交流能力（含国际工程管理），涉水法律事务如何考虑等内容并没有在教材规划和具体教材编写中得到充分体现。这在一定程度上影响了认证理念在实际教学中的贯彻实施，影响教学质量持续提高。为此，中国工程教育专业认证协会水利类专业认证委员会在主任委员姜弘道教授的倡议和领导下，正在紧锣密鼓开展基于认证理念的新一轮水利类专业核心课程教材规划与建设的前期调研工作。本文涉及其中部分工作，主要聚焦在环境知识领域课程设置和相关教材规划与建设的现状调查分析，希望通过这一工作，能够就涉及环境知识教材建设问题提出一些切合实际和可行的建议。

2 认证标准中对于环境知识的要求

工程教育认证标准分成通用标准和补充标准。通用标准适用于所有工科专业，当然也适用于水利类专业，而水利类专业补充标准只适用于水利类中水文、水工、港航和农水 4 个专业。在 2015 年版本（即最新版本）的通用标准中，涉及环境知识领域条目如下：

（1）毕业要求中，设计/开发解决方案：能够在设计环节中考虑社会、健康、安全、法律、文化以及环境等因素；环境和可持续发展：能够理解和评价工程实践对环境、社会可持续发展的影响；

（2）课程体系中，要求通过设置人文社会科学类通识教育课程，使学生在从事工程设计时能够考虑经济、环境、法律等各种制约因素。

在 2015 年版本水利类专业补充标准中也有几处涉及环境知识领域：

（1）在数学与自然科学课程体系中，要求包括生态学或环境学等知识领域，可包括化学知识领域。

（2）在专业基础和专业课程体系中，水文专业包括水环境化学、水环境保护，而水工、港航、农水则无要求。

从以上分析可以看出，水利类专业不管是通用标准还是补充标准，都要求专业知识领域涉及环境，不过水文专业在补充标准中，除了环境学或生态学知识领域，还要有水环境化学、水环境保护等内容，显然，比水工、港航和农水专业要求高。笔者认为这与水文专业的专业领域的拓展有关，目前全国水文与水资源工程专业知识领域被大家公认应该分为应用水文及防洪减灾、水资源规划与管理、水生态环境保护及修复等 3 个方面。

3 课程设置与教材规划建设情况调查分析方法

要分析水利类专业点的环境知识领域课程设置情况和相应教材规划建设情况并提出改进建议，首先必须进行必要调查分析摸清现状和问题所在。本次调查分析包括两个方面：一是设计调查表，让水利类相关专业点（更多的是通过认证的专业点）如实填写，然后汇总统计分析；二是利用笔者掌握的相关典型的专业点近几年的人才培养方案做细致分析。

所设计的课程设置和教材建设调查表见表 1。

表 1 基于专业认证的环境问题水利类专业教材规划调查表

学校：		专业：		
1. 现状		是	否	名称　或　内容
毕业要求中是否有相应分解指标支撑？				
是否有对分解指标支撑的相关教学内容？				
如有	是否有专门课程支撑？			
	是否有专门教材支撑？			
	是否有专门适用于水利专业的教材支撑？			
	是否分散于相关课程教学？			
	分散于相关课程的教材中是否有专门教学内容？			

续表

<table>
<tr><td colspan="3">学校：　　　　　　　　　　　　　　　　　　　专业：</td></tr>
<tr><td colspan="3">2．建议</td></tr>
<tr><td colspan="2">针对该问题，建议专门讲授或将教学内容分散至相关课程讲授？</td><td></td></tr>
<tr><td rowspan="6">如分散讲授</td><td>建议相关课程名称</td><td></td></tr>
<tr><td>建议相关课时数</td><td></td></tr>
<tr><td>建议相关教材名称</td><td></td></tr>
<tr><td>建议相关教材增加的内容</td><td></td></tr>
<tr><td>建议相关教材适用的专业</td><td></td></tr>
<tr><td>建议有能力修订此类教材的学校</td><td></td></tr>
<tr><td rowspan="6">如专门讲授</td><td>建议课程名称</td><td></td></tr>
<tr><td>建议课时数</td><td></td></tr>
<tr><td>建议教材名称</td><td></td></tr>
<tr><td>建议教材中包含的主要内容</td><td></td></tr>
<tr><td>建议教材适用的专业</td><td></td></tr>
<tr><td>建议有能力编写此类教材的学校</td><td></td></tr>
</table>

设计该调查表，目的是通过专业点对表1中内容的回答，让笔者了解我国水利类专业点环境知识领域课程设置、教学活动对于毕业要求支撑和教材规划建设的现状和建议，以利于今后更好地进行教材规划和建设，满足认证背景下水利人才培养质量持续提高的要求。

4　环境知识领域课程设置情况分析

本次调查共收回33个专业点的调查问卷（其中水文8个，水工12个，港航6个，农水7个），其中通过认证的有28个专业点，有5个暂未开展进校认证考查；对于5个典型专业点包括H大学水文、水工、港航和农水专业，D大学水文专业，笔者还通过收集近年来这些高校水利类专业详细的人才培养方案等材料做精细分析。H大学水工、港航专业实际上也有调查问卷反馈，因此，实际上本次分析研究所涉及的专业点共有36个。

对28个通过认证的专业点调查问卷反馈统计，结果表明所有28个专业点都认为它们毕业要求中有相应涉及环境方面分解指标支撑，27个专业点认为它们有相应教学内容对分解的指标点起支撑，仅有1个专业点认为没有相应的教学活动。1个专业点培养的学生在做工程设计时未考虑环境约束，但这样的专业点也通过了工程教育认证，显然这确实有点不应该，故应引起多方面重视，包括专业点、考查专家和认证分委员会。

对所有33个收回调查反馈表的专业点做统计，发现有9个没有设置专门的环境类课程去支撑指标点，多数则是通过多门课程中部分章节内容讲授去实现学生对于环境知识领域的理解和消化。通过询问和查阅相关资料了解还发现，部分专业点虽然设置了专门环境类课程，但因设置的课程均为选修课，或是分方向部分同学才必修的课程（属于限选），由此可以看出，严格意义上讲，这样进行课程设置，不能让所有同学都选学环境类课程，应该说并不能保证同学们所掌握环境方面知识和能力能够达到相应的毕业要求。因此，有关专业点必须引起重视，应该对课程体系进行修改完善或采取措施让所有同学去选学定性为选修课的环境类课程，这样才能满足认证的要求。

对于选定5个典型专业点做精细分析如下：

（1）H大学水文专业。笔者收集2012年和2016年两个版本的培养方案，其环境类课程均满足认证标准要求，2016年版本环境类必修课程包括“生态学与生态水文”（2学分），“水环境化学”（2学分），“水环境保护”（2学分，还有1学分课设），此外还有选修课“水环境与水生态监测与分析”（2学分），两个版本环境类必修学分高达7个学分。

（2）H大学水工专业。笔者收集2012年和2016年两个版本培养方案，该专业分成2个方向，水工方向和水建方向。2012年水工方向设置“生态学导论”（2学分）、“环境学概论”（1学分）、“水利工程生态”和“景观设计概论”，均为选修课，而水建方向则设置“生态学导论”“环境学概论”，均为选修课。设置环境类课程全是选修课，显然，严格地讲，与认证要求有些差距。但2016年版本，设置有水工方向和防灾减灾方向，这两个方向都设置“水利水电工程环境问题研讨”（必修课，1学分），此外，在水工方向还设置“生态学导论”选修课（2学分），防灾减灾方向设有选修“生态水文学导论”（2学分）。2016年新版本培养方案，环境类知识领域符合认证要求。

（3）H大学港航专业。着重对其2016年版本培养方案做分析，该专业只对学术型学生设置“海岸带资源与环境”（0.5学分，选修），而对工程型学生并无此课程，此外，还设置“港口航道海岸工程景观设计”（选修）。除此之外，未见有环境类课程。对比认证标准的要求，严格地讲，还是有一定差距的，需要在其他设计类课程中增加环境类知识的教育。

（4）H大学农水专业。收集到2016年版本培养方案，发现该专业主要分农田水利方向和水土保持方向，每个方向又分学术型和工程型。农田水利方向学术型设置必修课“水生态概论”“农业环境学”（各1.5学分），但对于工程型无此要求。对于水土保持方向学术型设置必修课“水生态概论”（1学分）、“农业环境学”（1学分），但对于工程型无此要求。

从以上对于H大学四个专业在环境类知识领域课程设置看，总体应该说较好满足了认证要求，但个别专业工程型人才缺少环境生态类知识领域的学习，应该引起重视。

（5）D大学水文专业。设置环境类必修课程包括“水资源与环境导论”（1学分），“水文地球化学”（3学分），“水资源开发与保护”（1.5学分），“生态水文学”等，应该说满足认证标准要求。

根据调查反馈，水文专业环境类课程主要包括：“水环境和水生态导论”“水环境化学”“水文地球化学”“水环境保护”“生态水文学”“环境水文学”“水环境监测与评价”等；而对于水工、港航和农水专业，设置环境类课程主要包括“水生态概论”“环境学基础”“海岸带资源与环境”“环境水利学”“农业环境学”“工程环境影响概论”“水利水电环境评价”等。

5 环境知识领域教材建设和规划情况分析

通过问卷调查分析，发现目前环境类课程教材多数采用的是教育部高等学校水利学科专业规范核心课程教材，中国水利水电出版社出版的其他系列教材和科学出版社、清华大学等出版社出版的教材，包括吴吉春主编的《水环境化学》，雒文生、李怀恩主编的《水环境保护》（中国水利水电出版社），冯绍元主编的《环境水利学》（中国农业出版社），肖长来编著的《水环境监测与评价》（清华大学出版社），王蜀南等编的《环境水利学》（中国水利水电出版社），朱蓓丽编著的《环境工程概论》（科学出版社），蔡守华主编的《水生态工程》，董哲仁、孙东亚主编的《生态水利工程原理与技术》（中国水利水电出版社），等等。

这些采用的出版教材在水利类专业人才培养上发挥了较大作用，有力推进了环境知识领域教学工作的开展，但是由于早期规划时对于认证理念认识不深，以及工程设计时如何考虑环境等方面的制约缺乏总体认识，因此，目前环境知识领域教材规划与建设存在以下主要问题：

（1）水利类不同专业人才培养对于环境知识领域的需求既有共性需求，但也存在一定差异，如水文专业要求比其他3个专业要求要高，因此，这4个专业的环境类教材应从总体上进行统一规划和建设。

（2）前面述及，目前教学中采用的多本教育部高等学校水利学科规范核心课程教材，因为出版时间较早，以及作者专业知识和当时认识局限性，教材内容涉及面往往较窄，如《水环境化学》和《水环境保护》等教材偏重于地表水环境保护，而对于地下水环境保护内容介绍不够充分，再比如关于工程环境影响，也是因为认识局限性，往往只注重某一小类工程环境影响，在新时期都需要进行调整充实，涉及的工程可以包括水利工程、水电工程和港口航道工程，以及给排水工程等。

（3）对于有些专业点，环境知识领域是在有关专业课程中某一章节中介绍，那么应该如何在不同专业课程中合理安排环境知识，也需要进行研讨，但是过去教材编写，并没有给予重视，导致教学上无序随意，影响人才培养质量。当然，还有教材中怎样体现解决复杂环境问题，如何考虑不同国家规范技术标准，这些也都是当前教材中的不足，不过，本文重点聚焦在环境知识如何在教材中体现。

6 结语

（1）通过调查发现，多数水利类专业点课程设置能体现《认证标准》对环境方面知识和能力的要求，但仍有10%～20%的专业点未能体现或充分体现。

（2）认证通用标准中12条毕业要求包括了工程设计等应考虑环境等约束因素的要求，考虑到水利学科专业的特点，笔者建议水利类专业毕业要求除了考虑环境制约，还应有生态等约束因素的要求。

（3）从认证标准和实际需要看，水文专业与其他3个水利类专业对环境方面知识和能力要求不同（前者，生态环境是其3大专业知识领域之一），故教材规划时应区别对待。

（4）对于水文专业，建议编写出版《环境生态学概论》（该课程学分数为1.5～2学分），在已有规范核心教材《水环境化学》和《水环境保护》基础上，按照认证理念和要求对其内容充实调整，特别是注意增加地下水环境保护内容。

（5）对于水工、港航和农水专业，建议出版《环境生态学概论》（该课程学分数为1～1.5学分）。另根据教学中需要增加工程环境影响内容的要求，可以专门设课，如设置“环境水利学”课程，出版《环境水利学》教材，或分散到工程设计和施工等课程中讲授，如“水工建筑物”“工程施工”可增加环境生态影响内容。

参 考 文 献

[1] 杨振宏，黄守信，等. 国外工程教育（本科）专业认证分析与借鉴［J］. 中国安全科学学报，2009，(2).
[2] 陈元芳，李贵宝，姜弘道. 我国水利类本科专业认证试点工作的实践和思考［J］. 科教导刊，2013，(2).

作者简介：陈元芳（1963— ），男，河海大学教授，博导，水利类专业认证委员会副主任委员。
Email：chenyua6371@vip. sina. com。

注：本文已经被《教育教学论坛》杂志录用，将在2018年2月出版。

认证与教育教学改革

基于OBE的水利人才培养模式改革与实践

刘　超　陈建康

（四川大学水利水电学院，四川成都，610065）

摘　要

如何培养适应社会发展需求的高素质水利人才，是我国水利高等教育长期关注和致力解决的重点问题。四川大学依托其综合性大学多学科平台、七十余年水利教育积淀，以及地处中国西部水利资源富集、行业企业众多的优势，基于"OBE"国际工程教育理念，根据水利行业对人才的多样化需求特点，构建并实施了以产出为导向，课程体系为核心，实践平台为支撑，三项举措为保障的多规格水利人才培养模式与体系。所构建的学术研究型、实践应用型与创新创业型三类水利人才分类培养模式，实践效果好，有助于解决以往人才培养模式单一，缺乏多样性和适应性的问题。

关键词

水利人才；产出导向；分类培养；实践平台；培养模式

1　改革背景

纵观我国水利高等教育人才培养，由于受"以校为中心、以教为中心"等传统观念的约束，对培养的人才是否满足行业或企业需求等"产出指标"关注不够，形成了人才培养模式趋同化、单一化[1]。

OBE（outcome based education）教育理念，也称为成果导向教育或产出导向教育。该模式关注行业需求，注重对学生学习的产出分析，反向设计教育内容。与传统的以教学内容驱动和教育投入的模式不同，学习者的产出是该模式的核心关注点。OBE教育理念于20世纪在美国兴起，继后被多国广为推崇，国际工程教育认证组织（华盛顿协议、悉尼协议、都柏林协议等）都先后视学习产出为一项重要的质量准则[2]。

四川大学依托其综合性大学多学科平台、七十余年水利教育积淀，以及地处中国西部水利资源富集、行业企业众多的优势，基于OBE国际工程教育理念，根据水利行业对人才的多样化需求特点，构建并实施了基于产出导向的多规格水利人才培养模式与体系。

2　构建基于OBE的水利人才培养模式

在水利高等教育中，针对社会需求，把控驱动产出的毕业要求、构建支撑其达成的培养模式和体系，是解决人才培养与社会需求脱节的关键。

通过对水利人才社会需求的广泛调研，突破所有学生统一毕业要求的传统模式，制定了"基本＋补充"的水利类人才培养毕业要求，即学生均应达到的基本要求和学术研究型、实践应用型、创新创业型三类人才分别达到的多规格补充要求，以适应社会对不同类型水利人才的需求。基本要求是所有学生必须具备的知识、能力、素质，包括12条35个指标点的具体内容；补充要求是针对学术研究型、实践应用型、创新创业型三类人才，分别制定了其应达到的要求，包括10个指标点的具体内容。

以毕业要求为导向，反向设计教学环节，通过构建支撑毕业要求的课程体系，搭建支撑毕业要求的实践平台，组建校企联合师资队伍、改革教学方式和建立质量评价改进机制，构建了以产出为导向，课程体系为核心，实践平台为支撑，三项举措为保障的水利人才培养模式与体系，见图1。

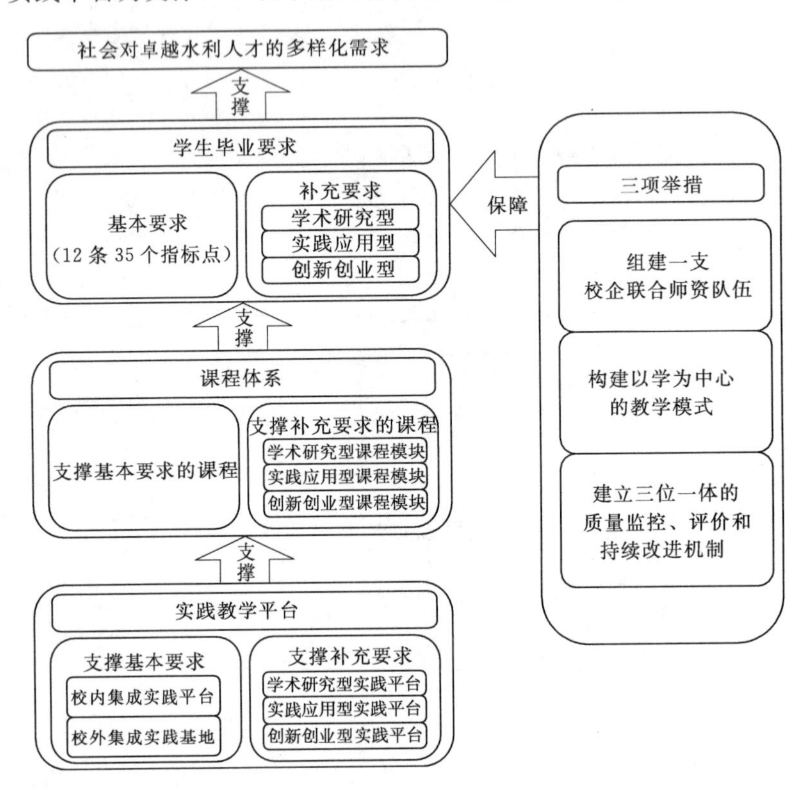

图1　基于OBE的水利人才培养模式与体系架构

3　构建支撑体系，搭建支撑平台，实现多样化培养

3.1　构建支撑毕业要求的课程体系

针对毕业要求，以必修课程设置的通识课和专业基础课支撑毕业基本要求。针对学术研究型、实践应用型、创新创业型三类毕业补充要求，分别设置了三类选修课程模块（学术研究型课程20余门，实践应用型课程20余门，创新创业型课程10余门），每类课程模块能支撑相应的毕业补充要求。对每门课程，均明确该课程与毕业要求指标点的对应关系，每门课程的任课老师，按照该门课程对毕业要求各指标点的支撑情况，确定相应的教学形式和考核方式。课程结束后，任课老师需完成该门课程的毕业要求达成度评价，并提出改进意见。

3.2　搭建支撑毕业要求的集成实践创新平台

水利建设与管理涉及资源、环境、社会、文化、技术、经济、管理等多领域，以往的校内实践平台和校外实践基地大多较为分散，不利于学生系统思维和能力培养。通过整合资源，构建了“强素质、多模块、集成化”的校内外集成互补的实践创新平台。针对毕业基本要求，搭建了提升学生工程素养，强化工程认知能力和实践能力的校内集成实践平台和校外集成实践基地；针对学术研究型、实践应用型、创新创业型三类毕业补充要求，搭建了着力培养工程实践创新能力的三类多样化集成实践创新平台，见图2。

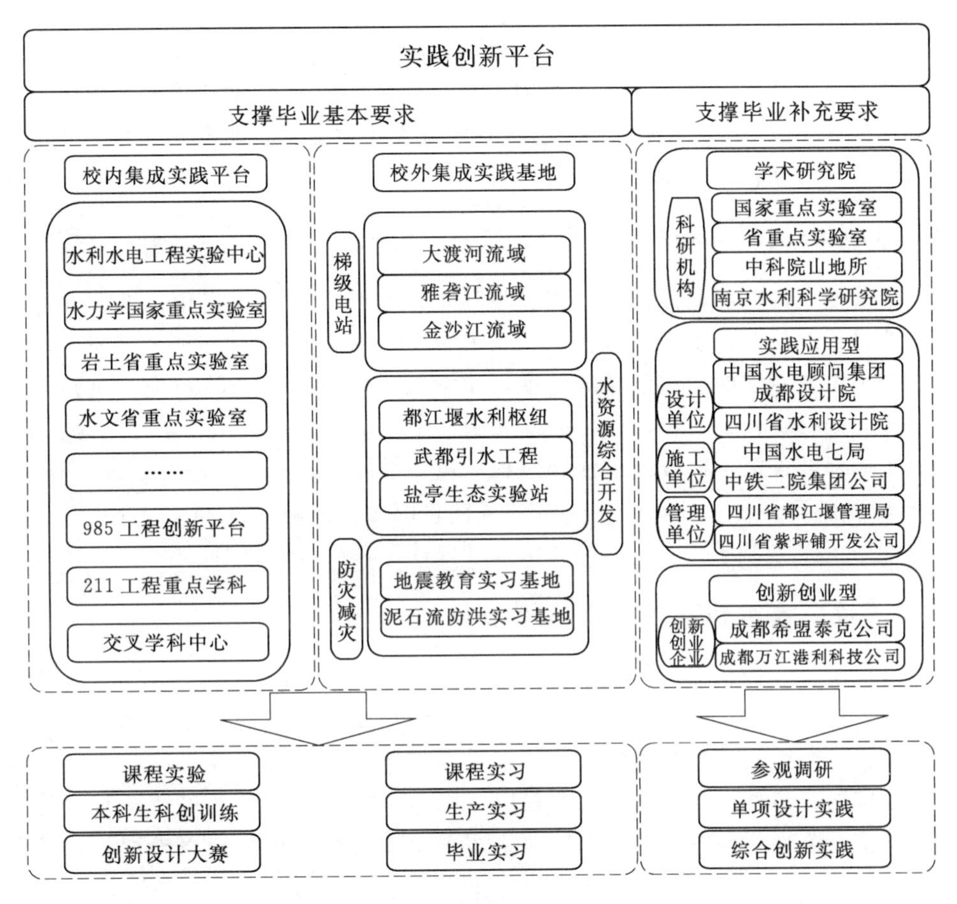

图2 水利人才培养实践创新平台

校内集成实践平台：整合学校水利水电工程实验中心、水力学国家重点实验室、岩土和水文省重点实验室，“985工程创新平台”、交叉学科中心等，面向全体本科生开放。以学术社团为载体，教师为引导，政策为保障，开展本科生进科研、进团队及“水利杯”创新设计竞赛等“两进一赛”系列实践创新活动。

校外集成实践基地：整合瀑布沟、溪洛渡、二滩、长河坝、向家坝、锦屏等大型水利水电工程实习基地，形成了大渡河、金沙江、雅砻江等流域梯级水电工程实习基地，强化学生流域综合开发、梯级协同管理、环境友好持续等现代工程意识，扭转“重建设轻管理”的工程认知；以千年古堰——都江堰水利枢纽和现代工程——武都引水工程为核心，建立了集灌区、河道治理、生态保护等为一体的水资源综合利用实习基地，克服以往实习基地“水电多、水利少”的局面，扭转“大水电、小水利”的工程理念；建立了以“5·12”汶川地震和“4·20”芦山地震遗址为主、集山洪泥石流等自然灾害为一体的防灾减灾实践基地，强化学生防灾减灾的工程意识。

三类多样化集成实践创新平台：构建了以校内水力学国家重点实验室、岩土和水文省重点实验室，校外中科院山地所、南京水科院等科研机构为主的学术研究型平台；以设计单位（成勘院、四川省水院、云南省水院）、施工单位（中国水电七局、中铁二院工程集团公司）和管理单位（都江堰管理局、紫坪铺开发公司）为主的实践应用型平台；以水利信息化（成都希盟泰克公司）、智慧水利（成都万江港利公司）等新兴创新创业公司为主的创新创业平台。

4 实施确保水利人才培养模式改革达成的三项举措

4.1 组建一支校企联合师资队伍

针对当前高校青年教师大多缺乏社会实践和工程经历等问题，构建了“高校教师进企业、企业导师进课堂”的合作模式。近5年，已组织22名水利领域青年教师到企业参与工程实践锻炼，年均聘请企业导师130人到校开课和指导学生参与工程实践。

4.2 构建以学为中心的教学模式

以学习成果为起点，进行课程设计，组织教学活动，实行探究式小班化授课、非标准答案考试和高质量多样化毕业设计改革等，实现课堂教学“六个转变”，即知识课堂向能力课堂的转变，灌输课堂向对话课堂的转变，重教轻学向学重于教的转变，重学轻思向学思结合的转变，重知轻行向知行合一的转变，共性培养向因材施教的转变。80%的课程采取了小班上课、案例教学、问题探究等教学形式；80%的课程实施了非标准答案考核方式，强调过程考核，增加小论文、小设计、现场操作等考核方式；2009年在全国率先推行毕业论文（设计）高质量多样化改革，允许学生将自主创新实验、学科竞赛、企业实践成果等进一步深化整理后，作为毕业论文（设计）答辩考核材料。

4.3 建立质量监控、评价和持续改进机制

建立了教学过程质量监控机制，毕业生跟踪反馈与社会评价机制，并将评价结果用于持续改进。制定了教学质量管理系列制度，每年定期进行教学各环节质量评价；建立了毕业生人才信息库、每年定期毕业生调查问卷、每年邀请校友返校座谈等多途径的毕业生跟踪反馈机制：建立了用人单位信息库、定期向用人单位发放调查表、委托第三方权威性数据机构麦克思公司进行调查评价等社会评价机制。通过教学过程质量监控获得内部评价，毕业生跟踪反馈与社会评价获得外部评价，系统深入分析后，进行持续改进。

5 改革成效

5.1 解决了以往水利人才培养中3个突出的教学问题

构建并实施的人才培养模式与体系，有效解决了高校在水利人才培养方面普遍存在的3个突出教学问题：

（1）基于“产出导向”的水利类人才培养模式与体系，摆脱了“以校为中心、以教为中心”等传统观念的约束，深化了校企融合，突破了制约水利人才培养与社会需求脱节的瓶颈。

（2）构建的学术研究型、实践应用型与创新创业型多规格水利人才分类培养模式，解决了以往人才培养模式单一，缺乏多样性和适应性的问题。

（3）搭建的校内外集成互补的实践创新平台，破解了以前实践模式单一、实践环节薄弱等制约工程素养、实践和创新能力提升的难题。

5.2 促进了水利类一流专业建设

改革实施过程中，建成6门国家级、省级精品资源共享课程；4部国家级规划教材；5个省校级教学团队；建成由22个大型水利水电工程组成的校外集成式实践基地，由20个大型企业组成的校外分类实践创新平台；建立了一支稳定的企业教师团队，年均聘请企业导师130人，校企导师合作开设核

心专业课 5 门，企业导师开设选修课 20 门。

通过此项改革，确保了四川大学国家首批“卓越工程师教育培养计划一水利水电工程专业”建设项目，两个“国家级工程实践教育中心”和首批教育部“专业综合改革试点一水利水电工程专业”建设项目等教学改革和质量工程项目的实施，有力促进了水利类一流专业建设。

5.3 提高了人才培养质量

以产出为导向的多样化水利人才培养模式覆盖四川大学水利类学生 1000 余名/年。近 3 年，参加科研实践创新活动的学生有 2100 余人，学生公开发表论文 110 余篇，获得国家、省部级专业竞赛奖 66 项，获得国家专利 35 项，150 余项实践创新成果运用于工程实际。学生在各类竞赛中成绩突出，如 2013 年和 2015 年参与了两届全国大学生水利创新设计大赛，取得特等奖 2 项、一等奖 2 项、二等奖 4 项。

四川大学水利类毕业生一次就业率一直保持在 95%以上，第三方机构麦克思公司对我校水利类毕业生的调查资料表明，“毕业时掌握的能力水平”指标项得分逐年升高，与“工作要求的能力水平”逐渐接近；200 余份企业调查问卷显示，我校毕业生工程综合能力明显增强，深受企业好评。本科生得到国外知名高校的认可，与英国诺丁汉、德国克劳斯塔尔、美国普渡大学等开展的本科联合培养项目，已互派学生 80 名。

参 考 文 献

[1] 中国工程院创新人才项目组. 走向创新——创新型工程科技人才培养研究 [J]. 高等工程教育研究，2010，(1)：1-19.
[2] Graduate Attributes and Professional Competencies [Z]. 2013.

作者简介：刘超（1975— ），男，博士，教授，主要研究方向：水利水电工程。
Email：502883991@qq.com。

农工交融　知行合一：农业院校水利类专业卓越人才培养体系构建与实践

李云开　刘　浏　袁林娟

（中国农业大学水利与土木工程学院，北京，100083）

摘　要

针对现代农业发展对卓越工程人才的重大需求以及农业院校水利类专业的交叉性给人才培养带来的高度复杂性问题，亟须协调工程教育专业认证、卓越工程师与卓越农林人才培养要求，进而构建具有农业院校特色的水利类专业卓越人才培养体系。以中国农业大学农业水利工程专业作为试点，辐射水利水电工程和能源与动力工程专业，遵循“顶层设计、试点先行、逐步推进”的基本原则，积极引入OBE产出导向、学生中心、持续改进等先进教育理念并贯彻于人才培养全过程。通过重构本科人才培养方案、课程体系与教学内容；创建“分层次、多模块、一体式”大学生工程实践教学体系与平台；多途径建设工程化师资队伍，提出并践行全过程、全方位、全员性和多方式的人才培养质量管理理念，健全“过程监控-反馈评价-持续改进”监控管理体系与方法；建立了具有国际实质等效、互认的水利类专业卓越人才培养体系，可为解决我国“三农”问题提供工程人才支撑以及农业院校水利类专业人才培养提供示范。

关键词

工程教育；专业认证；卓越人才；水利工程；教学改革

1　引言

国际工程教育随着各时代工业革命的浪潮而持续不断地深化改革，又助推着工业革命的深化[1]。随着新工业革命技术革新的浪潮，工程领域对掌握新科技、跨学科知识的综合素养人才的需求日益增加，“工程范式”亟待调整以适应新工业革命技术发展。新的教育范式应将科学与技术、技术与非技术融为一体，更注重培养学生的实践性、综合性与创新性。“回归整体工程实践”是国际高等工程教育发展的趋势，意味着工程师将更加关注工程系统、更具全球意识，对于团队合作、沟通、终身学习、社会责任等能力需求也给予了很大关注。

我国已建成世界上最大规模的高等工程教育体系，培养了数以千万计的工程科技人才，有力地支撑了国家工程建设与发展。但从世界范围来看，我国工程师的质量并不令人满意：2009年瑞士洛桑发布的《世界竞争力报告》显示，在参与排名的55个国家中，我国“合格工程师”的数量和整体质量仅排在第48位；一系列的数据表明，与美国、德国等主要发达国家相比，我国培养的工程科技人才在知识、能力和素养等方面均存在较大差距。解决中国工程教育存在的这些问题以及培养出满足国家未来发展需要的卓越工程师，就需要有切实可行的工程教育改革计划[2,3]。

欧美等国实行的专业认证制度已成为保证高等工程教育质量、实现工程教育水平和职业资格相互认可的重要措施，我国自2006年起正式开展工程教育认证试点工作。作为《国家中长期教育发展与改革规划纲要（2010—2020年）》的重大项目，2010年我国启动了“卓越工程师教育培养计划”，2013年又启动了“卓越农林人才教育培养计划”，这些已经成为从国家战略高度提出的、在从高等教育大国走向高等教育强国之路中的一项具有引领性、突破性、创新性和示范性的全国性重大教育教学改革计划。我院农业水利工程、水利水电工程、能源与动力工程等专业是将工程科技与水利、农业交叉、融合，为推进水利/农业现代化的工程技术专业。如何参考、落实工程教育专业认证、卓越工程师的标准要求，构建适宜的卓越人才培养体系是目前该类专业建设亟须解决的问题。

我院农业水利工程、水利水电工程等本科专业均为强调工程设计能力和创新能力的工科专业。在2012年教育部组织的全国一级学科评估中，我校农业工程一级学科全国排名第一（农业水土工程为其二级学科），水利工程学科全国排名第七，理应在培养目标、培养过程、育人结果等整体追求卓越，在教学理念、课程体系、师资队伍、教学方法等人才培养改革等方面起到引领作用。

2 新模式构建的总体思路及方法

2.1 总体思路

针对现代工程发展对卓越工程人才的重大需求以及水利类专业的交叉性对人才培养带来的高度复杂性、创新性问题，以《国家中长期教育改革和发展规划纲要（2010—2020年）》精神以及学校“宽口径、厚基础、重创新、强实践、国际化”的人才培养定位为指导，以我院农业水利工程专业为试点，积极引入OBE（outcome based education）产出导向、学生中心、持续改进机制等发达国家高等工程教育先进教育理念[4,5]并贯彻于人才培养全过程，重构本科人才培养方案、课程体系与教学内容；创建实践创新与素质培养有机融合的开放式工程实践教育体系与平台，多途径建设工程化师资队伍；提出并践行全过程、全方位、全员性和多方式的人才培养质量管理理念；构筑“分层次、多模块、一体式”满足现代创新人才培养要求的新型实践教学体系；健全“过程监控-反馈评价-持续改进”管理制度与方法；建设具有国际实质等效、互认的水利类专业卓越人才培养体系，为我国现代化建设提供工程人才支撑以及水利类专业人才培养提供示范。

2.2 构建方法

（1）以OBE产出导向、学生中心、持续改进等先进的高等工程教育理念为指导，协调工程教育专业认证、卓越工程师与卓越农林人才培养要求，全面修订、实施人才培养方案，重构课程体系和教学内容。

（2）强化基层教学组织与工程化师资队伍建设，夯实卓越人才培养的质量基础，构筑“过程监控-跟踪反馈-持续改进”相结合的“123”全过程质量管理体系，健全、落实各环节管理制度，为卓越人才培养的可持续提供保障。

（3）将理论学习、实践创新与素质培养有效结合，构筑“1＋2＋N＋1”工程实践教育平台及实践教育体系，完善工程实践教育考核机制，为卓越人才工程实践能力提升提供支撑。

2.3 主要解决的问题

（1）统筹考虑国际工程教育认证“通用＋行业标准”与卓越工程师计划各级培养标准的差异性、关联性和兼容性，解决了水利类专业卓越人才培养需协同满足专业认证、卓越工程师计划、卓越农林计划三者需求的标准衔接性问题。

（2）采用“反向设计/正向施工的设计理念”和“平台＋模块＋课群”的课程结构框架，彻底改变了传统知识结构单一、因人设课的尴尬局面，有效解决了水利类专业人才培养过程中工程与农业深度交叉、工程科技与非技术要素有机融合、全员共性和个性培养需求协调的难题。

(3) 通过“过程监控-跟踪反馈 持续改进”相结合的全过程质量管理，解决了教育教学过程设计开放性不足、持续改进机制缺乏、实践教学过程随意和考核困难、课程设置与教学设计脱离实际以及教育资源配置有效性低等问题。

(4) 通过“行业指导，校企联动，多途共聚”，构建了综合性、创新性实践教学体系及支撑平台，系统解决了由于实践教学环节过于分散导致的学生无法对大型水利工程系统形成整体认识、实践创新能力不足以及教师教学科研不平衡、工程化师资匮乏等问题。

3 主要成果

3.1 创新人才培养模式

3.1.1 设计理念的转变

长期以来我们遵循着从通识基础课、学科基础课、专业基础课、专业课的传统课程导向教学设计，专注于学生专业技术能力，忽视了社会、行业需求以及工程实践能力的培养，对工程的“设计能力”要求不具体、不明确，对人才培养目标的定位更是不清晰。我院农业水利工程专业于2014年入选教育部首批“卓越农林人才教育培养计划”，亟须协调工程教育专业认证、卓越工程师与卓越农林人才培养要求，为此，我们以工程教育专业认证提出的“OBE产出导向、学生中心、持续改进”等先进的高等工程教育理念为指导，协同卓越农林人才与卓越工程师计划的培养要求，提出了适宜农业院校水利类专业人才培养方案的“反向设计/正向施工”设计理念（图1），遵循由需求决定培养目标，由培养目标决定毕业要求，再由毕业要求决定课程体系的原则，实现了从灌输课堂向对话课堂转变、从封闭课堂向开放课堂转变、从知识课堂向能力培养转变、从重学轻思向学思结合转变、从重教轻学向教主于学转变，彻底改变了传统的层次化教学设计模式[6,7]。

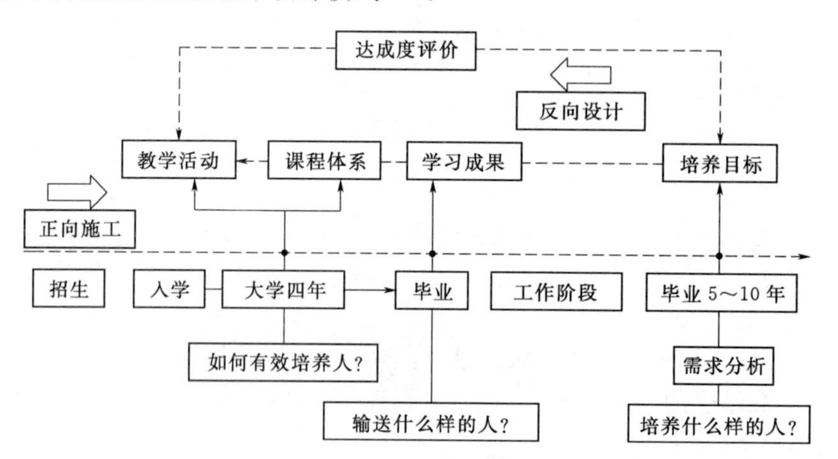

图1 卓越人才培养方案的“反向设计/正向施工”设计理念

3.1.2 人才培养体系重构

工程是以科学为基础、以技术为手段，在政治、经济、文化、法律、政策、生态、资源、道德、审美等多重约束条件下，进行满足社会需要的创新（图2）。工程成功建设不仅要依赖技术要素，更要依靠非技术要素，尤其对后者更是非常敏感。为此，卓越人才课程体系设置急需从过去过分注重基础科学学习、过分偏重理论、强调完备知识体系的“科学范式”转变为协同关注专业技术能力、分析能力、实践技能、创新能力、商务管理能力、领导力以及伦理素质的“工程综合实践”范式转变。建立了培养目标-学习成果-课程体系的逻辑关系矩阵，重构了面向“工程综合实践”的卓越人才培养标准体系及实现路径，彻底改变了传统的“科学范式”人才培养标准模式。

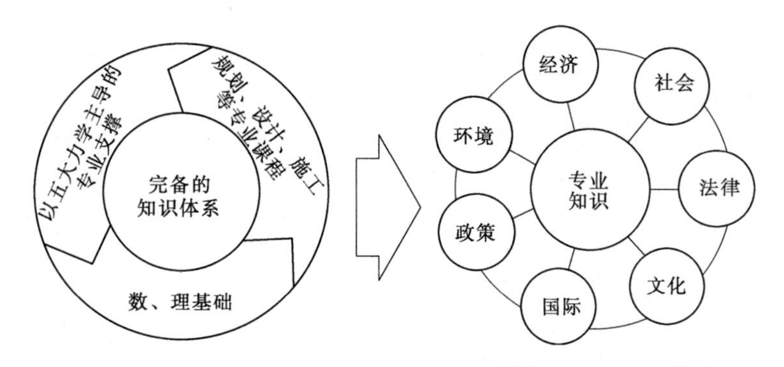

图 2 基于“科学范式”（左）和“综合工程实践”（右）课程体系

根据国家社会对教育发展需要、行业产业发展及执业需求、专业定位及发展目标、学生发展及家长校友期望，结合工程教育专业认证和卓越工程师计划标准要求，明确了农业水利工程专业培养标准、毕业要求，厘清培养目标-课程体系-学习成果逻辑关系及实现途径（图 3），建立了培养标准-学习成果-课程体系的逻辑关系矩阵，针对专业每门课程边界、优化内容，彻底改变了过去因人设课的尴尬局面。

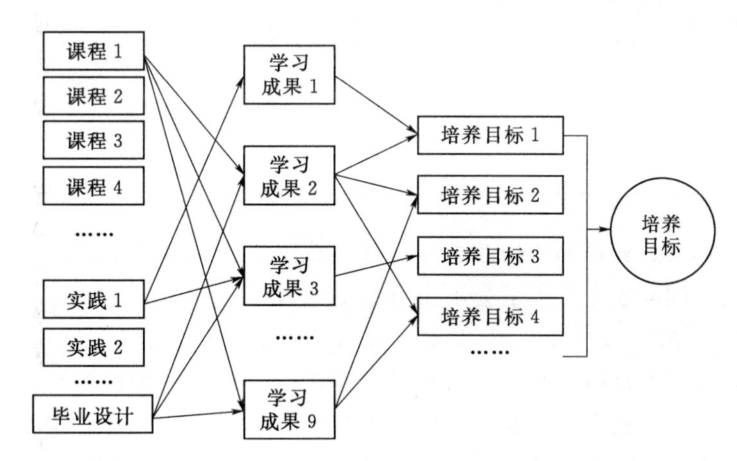

图 3 培养目标、学习成果与课程体系的逻辑关系

3.1.3 课程体系重构

按照“厚基础、宽口径”的原则，对传统的专业主干课程、选修课程和实践环节课程体系进行优化重组，增加学生可选择空间，构建了“平台＋模块＋课群”的课程结构设置体系（图 4），重点建设两类平台（理论教学平台、实践教育平台），理论教学平台设置公共通识、自然科学、工程大类、专业教育 4 个模块，实践教育平台设置课程实验、实习实训、主题设计、社会实践、工程综合、科技创新 6 个模块，各模块间相互联系、逐层递进以满足保证人才的基本规格和全面发展的共性要求；每个模块下设多个课群供学生选择，实现学生的个性化培养。全面实现了以学生为中心进行课程和培养环节设计。

3.2 多途径建设工程化师资队伍

3.2.1 “名师-名课-名书”联动工程

全面实施“名师-名课-名书”联动工程，支持大师、名师多样化承担本科教学，提升教学科研同生共进、互馈互促协同效应，充分发挥名师教学科研引领作用。名师出高徒，拥有一批拔尖人才组成的教师队伍是培养卓越人才的先决条件。我院已经凝聚一批在国内外具有一定知名度的大师、名师，

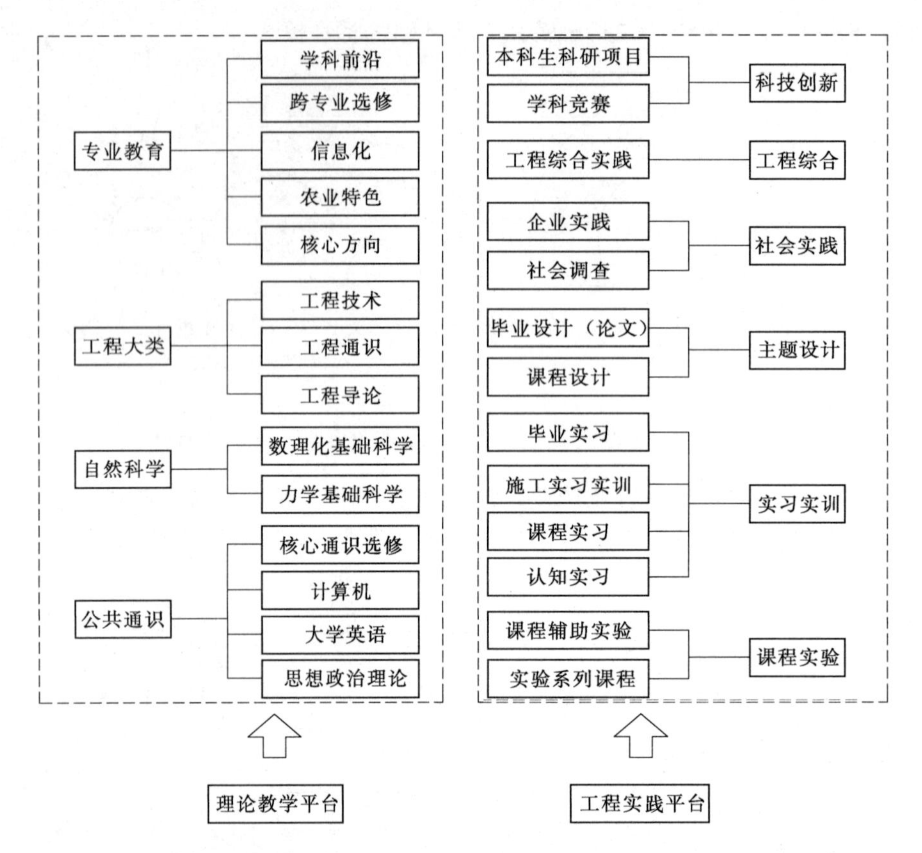

图 4 “平台＋模块＋课群”课程结构体系

包括：中国工程院院士 1 人、教育部“长江学者”特聘教授 3 人、北京市教学名师 3 人，国家杰出/优秀青年基金获得者 5 人、国际农业工程学会水土分会主席 1 人。始终要求教师“教学促科研、科研促教学的良性互动、同步发展”。要求教师不仅要严谨认真地完成教学任务，还必须参与科研和生产工作，每一位教师都要有自己的科研方向。科研水平的提高，增加了教师的实践经验，提高了教师的理论水平。在对本科生教学的过程中，不断融入最新的科研成果，丰富了课堂教学的素材，并迅速将科研成果转化为教学的内容，不断补充和完善经典教材中的知识，保持课程教学内容的前瞻性、创新性，有效提高了教学质量和教学效果。鼓励教师通过学术报告与讲座、开设研讨课与前沿进展课、指导本科生毕业设计和大学生科技创新等多样化、灵活性地承担本科教学任务，院士、长江、杰青、优青等学术大师、名师承担本科教学任务率达到 100%，充分发挥名师的教学、科研协同引领作用。

3.2.2 创新教学科研“传、帮、带”模式

积极推进与卓越人才培养精英教育相适应的研究型教学模式改革，提倡多种教学方法的灵活运用，充分应用现代教育技术的便利，利用投影仪、多媒体课件、图片、示意图、录像等辅助材料进行辅助教学，激励、引导和帮助学生主动思考，激发学生的学习兴趣和学习动力，让学生主动发现问题、分析问题和解决问题。积极探索与卓越人才培养相适应的研究型教学方法，推进基层教学组织建设以及“青年教师导航＋精彩一课评选”联动计划，创新了教学科研“传、帮、带”模式。

以课程或课群为平台推进基层教学组织建设，鼓励每门主干课程组建教授负责制、3 人左右的核心课程教学团队，教学团队又从教学研究、教学内容、教学手段和方式、教学组织与管理等人才培养质量的核心要素上进行改革创新，进而以此为核心带动课程或课程群建设，促进课程教学质量的整体性提高。

3.2.3 构建校企联动师资队伍建设新模式

我院农业水利工程专业是水利部与教育部共建中国农业大学的重点建设专业，一直与行业保持了

非常密切的联系。根据工程学科专业人才培养的需要，积极构建“高校教师进企业、企业导师进课堂、本科学生进企业”的校企联动型师资队伍建设新模式。积极选聘企业工程技术人员作为企业导师，企业导师将通过多途径参与本科学生培养，实现学校与企业双向联动、资源共享、互惠互利、共赢发展。

（1）全程参与企业实习实训、综合社会实践、毕业设计等工程实践全过程。

（2）具有丰富工程实践经验的企业专家直接走进课堂，承担工程导论、工程施工、专业核心课程工程案例章节教学。

（3）以技术报告、专题培训、专家讲座等形式到学校授课。

（4）定期安排企业导师与校内教师的工作交流会、研讨会，共同交流教学经验、教学工作方法和工程实践经验，丰富学校教师工程教育教学内容与方法，促进学科教师工程实践能力的提高。

（5）参与专业培养方案标准、毕业目标制订，深度参与人才培养。

青年教师工程实践能力一直是卓越人才培养过程中公众所关注的焦点问题，专业鼓励青年教师从多途径努力提升整体工程实践能力：

（1）积极从国外著名高校引进优秀工程科技人才，国外著名高校具有先进的工程教育理念，引进和聘任这些高校工程专业博士学位获得者，有利于吸收国外先进的工程教育改革成果和经验。目前学院从美国伊利诺伊大学、美国普度大学、加拿大里贾纳大学、澳大利亚国立大学等先进工程教育国家引进工程科技人才 13 名。

（2）努力从国内著名企业博士后工作站引进具有优秀工程实践能力博士后充实师资队伍，近 5 年来从中国长江三峡集团公司、中国农业机械化科学研究院等著名企业博士后流动站引进工程人才 6 名。

（3）目光内视，鼓励青年教师依托学校“青年教师成长工程”前往工程教育先进国家著名高校进行交流与合作，目前学院 45 岁以下青年教师 92%已经前往国外著名工程教育名校进行进修。

（4）鼓励青年教师前往企业生产实践锻炼，依托校企联合攻关、开发产品、青年教师承担企业委托项目等途径参与工程实践。近 3 年来，已组织 20 余名青年教师到企业参与工程实践锻炼。

3.3 构筑“分层次、多模块、一体式”工程实践教育体系

以“学思互馈，知行合一”理念为指导，构建“一体、两翼、多羽”科技创新模式，建立了“分层次、多模块、一体式”大学生工程实践教学体系，实现工程实践、创新能力与综合素养的互促互进。

3.3.1 “一体、两翼、多羽”科技创新模式

“一体”强调科技创新是以协同提升学生工程实践、创新能力、综合素养为主体；“两翼”重点打造学生参与度非常广泛的大学生科技创新计划和学科竞赛；“多羽”则是强调做好每个大学科技创新和学科竞赛，打造科技创新的多个精品。建立国家、北京市、学校三级科研训练与创新计划联动机制，探索性地采用三阶段管理模式：“1（了解问题，申请课题，汇报评审）+1（开展工作，基本训练，中期检查）+1（深入研究，成果凝练，项目验收）”模式。学院主办了多种类型的学科竞赛群，包括中国农业大学结构设计大赛、水利与土木工程学院 CAD 大赛等，并鼓励学生积极参与各级数学、物理、挑战杯等多种竞赛。二者已成为多专业交叉、多层次组合、多功能融合的课外培养体系，保障卓越人才脱颖而出。

3.3.2 “分层次、多模块、一体式”的大学生工程实践教学体系

将实践教学中的 5 个要素遵循教学内容的层次性，渗透到课程实验、实习实训、主题设计、科技创新、工程综合、社会实践各个实践教学元素模块中，合理布局、有机结合设计形成一体。搭建虚实结合的双台互补、资源整合平台、完善保障机制，建设一套分层递进式的工程实践教学体系，即“五位一体、双台互补、整合平台、保障机制”。

a.“五位一体”合理布局，形成一条“长藤结瓜”式实践教学主链

五位一体即在本科实践教学中紧抓 5 个要素：感知实习、课程实验、主题设计、科研训练、学科竞赛，合理布局、有机结合设计形成一条“长藤结瓜”式实践教学主链，贯穿本科四年的学习环节，

相互影响、构成工程实践教学的核心。5个实践教学要素分层次渗透到课程实验、实习实训、主题设计、科技创新、工程综合、社会实践基本实践教学元素模块中，按照教学内容的层次性、关联性、渐进性原则进行整体设计，合理布局、统筹规划，贯穿各专业本科四年不断线，构成相互影响、相互衔接的工程实践教学课程体系。以基础理论为起点，综合实践为训练，科技创新为提高，将学生的能力培养和素质培养融合到本科四年实践教学中的每一个环节后形成一体，“理论教学与实验教学、课内教学与课外实践、校内教学与企业实训、基本技能培养与创新能力培养、科学研究与实践教学”五者融合并重、分层递进式的实验教学体系。

b. “双台互补”的平台建设，构成多层次实践教学支撑平台体系

坚持以“虚实结合、相互补充、能实不虚”的基本原则，以“长时程实验短时化、大尺度实验微缩化、微观实验可视化、高难实验仿真化、危险实验安全化、工程系统综合化”为建设理念，全力打造校内实验基础教学平台、校外实习训练平台以及实操实训、虚拟仿真实验教学平台这两套实践教学平台，构成“双台互补”型实践教学体系的支撑，如图5所示。校内实验教学平台主要设有工程类基础类实验室和四大专业类实验室以及专业学科群和工程中心，校外实习训练建立了1批校外试验站以及工程实践教育基地，包含1个交叉性综合实习实训基地-中国农业大学北京通州实验站，1条稳定的校外实习路线，以及N个施工地点作为补充。

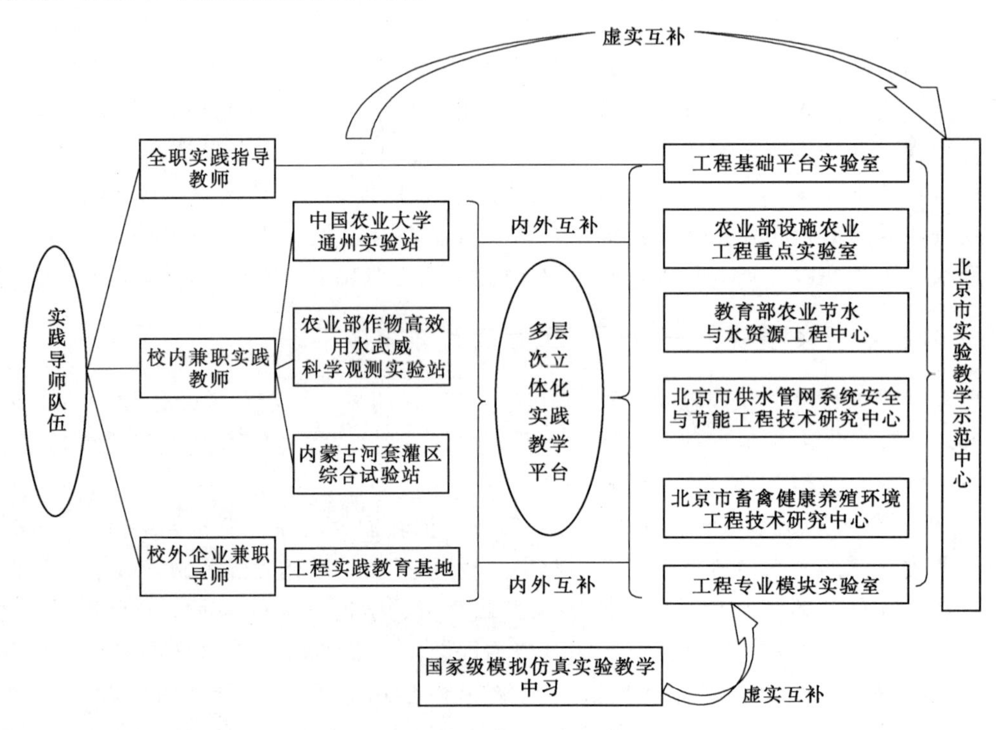

图5 “双台互补”的组成模式

4 结语

以“顶层设计、试点先行、逐步推进”为基本原则，以农业水利工程（简称农水）专业作为试点，辐射水利水电工程（简称水电）和能源与动力工程（简称能动）专业，积极引入OBE（outcome based education）产出导向、学生中心、持续改进机制等发达国家高等工程教育先进教育理念并贯彻于人才培养全过程，重构本科人才培养方案、课程体系与教学内容；创建“分层次、多模块、一体式”大学生工程实践教学体系与平台，搭建虚实结合的双台互补以及资源整合平台，结合保障机制，形成了一套完善的工程实践教学体系；多途径建设工程化师资队伍，提出并践行全过程、全方位、全员性和多

方式的人才培养质量管理理念，健全“过程监控-反馈评价-持续改进”监控管理体系与方法；建立了具有国际实质等效、互认的水利类专业卓越人才培养体系（标准、方案与模式），并已在全院简称农水、水电、能动等3个专业得到整体应用，农水专业于2014年入选教育部首批“卓越农林人才教育培养计划”，同年通过全国工程教育专业认证，起草完成了农水专业规范，已成为国内同类型专业的模板，为解决我国“三农”问题提供工程人才支撑以及农水专业人才培养提供了示范样板。

参 考 文 献

[1] 林健.“卓越工程师教育培养计划”质量要求与工程教育认证［J].高等工程教育研究，2013，(6)：49-61.

[2] 林健.高校“卓越工程师教育培养计划”实施进展评析（2010—2012）(上)［J].高等工程教育研究，2013，(4)：1-12.

[3] 林健.高校“卓越工程师教育培养计划”实施进展评析（2010—2012）(下)［J].高等工程教育研究，2013，(5)：13-24,35.

[4] 邵辉，葛秀坤，毕海普，等.工程教育认证在专业建设中的引领与改革思考［J].常州大学学报（社会科学版），2014，15 (1)：104-212.

[5] 郝永梅，邢志祥，邵辉，等.基于大工程观的高等工程卓越教育思考［J].常州大学学报（社会科学版），2013，(6)：94-97.

[6] 李志义，朱泓，刘志军，等.用成果导向教育理念引导高等工程教育教学改革［J].高等工程教育研究，2014，(2)：29-34，70.

[7] 陈元芳，李贵宝，姜弘道.我国水利类本科专业认证试点工作的实践与思考［J].科教导刊，2013，(2)：25-27.

作者简介： 李云开（1975—　），男，博士，教授，主要从事水利工程领域的教学与科研工作。
Email：liyunkai@126.com。

基于成果导向教育　构建复合应用型水利人才培养体系的实践

龚爱民　邱　勇

（云南农业大学水利学院，云南昆明，650201）

摘　要

基于边疆地方经济发展对水利人才的需求背景，以复合应用型人才为培养目标，知识、能力和素质三者协调发展，多方向分流和多阶段能力递进培养，构建了1＋3＋M的复合应用型水利人才培养模式，培养模式遵循以学论教，坚持以学生为中心，需求为导向，实现专业培养目标达成为目的，按照专业毕业要求，采用成果导向教育进行教学设计，明确了学生的能力结构与课程体系结构之间的映射关系，明确了每一名任课教师在引导学生实现培养目标过程中的责任与贡献。同时构建了1＋2＋2的教学质量控制与持续改进机制：坚持1个以质量监控常态化为中心，通过校内评价和校外评价2条渠道相互映衬，严格过程控制和反馈控制2条措施支持。遵循持续改进原则，对反馈结果进行分析评价，并据此对专业培养方案、教学计划和教学过程实施进行持续的改进与调整，以及如何通过具体的课堂教学实现教学大纲要求，进而体现最终的毕业要求。实现了“产出导向引领、培养体系支撑、运行机制保障”的教育教学改革，突破了人才培养与市场需求脱节的瓶颈，拓宽了学生就业渠道和适应能力。

关键词

学生为中心；成果导向；复合应用型；教学体系；以学论教；专业认证

1　引言

云南有7个气候类型，立体气候明显，水资源年内变化很大。云南典型的地形地貌特点（即峡谷、高边坡、河道洪水流量大等）决定了云南水资源开发的特殊性，受地形地貌的限制，水工建筑的布置因势利导，形成了特殊的水力现象。云南中部较发达地区，水利基础设施较好。北部特困地区，水利基础设施薄弱。南部边贫地区，少数民族众多，水资源开发利用关系较为复杂。因此，针对云南省独特的区域特点和社会、经济、生态环境，构建多维度水利人才培养体系，培养适应性强、个性化、多样化、具备在特定环境下独立工作的水利技术人才是实现“桥头堡”战略、加速发展云南区域经济的迫切要求。

工程教育专业认证不仅是培养现代工程师的前提条件，同时也是提高现代工程师质量的重要手段，而培养现代工程师则是输出高质量工程人才的重要路径。因此，从工程教育专业认证的视角，培养现代水利工程师势在必行。

2　指导思想

面向经济社会发展需求，坚持“以学生为中心”的教育理念，通过参与工程教育专业认证，以理论教学和实践教学改革为核心，坚持复合应用型人才培养目标，使学生知识、能力和素质协调发展，以教学质量监控为纽带，以实验室、校内外教学实践平台开放共享为基础，实现多专业方向分流和多阶段能力递进培养的多样化人才培养。

3 教育理念

坚持“以学生为中心”的教育理念，各个教学环节的设计、安排均围绕着如何将学生培养成复合应用型人才的目标展开，贯彻“成果导向教育”的教育理念。

3.1 坚持“成果导向教育”的教育理念

“成果导向教育”理念，即OBE理念（outcome based education），按照毕业时学生所应达到的要求制定教学计划、培养方案，以便预期学习结果的实现。从结果入手进行反向教学过程设计，打破传统教育教学设计的具体思路，激发学生学习兴趣，提高学生学习效率，促进教学质量的提高。

3.2 坚持“以学生为中心”的教育理念

坚持“以学生为中心”的教育理念，实现从以“管理学生”的常规管理模式到“服务学生”的创新管理战略的转变，不断完善教育教学内容，革新教学方法，通过各种方法吸引学生参与到教师的科研项目上来，培养学生的创新能力，不断缩小他们与合格现代工程师之间的差距。

4 水利人才培养模式

4.1 优化现代工程师的培养方案

培养目标反映的是一定历史时期对工程教育的根本要求和工程教育的指导思想，它规定了工程教育为谁培养人，培养什么样的人以及培养人的基本途径，为教学、实习、实践、科研等各项工作指明了方向。

4.1.1 明确培养目标定位

根据工程教育专业认证的相关要求，学院逐步优化和改善人才培养目标，以社会需求为导向，总结以前培养目标的利与弊，扬长避短，不断创新，不断发展，制定具有前瞻性、指导性、实用性的现代工程师培养目标。

4.1.2 制定特色化的培养方案

根据学院多年的发展特色及专业优势，进一步拓宽专业发展路径，在培养方案中注入特色要素是十分必要的。首先是引入特色文化要素。在培养方案中，增加“中国水文化”（2学分）、“创新思维与实践”（2学分）、“大学生KAB创业基础知识”（2学分）课程。其次，根据专业发展特色，强化学生的工程理论基础知识与实践能力，将工程实践训练作为工程人才培养的重点工作来抓，同时，将职业道德素质的相关要求一并引入培养方案的修订工作中。例如，增加了公民教育类课程（2学分）、“环境生态学”（2学分）课程。最后，通过将实践教学学分增加到36.5学分的方式，构建以工程教育创新实践为核心的人才培养模式，以培养创新人才为出发点，使学生掌握将工程教育的理论基础与实践技能融会贯通的本领，通过鼓励学生参与实际工程项目，培养学生的创新实践能力。

4.1.3 鼓励用人单位积极参与

邀请用人单位参与培养方案的修订工作。2013年，学院制定了《水利水电工程专业培养目标评价管理办法》（院政发〔2013〕05号），2014年，学校印发《云南农业大学关于印发本科人才培养模式改革、课程建设、实践教学建设专题规划的通知》（校政发〔2014〕23号）和《关于对2010版人才培养方案、学院教学管理、学年考核、教师教学评价工作征求意见的通知》(校政发〔2014〕71号)，学院在培养目标评价的基础上根据学校相关文件要求进行培养方案的修订。学院成立相应的修订工作组，以学院院长及教学主管院长为责任人，由学科专业负责人、骨干教师组成本科培养方案修订工作小组，通过同类院校、行业企业、在校生、毕业生、用人单位等的调研后拟定，通过校内外专家论证，提交教学指导委员会批准执行。

4.2 搭建综合性的课程体系平台

课程体系是维系现代工程师培养顺利进行的核心力量，同时也是工程教育专业认证的重点工作。学院构建了复合应用型水利人才培养模式的1+3+N的课程体系，即围绕着复合应用型人才培养目标，构建由知识、能力和素质三者协调发展、多（N）专业方向分流和多阶段能力递进培养的课程体系平台。

4.2.1 融合传统课程与前沿课程

传统课程与新兴课程具有各自的特点与优势，传统课程虽然在创新性方面不及前沿课程，但它的基础性、专业性等方面是经过多年的实践环节认可的，同时也是现代工程师所应学习的必修课程，尤其是在夯实学生专业基础知识方面，传统课程所发挥的作用是无法替代的。相比之下，前沿课程能够激发学生的学习兴致，将工程教育的前沿问题研究渗透至课程设计之中，一方面有助于学生创新能力的培养，另一方面，学生对前沿问题的探讨与研究为工程教育的研究提供一定的参考价值。因此，增加了基础课程“数值计算”(2学分)，增加了前沿课程“环境生态学”（2学分）和“水利信息技术”(2学分)，实现传统课程与前沿课程“两手抓，两手都要硬”，避免因传统课程与新兴课程的安排不合理造成的不必要的矛盾与冲突。

4.2.2 实现课程内容的分块整合和专业方向分流

在课程体系修订的过程中，既认真梳理各门课程之间的相互联系，又将各门课程所涉及的具体问题进行具体分析，从而使这些课程的设置既符合课程知识体系的要求，又能与工程实践环节巧妙结合。新修订的课程体系，不仅明确了基础课程与核心课程之间的关系，使专业基础课程能真正发挥夯实学生基础知识的重要作用；对于核心课程内容的设置，综合了学院、企业以及学科专家的意见，使之符合培养现代工程师的基本规律。

针对现代工程师培养所进行的课程体系改革，将课程内容的分块整合与培养目标有机结合，同时明晰各模块课的课程目标。因此，将两门基础课程“画法几何”和“水利工程制图”合并为一门课程“画法几何及水利工程制图”；同时，对课程体系中的每一门课程都明确了与毕业要求之间的关联度，分别用H（高）、M（中）、L（弱）表示课程与各项毕业要求关联度的高低；此外，将专业选修模块中的课程分块整合为4个模块，通过不同模块的选择，使学生根据自己的实际情况进行专业方向分流，同时模块化选择能更好地支撑培养目标。

针对不同学习能力的学生，采用不同的教学方法。为学生留出充分的思维空间，鼓励学生自己提出问题，让学生们大胆构思，放手实践，充分施展自己的聪明才智，综合运用所学知识，使自己朝着技术应用型人才、卓越工程师型人才、学术研究型人才的方向发展。

4.2.3 注重实践课程环节的设置

课程实践是工程专业课程设置的关键环节，鼓励学生积极参与工程实践项目，通过实践课程中发现的具体问题，深入剖析工程实践案例，达到培养学生专业技能和非专业技能的目的。

a. 增加实践课程的比例

通过将实践教学学分增加到36.5学分的方式，构建以工程教育创新实践为核心的人才培养模式，增加工程项目研讨课程、实验设计、工程实践等环节，尤其注重培养学生的创新能力、团体合作能力等，将同专业不同方向的学生进行混合分组，以有序的“横纵交错”的知识结构布局培养学生的实际工程能力。

b. 发挥校企合作的纽带作用

针对云南水利工程建设存在山区和平坝区的不平衡现象，依托北部特困地区、中部较发达地区、南部边贫地区的地州县勘察设计院、各市县水利局，构建了上有水利厅、下有各市县水利局，左右有各勘察设计院“上有头、下有脚、左右有合作伙伴”的校外实训基地。

实训基地主要有云南省高校水资源与节水灌溉工程中心、云南省农业节水工程技术研究中心、云南省农业工程专业基础实验教学中心、云南建工水利水电工程有限公司、昆明市松华坝水库、云南水投牛栏江-滇池补水工程有限公司、中国电建昆明勘测设计研究院、大理白族自治州水利水电勘测设计研究院、保山市水利水电勘测设计研究院等校外合作单位。

c. 保证实验课程内容的前沿性

大量实验课程的安排在一定程度上加强了学生的动手实践能力，然而，陈旧的工程实验设计影响学生工程创新能力的进一步提升。因此，成立了云南省力学与工程虚拟仿真实验教学中心。为学生提供了虚拟仿真平台、软件教学平台、3D虚拟现实技术平台、BIM（建筑信息模型）工程建模平台等多层次平台。结合工程横向课题（主要来源于省内各大设计院）和纵向课题（主要来源于各类基金项目），更新实验课程设计内容，保证学生在增强工程实践能力的同时，获取最前沿的工程信息。

4.3 提高毕业要求的有效标准

提高毕业要求的有效标准，对毕业生的工程能力、职业道德修养、综合素质能方面进行提升与完善，这也是优化现代工程师培养方案的有效途径。

4.3.1 拓宽工程类专业学生的知识维度

传统的工程教育按固有模式对专业方向进行分类，各专业方向学生对其他专业方向的研究涉猎较少，由此出现了工程类专业学生知识面狭窄的问题。因此，应进一步拓宽学生的知识维度，以本专业研究方向为基础，综合工程教育的前沿与热点问题，培养学解决复杂工程问题的能力，培养学生对本专业重点及新兴研究方向的洞察能力，将培养学生的信息获取能力作为专业学习的重要内容。因此，增加了“文献检索及应用文写作”（2学分）、“专业综合实训”（1学分）等课程，同时，增加了水文水资源类、土木工程类的专业选修模块课程。

4.3.2 加强创新实践能力的培养

从成立研究型教学试点班、工程创新国际班方面，着力加强学生创新实践能力的培养。

a. 成立研究型教学试点班

根据人才培养计划，一、二年级学生按水利水电专业大类培养；对三年级的学生，在其对专业有了一定了解的基础上，根据自己的兴趣、爱好、特长和择业意向，自主选择专业方向，然后按所选方向进行培养；对四年级的学生，根据学生的能力、特长和择业意向，成立“水利水电与土木工程研究型教学试点班”，然后按层次培养。“水利水电与土木工程研究型教学试点班”目前已运行3届。通过开设课外工程实践课、成立专题项目讨论小组、创新项目研发小组等方式，对具有潜力的学生进行重点强化训练，以实现学生创新实践能力的进一步提升。

b. 成立工程创新国际班

2015年1月20日，与英国胡弗汉顿大学合作举办土木工程本科教育项目获教育部正式批准（批准书编号：MOE53UK2A0141686N）。项目办学采取“4＋0”（即本科4年均在云南农业大学完成学业）办学模式，自2015年7月起每年在全国范围内招生100人，成立工程创新国际班。云南农业大学与英国胡弗汉顿大学共同制定教学计划和培养方案，课程设置、教学内容不低于双方学校的学术标准。学生学习期满，修完所有计划课程、考试成绩合格并完成学位论文/设计后可颁发由英国政府承认的胡弗汉顿大学理学学士学位证书（与英国本土学生所获证书一致）和云南农业大学工学学士学位证书以及本科毕业证书。

4.3.3 实现工程教育与人文教育的有机结合

现代工程师不仅需要掌握扎实的专业基础知识、精湛的工程能力，更需要有较高的人文知识素养。通过开始“中国水文化”（2学分）、公民教育类选修课（2学分）等课程，将人文教育贯穿于整个工程教育的始终，实现工程教育与人文教育的有机结合，这也是衡量毕业是否达到要求的标准之一。工科素养与人文素养的有机结合对于学生分析问题、解决问题以及科学思维的形成等方面具有深远的影响，同时也是培养现代工程师的重点工作。

4.3.4 提高学生职业发展能力

未来的现代工程师应具备熟知工程政策法规等最基本的工程素养，并具备高度的责任心与责任感。通过开设“职业生涯与发展规划”“就业创业指导”“创新理论与方法”“创业基础”“创新思维与实践”“水行政法规”等课程，让学生学习政策法规、了解工程师职业道德规范，形成正确的职业道德观念；掌握组织管理能力与团结协作的技能、技巧，实现个人与企业的同发展、共命运；培养学生的抗压、抗挫能力等职业发展能力。

5 持续改进的质量监控和反馈机制

深化教学运行改革，坚持以质量监控常态化为中心，通过校内评价和校外评价两条渠道，严格过程控制和反馈控制，构建教学质量控制与持续改进机制。遵循持续改进原则，对反馈结果进行分析评价，并据此对专业培养方案、教学计划和教学过程实施进行适当的改进与调整。

5.1 优化质量持续改进的基本环节

经过多年实践，学院已形成了由院教学指导委员会、主管教学副院长、教学督导组、教学管理办公室、党群办公室、团委、系、课程组等多层次人员参与的基于PDCA循环的教学质量监控体系（图1）。

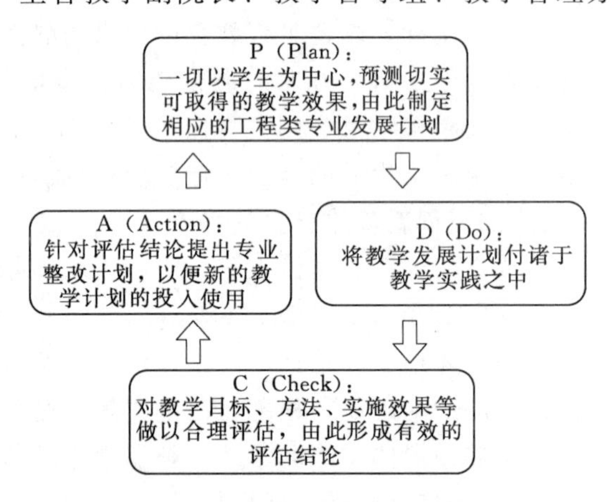

图1 PDCA教学质量监控体系

5.2 课程评价过程

由院长及分管教学副院长、专业负责人、骨干教师以及行业专家组成专门工作小组，依据《中国工程教育专业认证协会工程教育认证标准》进行课程评价。具体的评价结果：与本专业毕业要求相适应的数学与自然科学类课程占总学分的15.3%，大于15%；工程基础类课程、专业基础类课程与专业类课程占总学分的41.1%，大于30%；工程实践与毕业设计（论文）占总学分的20%，达到20%；人文社会科学类课程必修课占总学分的16.9%，大于15%；均满足标准要求。

针对不同的教学环节，对各课程目标达成状况进行具体评价，促进各门课程教学质量的提高。课程目标达成状况评估机制如下。

5.2.1 教学管理单位、督导组检查评价

教学管理单位检查即学校、学院每学期期初、期中和期末，都要组织集中性的课堂教学检查与评价，期初检查重点是教学组织和准备工作，期中检查是教学实施状况，期末检查是综合评价。每学期由学院牵头，校领导参与及相关部门负责人组成巡查组，对教学过程进行巡查。

学校督导组和学院督导组通常由经验丰富的老教师组成，进行教学过程控制，通过试卷抽检、随机性听课、毕业设计（论文）和实践性教学检查以及教学质量专题研讨会等方面进行教学督导。通常

要求每位任课老师每学期至少被听课1～2次。学校制定《云南农业大学本科毕业设计论文（设计）工作暂行办法》，对毕业设计（论文）工作的组织管理、论文指导和答辩组织等进行了细致的规范。学院每年成立毕业设计领导小组，集中开展开题报告审查、中期检查等工作。

5.2.2 领导干部及专家听课评价

每学期由教务处统一安排校级领导听课2～3次，处级干部及专家听课3～5次。

5.2.3 教师自评

教师对自己所承担课程的教学课件、课堂组织、教案、试卷，结合专业发展，通过不定期检查，及时更新和改进教学内容；通过课程召集人，统一教学内容、进度安排、统一命题、统一阅卷，提高教学水平。

5.2.4 同行评价

每年组织教师相互听课，每位教师每学期听3门次不同的课程，互相探讨教学方法和教学心得，取长补短，共同提高。通过教评教，有力促进了教学方法改革和教师教学水平的提高。

5.2.5 学生评价

学生通过师生座谈、毕业生毕业调查、毕业生跟踪调查、匿名打分评教等渠道对课程和教学状况进行反馈和评价。

5.3 毕业生跟踪反馈机制

5.3.1 应届毕业生自评

通过对全体应届毕业生进行了问卷调查、座谈会等方式，征求应届毕业生对本专业课程体系、课程教学、课程安排、实践教学、教师水平、资源服务水平等方面的意见和建议，形成分析报告，不断调整和修订专业培养方案和实施计划。

5.3.2 往届毕业生反馈

学院专门设置网络评价系统进行问卷调查，从专业发展、课程设置、教师教学、实践能力与创新意识等方面对学院培养目标达成情况评价。

5.3.3 用人单位反馈

学院通过走访用人单位，深入学校年度招聘会等途径，了解和掌握用人单位对毕业生的评价，听取用人单位对学校和专业发展的意见和建议。学院向接收本专业毕业生较多用人单位（设计院、水务局、施工单位等）发放反馈表，对本专业毕业生质量进行了跟踪调查。

5.3.4 社会评价机制

社会评价主要依据：毕业生就业率、用人单位反馈统计。通过每年8月底初次就业率和12月底年终就业率统计分析以及用人单位的问卷调查，评估毕业生符合专业培养目标的达成情况。

6 应用效果

（1）水利水电工程专业2015年通过了中国工程教育专业认证，是全国农林院校中第一个通过水利类专业认证的高校；是云南省第一个通过水利类专业认证的专业。

（2）已获批国家级、省级“水利水电工程专业综合改革项目”，国家级、省级“水利水电工程专业卓越工程师教育培养计划建设项目”，省级“农业水土工程教学团队”，国家级大学生创新创业项目2项。

（3）出版10部教材，获41项国家专利，发表学术论文214篇，教改论文63篇，教学比赛获奖教师3人，荣获2015年就业工作先进集体称号，2012—2013年度、2013—2014年度、2014—2015年度、2015—2016年度教学考核先进单位。

（4）“水利水电与土木工程研究型教学试点班”已经运行3届、与英国胡弗汉顿大学合作举办的土木工程本科教育项目已招生2届。培养毕业学生150名，受益学生700多名。

（5）学生在各类竞赛中表现突出，云南建工杯大学生结构竞赛二等奖1项、三等奖2项，外研社杯全国英语写作大赛二等奖2项、三等奖3项。

（6）毕业生就业率一直在95%以上，本科生培养质量得到国内著名高校和科研院及国内外高校的认可。

参　考　文　献

[1] 李志义．解析工程教育专业认证的成果导向理念［J］．中国高等教育，2014，(17)：7-10.
[2] 陈平．专业认证理念推进工科专业建设内涵式发展［J］．中国大学教学，2003，(1)：42-47.
[3] 陆勇．浅谈工程教育专业认证与地方本科高校工程教育改革［J］．中国高等教育，2015，(6)：157-161.
[4] 吴海林，周宜红．水利水电工程专业认证的实践与思考［J］．科教文汇（中旬刊），2015，(2)：59-61.
[5] 张文萍，裴毅，肖卫华，等．基于工程教育专业认证的农业院校工科课程体系改革创新探索——以水利水电工程为例［J］．教育教学论坛，2016，(36)：109-110.

作者简介： 龚爱民（1962—　），男，本科，教授，研究方向为水利水电工程。
Email：13708457658@163.com。

国际化工程教育背景下的水利类人才培养模式研究与实践

韩菊红　程红强

（郑州大学水利与环境学院，河南郑州，450002）

摘　要

高等教育的国际化趋势对我国高等教育人才培养体系，特别是工程教育和人才培养提出了一系列新要求。本文结合郑州大学水利水电工程专业认证工作及学校办学定位及发展转型目标，分析了国际化工程背景下水利类专业人才培养的要求，构建了“以学生培养质量为中心、以培养目标国际实质等效为指针、以教学质量保证体系为抓手、以师资队伍建设为基础、以课程体系建设为保障”的符合工程专业认证标准并具有鲜明特色的水利水电工程专业人才培养模式，并对国际化工程背景下水利水电工程专业人才培养保障体系进行了探讨。

关键词

工程教育；人才培养模式；水利类；国际化；专业认证

1　研究背景

在经济全球化的宏观背景下，作为当今全球经济、文化、政治大交流趋势中的一个重要组成部分，高等教育国际化已成为世界高等教育发展的一种主要趋势。就我国而言，随着全球化进程不断推进，特别是自加入 WTO 以来，高等教育的国际化趋势对我国高等教育人才培养体系，特别是工程教育和人才培养提出了一系列新要求，我国的高等工程教育在教育战略、教育理念、教育内容以及教育方式的国际化等方面也面临着越来越多的新的挑战[1,2]。

2006 年由教育部组织开展以提高教学质量、加入“华盛顿协议”为宗旨的工程教育专业认证试点工作。截至 2012 年年底，已在 13 个专业领域的 171 个专业点开展认证试点。水利类专业于 2007 年开始认证，2007—2010 年认证专业是水文与水资源工程专业（简称水文专业），2011 年和 2012 年先后新增水利水电工程专业和港口航道与海岸工程专业开展认证。

中国于 2012 年 12 月正式提出加入《华盛顿协议》申请，2013 年 6 月，中国成为《华盛顿协议》预备成员。2016 年 6 月，中国成为《华盛顿协议》的正式会员。

郑州大学水利水电工程专业创建于 1959 年，是郑州大学的传统专业和优势专业，已经为地方经济社会和行业发展培养了大量的水利水电工程高级专业人才，为地方经济社会发展尤其是水利事业发展做出突出贡献。在人才培养过程中，不断进行教学改革，专业实力不断增强，专业特色日益突出，2007 年被教育部和财政部评为首批国家特色专业建设点。

面对工程教育国际化发展方向，目前的水利水电工程专业人才培养体系不能完全满足要求。因此，结合郑州大学水利水电工程专业认证工作及郑州大学办学定位及发展转型目标，研究并改革国际化工程教育背景下郑州大学水利水电工程专业人才培养模式具有重要意义。

2 国际化工程背景下水利类专业人才培养的要求

2.1 区域和地方水利发展政策和特点

2011年中央一号文件《中共中央国务院关于加快水利改革发展的决定》明确指出，水是生命之源、生产之要、生态之基；水利是现代农业建设不可或缺的首要条件，是经济社会发展不可替代的基础支撑，是生态环境改善不可分割的保障系统，具有很强的公益性、基础性、战略性。加快水利改革发展，不仅事关农业农村发展，而且事关经济社会发展全局；不仅关系到防洪安全、供水安全、粮食安全，而且关系到经济安全、生态安全、国家安全。这是第一次在我们党的重要文件中全面深刻阐述水利在现代农业建设、经济社会发展和生态环境改善中的重要地位，第一次将水利提升到关系经济安全、生态安全、国家安全的战略高度，第一次鲜明提出水利具有很强的公益性、基础性、战略性。

2011年9月28日，《国务院关于支持河南省加快建设中原经济区的指导意见》中指出，河南省是人口大省、粮食和农业生产大省、新兴工业大省，解决好工业化、城镇化和农业现代化（以下简称"三化"）协调发展问题具有典型性和代表性。并明确提出按照统筹规划、合理布局、适度超前的原则，加快交通、能源、水利、信息基础设施建设，构建功能配套、安全高效的现代化基础设施体系，为中原经济区建设提供重要保障。坚持兴利除害并举、防灾减灾并重，统筹协调区域水利基础设施建设，形成由南水北调干渠和受水配套工程、水库、河道及城市生态水系组成的水网体系。

河南省是中原经济区的核心组成部分，地处长江、黄河、淮河、海河四大流域，是水资源短缺的大省。水利工程众多，共有各类水库2394座、堤防约1.5万km、各类水闸241座，这些水利工程的建设，在我省的国民经济建设和发展中以及在防灾减灾中发挥了重要作用。在2011年8月，河南省省委专门召开了全省水利工作会议，明确指出：河南水利枢纽地位突出，要从国家层面来认识河南水利工作的极其重要性。按照中原经济区建设的要求来谋划我省水利改革发展工作，真正凸显水利在经济社会发展中的地位和作用。水利与国土资源、环境生态、工业生产、城乡建设、城乡居民生活等都密切相关，绝不仅仅是水利部门的事。要增强大水利的意识，努力形成大水利的规划，创建大水利的格局，集聚大水利的合力。

根据河南省水利厅规划，"十二五"期间，河南省将完成236条中小河流重点河段治理和1700余座小型病险水库除险加固任务。最近，《国家粮食战略工程河南粮食核心区建设规划》已基本完成并获国家批准，河南省"中国粮仓"的地位将进一步稳固。据规划，到2020年，我省将投资3000亿元，用于建设水利工程、高标准农田、科技支撑体系等3个方面的32个重点项目。

综上所述，2011年中央一号文件和全国水利工作会议、河南省水利工作会议、国务院关于中原经济区建设的指导意见等多方面的国家及地方政策，并从不同层面规划了水利基础设施建设的行动指南，昭示着我国水利建设进入新一轮发展高潮。河南省作为人口大省、粮食和农业生产大省、新兴工业大省，因其功能定位和空间区位，在新一轮水利建设中体现出不同的特点和要求，同时也为水利水电工程专业人才培养提出新的要求。

2.2 国际化工程背景对水利水电工程专业人才培养的新要求

随着当今世界经济国际化程度的提高，全球化的竞争日趋激烈。而国家间的竞争根本是人才的竞争，是创造力的竞争，因而各个国家都加大了对具有国际竞争力工程技术人才的培养力度。2006年美国政府把维持美国在科技和工程领域的领先地位写入了《美国竞争力计划》，并投入大量经费支持工程教育的发展；欧盟委员会在世纪之初提出了建设世界最具创新活力地区的目标，先后推出"欧洲高等工程教育""加强欧洲工程教育"和"欧洲工程教育的教学与研究"等项大型工程教育改革计划，大力培养具有国际化视野、通晓国际规则、拥有国际竞争优势的工程技术人才，以应对全球化挑战。我国

“卓越工程师教育培养计划”在2010年启动，计划实施10年。该计划以培养造就一大批工程实践能力强、具有国际化视野、适应经济社会发展需要的高质量创新型各类工程人才为目标，支持不同类型的高校结合自身特点，根据行业的多样性和对工程人才需求的多样性，采取多种方式培养工程师后备人才，力争将我国建设成为工程教育强国[3,4]。

在当前知识经济全球化、工程技术飞跃发展的时代背景下，水利水电工程专业所培养出来的工程技术人才应当有强烈的社会责任感，能够致力于解决全球共同面临的环境污染、能源枯竭、社会经济形势严峻等问题；应当有国际视野和跨文化交流与合作的能力，能够有效沟通，克服文化差异，充分发挥团队作用以进行国际工程项目的管理与合作能力；有工程素质和工程实践与创新能力，能够进行工程研究、设计、生产，以推动科技的进步与发展。

3 国际化工程背景下水利水电工程专业人才培养模式构建

通过分析郑州大学水利水电工程专业的区位特点，结合工程教育专业认证，构建了“一个中心、四个结合”的国际实质等效人才培养模式，即以学生为中心，课内与课外相结合、自然科学与人文科学相结合、教学与研究相结合、教学与工程实际相结合”。体现出以学生为中心，以人才培养为根本的办学理念，形成有利于学生的全面发展和个性发展的教学体系[5]。

3.1 国际化背景下水利水电工程专业人才培养目标体系

郑州大学水利水电工程专业人才培养目标体系包括人才培养总目标、理论教学目标和实践教学目标。

人才培养总目标为：以学生为中心，瞄准中原经济区建设发展中面临的水资源紧缺、水污染严重和洪涝灾害频繁的问题，紧密结合人才培养国际化的战略需要，培养能满足地方经济社会和行业发展需要具有一定国际视野的水利水电工程专业创新型高级工程技术人才。

理论教学目标为：课内与课外相结合、自然科学与人文科学相结合、教学与研究相结合。通过理论课程教学，使学生具有扎实的基础理论、宽厚的专业知识及人文科学基础，获得工程师的基本训练，具有追求创新的态度和意识；能够综合运用理论和技术手段进行水利水电工程系统的设计能力，并考虑经济、环境、法律、安全等制约因素。

实践教学目标为：教学与工程实际相结合。通过实践教学，使学生具有专业基础知识扎实、工程设计和实践能力强、职业道德好等特点，而且创新能力、社会适应能力、组织管理能力、团队合作能力、计划与自我管理等综合素质高，拥有对水利水电工程专业较强的领悟力和敏感度，具备良好的专业学习和拓展能力等发展潜质。

3.2 “平台＋模块＋课程群”理论教学体系

根据调研分析结果和区域与地方发展对水利水电工程专业人才培养的新要求，构建了“平台＋模块＋课程群”组成的创新型人才培养课程体系。

平台包括公共基础平台和学科基础平台。公共基础平台主要是为工科人才培养提供通识基础，包括思想政治理论课、大学英语、计算机基础课、体育课、素质教育课、高等数学、大学物理等，体现厚基础；学科基础平台主要为大专业类人才培养提供专业理论基础，包括学科基础课和跨学科基础课，体现宽口径。

模块主要由专业基础课、专业主干课构成，体现专业基本素养和能力的培养，分为专业共享模块、专业方向模块。专业共享模块为专业各个不同专业方向必选的专业基础课。不同的专业方向设置不同的专业主干课程组成专业方向模块，每个专业方向模块学分相当，学生可自主选择专业方向之一。

课程群主要由学科前沿课、跨学科课程等组成，主要是扩大学生的知识视野，体现创新性。为满足学生个性化学习的要求，使学生的兴趣爱好、专业特长得到充分发挥，课程群下设水工程、水安全、水生态、农村水利等课程组，并扩大了学科前沿课种类和数量，积极为学生提供跨学科选修、课外学术活动等多种教育形式和机会，把因材施教落到实处。

3.3 课内实践和课外实践相结合的实践教学体系

实践教学体系的目的是培养学生的动手能力与工程素质。课内实践教学包括由学术讲座、课程设计、社会实践、认识实习、专业综合实习、毕业设计等组成；课外实践教学包括引导性和自主性创新实践环节组成。其中引导性实践要求学生必须完成一定的课外创新学分，要求学生在校期间，利用课余时间，根据自己的特长和爱好从事创新、发明、科研和实践活动等，取得具有一定创新意义的智力劳动成果或其他优秀成果，经认定后方可获得相应的创新实践学分；自主性课外创新实践，没有学分限制，学生可完全结合自己的特长和爱好开展课外创新实验、创新设计、社会实践等课外实践活动。

4 国际化工程背景下水利水电工程专业人才培养保障体系

4.1 “一主两辅”的特色教学团队

围绕培养具有国际视野的创新型人才培养目标，依托水利工程一级学科博士点和河南省一级重点学科优势和特色，加大科研和教学的结合度，建立“以专业核心课程教学团队为主、交叉学科拓展教学团队和科研实践创新教学团队为辅”的教学队伍，并做到“人人归队、课课归队”，为人才培养提供了师资保障。

专业核心课程教学团队主要由本专业教师组成，负责本专业的发展规划和相应的课程体系、课程内容、教学方法和手段的改革、实验室配套建设。主持编写教材或教学参考资料，组织完成团队课程教学文件、多媒体课件建设和精品课程建设。

交叉学科拓展教学团队和科研实践拔尖创新教学团队主要由多专业教师和科研成绩突出教师组成，突出教学科研互动、课内课外结合，建立学生科技创新体系，完成拓展教学和创新实践方面的教学和课外指导。

针对每个团队中不同岗位的教师，制定相应的岗位津贴奖惩条例，明确岗位职责，实行严格考核，引入公平竞争机制，每年年底根据量化的指标进行考核，以此激发教师队伍的活力，实现教师队伍的整体优化。

4.2 “教师主导、学生主体、项目引导”的创新人才培养教学方法

树立“教师主导、学生主体”的教学观念，强化“探究式、问题式”教学方法改革，探索“以科研项目为依托的本科导师制”教学方式。充分利用本专业的师资力量和教研资源，强调教学科研互动、课内课外结合，建立学生科技创新体系，突出以科研项目为依托的本科导师制和学生科技创新量化评价体系。

建立了多层次的本科生导师制。提出并实践了教师全员参与本科生导师制。每个讲师以上职称的教师分配8～10个本科生，从新生入学到毕业，导师对学生的专业认识、学习方法、课程选修、专业方向选择、人文修养教育和思想观念引导等进行4年全过程指导。

4.3 建立开放性创新实践教学共享平台

根据培养创新型人才培养目标的要求，对水利类专业学生实验和实习教学条件进行改善、改造，优化了实验室的队伍结构，提高实验室管理水平，提升实验设备的先进水平，完善实验管理规章制度，加强实验教学过程监控，加大实验室开放的范围，不断增加综合性、设计性实验，倡导自选性、协作

性实验，加强工程实际试验项目的开设，建立面向所有学生的水利专业实践教学和自主创新实践平台，重点培养学生的动手能力和创新意识。

4.4 建立完善了国际化工程背景下的人才培养质量保障体系

建立和完善教学过程质量监控机制及国际化工程人才培养目标达成评价机制。建立了郑州大学水利类专业教学质量标准，各主要教学环节提出了明确的质量要求，通过课程教学和评价方法促进达成培养目标；定期进行课程体系设置和教学质量的评价。建立了毕业生跟踪反馈机制以及由高等教育系统以外有关各方面参与的社会评价机制，对培养目标是否达成进行定期评价。

5 结语

课题采用边研究边实践的思路，自 2014 年开始，结合郑州大学水利水电工程专业的人才培养过程开始实践，并在郑州大学水利与环境学院其他 5 个本科专业和其他工科专业中进行了推广应用。研究成果的实施，在水利水电工程专业认证、质量标准建设、教学研究改革、师资队伍与课程建设、国际化人才培养等方面取得了显著的效果。

参 考 文 献

[1] 吴坚. 当代高等教育国际化发展 [M]. 人民出版社，2009.

[2] 卫飞飞，李静波. 工程教育国际化发展趋势分析及其战略路径探索 [J]. 当代教育实践与教学研究，2016，(3)：161-162.

[3] 方峥. 中国工程教育认证国际化之路——成为《华盛顿协议》预备成员之后 [J]. 高等工程教育研究，2013，(6)：72-76.

[4] 姚薇，王浩平，祝笑旋. 对“卓越计划”于工程教育国际化的探索与实践 [J]. 南京理工大学学报（社会版），2015，(4)：88-90.

[5] 郑州大学. 工程教育专业认证自评报告（水利水电工程专业）[R]. 郑州：郑州大学，2014.

作者简介：韩菊红(1964—)，女，博士，教授，主要从事高性能水工材料及其结构性能研究及教学管理。Email：hanjh99@jzu.edu.cn。

工程教育和创新创业教育背景下人才培养方案修订与思考
——以西北农林科技大学水利类专业为例

李宗利　杨彦勤　胡笑涛

（西北农林科技大学水利与建筑工程学院，陕西杨凌，712100）

摘　要

深刻理解工程教育与创新创业教育内涵，比较二者要求的异同，明确新培养方案修订的指导思想。坚持持续改进的理念，开展我校水利类专业新的培养方案修订工作，探索工程教育和创新创业教育融合。按照工程认证理念和培养目标与毕业要求，构建多元化人才培养体系和课程体系。强化数理化课程教学，按模块化设置人文素质教育课程。加大实践教学比例，强化实践育人效果。开设新生研讨课、学科专题等课程加强创新创业教育，搭建完善的创新创业教育平台，制定相应管理制度。

关键词

工程教育；创新创业教育；融合；培养方案

1　引言

2006年我国正式启动工程教育专业认证试点工作，2016年成为国际本科工程学位互认协议《华盛顿协议》的正式会员，标志着我国工程教育迈入了新的阶段，同时也为高等学校教育教学改革提出了新要求。随着工程教育认证工作的不断深入，其先进的理念已融入高等教育教学改革的全过程，成为"五位一体"评估体系中重要组成部分，保障了人才培养质量。另外，高校为了落实《国家中长期教育改革和发展规划纲要（2010—2020年）》，探索人才培养模式改革，突出专业内涵建设和特色建设，并把创新创业教育作为近期高等教育教学改革的突破口，担当起为创新型国家发展战略培养人才的重任。

2013年我校提出修订本科人才培养方案，结合我校建设世界一流农业大学的目标定位，坚持通识教育基础上的宽口径专业教育理念，按照"厚基础、宽口径、强实践、重创新、高素质、国际化"的人才培养思路，创新人才培养模式，实施人才分类培养，制定产学研紧密结合的本科人才培养方案。我校水文与水资源工程专业在2009年和2015年两次通过工程教育专业认证，农业水利工程专业于2013年也通过认证，水利水电工程专业认证工作也在积极准备中。如何在工程教育和创新创业教育双背景下制定新的培养方案，改革教育教学理念，创新人才培养模式，既深入贯彻工程教育的持续改进理念和要求，也贯彻创新创业教育和学校制定的新培养方案指导思想。本文结合我校水利类专业2014版培养修订工作进行了探索改革，取得较好的效果。

2　深刻理解工程教育和创新创业教育的内涵

工程教育专业认证是由专业性认证机构（协会）组织工程技术专业领域的教育界学术专家和相关

行业的技术专家，以该行业工程技术从业人员应具备的职业资格为要求，对工程技术领域的相关专业的工程教育质量进行评价、认可并提出改进意见的过程[1]。工程教育认证是在自愿前提下开展的，是工程教育质量的最低要求，属于合格评估[2]。正因为是合格评估，所有开展工程教育专业认证的专业就应该按照工程教育专业认证的标准要求制定自己的人才培养方案，在满足工程教育认证标准提出的毕业要求要求基础上，建立适应自己学校定位、学科优势、人才类型和体现专业特色的课程体系，创新人才培养模式。工程教育专业认证提出“以学生为中心”“产出为导向”“持续改进为保障”等教育教学理念，无论是否开展工程教育专业认证，无论是否是工程教育类专业，其思想对人才培养质量提高都有积极意义。

创新创业教育是我国实施创新驱动发展战略，促进经济提质增效升级的战略规划，“大众创业、万众创新”经济新常态对高等学校赋予的历史使命，是高等学校所培养的人才适应社会发展的必然要求[3,4]。创新创业教育并非我国独创，在上世纪中叶美国高等学校就开展创新创业教育，随后日本、英国也先后提出高等教育创业教育[5]。创新创业教育是目前高等学校教育教学的重心所在，人才培养目标、课程体系和培养模式无疑是人才培养中核心内容。

通过以上内涵分析可以看出，工程教育与创新创业教育既有区别，也有相一致的地方。下面进一步来分析。

（1）二者教育的目标是一致的。工程教育是以工程师素养养成为目的教育过程，与其他高等教育一样，需要从知识、能力、素质3个方面构建课程体系，探索教育教学模式。最新的工程认证标准提出的毕业12条要求主要内容包括[1]：具备识别复杂工程问题应具备的数理化和工程基础知识、掌握项目管理原理与经济决策方法；具有分析复杂工程问题的能力，并能提出或设计出满足环境和可持续发展、职业伦理的解决方案；具有能够基于科学原理并采用科学方法对复杂工程问题进行研究，具有应用现代工具对提出的解决方案进行验证、预测和评价等能力；具有有效的沟通和交流能力、具有终身学习能力；具有人文社会科学素养、社会责任感，遵守职业规范、具有国际视野。可以看出，工程教育主要培养的解决复杂工程问题的知识、能力、素质，侧重于技术革新和发明创造潜能的培养，与创新创业教育的目标不谋而合。

（2）培养模式并不存在矛盾。工程教育强调基础理论和工程知识，更重视面向具体工程问题培养学生的创新意识和能力，即重在实践育人，重在发挥学生的主动学习能力培养。创新创业教育同样强调在实践中培养学生的创新创业意识和素质[6]。

（3）教育的层次不同。工程教育是根据行业对人才所应具备的知识能力和素质提出的最低要求，是学生步入社会的应具备的基本要求。而创新创业教育则是在基本要求基础上提出的更高要求。二者层次不同，而且创新创业教育的内涵要大于工程教育。

（4）二者面向的本科专业类型稍有差异。工程教育主要是面向工科专业，同时也包括一些需要培养工程素养的专业，而创新创业教育是面向高校所有专业。

（5）工程教育专业认证提出的教育理念与《教育部关于中央部门所属高校深化教育教学改革的指导意见》思想完全一致。

从以上分析可以看出，对于工科专业来说，工程教育专业认证目的是所培养的学生能够满足行业基本要求，是专业培养目标的最低要求，体现出了人才培养方案对社会的适应性，而创新创业教育则是在的工程教育基础上，更加强化创新创业意识和能力的培养，二者应该深度融合，体现在人才培养方案的指导思想、培养目标、毕业要求、课程体系和教育教学过程等。

3 水利类人才培养方案的修订

3.1 培养方案修订的指导思想

人才培养方案是高校教育教学的纲领性指导文件，根据我校“突出产学研紧密结合办学特色、创建世界一流农业大学”战略目标和“双一流”建设规划，本科人才培养方案则以“厚基础、宽口径、强实践、重创新、高素质、国际化”的人才培养思想为指导，构建起了“实践教学与理论教学并重，工程实践和科研创新结合，专业能力培养与通识教育一体”的人才培养体系，注重学生个性化发展和行业需求，实行分类培养[7]。同时，将工程教育和创新创业的理念和要求融合，贯彻于新的人才培养方案。

3.2 人才培养目标体系

构建多元化的专业人才培养目标体系。目标体系包括培养目标、毕业生应掌握的知识、应具备的能力三个方面。专业目标包括基本培养目标和专业培养目标。基本培养目标分别包括学校对学生的知识、能力和素质三个方面；专业目标分别包括对学生的专业知识、专业能力与专业素养三个方面。并根据社会需求和学生个性发展，因材施教，实施分类培养。毕业生应掌握的知识、应具备的能力、应养成的素质也分别按基本和专业分别提出要求。培养目标和毕业生应掌握知识和能力既体现工程教育专业认证标准，也要体现创新创业意识和能力要求。如我校水利水电工程专业的基本目标是：培养的学生身心健康、知识结构合理，有健全的人格、高尚的人文情怀和社会责任感，有一定的批判思维与创新能力、科学研究能力、语言文字表达能力、终身学习能力和组织管理能力，具有国际视野和团队合作精神。专业培养目标：培养的学生主要学习水利学科的基础理论和基础知识，受到工程制图、力学分析、工程计算、工程测量、实验设计及综合分析问题等能力的基本训练，掌握水利水电工程、水文水资源工程、水环境工程等领域的基本知识和专业技能，成为具有扎实的自然科学、人文科学基础，具备外语和计算机应用技能，掌握水利学科的基本理论和基本知识，能在水利水电工程、水资源开发、水利防灾减灾和水环境保护等领域从事勘测、规划、设计、施工、科研和管理工作的高级复合型工程技术人才。毕业后5年能够成为水利水电工程行业的技术骨干和管理人才。

3.3 科学构建课程体系

（1）根据人才培养目标体系和学科特点，按照“厚基础、宽口径、强实践、重创新、高素质、国际化”人才培养思想，整合课程资源、厘清课程边界、优化课程教学内容，科学构建课程支撑体系。课程体系学分比例分配见表1。

表1　培养方案课程体系学分分配

专业	通识类		学科类						集中实践教学		素质与能力拓展	合计
			学科大类		学科基础		专业课					
	必修	选修	必修	选修	必修	选修	必修	选修	必修	选修		
农业水利工程	59.5	6	19	0	15.5	11 (26.5)	6.5	7.5 (18.5)	30	5 (7)	8	160+8 (196.5)
水文与水资源工程	61	6	17	0	10.5	19.5 (36.5)	3	9 (17)	26	8 (10)	8	160+8 (195)
水利水电工程	59.5	6	19	0	9.5	16.5 (34.5)	6.5	8 (17)	26	9 (12)	8	160+8 (198)

注　括号内数值指培养方案提供可供选修的学分，其他为额定学分。

在课程体系中，通识类课程学分占到41%左右，其中数理化类课程学分占通识类课程的总学分的40%左右；集中实践教学每32学时计1学分，占总学分的21.8%和21.3%，再加上理论课附带的实验课学时，则实践教学学分超过30%；同时，在学科基础课和专业课中建立了较为宽广的课程，学生根据个人的学业规划、工作方向选修，选修比例50%左右；同时在专业课又分为研究型和工程应用型两类，体现分类培养。

（2）优化选修类通识课程，加强诚信与社会责任感教育。按照国家对大学生“德、智、体、美”

教育的要求，优化通识课程体系，加强通识课程建设，积极引进优质教学资源，改革教学方式，注重培养学生的健全人格、高尚人文情怀、社会责任感、批判性思维、勇于探索的创新精神和善于解决问题的实践能力。具体做法如下：

1）按模块化开设人文素质课。具体分为“科技发展与文明传承、文明对话与国际视野、人文素养与人生价值、自然环境与社会发展、经济管理与社会科学”5个模块，每个模块又提供多门课程供学生选修，每位学生在每一个模块内至少修1个学分的课程。

2）开设新生研讨课。新生研讨课由学术造诣高的教授来承担，讲授的对象面向全校学生，不限定专业，内容以科技创新为主，目的是培养学生探究式思维习惯、对科研研究的热情和追求真理的信念，并通过教授的人格魅力去引导学生潜心学习。

3）抓好课外人文素质教育。开设讲座等活动，每年要举办100场素质报告会，即“百场素质报告”。先后邀请李岚清、李肇星、李开复、于丹为学生作报告，为学生树立正确的价值观和人生观也起到非常重要的作用。同时积极的推进高雅艺术进校园活动，先后邀请国家芭蕾舞团、国家京剧院、满天星交响乐团来学校演出。结合农林院校的特点，以科技支农、环保宣传等这些活动为载体，积极开展一些实践教育活动，打造了田园使者、村主任助理等等这样一些品牌社会的实践活动。学校就业指导中心和团队专门开设《职业素养提升》等课程，不定期举行就业大学堂讲座，聘请社会上成功的企业家和创新创业做出成绩的毕业学生开展讲座，分享他们成功的经验，激发学生创新创业兴趣和参与度。

（3）按照工程教育认证标准，强化数理化、计算机、外语等课程同时，增加管理和环境类课程。目前数学类课程主要包括“高等数学”（11学分）、“线性代数”（2.5学分）、“概率论与数理统计”（4学分）。物理类分为“大学物理”（5学分）、“大学物理实验”（1.5学分）。计算机类课程开设“计算机基础”（2.5学分）、“程序设计基础”（VB，3.0学分）、“MATLAB与工程计算”（1.5学分，期中实验16学时）。每个专业均增加“工程化学”（2学分）、“水利法规与工程伦理”（1学分）两门课程。对于农业水利工程和水利水电工程专业增加“农业水利工程管理”（1.5学分）、“水利工程运行与管理”（1.5学分）、“水利工程建设监理”（1.5学分）、“工程项目管理”、（2.0学分）等管理课程；对于水文与水资源工程专业增加了“水化学分析”（2.5学分）、“水化学分析实验”（1学分，32学时）、“水利工程运行与管理”（1.5学分）、“水利工程运行与管理课程设计”（1.0学分）、“水务管理”（1.5学分）等课程。

3.4 搭建完善的创新创业教育教学体系和平台

除加大实践教学学分外，更要把创新创业教育贯穿人才培养全过程，做好顶层设计。具体体现在下面几点：

（1）压缩培养方案额定总学分到160学分，腾出较多时间让学生参与素质教育和科技创新创业活动，并将课外科技创新、实践活动、素质提升归并到素质与能力拓展模块，纳入培养方案，在额定学分外最少再完成8学分。为此，学校专门制定了《本科生创新创业与素质教育学分管理办法》，按创新创业素质教育、创新创业课程和创新创业实践三个模块分别计算学分，并建立了学分积累和转换制度。

（2）建立完善的创新创业教育体系。做好创新创业理论教育教学，开设新生研讨课、创业类通识课程、科学研究方法、学科专题等课程。加大创新创业计划资助，每年学校投资300多万元用于创新创业计划资助，覆盖近50%学生。积极推进各类学科竞赛，不仅支持学生参加校外各类学科竞赛，同时打造学院的“一院一品”竞赛项目。通过以上3个方面，使得每一位学生在毕业前能够受到创新创业教育，且至少参加一项创新创业训练。

（3）搭建创业平台。学校建设大学生创客空间、创业孵化园，与陕西微软创新中心、韩国惠人集团、北京万学集团、陕西荣华集团等单位深化合作，借船出海。同时，学校大力组织创新创业论坛，营造创新创业的氛围。

4 结语

新的培养方案已运行2年多，工程教育的理念逐渐在新的培养方案和教学过程中体现，持续改进保障了教学质量的提高。同时，加大创新创业教育，学生创新创业能力明显增强，成绩显著，人才培养质量得到社会充分肯定。但也存在一些值得探讨的问题。

（1）工程教育认证要求与分类培养和因材施教的人才培养理念存在冲突。专业认证中培养目标达成度评价是依照全体学生的成效来评价，但目前培养方案中注重学生个性发展，实行分类培养，在课程体系中设置了较多课程供学生选修，部分学生也许不会选修某些工程教育专业认证补充标准规定的课程，造成知识结构的残缺。另外，实行分类培养模式中，学科实力强的专业则设置了研究型人才定位，其课程设置并不能完全满足工程教育认证的标准。如何处理这些问题，有待于深入研究和探索。

（2）创新创业教育仍存在较多的问题，尤其是创业教育方面。目前在学校的不同层面还存在对创新创业教育内涵认识不清，片面割裂创业教育与创新教育的现象；创新创业教育与专业教育融合还不够，创新创业教育还不能够很好融入到教育教学的各个环节，双创性师资短缺、创新创业课程质量不高、管理机制不健全等问题，同样有待于深入研究和探索。

参 考 文 献

[1] 林健．工程教育认证与工程教育改革和发展［J］．高等工程教育研究，2015，(2)：10-19.

[2] 中国工程教育专业认证协会秘书处．工程教育认证工作指南［S］．2015.

[3] 王占仁．高校创新创业教育观念变革的整体构思［J］．中国高教研究，2015，(7)：75-78.

[4] 曹震，刘震．进阶循环式大学生创新创业教育模式探索与构建［J］．中国农业教育，2016，(3)：20-23.

[5] 刘隽颖．高校创新创业教育的背景、现状与突出的问题［J］．南昌工程学院学报，2016，35(2)：1-4.

[6] 李志义．我国工程教育改革的若干思考［J］．中国高等教育，2012，(20)：30-34.

[7] 杨彦勤，李宗利．高校本科人才培养方案修订工作思考［J］．黑龙江教育（高教研究与评估），2014，(10)：54-56.

作者简介： 李宗利（1967— ），男，西北农林科技大学教授，博导。
Email：zongli02@163.com。

专业认证背景下的面向旱区的水文与水资源工程专业人才培养模式探索

宋孝玉　沈　冰　黄　强　黄领梅　张建丰

（西安理工大学水利水电学院水资源与农业工程系，陕西西安，710048）

摘　要

西安理工大学水资源与农业工程系为适应专业认证的需求，不断进行人才培养模式的探索，在学校“育人为本、知行统一”的办学理念指导下，结合地域和行业特点，构建适应国家需求、立足西北、面向全国、服务水利的，由公共基础课、专业基础课、专业课、教学实践4个环节组成、既依存又促进的水文与水资源工程专业复合型人才培养方案和课程体系，同时依托水利工程国家重点一级学科的优势，从师资队伍建设、实验室建设、教学管理等软硬件相互支撑的多个方面开展教学改革，为建立完善的适应专业认证需求的水文与水资源工程专业人才培养模式进行了有益探索。专业于2012年通过了全国工程教育专业认证工作（有效期六年），2017年成为陕西省首批重点建设的“一流专业”。

关键词

专业认证；水文与水资源工程；本科生教育；培养模式

1　引言

育人是高等学校的根本任务，质量是高等学校的生命线[1,2]。长期以来，西安理工大学发扬“艰苦奋斗、自强不息”的学校精神，秉承“祖国、荣誉、责任”的校训，坚持“育人为本、知行统一”的办学理念，为国家和地方经济建设，特别是为国家制造业、水利水电行业的发展做出了重要贡献。近年来，学校以科学发展观为指导，以全面提高质量为核心，着力加强内涵建设，办学水平和社会声誉稳步提升。当前，如何在教学研究型大学继续提高教学质量，建设以工为主、多学科协调发展、特色鲜明的国内一流教学研究型大学，成为西安理工大学教学改革建设的工作重心和关注的焦点[3-5]。

为适应工程教育专业认证的需求，水文与水资源工程专业教学团队，传承80年的办学传统，贯彻科学发展观和教育部“质量工程”精神，以“水利工程国家级重点学科”建设为依托，以提高教学质量、培养高素质人才为中心，结合地域和行业特点，探索并构建了适应国家需求、立足西北、面向全国、服务水利的人才培养模式。专业于2012年10月参加了全国工程教育专业认证工作，以此为契机，水资源与农业工程系进一步加强培养方案和课程体系建设，从师资队伍建设、实验室建设、教学管理等软硬件相互支撑的多个方面，不断深化教学改革，推动教学水平和质量稳步提升，专业建设成效显著。

基金项目： 陕西省高等教育教学改革研究项目（15BY35）。

2 培养模式的主要内容

2.1 确立办学定位和指导思想

水文与水资源工程本科专业教学团队，不断探索培养面向西北旱区水文与水资源工程人才的培养模式与方法。在认真总结学院八十年办学经验的基础上，深入研究时代需求与水文与水资源发展现状，研究高等教育规律及工科高等教育的特点，更新教育观念，开拓办学思路，确立办学定位和指导思想。

确立了“培养适应国家需求、立足西北、面向全国、服务水利的人才培养模式和教学体系，使水文与水资源工程专业成为特色鲜明的一流本科专业”的办学定位；将“培养热爱祖国、有高度社会责任感，知识、能力、素质协调发展，基础扎实、实践和创新能力强，下得去、吃得苦、留得住、顶得上的水文与水资源工程专业合格的技术人才”作为办学的指导思想。

2.2 构建人才培养方案和课程体系

总结多年的教学经验，围绕培养基础扎实、能力强、具有创新精神的高素质应用型人才，构建了“两课堂（理论、实践）、三平台（公共基础、专业基础、专业课）、四贯通（分布在本科四年内）、五结合（通识教育与专才教育、理论和实践、课内和课外、校内和校外、统一性和多样性）”的培养方案（图1）。

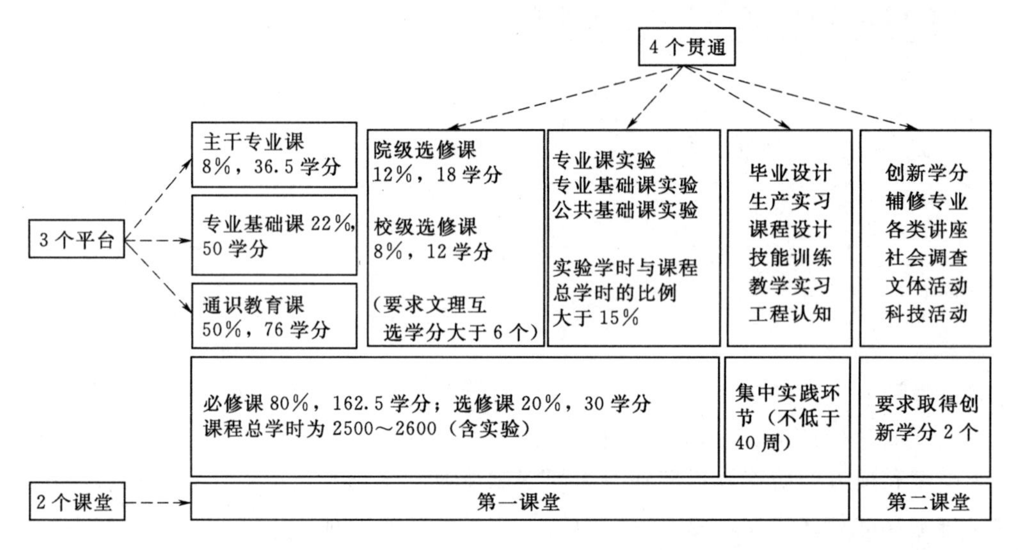

图1 水文与水资源工程专业培养方案结构图

吸收借鉴水资源与农业工程系大专班、研究生班、硕士、博士研究生培养的成功经验，经过反复探索，构建出由公共基础课、专业基础课、专业课、选修课4个环节组成、既依存又促进的水文与水资源工程专业复合型人才培养方案和课程体系。水文与水资源工程专业课程构成及学分分配情况见表1。在此基础上制定完成指导性教学计划及教学大纲，并建设完善26门主要课程的教材体系。

2.3 开展专业教学实验平台建设

集中系、所和实验室技术骨干，结合专业教学大纲制定出了专业教学实验平台建设的方案，并聘请省内专家对实验方案进行评审，确保实验方案的科学性。这样建成的实验教学平台包括三部分：学校基础实验室、专业基础实验室和专业实验室，基本能满足水文与水资源工程专业所有专业试验的教学要求。专业实验室组成情况见图2。

表 1　　水文与水资源工程专业课程构成及学分分配汇总表

课程分类		学分	实践环节学分	课程占总学分比例/%	实践占总学分比例/%
公共基础课		74	13.25	38.4	6.9
专业基础课		48.5	11.25	25.2	5.8
专业课		40	35.125	20.8	18.2
选修课	校级	12	2.25	6.2	1.2
	院级	18	4.75	9.4	2.5
合　计		192.5	66.625	100.0	34.6

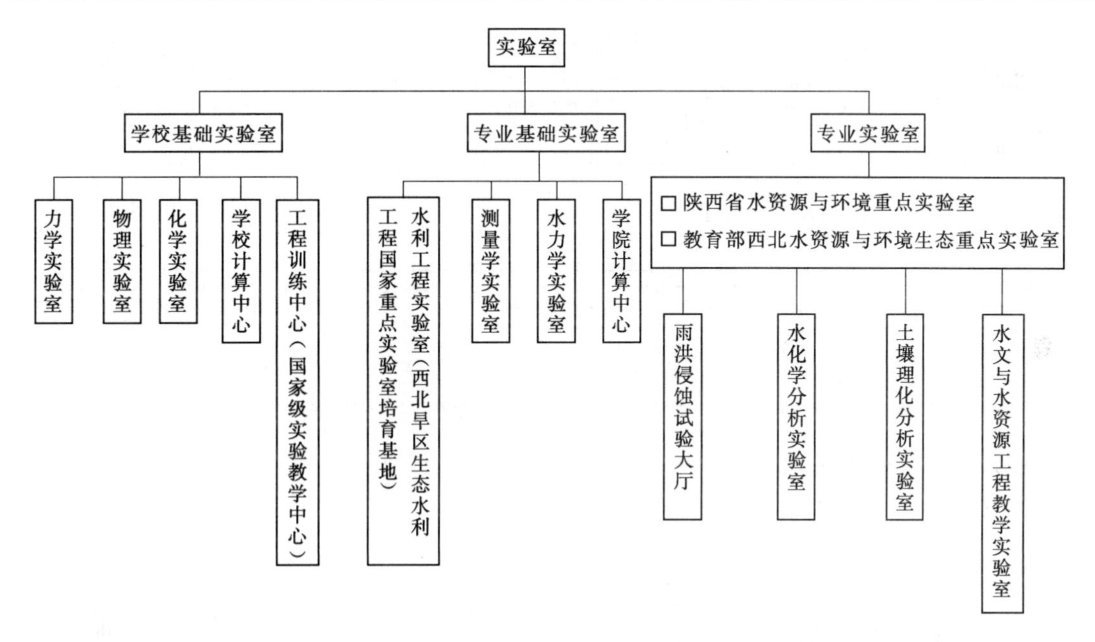

图 2　水文与水资源工程专业实验室组成情况图

2.4　加强师资队伍建设

采用引进教师和青年教师培养相结合的模式，加强师资建设。目前该专业现有专业教师 40 人，其中博士生导师 16 名，教授 18 名，副教授 10 名，讲师 9 名，所有教师均具有博士学位；所有教师的专业学历都与所授课程相关；作为教学中坚的 45 岁以下教师 22 人，约占专业教师人数的 49%。

2.5　建立严格的管理制度和质量监控体系

建立严格的管理制度和质量监控体系，保证了教学的质量。专业执行院-系-教师层层负责的制度，设有教学院长、各专业有教学系主任，学分制选课班级还设有指导教师，各级负责各级的任务，分工明确，横向协作，确保各项教学任务的顺利完成。实施考教分离，综合考核。注重学生出勤、上课表现、作业、考试等各个环节的监控；教师每周都进行教学法活动，探讨教学中的问题及改进措施；实行系主任、院长听课、同行专家听课、学生评教相结合的方式监控教师上课的质量和效果。对于实践教学情况采用实习单位反馈、学生评价、师生座谈会、完成成果检查等多种方式进行评价，并将相关建议反馈在下一轮培养计划修订中。具体质量监控体系见图 3。

2.6　依托学科和实验室优势，加强实践教学

依托学科和实验室优势，加强实践教学，强调个别指导，提升教学水平。依托水利工程国家重点学科和教育部西北水资源与环境生态重点实验室，具备良好的科学实验设施和学术氛围，为培养合格

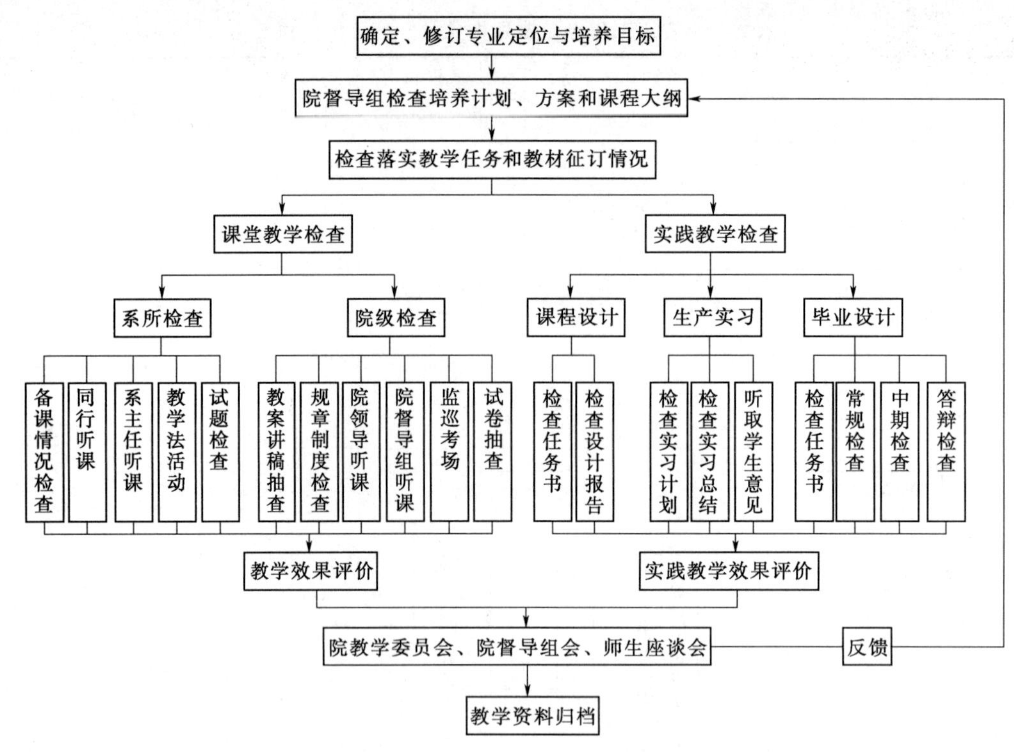

图 3　水文与水资源工程专业教学质量监控体系

乃至一流工程师提供了基本条件。专业课老师积极申请各类科研课题和经费，为教师提高教学水平，也为本科生参与科研或生产课题创造了更多机会。专业相应实践教学体系见图 4。

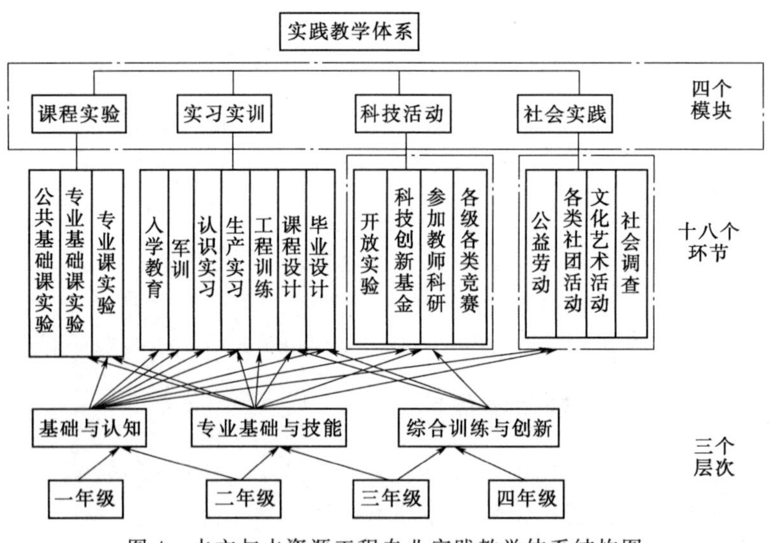

图 4　水文与水资源工程专业实践教学体系结构图

同时专业教师不断丰富教学手段，形成以启发引导式教育为原则、以口传心授与观摩、实习实训、研讨和科技活动等多种形式相结合的全方位立体教学模式；充分利用网络教学、视频教学优势，提升教学的效果。

3　实施效果

水文与水资源工程专业的培养模式是在国家教育部本科教学“质量工程”和工程教育专业认证等政策的指导下，为满足国家和区域经济社会发展对水利类本科人才的旺盛需求所进行的一项人才培养模式全方位系统化的教育教学综合改革，本模式的提出和实施，拓宽了水利类专业人才培养的模式和途径，可为水利类院校在培养方案和课程体系、教学实验平台建设、师资队伍建设、管理制度和质量监控、实践教学等方面进行改革和创新提供参考和借鉴。

在该培养模式的指导下，已培养出了一大批水文与水资源工程专业的优秀人才。近3年本专业毕业生一次就业率为95%，西部地区毕业生就业比例占就业生总数的75%以上，考取研究生平均45%以上。就业去向主要为水利（水务）局、水利水电工程局、水文水资源勘测局、水利电力勘察设计院等，与本专业培养目标的吻合度较高。在社会上产生了较大影响，引起广泛关注，在行业内形成带头趋势。受到用人单位、家长、同行的欢迎。

教师队伍受到国内外同行的敬重，他们的教学水平、理论水平、研究及创新能力得到认可。一批教师活跃在国内外教学研究的平台上，他们通过合作研究、讲学增强了交流，扩大了影响。专业教师中有国务院学位委员会学科评议组成员2人；享受国务院政府特殊津贴1人；教育部新世纪优秀人才2人；新世纪百千万人才工程国家级人才入选者1人；“教育部水利学科教学指导委员会”委员3人；中科院“百人计划”2人；陕西省突出贡献专家2人；陕西省教学名师1人；陕西省优秀教师1人；陕西省三五人才1人。9名青年教师在全国水利讲课比赛中获一等奖、二等奖；12名青年教师获得学校“双百人才工程”“杰出青年教师计划”“优秀青年教师培养计划”资助，所有青年教师均有国际进修及合作研究经历。近5年，本专业教师承担973、863、科技支撑、国家重点研发计划项目、国家自然基金重大及重点等项目60余项，年均科研到款3000余万元。获国家科技进步二等奖3项；省部级科技进步奖13项；获国家专利授权20余项；软件著作授权22项；出版学术专著21部；SCI、EI收录457篇。

在以上培养模式的基础上，西安理工大学水文与水资源工程专业培养出了热爱祖国、有高度社会责任感，知识、能力、素质协调发展，基础扎实、实践和创新能力强，“下得去、吃得苦、留得住、顶得上”的水文与水资源工程专业合格的技术人才，为水文与水资源工程专业的发展与振兴，在人才培养上探索出了科学的教育方式。专业于2012年通过全国工程教育专业认证工作（有效期六年），专业教学团队于2015年获批陕西省核心课程教学团队，2017年该专业成为特色鲜明的陕西省首批重点建设的“一流专业”。

参 考 文 献

［1］ 莫淑红，宋孝玉，黄领梅．新形势下水文与水资源工程专业人才培养保障体系探究［J］．中国电力教育，2014，（5）：61-63．

［2］ 史文娟，张建丰，沈冰，等．水文与水资源工程专业实践教学的改革与探索［J］．教育教学论坛，2014，（35）：35-37．

［3］ 徐刚，董晓华，杜发兴，等．水文与水资源工程专业实践能力培养体系研究［J］．中国电力教育，2013，（1）：33-34．

［4］ 刘玺．新形势下水文与水资源工程专业人才培养保障体系探究［J］．南方农业，2015，9（9）：142-144．

［5］ 张志祥，杨军耀，张永波，等．水文与水资源工程专业综合教学实习体系构建［J］．科技创新导报，2015，（23）：161-162．

作者简介：宋孝玉（1971—　），女，西安理工大学教授，主要从事水文学及水资源方向教学及科研工作。Email：songxy@xaut.edu.cn。

通过工程教育专业认证后水利人才培养模式的思考

纳学梅　付俊峰

（昆明理工大学电力工程学院，云南昆明，650500）

摘　要

对照工程教育专业认证的标准要求，结合昆明理工大学水利水电工程专业在工程教育专业认证过程中发现的问题，通过解析专业的自身定位，认清专业在云南省经济社会发展中应发挥的作用，坚持专业特色，积极适应社会、行业的需求，对认证通过后水利人才培养模式进行思考，提出了若干适应工程专业认证和专业持续改进的措施，为水利水电工程专业的后继发展提供了切实可行的指导。

关键词

工程教育；专业认证；水利；人才培养

1　引言

工程教育专业认证是工程技术行业的相关协会连同工程教育者对工程技术领域相关专业的高等教育质量加以控制，以保证工程技术行业的从业人员达到相应教育要求的过程。工程教育专业认证就是按照认证标准来确认毕业生是否已经达到规定的质量要求，它是工程教育质量保障体系的重要组成部分[1]。

昆明理工大学水利水电工程专业源于1974年设置的水利水电工程与建筑专业，1976年首次招生，1994年单独设置水利水电工程专业；1996年获云南省水利工程重点学科；2007年获教育部水利水电工程特色专业；2008年云南省重点建设专业；2012年云南省高等学校“专业综合改革试点”专业，2013年云南省卓越工程师试点专业。2016年11月通过了中国工程教育专业认证协会的工程教育专业认证。

经过40余年的不懈努力，本专业已成为云南水电支柱产业培养高素质人才的重要基地。学生就业面广，涉及水利、电力、交通、土木、铁道等行业，为云南及国家培养了一大批在水利工程领域从事科研、生产、设计、运行及管理等方面的高级专业技术人才。自1976年招生以来，已培养3000余名本专科毕业生，在云南及全国水利水电行业中，相当多毕业于本学院的校友在许多的关键岗位上承担了重要的工作任务。通过工程教育专业认证，可以提高我校水利水电工程专业的竞争优势，拓宽本专业毕业生的就业渠道，推动水利水电工程专业教学改革，促进学科建设和发展。本次是我校水利水电工程专业第一次参加工程教育专业认证，经历本次认证从中引起一些想法，并深入思考，以求为今后的本科教学及人才培养获得启发。

2 认证前的问题及改进方法

对照认证标准，通过认真梳理和分析，发现本专业的培养体系存在的问题为：①课程体系仍是知识导向型；②理论与实践分离，学生创新能力不足；③实验室陈旧老化、实验项目不够完备等；④教学体系与认证标准不相适应。

针对上述问题，依据专业建设的对策与思路，对本专业的实验教学条件和教学体系进行全面整改和提升，主要内容有：

（1）改善实验室条件，提升实践教学能力。专业认证前，积极实施专业实验室的更新改造项目，建设水利工程技术及基础实验室一个，具备较完善、先进的科研设备和条件。投入实验室建设经费150万用于本科教学实验设备购置更新，保证本科教学实验开出率，从而保障本科人才培养质量，推进专业本科教学更上新台阶。

（2）扎实推进专业教学体系的全面整改。在专业认证前，针对专业教学体系与认证标准的要求存在差异这一突出问题，从2014年年底—2016年年初，依据《工程教育专业认证标准》，并针对教学体系的不足之处，扎实推进了专业教学体系的全面整改。其中包括：对本专业的培养方案进行全面修订，对专业基础课、专业课及院级选修课的教学大纲进行修订和完善，对部分教学管理文件进行补充和更新。通过上述整改，系统提升了专业教学体系的针对性和对认证标准的适应性。

（3）完善培养目标，毕业要求，建立达成度评价体系。按照专业认证标准要求，明确专业培养目标和毕业要求，严格依据人才培养通用标准和专业补充标准制定人才培养方案，带动每位任课教师围绕培养目标和毕业达成度要求开展课程教学和评价，促进教师参与教学改革，将教学改革深入到课堂。

（4）建立完善的教、学、评机制。进一步完善本科教学质量监控体系，加强本科教学质量监控，建立本科教学评学机制。开展领导听课评价、督导听课评价、同行听课评价、学生评教，实施青年教师教育教学导航计划和基于学生学习成果的评学，加强各类评价的闭环反馈和课堂教学持续改进提高。加强对学生的学习过程跟踪和学习考核，不断改进考核方式和课程评价，加强毕业设计论文查重检查和期末考试试卷检查及材料归档。

3 专业认证之后工作的一些思考

工程教育认证的目的为：①推进工程教育改革，进一步提高工程教育质量；②促进工程教育与行业企业的联系与合作，增强工程人才培养对经济社会发展的适应性；③促进工程教育的国际互认，提升工程教育的国际竞争力[2]。

通过工程教育专业认证，就是要开展以产出导向为理念的专业教学改革与实践[3]，尤其是要把产出导向这个先进的教育理念贯穿到水利人才的培养模式中。这就要求我们要根据《工程教育认证标准》的专业补充标准来进行水利水电工程专业的培养方案及教学大纲的修订；在教学培养过程中要加强硬软件建设，着力培养学生动手能力与创新能力；注重教学实践实效，构建行之有效的水利水电工程专业校内及校外实践教学基地、工程技术创新基地和社会实践基地。打造融合课堂、实验室、网络、和企业工程实践环境为一体的立体化教学平台，促进学生知识、能力和素质一体化成长。

针对工程教育认证的特点，对今后专业建设工作作了以下思考：

（1）工程教育专业认证是国际通行的工程教育质量保障制度，也是实现工程教育国际互认和工程师资格国际互认的重要基础[4]。基于此，对于本科生培养的质量标准、培养目标和毕业要求均要符合工程教育认证的标准。其涉及的水利水电工程专业课程体系设置、师资队伍配备、办学条件配置等一系列问题都需要围绕本专业的工程认证标准来展开。围绕国家战略与区域经济社会发展需求，致力于云南水利水电资源开发和保护研究，紧密结合云南水资源开发利用的现实与未来，以及云南水利水电工程区域特色和关键技术开展研究，加强专业领域发展趋势和人才需求研究，充分吸收用人单位意见，共同研究课程计划，改革现有人才培养和考核方案，构建生态水利水电工程发展需要的课程体系；在强化应用型人才培养的同时，加强研究型人才的培养；因此，在今后的本科生教学中要根据工程教育认证的一系列体系准则建立专业持续改进机制，以保证专业教育质量。

（2）根据工程教育专业认证的目的，应加强实践教学的力度，创造条件让学生进驻工程现场亲自动手实习，在工程现场学习解决复杂工程问题的方法。与相关水利工程单位建立人才培养及人才供应相互合作关系；建立本科及工程硕士的人才培养实习基地；建立毕业生就业单位输送的联系；构建实践教学体系，完善学生到企业、实践教学基地开展实践实习的有效机制，改进毕业设计的“双导师”负责制度；建设生态水资源规划、工程规模、工程设计、工程施工和运行系统实践平台，以工程案例为重要教学手段，培养学生的专业技能和专业思想；建设水利水电工程新技术工程化技术创新平台，使学生尽可能地参与教师的科研课题，培养学生解决复杂工程问题的能力和解决关键技术的能力。

（3）加强水利水电工程专业教育与水利水电工程施工及设计单位的联系，建立经常性工程单位技术人员或领导来为我校水利水电工程专业学生做讲座，并相互交流，加强与国内著名大学和工程型科研院所的合作，共建教学体系，实现工程型专家及知名学者的定期授课活动；提高工程教育人才培养对工业产业的适应性。

（4）为了促进中国水利水电工程教育参与国际交流，实现国际互认，应积极鼓励本科生参加国际上联合办学的培养，积极鼓励并增加2+2联合办学学生参与数量，同时也要积极引进国际上水利水电工程专业留学生来我校学习交流。应充分利用云南省的地域优势，建立与西南亚国家的水利高校联系，可建立与西南亚水利高校共同参与的联合办学机制，已建立国际合作交流办公室，积极与美国、加拿大等国洽谈合作办学。

（5）根据上次水利水电工程认证评估专家的建议，我校水利水电工程专业应加强本科生创新能力的培养，应积极鼓励和举办本科生参与度高的创新型项目和赛事。如大学生创新项目、水利创新大赛、互联网+水创新项目等等。争取做到以此建立以创新型成果为导向的创新人才培养模式。

（6）水利水电工程专业培养体系建设上结合国民经济及社会发展的需要，以本科生适应社会及职业发展能力为宗旨，在师资队伍方面，以我校水利水电工程专业“卓越工程师”培养为契机，结合社会发展及用人单位的实际需要，通过引入选课制、弹性学制、导师制，突出以学生为中心、因材施教的人才培养理念，强调学生的主体作用和个性发展，进一步修订完善本专业人才培养方案，优化课程设置，更新专业教学计划和课程教学大纲，不断探索人才培养的新途径，鼓励教师不断改进教学方法，切实提高教学质量。

专业认证对促进专业的建设和发展具有重要用途，学院下一步应以专业认证的理念明确专业定位，制定合理培养方案[5]。在学生培养过程中，应充分利用区域优势，突出水电专业特色，加强水工专业学生实践能力培养，进而全面提高毕业生的综合素质和社会竞争力，培养高水平的水电工程师。

参　考　文　献

［1］ 陈文松．工程教育专业认证及其对高等工程教育的影响［J］．高教论坛，2011，(7)：29-32．

［2］ 林健．工程教育认证与工程教育改革和发展［J］．高等工程教育研究，2015，(2)：10-19．

［3］ 段雄春．工程教育认证若干问题研究［J］．东莞理工学院学报，2016，23（4）：101-104．

［4］ 杨燕，陈智栋，刘春林，等．工程教育认证视角下加强品牌专业建设［J］．教育教学论坛，2016，(52)：7-9．

[5] 张学洪，张军，曾鸿鹄．工程教育认证制度背景下的环境工程专业本科教学改革启示［J］．中国大学教学，2011，(6)：37－39.

作者简介：纳学梅（1969—　），女，硕士，副教授，现主要从事教育管理工作。
Email：740424398@. qq. com。
付俊峰（1978—　），男，博士，现主要从事计算流体力学研究。
Email：2631524@qq. com。

基于专业认证理念的学生工程意识培养

孟静静　宋孝玉　李　涛　张建丰

（西安理工大学水利水电学院，陕西西安，710048）

摘　要

工程活动的内容决定了工程意识的内涵，实践意识、系统意识、创新意识、经济意识、生态环保意识等构成了工程意识的内涵。工程意识是工程师工程行为的统帅和指挥者，具备工程意识的主体拥有较强的思维拓展能力和社会适应能力。工程教育专业认证的基本理念对于工程意识的培养起到了积极的引导作用，具体表现为："以学生为中心"是工程意识培养的基础，目标导向是工程意识培养的关键，持续改进是工程意识培养的保障。同时，结合水文与水资源工程专业，从课程体系、师资队伍以及支持条件等方面探索加强学生工程意识培养的途径：完善水文与水资源工程专业课程体系、充实实践教学环节以及重视毕业设计选题和内容是培养水文与水资源工程专业工程意识的重点。提高教师的工程意识对于培养学生的工程意识具有战略意义，主要探讨了在专业认证补充标准指导下通过制度鼓励教师参与更多的工程实践。支持条件上，从充实专业资料、改善实验条件、建设实践基地等方面提出了具体的措施，进而为工程意识的培养提供了基础保障。

关键词

专业认证；工程意识；水文与水资源工程

1　引言

工程教育专业认证是实现工程教育国际互认和工程师资格国际互认的重要基础。2016 年 6 月 2 日，在吉隆坡召开的国际工程联盟大会上，中国成为国际本科工程学位互认协议《华盛顿协议》的正式会员，标志着我国工程教育认证的结果将得到其他成员认可，通过认证专业的毕业生在相关国家申请工程师执业资格时，将享有与本国毕业生同等待遇。工程意识是工程师最基本、最重要的素质之一，高等工程教育的改革应当让工程教育回归工程，紧紧抓住工程教育专业认证这样一个契机，培养学生的工程意识，提高学生解决复杂工程问题的能力。

2　工程意识

2.1　工程意识的内涵

现代工程的本质在于应用、实践和创新，由此决定了各类工程技术人才的培养都不能脱离工程应

基金项目：西安理工大学教学改革研究项目（xqj1623，xqj1618）。

用技术的教育和训练，包括工程意识和工程设计能力的培养[1]。一个合格的现代工程师不仅必须具备较强的工程思维能力，而且也应当具备正确的工程意识。工程意识是工程活动主体头脑以工程观为表现形式的对工程活动的反映，以及在此基础上产生的在工程活动中的以观念、意向、策略、习惯等为表现形式的行为倾向以及思维方式[2]。工程活动的内容决定了工程意识的内涵，现代工程活动不仅要考虑技术的可行性、成本的经济性，还要考虑工程活动对生态环境、人类健康、社会可持续发展等多方面的影响。作为工程活动的主体，现代工程师不再是单纯的专业行家，而需要全方位、多视角地看待工程，必须具备实践意识、系统意识、创新意识、经济意识、生态环保意识等，这些方面构成了工程意识的内涵。同时，随着社会发展科技的突飞猛进，现代工程的内容会也会发生变化，工程意识的内涵也将随之不断丰富与扩展。

2.2 工程意识的功能

工程意识是工程师工程行为的统帅和指挥者，这是工程意识最重要的功能，即决策调控功能的体现，也就是人的意志的体现[2]。具备工程意识的主体在认知工程的过程中，不仅关注工程设计、工艺等方面的技术知识，而且工程意识包含的丰富内涵使得其拥有很强的思维拓展能力，从而使得主体对于工程的认识更加系统全面，能够更好地把握工程问题的主次与轻重缓急，所形成的工程方案也更加系统化。具备工程意识的主体拥有更强的适应能力，首先工程意识是主体在不断地学习过程中形成的，所以主体通常都有较强的学习能力和接受外界事物的品质。其次，工程意识的形成过程中也使得主体积累了丰富的解决工程问题的经验，这些经验可以应用到其他非工程问题的分析解决上，因此具备工程意识的主体能更快的接受和适应外界环境的变化，在遇到问题时，能迅速分析问题，想出多种解决问题的方案。

3 专业认证理念

在构建实质等效的工程教育认证体系时，标准的制定是工程教育专业认证的核心，体现了专业认证思想和理念，是专业认证制度实施的根本[3]。“以学生为中心”“目标导向”和“持续改进”是工程教育专业认证的基本理念[4]，高等工程教育专业认证标准及其理念，对于提高工程教育质量、推动学生工程意识培养起到了重要的引领作用。

3.1 以学生为中心

“以学生为中心”是工程意识培养的基础。专业认证新通用标准将关于学生的指标放在了首位，以学生为中心，从多方面对全体学生的全过程培养提出了要求。“以学生为中心”是一种教育理念和教育教学范式的更新[3]，体现了以学生为本的教育思想，把全体学生的实际学习质量作为教学质量和教学管理水平的检验标准[4]。“以学生为中心”，最根本的是要实现从以“教”为中心向以“学”为中心转变，即从“教师将知识传授给学生”向“让学生自己去发现和创造知识”转变，从“传授模式”向“学习模式”转变[5]。而工程意识的培养本身就是一个自我不断修炼、终身学习提高的过程，“以学生为中心”的理念正是强调了作为工程意识培养主体的学生的地位和重要性。

3.2 目标导向

目标导向是工程意识培养的关键。目标导向也称为基于学习成果的教育（outcomes based education），已经成为国际工程教育的主流模式，目标导向理念注重的是能力目标导向而不是知识目标导向[4]。工程教育专业认证标准要求专业必须有公开的、符合学校定位的、适应社会经济发展需要的培养目标，有明确、公开的毕业要求，毕业要求应能支撑培养目标的达成。专业制定的毕业要求完全覆盖以下 12 项内容：工程知识、问题分析、设计/开发解决方案、研究、环境和可持续发展、职业规范、个人和团队、沟通、项目管理、终身学习等。这12项内容紧紧围绕解决复杂工程问题这一目标，强调发展学生的职业技能，对于与工程有关的创新意识、环境意识、人文社会科学素养和工程管理等方面提出了具体的要求，是工程意识内涵以及外延的集中体现。因此，目标导向的理念为工程意识的培养指明了方向。

3.3 持续改进

持续改进是工程意识培养的保障。工程教育认证将持续性改进作为质量保证的着力点[3]。工程教育专业认证标准认为，通过建立教学过程质量监控机制、毕业生跟踪反馈机制以及社会评价机制，可以实现工程教育质量的持续改进。标准要求各主要教学环节有明确的质量要求，通过教学环节、过程监控和质量评价促进毕业要求的达成；定期进行课程体系设置和教学质量的评价，对培养目标是否达成进行定期评价，能证明评价的结果被用于专业的持续改进。只有不断反馈和评价教育教学工作的效果，发现需要改进的教学环节并进行及时的修正，才是保持和提高培养质量的根本保证[4]。因此，持续改进的理念为工程意识的培养提供了可持续发展的重要保障。

4 水文与水资源工程专业学生工程意识的培养

水文与水资源工程专业结合了水文学与水资源工程学，是伴随着高等学校教育的发展和国家经济建设的需求发展起来的工科专业。西安理工大学水文与水资源工程专业于2012年通过工程教育专业认证，有效期为6年（2013年1月—2018年12月）。专业依托水文学及水资源国家重点学科，自2003年开始招生，以“立足西北，面向全国，服务国家水利水电行业”为专业特色，努力培养“国内领先、特色鲜明”的水文与水资源工程专业人才。以下从专业补充标准的3个方面探讨水文与水资源工程专业学生工程意识的培养途径。

4.1 课程体系

认证标准所包含的知识体系通过课程体系得以系统化、结构化，专业补充标准中有关课程体系的指标包括以下3个方面：课程设置、实践环节以及毕业设计（论文）。课程设置体现了专业的培养目标，其中的实践环节是工程意识培养的有效途径。毕业设计更是学生对所学知识的一次综合利用，是对学生的一次大工程意识教育和提高工程能力的综合训练[6]。因此，需要改革课程体系，有意识、有计划地把对学生进行工程方面的基本培养和训练贯穿于工程教育的全过程。

西安理工大学水文与水资源工程专业课程设置是参照教育部水文与水资源工程本科专业规范及教育部高等学校教学指导委员会制定的专业指南确定的，并根据专业的发展每四年调整一次，开设有自然科学类、工程基础类、专业基础类、专业类、人文社会科学类通识教育等课程（表1）。西安理工大学水文与水资源工程专业实践教学环节包括课程实验、课程设计、毕业设计、认识实习、教学实习和生产实习等。学校根据专业确立的目标和理念，修改制订了涵盖各层次和各环节的实践教学体系，全面满足了学生对基础训练、综合实践的需要。建立毕业设计题目中生产项目必须占比大于70%的机制，并增加自选型、综合型、创新型实践锻炼，在锻炼过程中不但要求学生开展动手活动，还要求学生在实践环节中进行充分的总结，比如日记、周记、总结报告、策划书等环节，在此基础上训练学生的口头汇报能力，启动各类科技创新活动，创建了问题导向、兴趣驱动、项目实践、成就创新的实践平台。

4.2 师资队伍

工程意识强、高水平的教师在课堂教学过程、日常交流中对学生工程意识的提高起到了潜移默化的作用[7]。因此，改善高等工科教育现有的师资队伍结构，增强教师的工程意识具有战略意义。专业认证补充标准有关师资队伍不仅规定了从事本专业专业课教学工作的师资结构，而且还规定了从事本

表1 **西安理工大学水文与水资源工程专业课程设置（2016版）**

类别		课程名称			
必修课	专业基础课	工程图学基础 水利工程制图及CAD（*） 水利工程概论B 水文地质与工程地质（*）	工程测量学（#） 自然地理学（#） 水文学原理（V *） 地下水水文学（*）	工程力学 水力学B（*） 运筹学（*） 水文统计	气象学（*） 河流动力学（*） 水文测验（# *） 水环境化学（*）
	专业课	水文水利计算（V *） 遥感原理与应用（*）	地理信息系统（*） 水资源利用（V）	水环境保护 水电能源利用与管理	水文预报（V）
院级选修课		水利工程运行与管理 水政法规与工程伦理 Matlab的工程应用（*）	水利类专业英语 节水管理与技术 水土保持概论（V）	生态学基础 建设项目管理 环境影响评价（V）	水利经济（V） 水灾害防治

注 V代表有课程设计，#代表有教学实习，*代表有课程实验（包括上机实验）。

专业专业课教学的教师应具备的专业背景和工程背景。关于工程背景则要求从事本专业专业课和专业实践环节教学工作的教师中，80%以上有参与工程实践的经历，10%以上有在相关企事业单位连续工作半年以上的经历。同时还规定有企业或行业专家作为兼职教师承担规定的教学任务。

西安理工大学水文与水资源工程专业已形成由学术带头人、主要学术骨干和具有博士学位的中青年教师为主体的学科梯队。教师队伍整体年龄结构、学缘结构合理，素质优良，具有良好的发展趋势，多数教师都承担过企事业单位的合作研究项目。通过合作研究，丰富了工程实践经验。为增进青年教师对先进工程应用技术的了解，培养青年教师的实践能力，促进优秀人才快速成长，加强与国内知名企业的沟通和联系，学校从2009年开始实施青年教师赴大型企业锻炼计划，锻炼培养的时限为3～6个月，计划用约5年时间，使专业学院青年教师到大型企业锻炼培养的人数达到学院青年教师总数的30%以上。而在学院层面上，水利水电学院在青年教师培养上坚持青年教师“过三关”，即教学关、实践关、科研关，其中实践关就是要求青年教师到大型企业、实验室和生产一线锻炼。

4.3 支持条件

多途径的工程体验活动是领悟工程意识和凝练工程精神的重要手段[8]。专业补充标准有关支持条件包括专业资料、实验条件以及实践基地。专业资料指满足教学要求的图书、期刊、手册、年鉴、工程图纸、电子资源、应用软件等各类资源，这些资源也是学生工程意识培养的重要素材。加强综合性、设计性实验建设，依托学科专业实验室，实施开放式实验教学，为学生工程意识培养提供了良好的实验平台。校企联合实践实习基地为学生提供了理论与实践紧密联系、课内与课外有机结合、创新意识与工程能力综合培养的环境和氛围[9]。

水文资料是西安理工大学图书馆的特色资源，收藏了主要包括黄河、长江、淮河、珠江、闽江诸流域的水文资料和华东区、鲁北胶东区的水文资料，这些资料是水文与水资源工程专业的学生和教师进行学习和科学研究的宝贵资源。自制仪器设备是西安理工大学的优良传统，水文与水资源工程专业实验教学平台自建立起就处于国内领先水平，自主开发了水文测验模拟实验系统、水文循环模拟实验系统、土壤渗吸仪、潜水模拟仪以及达西渗透仪等专业实验教学仪器，其中大部分仪器设备不仅满足了本校教学实验需要，还为其他兄弟院校教学实验提供了技术服务。该专业所依托的工程训练中心、水利水电实验教学中心均为国家级实验教学示范中心。此外还有“水资源与水环境虚拟仿真实验教学中心”为陕西省虚拟仿真实验教学中心。为了加强学生的实践能力的培养，本专业与陕西省水文局、三门峡水利工程管理局、黄委模型黄河基地、黄河中游局咸阳水文站、黄委花园口水文站、泾惠渠引水工程枢纽、杨凌节水灌溉示范中心、黑河金盆水库和西安市曲江水厂等单位建立了长期友好的校企关系，成立了相应的学生实习基地。通过在实习基地邀请基地技术人员给学生作报告、现场参观、实际操作等方式，增强了学生的感性认识和对专业概念的理解，实现了专业理论知识与社会实践的有机结合，为学生工程意识的培养打下了坚实的基础。

5 结语

高等工程教育专业认证标准及其理念，对于深化我国高等工程教育改革、提高工程教育质量起着非常重要的引领作用[3]。围绕陕西省制定的“一流大学、一流学科、一流学院、一流专业”的建设规划，西安理工大学提出了“全面建设以工为主、多学科协调发展，特色鲜明的国内一流教学研究型大学”的发展定位。西安理工大学水文与水资源工程专业作为陕西省一流专业，将紧紧围绕专业认证标准及其理念，进一步完善水文与水资源工程专业人才工程意识和实践能力培养体系，立足西北，面向全国，为水文水利事业培养优秀人才。

参 考 文 献

[1] 孙伟民. 以实践教学为载体 培养学生的工程意识和工程设计能力 [J]. 中国高等教育，2006，(9)：46-47.
[2] 任正义，刘思嘉，王冬. 现代工程师的工程意识 [J]. 实验室研究与探索，2013，32 (3)：194-198，234.
[3] 曾德伟，沈洁，席海涛. 剖析专业认证标准与理念 提升工程教育质量 [J]. 实验技术与管理，2013，30 (12)：169-171.
[4] 陈平. 专业认证理念推进工科专业建设内涵式发展 [J]. 中国大学教学，2014，(1)：42-47.
[5] 刘献君. 论“以学生为中心”[J]. 高等教育研究，2012，33 (8)：1-6.
[6] 宗兰，李振兴. 培养学生工程意识和能力的研究与实践 [J]. 高等建筑教育，2000，34 (2)：29-31.
[7] 王贵成，崔迪. 培养学生工程意识的制约因素与解决对策 [J]. 高校教育管理，2012，6 (6)：88-93.
[8] 李秋莲. 工程意识和工程精神的内涵与构建 [J]. 高等建筑教育，2013，22 (2)：9-12.
[9] 宋爱国，吴涓，崔建伟. 测控技术与仪器专业学生工程意识培养与创新教育的探索 [J]. 中国大学教学，2012，(1)：41-43.

作者简介：孟静静（1984— ），女，硕士，助理实验师，主要从事实验教学与实验室管理工作。
Email：meng9205@126.com。

坚持以学生为中心　开展人才培养工作

汪　宏　金　凤　刘为民

（江苏科技大学船舶与海洋工程学院，江苏镇江，212003）

摘　要

港口航道与海岸工程作为我校特色优势专业，如今在港口建设水平，施工技术等方面已有较大发展变化的背景下，为保证教学体制和教学方式能够适应社会形势变化，课程改革已十分必要。本文主要对我校港航专业的执教方式转变，实践教学，教材建设，制度保证等方面进行介绍。指出在教学管理方面的不足，同时抛砖引玉，对该专业在课程体系改革，育人水平建设方面的一些经验进行总结，对好的经验加以学习。教育之路任重道远，在如今经济社会环境下，只有坚持以学生为中心，秉承人人可以成才，因此施教的理念，才能培育英才，体现教育者的价值。

关键词

学生为中心；人才培养；教学管理

1　引言

随着我国河运与海运事业的不断发展，我国的港口航道工程建设取得了巨大的成就，然而，我国的港口航道工程专业人才却缺乏相应的素质与能力，难以满足社会的发展需求。目前大多数院校还在遵循“以讲授为基础”的教学体系，在“传授范式”教学方式下，导致办学目的、教学理念滞后，忽略学生能力素质培养，“知识本位”的课程模式与“教师中心”的教学模式仍然盛行。经济全球化时代的来临、对外技术合作及交流的日益繁盛，进一步刺激了对于具有国际观念、开放意识的技术应用型人才的需求，因此，在新的形势下，注重现实需要，贯彻以“以学生为中心”人才培养模式是高等院校未来的发展方向。

2　江苏科技大学港航专业发展现状

港口航道与海岸工程作为我校特色优势专业，拥有设备先进的土力学实验室、水力学实验室、建筑材料实验室、工程地质实验室、工程测量实验室和数值模拟与仿真实验室。与中交集团、航道局等大批优秀企业拥有固定合作关系，为教学、科研和大学生科技创新研究提供了良好的实践条件。学校紧紧围绕办学定位和人才培养目标，积极拓展与国外高等教育机构的合作。与多所国外高校联合实施了形式多样的教育合作项目，积极引进国外先进教育理念和优质教学资源，努力提升本专业教育的国际化水平。学校还与澳大利亚拉筹伯大学、乌克兰马卡洛夫国立造船大学、英国斯特拉斯克莱德大学、英国伦敦城市大学等知名高校在开展、深化项目合作的同时，制定、完善学籍管理政策，积极支持普通专业的学生于在校学习期间出国留学或访学，在制度流程和管理服务上为学生提供更多出国学习、考察和深造的机会。

3 以工程教育认证工作促进教育及教学改革

在深化课程教学质量改革以来，学校育人水平有了新的提高，特别是在教学观念上，彻底改变教师控制整个教学过程，老师为教而教，学生为学而学，忽视学生主体性以及创新能力和创造能力的错误教学理念。让学生成为课堂的主人，有权力发表自己的意见，每个人都有义务尊重他人的发言，维护正常的教学秩序。师生间是一种双向沟通的关系，对于不同的观点，师生都可以做出自己的选择。

3.1 课堂教学模式改革

（1）教学内容和教学方式的更新。由于知识更新的速度加快，而教材的出版与编写不可能与其同步，使得教材内容滞后于知识发展的现象经常存在。这就要求教师必须经常关注学科的前沿问题，广泛涉猎、博览群书，在扎实个人专业基础的同时，及时更新教学内容、使用新的教学方式。

（2）注重教与学的结合，灵活运用多种教学手段和方法。注重教与学的结合，就是要改变过去以知识灌输为中心的教育教学模式，注重学生思考能力、想象能力和创新能力的发展，使学生在学习中学会思考，在思考中学习，形成良好的学习和思维习惯。

1）要注重多种教学方法的灵活运用，改变学生被动接受教师灌输的学习方式，确立以学生为主体的教学观，把学习的主动权和责任交给学生。

2）在更新教学内容的同时，多引导学生学习，多给学生推荐参考书，让学生开阔视野，拓宽思路。

（3）注重能力的培养。注重能力的培养，就是要在教育教学过程中注重对学生实践能力的培养，让学生不仅学会知识，还学会动手动脑，学会做事做人。重点是实践课程的完善、课堂实践环节的设置、社会实践活动的加强。通过实践课程、实践环节、社会实践，促进学生对理论知识的吸收和内化。

总之，在教学改革上，下工夫，以“教无定法”，教师结合课程性质，坚持以学生为中心，探索与实践相结合的教学方法，及时更新教学内容，促进学生充分发展。

3.2 学生的学习方式转变

学生的学习方式改变，就是要以培养创新能力和实践能力为主要目的，改变单一、被动的学习方式，向多样化的学习方式转变。主要如下：

（1）自主性学习与引导性学习相结合。倡导学生自主性学习，充分体现学生在学习过程中的主动性。学生在学习之前要制定对自己有意义的学习目标、确定学习进度、做好具体的学习准备；学习过程中对学习进展、学习方式等进行自我检查、自我总结、自我评价、自我监控，并及时自我调整。

（2）协同学习与团队学习相结合。鼓励学生开展协同学习。所谓协同学习，是指学生几个人或组织团队中为了完成共同任务，有明确的责任分工的协同学习。团队学习既有助于培养学生的团队意识和团队技能，又有利于学生之间的交流沟通和团队精神的培养。

自主学习是团队学习的基础。没有独立思考，不可能形成自己的思想与认识，那么在合作学习中只能是观众和听众。所以在合作学习之前，教师必须给予学生自主学习的时间和空间，整理好自己的思路和思考结果，从心理上做好协同学习的准备，然后通过协同学习，反思、融化和应用独立学习的成果。

3.3 学院其他方面开展的工作

（1）加强体制机制建设。在合作办学方面，进一步加强交流合作，逐步建立人才共育、过程共管、成果共享的人才培养机制。在教学质量监控方面，建立专业教学质量标准，健全完善多元化评估监控体系，修订和完善了《江苏科技大学本专科教学质量监控实施办法》等系列规章制度和文件。在内部管理体制方面，规范教学管理体制，推进管理重心下移，扩大二级学院办学权限，完善教授委员会制度，构建现代大学制度。在教师教学激励方面，深化全员聘用制，完善职称评审制度，形成以岗位设置、调整、竞聘、管理、考核为依托的制度体系。

（2）重视师资队伍建设。加大博士引进力度，改善师资队伍结构，进一步优化生师比。实施“双师型人才培养教师外聘工程”，完善《江苏科技大学双师型教师管理办法》，先后聘请7名地方、企业或行业的高管和应用型、开发型人员参与应用型人才培养，建立相对稳定、专兼相结合的“双师型”师资队伍。

（3）加强产学研合作。着力强化协同创新，认真梳理和整合校内资源，着眼地方发展需求，在省重点实验室、省工程技术研究中心、省高校协同创新中心立项建设方面成效显著。积极支持鼓励本科生参与科研活动，修订出台了《学生创新工作管理办法》，成立大学生科技创新工作指导委员会，将学生的创新和实践能力纳入学分管理，推动学生创新实践能力的培养。

（4）启动实验室建设。2015年以来，港航专业安排了650万元经费用于购置教学实验设备，该专项主要涉及多个领域的实验室建设项目，主要解决本科生实验教学急需的专业仪器设备。

在共同研讨教学与科研问题的过程中，教师起主导作用，但也要关注学生的新观点新方法给予教师，让教师存在的意义并不是“雕刻家”或是“工匠”，而是知识殿堂的组织者或引路人。改变过去教师在讲台滔滔不绝，而台下学生无动于衷的现状，让学生广泛参与讨论，甚至在讲台上分享自己的新见解、新知识。点燃学生的求知欲望，拓宽学生的视野，提升学生的能力，延伸学生的发展空间，让学生真正主动、创造性地去学习。当今社会正处在一个知识爆炸、知识共享、即时查询、即时通信的时代，一切领域都发生着空前的、全方位的、令人难以想象的巨大变革。人生是一个不断学习，不断思索的过程，有时教师竭尽全力传授自己有限的知识，却发现学生掌握的仅仅皮毛而已，因此教师要聚焦在使学生学会知识库更新的能力。由于学生类型的差异性，学习有法又无定法，每个学生的学习方法有不尽相同，因材施教、分而教之是每一个教育者应当面临的难题。

4 注重教材在教学中的作用

教材作为知识的载体，为适应时代的需求，积极吸收优良经验，结合港口航道与海岸工程专业，注重学生分析问题、解决问题以及应变能力的培养。实现创造型人才培养的前提是培养新型的研究性学习方法。将学生创新意识的培养作为改革的重点，在专业教材编写中适量引进一些最新研究成果和前沿技术，实现专著与教材的有机结合，推行本科生导师制，在减少作业数量的同时强化作业的设计性、连续性、复杂性、综合性，倡导研究性学习，使学生在课程学习中形成对知识创造和超越的追求。本专业积极学习国外经验，适量引入了如“海洋工程概论”“海岸动力学”等原版外文教材，扩大学生的知识视角，直接面对国际最新科技成果，对培养国际性人才非常必要。

实施“工程教育认证要求的培养计划”是学校开展人才培养模式创新改革的又一重要切入点。本专业积极改革公共通识课程教学体系，在专业和专业基础课程中积极引入CDIO的教学理念，推广应用启发式、探究式、案例式、项目式教学方法，大力推进课程教学模式和考核方法改革。取得的相应课程改革实践成效，增强了学生自主学习能力，培养了学生团队合作意识，使学生亲身实践了实际工程项目开发的真实过程。

5 教学方式的转变

实践教学是教学方式转变的一种重要方式，港航专业在实践教学过程中，按照循序渐进的原则，注重将理论教学与实践教学有机地结合起来。根据就业岗位群对职业能力的要求，构建与之相适应的实践教学体系。港航专业的实践教学分为基本技能训练、单项技能训练和综合技能实训。基本技能和单项技能训练与课程教学相结合，通过工地参观、现场教学、实验教学、课程设计、专项实训等环节完成。综合技能实训通过暑期社会实践、毕业实习、毕业设计等环节实现。走产学研相结合的办学道路，为弥补在课堂教学中存在不足，学校外聘一大批企业专家、学者定期来校开展讲座，邀请港航企业的工程专家、业务骨干、港航专业教育专家，共同分析研讨，确定港航专业职业岗位或岗位群的职业能力，拓展学生视野。为反馈获得第一手用人单位满意度数据，学校每年都会进行企业满意度调查，毕业生回校座谈会等，对教学中存在不足，进行弥补，完善港航专业职业岗位或岗位群的职业能力，分解职业岗位能力所对应的能力结构、知识结构，最终确定该专业的知识、能力。

考试是对学生对所学知识进行检测的一种有效方式，但过去单单通过理论考试，通过一张试卷就得出学生成绩的方式已经难以适应新阶段教学的需要，也难以真实检测学生真实的综合素质。要鼓励教师采取开卷考试、课外论文以及模块化考试等方式，综合检验学生水平，拓展学生素质，模块化是针对课程特点的不同，采取开卷、闭卷、课程设计、小论文的方式进行考核。以学生为中心，必须改进考核方式，我们认为考核要做到全面、具体、科学：①注重过程性考核，考核涵盖了课前、课堂、课后的整个学习过程，将考核融入到每一个任务中和整个学习过程中；②注重能力和素质的考核，在考试内容上融合理论、实践、技能3个方面，三者并重；③考核方法灵活多样，突出以学生为中心，在形式上打破终结性考试、一次定结论的传统做法，学生以小组的形式为考核对象，教师和学生共同组成一个考核小组，对每个项目成果进行打分，形成学生主动学习，自主管理，自律文明的风尚。

6 以学生为中心的教学政策实施

为保障“以学生为中心”各项政策的实施，学校建立了职责明确，组织机构健全，工作运行顺畅高效的质量保障体系。学校教学工作委员会（内设专业规划与建设委员会、基础课程建设委员会、教材建设委员会、考试委员会等）对学校教学工作的重大事项进行论证、审议，负责对教学工作的宏观指导，在学科专业建设、师资队伍建设、课程建设、教学评估、教学质量和教学改革等重大问题的决策中发挥重要作用。教务处是在校长、教学分管副校长领导下的校级教学管理和质量监管的主要行政部门，负责教学质量管理的组织、实施、分析、反馈和控制。教学督导专家组是学校教学质量监控的重要督察、指导和咨询机构。各二级学院院长对教学质量控制工作直接负责，学院教学工作分委员会、教学督导专家组、教务管理与教学评估办公室组织健全，内部质量管理机制完善。以上校、院两级教学质量监管组织，构成了专、兼职结合，设置合理，功能健全，运行有效的教育教学质量管理组织网络体系。

7 结语

“以学生为中心”开展人才培养工作，强调学生的主体地位，让学生真正参与到教学中来，真正实现学校各个部门为学生学习服务，是我们努力追寻的目标。百年大计，教育为先，教育理念的转变关乎国家民族的未来，像爱自己儿女那样爱自己学生，作为一名教育者，应肩负起所应承担的责任，敢于担当，善于担当，以改革创新精神，履尽职责，为我国教育事业改革与发展做出贡献。

参 考 文 献

[1] 袁清萍．“以学生为中心”的高职人才培养改革与创新［J］．池州学院报，2015，29（3）：128－130.

[2] 江苏科技大学本科教学质量报告 [R]. 2016, (9).
[3] 洪承礼, 何光春, 吴宋仁, 等. 港口及航道工程本科专业课程体系改革研究 [J]. 交通高教研究, 1997, (1): 44-45, 94.
[4] 肖进丽, 刘明俊, 甘浪雄. 海事管理专业“港口航道与海岸工程”课程教学质量提升途径研究 [J]. 航海教育研究, 2016, 33 (3): 62-64.
[5] 高成发, 蔡宁生. 港口及航道工程专业教学改革的基本思路 [J]. 交通高教研究, 1998, (3): 56-57.

作者简介: 汪宏 (1960—), 男, 教授, 研究方向为港口工程、海洋工程的教学与科研工作。
Email: wh2900@163.com。

大学生创新创业教育教学方法与专业认证的实践与思考

覃 源　张鲜维　薛 文　王瑞骏

（西安理工大学水利水电学院，陕西西安，710048）

摘 要

本文综述了创新创业教育的本质、特点及国家对创新创业教育采取的相关措施，探讨了创新创业教育与工程专业认证之间的关系，研究了创新创业教育教学中用到的新型教学方法，并将新型教学方法如何应用于创新创业教育的具体实施方案进行了重点阐述。通过本文可以发现创新创业教育与工程专业认证具有紧密的联系，且最终要求一致；新型的嵌入式教学模式即可避免教育教学资源的浪费，也可以在短时间内获取更多的实践经验，这一教育思想有利于创新创业教育的开展和满足专业认证的要求。

关键词

大学生；创新；教学方法；专业认证；思考

1 引言

创新创业是指基于技术创新、产品创新、品牌创新、服务创新、商业模式创新、管理创新、组织创新、市场创新、渠道创新等方面的某一点或几点创新而进行的创业活动。创新是创新创业的特质，创业是创新创业的目标。

创新创业教育是以培养具有创业基本素质和开创型个性的人才为目标，不仅仅以培育在校学生的创业意识、创新精神、创新创业能力为主的教育，而是要面向全社会，针对哪些打算创业、已经创业、成功创业的创业群体，分阶段、分层次地进行创新思维培养和创业能力锻炼的教育。创新创业教育本质上是一种实用教育。

2 创新创业教育与专业认证

2.1 创新创业教育在国内外的发展

20 世纪 80 年代末，联合国教科文组织在面向 21 世纪国际教育发展趋势研讨会上，提出了“创业教育”（enterprise education）这一新的教育概念。教科文组织指出：从广义上说，创业教育是为了培养具有开拓性的个人。创业教育对于培养个人的首创和冒险精神、创业和独立工作的能力以及技术、社交、管理技能非常重要。因此，联合国教科文组织要求高等学校必须将创业技能和创业精神作为高等教育的基本目标，要求将它提高到与学术研究和职业教育同等重要的地位。从本质上说，创业教育就是指培养学生创业意识、创业素质、创业技能的教育活动，即培养学生如何适应社会生存、提高能力以及进行自我创业的方法和途径[1]。

美国至少有 400 个学院和大学提供一种或多种创业课程，许多顶级大学现在也提供创业方面的课程和学位。英国政府 1998 年启动了大学生创业项目（The Graduate Enterprise Programme），日本也在 1998 年由国会通过了《大学技术转移促进法》，在高校倡导创业教育。而在澳大利亚，大学里的创业教育已经进行了 40 年左右[2]。

我国国务院发布的《国家中长期科学和技术发展规划纲要（2006—2020 年）》明确提出："要把科技进步和创新作为经济社会发展的首要推动力量，把提高自主创新能力作为调整经济结构、转变增长方式、提高国家竞争力的中心环节，把建设创新型国家作为面向未来的重大战略"[2]。国家教育部也先后启动了"大学生创新创业计划训练""大学生人才培养模式创新试验区"等建设项目，以促进创新、创业和管理高层次人才的培养[3]。

2.2 创新创业教育与专业认证之间的关系

我国工程教育专业认证协会颁布的《工程教育认证标准（2015 版）》中也在毕业要求中明确规定"能够基于科学原理并采用科学方法对复杂工程问题进行研究，包括设计实验、分析与解释数据、并通过信息综合得到合理有效的结论""能够针对复杂工程问题，开发、选择与使用恰当的技术、资源、现代工程工具和信息技术工具，包括对复杂工程问题的预测与模拟，并能够理解其局限性"以及"能够基于工程相关背景知识进行合理分析，评价专业工程实践和复杂工程问题解决方案对社会、健康、安全、法律以及文化的影响，并理解应承担的责任。"

针对创新创业教育教学的理念与专业认证的基本要求，本文阐述了将创新创业教育以微课、慕课及翻转课堂等新的教育教学方法嵌入到传统的教育教学过程之中的思路和方法，以及新的教育教学方法与专业认证之间的联系。

3 新型嵌入式教学法

所谓新型教学方法指的是微课、慕课和翻转课堂等新兴起的教学方法，此类教学重新调整了课堂内外的时间，将学习的决定权从教师转移给学生。在这种教学模式下，课堂内的宝贵时间，学生能够更专注于主动的基于项目的学习，共同研究解决本地化或全球化的挑战以及其他现实世界面临的问题，从而获得更深层次的理解。教师不再占用课堂的时间来讲授信息，这些信息需要学生在课后完成自主学习，他们可以看视频讲座、听播客、阅读功能增强的电子书，还能在网络上与别的同学讨论，能在任何时候去查阅需要的材料。教师也能有更多的时间与每个人交流。在课后，学生自主规划学习内容、学习节奏、风格和呈现知识的方式，教师则采用讲授法和协作法来满足学生的需要和促成他们的个性化学习，其目标是为了让学生通过实践获得更真实的学习。翻转课堂模式是大教育运动的一部分，它与混合式学习、探究性学习、其他教学方法和工具在含义上有所重叠，都是为了让学习更加灵活、主动，让学生的参与度更强。

4 嵌入式教学法与专业认证

西安理工大学水利水电工程专业计划首先以《环境影响评价》课程为基础，将目前最热门的议题"水利工程对环境的影响"作为研究对象，开展微课、慕课和翻转式课堂教学尝试。

此尝试以大学二年级水利水电工程卓越班学生为对象，目的在于培养学生的国际化视野；运用所学知识解决实际工程中遇到的问题；能够通过使用现代化工具、仪器等主动查阅资料，发现并分析问题的根源；初步复杂工程问题对环境、社会、健康、安全、法律以及文化的影响，更加深入理解和评价复杂工程问题对环境、社会可持续发展的影响等。

具体实施方案如下：

（1）由《环境影响评价》授课老师录制1～3段时长不超过20min的以《环境影响评价》主要知识点为内容，以水利工程对环境的影响为议题的慕课视频。

（2）将视频放置在公开的网络平台上，并向学生提供网址，督促学生在规定的时间段内观看，并提前将学生分组，并引导学生书面整理出自己感兴趣的工程、科学问题。

（3）授课教师利用学生观看视频的时间（一般为24h）整理出需要讨论的知识点和学生进行互动式交流，并对问题进行记录，并在讨论结束后就大家比较关心的问题布置给学生，督促学生运用现代化工具查阅相关文献、资料等。

（4）组织学生进行第二次交流讨论，并对学生搜集的资料进行统计和分析，解答学生提出的问题，若遇到部分问题无法解答，则再次与学生共同查阅相关资料。

（5）组织学生进行第三次交流讨论，并就可以解决和无法解决的问题进行讲解，并安排学生以小组为单位，撰写调研报告。

（6）最后安排学生小组代表公开汇报研究成果，并讨论打分。

此方案为初步实施方案，实现难度较低，且课根据学生需要灵活掌握调研时间等，相信通过此类教学方法，能够积极调动学生的学习积极性，转变传统教学中学生被动学习的局面。

5 结语

大学生是最具创新精神和创业潜能的群体之一，是建设构建创新型国家、创新型社会的主力。随着我国高等教育制度的改革，国家大力加强了大学生创新创业教育，培养大学生的创新精神和创业意识、增强创业素质和创业能力，提高了国家建设者的整体素质，是推动经济和社会发展的重要保证，更关系到每一位大学生的健康发展和成长。本文探讨了大学生创新创业教育的本质以及与专业认证之间的关系问题，在此基础上得到以下结论：

（1）创新创业教育与专业认证核心内容密切结合，通过实施创新创业教育能够更好地体现专业认证的价值。

（2）新型的教学方法对创新创业教育有积极的推动作用，更加符合专业认证中以人为本的教育教学要求。

（3）专业认证要求中虽然并未直接提及对于大学生创新创业教育教学的要求，但是认证要求中的相关内容基本完全覆盖，所以在做好认证工作的同时应重点发展大学生创新创业教育。

参 考 文 献

[1] 李世佼．大学生创新创业教育体系的构建［J］．黑龙江高教研究，2011，209（9）：119－121.
[2] 马永斌，柏喆．大学生创新创业训练计划项目的实践与探索［J］．清华大学教育研究，2015，36（6）：99－103.
[3] 刘艳，闫国栋，孟威，等．繁创新创业教育与专业教育的深度融合［J］．中国大学教学，2014，11：35－37.
[4] 陈昊．在线教育背景下大学生创新创业教育有效性研究［D］．重庆：重庆交通大学，2014.

作者简介： 覃源（1983— ），男，博士，副教授，从事水利水电工程本科教学及水工结构工程研究生教学。Email：lanelyly@163.com。

农业水利工程专业毕业设计质量提升方法探究

朱红艳[1,2]　费良军[1,2]　聂卫波[1,2]

（1. 西安理工大学水利水电学院，陕西西安，710048；
2. 西安理工大学西北旱区生态水利工程国家重点实验室，陕西西安，710048）

摘　要

毕业设计是本科生培养计划中的一个重要教学环节，其质量的下降不容忽视。本文从农业水利工程专业的毕业要求出发，分析了农业水利工程专业毕业设计的现状和问题，在此基础上，对农业水利工程专业毕业设计质量提升方法进行探究，即从教学模式、选题模式、培养模式、教师队伍建设、考核及管理方式等多方面提出了建议。

关键词

毕业设计；农业水利工程专业；质量提升方法

1　引言

为了达到工程教育专业认证标准，能够支撑毕业要求的课程保留，对毕业要求没有贡献的课程取消。在课时大幅压缩，学生学习热情不足的情况下，完成毕业要求中的12项内容，是个复杂工程问题。相对而言，通过毕业设计（论文）来实现这12目标可能比较轻松。本科毕业设计（论文）对学生在校期间所学基础课、专业基础课以及专业课知识的复习、巩固和提高，是培养学生初步独立分析问题和解决实际工程问题的一个重要过程，是对学生的能力与素质的综合检验，也是工程类专业学生由学校走上工作岗位的重要桥梁和过渡，还是学生毕业资格与学位资格认定的重要依据，所以在教学环节中它非常重要，尤其在“引导一批普通本科高校向应用技术型高校转型”的大环境下，更应引起教学部门的高度重视。

然而，随着教育体制改革的推进以及应用型本科教学的展开，本科毕业设计（论文）中存在的一些问题也日益彰显出来，毕业设计（论文）内容的工程性、专业性、规模、完整性，毕业设计（论文）选题、指导和考核情况等大都存在一些错误和不够规范。为此我们特别通过“农业水利工程专业毕业设计质量提升方法探究”，以我校农业水利工程专业毕业设计（论文）为对象进行研究，希望对相关工科专业也有所裨益。

基金项目：西安理工大学教学研究项目（xqj1508）；中国博士后基金（2015M582763XB）；陕西省教育厅重点教改项目：水利水电学院创新创业教育建设的探索与实践（编号：17bz022）。

2　农业水利工程专业毕业设计（论文）现状和问题分析

2.1　学生对毕业设计（论文）投入精力不足

传统的毕业设计，是学生走上工作岗位前，利用所学知识完成与工作相关的内容，为将来走上工作岗位能顺利适应工作环境打下基础[1]。随着大学生就业制度改革和扩招人数逐年增长，毕业生就业压力越来越大，因而他们在寻找未来出路时投入的精力也随之增多。我校毕业设计（论文）大都在第七学期末布置，第八学期完成，临近毕业，学生们把更多的精力投入到对未来的设计上，许多学生为寻找一份如意的工作而四处奔波，造成毕业设计（论文）精力投入不足。部分参加考研、考村官、考公务员的学生为了应付接二连三的笔试、复试等相关事情，毕业设计（论文）被搁置拖延。也有些与用人单位已签约的学生提前上岗，致使学生无暇顾及毕业设计（论文）[2,3]。此外，考研通过或找到工作的学生又觉得毕业设计（论文）内容与自己未来的工作环境不符，普遍存在着毕业设计（论文）无用心理，而既没考研也没签工作的学生则内心浮躁，对设计存在抄袭及观望态度，所以严重影响了毕业设计（论文）的积极性。

2.2　师生比例失调，教师精力有限

随着招生规模的扩大，师生比例失调，一位教师指导过多学生，往往很难顾及每位学生。另一方面，教师面临着晋升压力，在完成繁重的教学任务情况下同时还承担大量的科研任务，学生进行毕业设计（论文）的时间相对集中，导致老师很难保证随时投入到每个学生的毕业论文的指导中。

另外，学校对教师业务能力培训、实践锻炼与积累方面重视不够，教师很少能够走到企业当中，对工程实际接触得也不多，这样导致知识更新速度降低，脱离实际，很难给学生提供最新技术指导，指导的毕业设计（论文）千篇一律。

2.3　学生缺乏扎实理论知识和实践基础

毕业设计（论文）内容一般不局限于一门课程或一本教材，扎实的理论知识和实践基础是学生高质量完成毕业设计（论文）的前提。现今的学生在前期专业课程的学习过程当中，其学习的主动性和踏实认真做学问的态度比不上以往的学生，知识的领悟能力和掌握程度很难达到以往的高要求[4]。首先，学生对所学课程的认识不足。受某些社会风尚的影响，学生学习也带有较强的功利性[5]。他们把与就业没有直接联系的课程均认为是无用的，尤其对于“工程制图”“水力学”“水泵及泵站”“水工建筑物”“农田水利学”等一些重要的基础课及专业课的作用和重要性认识不足，不愿投入足够的时间和精力，对知识的掌握达不到应有的水平。

其次，各课程的教学内容相对独立、缺乏连贯性。就每门课程而言，任课教师无论是在安排理论教学内容还是在安排实践教学内容的时候，往往只关注本门课程自身，缺乏对学生此前所学知识和其相关课程教学内容的综合考虑，忽略培养学生综合运用已学知识的能力。因此，即使学习成绩好的学生，具备较强的对专业知识融会贯通能力，能够综合运用所学专业知识分析并解决实际问题的也不多。

再次，农业水利专业开设的计算机类课程较多，一般包括计算机应用基础（如 Microsoft Office 系列功能）、编程语言（C 语言）、绘图软件（AutoCAD）等。熟练掌握这些软件是高质量完成毕业设计（论文）课题的必要条件之一。遗憾的是，学生虽然几乎都配有个人电脑，但他们在基本的 Word 编辑排版，Excel 数据分析处理及绘图、PowerPoint 制作幻灯片汇报课题、简单的程序编制、CAD 制图出图等方面的熟练程度远远不够。

此外，学生主动学习和独立工作能力差，能掌握最基本的文献检索方法并利用便利的校园网查阅文献的学生并不多，大多数学生在指导老师布置完毕业设计（论文）任务后，学生不知道如何入手，

对于试验方案的制定，数据观测、收集、分析处理能力均为空白，需要老师细细一一指导，因此，让学生独立开展研究，独立完成课题几乎是不可能的。

2.4 毕业设计（论文）选题陈旧、单一、与实际结合不紧密

要搞好毕业设计，先要选好题。毕业设计（论文）题目以所学农业水利工程知识为基础，同时结合生产科研项目开展，进行综合训练，也针对涉及本专业的有关研究热点进行专题研究，主要分为5个方向：农业水利工程规划与设计、节水灌溉管理与技术、灌区水利工程设计、灌区水利工程管理与施工组织设计、专业相关热点问题研究。题目主要由教师给定，大多数结合所学课程，内容比较基础，而且偏理论一些，设计内容和企业新技术存在差距，并且设计内容比较固定，选题没有新意，不考虑学生知识水平、兴趣爱好、就业志向等的差异，年复一年，学生消极应付、老师视觉疲劳。

再者，由于在日常生活中教师参与工程环节有限，部分指导教师结合科研课题和社会服务项目拟定毕业设计（论文）题目，但有的科研课题和社会服务项目研究内容并不属于农业水利工程领域，据此拟定的毕业设计（论文）题目与学生专业不符。导致毕业设计（论文）对于学生只能是过程锻炼，设计成果偏离其专业。影响学生的积极性，自然影响了毕业设计（论文）的质量。

此外，过分强调一人一题，选题方式不便于学生之间的沟通、交流，不利于团队精神的培养。

2.5 毕业设计（论文）质量监控制度僵化，缺乏有效管理措施

学校管理层为了应对毕业设计（论文）质量逐步下滑的局面，出台了一系列文件管理条例和规定，这些规定和要求对规范和提高毕业设计（论文）质量有一定的促进作用，但因缺乏灵活性和针对性，脱离实际情况，毕业设计（论文）一味强调标准化，不但大大增加了教师的负担，还忽视了不同学生的具体情况。毕业设计（论文）缺少灵活的过程监控体系，形式过于单一，对毕业设计（论文）过程监管不严，考核仅仅通过论文和15min的毕业答辩考察，对完成不好的同学并没有其他有效的措施。毕业设计（论文）内涵质量上并未显著提高，反而浪费了大量的资源和精力。

大学扩招导致学生水平下降、学生毕业设计（论文）不合格将拿不到毕业文凭、毕业率直接影响就业率继而影响学校的招生等等，以上诸多因素导致毕业设计（论文）考核流于形式。

3 毕业设计（论文）质量提升方法

针对以上分析，毕业设计（论文）质量下降不仅仅是毕业设计（论文）这一个教学环节出现问题而导致的，它受高校扩招、就业压力、学生主观态度、高校管理政策、教师精力投入及实践经历等诸多因素的影响。所以，要想提高毕业设计（论文）的质量必须从现有的教学模式、选题模式、培养模式、教师队伍建设、考核方式、管理模式等多方面进行改革，通过这些举措，形成强学生、强教师、强学校“三赢”的毕业设计实践教学模式[6]。

3.1 专业教师相互配合，整合教学内容，做好专业知识脉络传承

农业水利工程专业学生大一学年主要学习公共课程，对专业的认识比较模糊；大二学年开始进入基础课和专业基础课的学习阶段；大三学年是专业课的学习阶段；至大四学年第一学期期末，学生基本修完教学计划的所有课程。由于现有教师大多在教学内容安排上各门课程各自为政的模式，学生虽然对专业有一定的了解和认识，但缺乏对专业知识的系统梳理。农水专业毕业设计（论文）往往针对较完整的工程类项目，可能涉及“农田水利学、水泵及泵站、水力学、水工建筑物、水利工程概预算”等多门课程，这些课程的独立授课过程中不可能完全传达涉及的其他课程的所有知识，尽管这些课的课程设计可以部分解决这个问题，但课程设计主要还是针对一门课的知识运用。因此，需要专业任课教师间的密切配合，从低年级开始就对学生做好引导、规划和培养，尤其上课时要强调本门课程在专

业教学计划中的地位，实际应用前景及与其他课程的前后衔接关系，将各专业课程之间的教学内容环环相扣、层层推进。在课程设计环节，通过把一些实际的问题进行合理地分解，并将其与多个相关课程的教学内容相融合，逐步引导学生学会综合运用所学知识去解决实际问题。学生在完成学习任务的同时也巩固加强了专业知识，同时解决了一个实际问题也给学生带来了学习的成就感。

3.2 选题既坚持专业相关，又与就业相结合

选题决定了毕业设计（论文）的内容及方法，是关系毕业设计（论文）教学效果的关键环节。科学的选题对培养学生创新能力和工程素养有着至关重要的作用。毕业设计（论文）的选题原则一是题目要从本专业的培养目标出发，体现专业研究内容和工程师基本训练内容，二是应尽量以实际工程为背景，增加毕业设计（论文）课题的应用价值，结合实际工程，培养学生的实践能力、动手能力和创新能力[7]。此外，由于毕业设计（论文）最主要的职能就是让学生提前接触工作环节，为顺利承担工作任务做准备。所以题目尽可能与科研、生产、实验室建设以及企业就业需求相结合，可以尝试与农业水利工程专业对口单位合作，如设计院、工程建设单位等，将一些小型工程的设计、施工组织方案、造价等内容作为毕业设计（论文）内容，由相关单位工程技术人员和教师共同指导；也可以将学生指派到签署就业协议的单位实习，把实习期间所做的工作内容形成报告作为毕业设计（论文）题目。这样既解决了选题困难的问题，也能让学生更好地接触未来的工作内容，为更好地胜任工作打下基础，也可以使学院了解就业单位的人才需求，加强学院与就业单位的联系，有侧重点地调整教学方向以满足不同行业所需要的人才，还可以促进教师对外交流及提升工程实践经验。

3.3 实行本科导师制

实行本科导师制，可以使学生有更长的时间参与指导教师的科研项目，而指导教师也有了比较稳定的助手。对于有课题和项目而无助手的中青年教师而言，导师制无疑是一个很好的机会[8]。结合农业水利工程专业的课程实际，建议学生从大三学年开始，利用课余时间积极参与到教师的科研课题中来。导师可以结合学生兴趣及相关课程特点，开始有针对性的指导学生开始文献查阅、开展实验、数据采集和分析处理、撰写材料等，逐渐提炼毕业设计（论文）题目和研究内容，从容地完成毕业设计（论文）。这样既拓宽了学生的知识面，增强了学生的动手实践和科研创新能力，锻炼了学生对各种实验仪器操作和数据分析处理能力，同时也使学生有充分的时间完成毕业设计（论文），大大提升了毕业设计（论文）质量，此外降低了指导教师的工作难度。

3.4 加强教师队伍建设

为青年教师多提供现场参观、企业实践、进修培训的机会，鼓励青年教师积极参与企业有关的科技攻关、项目开发、技术改造活动，提高教师的工程素质及技术开发能力。让专业教师参与学校毕业生回访活动，通过了解毕业学生的就业情况，了解学生所在企业的入职需求来适当调整学校的教学大纲，并给低年级学生以科学的就业指导。加强指导教师团队建设，结合教师研究方向，组成团队进行指导，保障指导教师能力和结构合理，既有利于教师间交流，又有利于提高青年教师的指导能力和教学科研水平。

3.5 加强监管，改革考核制度

拥有严厉的奖惩条例和严肃、客观、公正的评判机制是培养良好学风，提高毕业设计（论文）质量的制度保障[9]。对毕业设计（论文）首先应当进行严格的甄别，弄虚作假反映了学生的道德品质问题，校方要对有抄袭行为的学生进行严肃处理，建立淘汰制度，把学历和学位分开，对毕业设计（论文）应付了事、设计成果不达标的学生可以考虑取消其学士学位证书。同时，监管落实教师指导学生数量，保证教师指导时间，规范指导过程（要求每周师生讨论一次，并记录在案），提升培养质量。严

格的监管制度，不但打消了应届学生弄虚作假、消极应付的念头，而且有助于下一届的学生形成良好的风气，促进毕业设计（论文）质量的逐年提高。本科毕业设计（论文）的考核不应该过度强调论文选题的“创新”，应该重视毕业设计（论文）“过程”，即注重学生在毕业设计（论文）过程中得到的锻炼和取得的进步。对毕业设计（论文）要给出客观、公正的评判，对于校企合作的毕业设计（论文），成绩由企业方给的成绩和校方给的成绩两部分组成。

4 结语

综上所述，农业水利工程专业在毕业设计（论文）中遇到的问题很多，要想在当今新的社会大环境下，仍然能够保证毕业环节的教学质量，就要对现存的教学方法进行调整，进行改革以适应新形势、新环境。未来高校应该不断调整毕业设计（论文）结构，完善毕业设计（论文）内容，其中最核心的就是专业教师相互配合，整合教学内容，做好专业知识脉络传承；选题既坚持专业相关，又与就业相结合，应从实际出发，增加学生毕业设计（论文）动手的机会；实行本科导师制，增强了学生的动手实践和科研创新能力；加强教师队伍建设，提高青年教师的指导能力和教学科研水平；加强监管，建立淘汰制度，改革考核制度，为各行各业培养更优秀的毕业生，为国家走新型工业化发展道路，创新型国家和人才强国贡献一份力量。

参 考 文 献

[1] 佟大鹏．水利工程专业毕业设计（论文）改革研究［J］．黑龙江教育（高教研究与评估），2016，(9)：39-40.

[2] 高红艳，刘飞．工科毕业设计实践教学改革思考［J］．中国现代教育装备，2017，(1)：69-71.

[3] 王辉，裴毅，吴凤平，等．农业院校水利水电专业毕业设计的创新实践［J］．教育教学论坛，2015，(29)：108-109.

[4] 孙雪景，魏立明．高等院校工科专业毕业设计（论文）教学改革与探讨［J］．中国电力教育，2009，(11)：128-129.

[5] 张兰萍，田丰春．本科毕业设计（论文）现状的分析与改革研究［J］．南京晓庄学院学报，2010，(5)：61-63，123.

[6] 王桂荣，刘元林，刘春生．卓越工程师培养背景下机电本科毕业设计改革［J］．教学研究，2014，37 (1)：89-91.

[7] 王军玺．水利水电工程专业毕业设计选题探讨［J］．高教学刊，2015，(20)：29-30.

[8] 王文先，赵浩峰．本科生导师制在毕业设计（论文）教学中的应用［J］．太原理工大学学报（社会科学版），2001，(4)：65-68.

[9] 王晓雷，孙孟瑶，高月春，等．本科毕业设计多层次立体化质量保障体系的构建与实践［J］．华北理工大学学报（社会科学版），2016，(4)：85-88.

作者简介： 朱红艳（1986—　），女，讲师，博士，主要从事地下水利用教学与科研。

Email：zhyzhuhongyan@163.com。

基于工程教育专业认证的农业水利工程专业教育教学改进与实践

仇锦先　陈　平　程吉林　吉庆丰

（扬州大学水利与能源动力工程学院，江苏扬州，225009）

摘　要

针对中国工程教育专业认证通用标准和水利类专业补充标准要求，结合我校农业水利工程专业本科生培养目标与专业特色，遵循以学生为中心、以成果为导向的教育理念，提出了本专业教育教学持续改进措施与具体做法，取得了明显成效，于2016年10月接受了专业认证专家组进校考查，受到了专家一致好评与充分肯定，产生了积极影响，具有较强的实用性和可操作性，同时具有较好的示范性和指导性。

关键词

教育教学；持续改进；农业水利工程专业；扬州大学

1　引言

近年来，随着中国工程教育专业认证不断推进，特别是2016年6月中国成为国际本科工程学位互认的《华盛顿协议》正式会员，标志着我国工程教育质量标准实现了国际实质等效，工程教育质量保障体系得到了国际认可，我国工程教育毕业生获得跨境申请职业资格的"通行证"。因此，专业认证得到了我国工程类高等院校密切关注、高度重视和积极申报。

参照《工程教育认证通用标准》和《水利类专业补充标准》的要求，我校不断加强农业水利工程专业教育教学探索与改革研究，这是接受专业认证的必然要求，也是专业持续改进的集中体现；是提高本专业人才培养质量的关键与保证，也是本专业工程教育可持续发展的根本与源泉。

本文结合我校农业水利工程专业本科生培养目标与专业特色，提出了本专业教育教学持续改进的主要措施与具体做法，包括专业培养方案修订、复杂工程问题界定、持续改进机制构建、专业教师队伍建设和毕业要求达成评价等内容，并于2016年10月接受了专业认证专家组进校考查，受到了专家组成员一致好评与充分肯定，产生了积极影响，具有较好的实用性、指导性和可操作性。

2　持续改进措施

（1）完善专业培养方案。结合社会经济发展对人才培养需求的变化，充分考虑地区对人才培养的要求、专业办学特色和优势，修订了专业培养方案，重新定位了培养目标，细化了毕业要求及其指标点分解，完善了课程支撑体系。新的培养方案增强了课程体系设置的合理性、毕业要求覆盖的全面性与培养目标预期的导向性，更加有效地促进了本专业学生毕业要求的达成和培养目标的实现。同时，明确了老师授课内容的针对性与目的性，对传统教学大纲制订、教学内容与模式、考试内容与形式均进行了改进，解决了教师教学过程中的盲目性、随意性及不确定性，避免了教学大纲修订过程的封闭性与局限性。

（2）界定复杂工程问题。聚焦毕业要求“复杂工程问题”能力的培养，结合专业办学特色与培养目标，总结了我校农业水利工程专业在规划、设计、施工和管理等方面的“复杂工程问题”，为课程群教学设计提供依据。复杂工程问题突出了课程体系的重要性、关联性和系统性，有力支撑了毕业要求的达成（毕业要求中有8条均指向解决复杂工程问题），克服了专业课程与专业技能综合提升认识上的误区。

（3）构建持续改进机制。构建了教育教学持续改进机制，促进培养目标达成。建立了教学过程质量监控机制、教学质量保障体系、教学质量监控运行体系和专业课程设置评价机制；建立毕业生跟踪反馈机制以及社会评价机制，对培养目标是否达成进行定期评价。一方面保证了本科生教学质量和专业课程设置的与时俱进，克服了专业课程设置的“一成不变”，同时及时掌握了毕业生的培养目标是否达成情况，避免“一走了之”，实现对已有培养目标达成不足的持续改进。

（4）优化专业教师队伍。组建了学缘结构合理、工程经验丰富的专业课师资队伍，在理论教学中紧密联系工程案例，在认识实习、综合实习等实践教学中也能穿插案例、得心应手，也解决了课程设计、毕业设计选题的片面性、局限性和单调性；同时拥有企业或行业专家作为兼职教师，以多种方式参与本科生工程实践能力的培养，弥补了部分专业课教师工程背景的不足，发挥了校外资源在本科人才培养中的积极作用，促进了学生工程实践能力的培养。

（5）建立达成评价机制。本着直接评价和间接评价相结合、定量评价和定性评价相结合，力求评价结果真实原则，建立了一整套毕业要求达成评价机制。针对知识、技能和能力要求主要采用课程考核成绩分析法进行达成度评价，针对素质要求实践类课程主要采用评分表分析法进行达成度评价，同时辅以问卷调查法。往届毕业生达成度评价结果显示，本专业达成度评价机制较为完善，能够对学生毕业达成度进行较为全面、客观、科学的评价。毕业要求达成度评价彻底改变了以往注重教学过程而忽略后续教学结果评价的做法，也改变了传统的单纯定量分析法，评价结论反馈于教师实现教学大纲、教学内容与考核方式的改进。

3 具体做法与实践

3.1 专业培养方案修订

在专业培养方案修订中，改进了培养目标制订的传统认识、做法与流程。

学院制定了毕业生跟踪及用人单位调查制度与方案，在用人单位及毕业生“培养目标合理性评价”（重点是目标与需求的认同度）调查反馈的基础上，在行业专家与校友参与下，完成了专业培养目标、毕业要求和课程体系的修订，增加了学生毕业5年左右在社会与专业领域的预期能够取得的成就。

同时，明确了毕业要求对培养目标的支撑关系；细化了毕业要求二级指标点及其支撑课程，并用文字形式落实到每一门必修（及限选）课程教学大纲中，每条指标点内涵对应的课程及教学活动必须落实到每一位教师，实现毕业要求的有效支撑与培养目标的最终达成。

3.2 复杂工程问题界定

结合专业培养目标与地区行业发展需求，首次对我校农业水利工程专业复杂工程问题进行了总结与界定，既彰显了本专业鲜明的办学特色，又将解决复杂工程问题能力融入到具体的教学过程之中，为毕业要求及其二级指标点的划分、支撑课程体系设置均具有重要的指导意义。本专业涉及的复杂工程问题如下：

（1）农村水利规划。复杂工程问题主要体现在规划对象多（农田、村镇、乡镇、县域、区域等）、类型多（水系规划、农田水利规划、节水灌溉规划、防洪除涝规划、乡镇供水规划、大中型灌区规划等）、地形地貌复杂（平原区、低洼圩区、丘陵山区、沿海垦区、水网地区等）、考虑因素多（气象、气候、土壤、水文地质、作物类型等）。因此，需要综合运用方案比选、生态环境评价、水利经济、工程管理、法律法规等专业知识来进行农村水利规划。

（2）农村水利工程设计。复杂工程问题主要体现在设计制约因素多，考虑社会、健康、安全、法律、文化以及环境等关联因素；设计类型多，涉及闸、站、桥、涵、库、塘、坝、供排水管网及灌排渠系等。“麻雀虽小、五脏俱全”，需要具有工程布局、结构设计、力学计算（水力学、土力学、理论力学、材料力学、结构力学）与稳定分析等多方面能力，以及水利、土建、电气、信息等相关综合技术来解决设计中的复杂工程问题。

（3）农村水利工程建设施工。复杂工程问题主要体现在施工对象多，涉及闸、站、桥、涵、库、塘、坝、渠、沟、管等工程；施工条件复杂，需要考虑不同的水文地质条件（地形地貌、地下水位埋深、岩土属性等不确定性因素）；建设地点多变，分布于江、河、湖、海、农田等不同位置。可见，上述这些复杂因素，对农村水利工程建设施工的组织设计、成本控制、进度控制、质量控制均带来挑战，必须统筹兼顾，协同解决。

（4）农村水利工程运行管理与科学研究。复杂工程问题主要体现在管理与研究的对象多，涉及大中型灌区运行调度、山丘区库塘水资源配置、农村河湖的水资源保护与水生态修复、乡镇水厂运行与管护、各类农村水利工程的管理与维护等，要做到整体协调与局部控制相统一、定性分析与定量计算相结合，需要吸取国内外先进的管理经验和研究方法，并结合各类工程运行状况，不断创新管理模式，开展科学探索。

因此，从事农村水利工程规划、设计、施工、管理与科学研究，必须系统而扎实地掌握本专业的基础知识和专业知识，统筹考虑各种关联影响因素与不确定因素，凝练出图形化、网络化的课程群，深入地应用数学、自然科学和工程科学的基本原理，采用先进方法与现代工具，才能准确识别与表达、有效分析与解决工作中的复杂工程问题。

这里限于篇幅，仅列举一个高标准农田（或大中型灌区）项目规划设计案例，以说明我校本专业复杂工程问题能力培养的知识点关联与课程群组合方法，如图 1 所示。

3.3 持续改进机制构建

结合学校、学院、教研室（农水系）教学质量控制的具体做法与本专业的培养要求，构建教育教学持续改进机制，包括建立完善的学校-学院两级管理、学校-学院-教研室三级建设的教学管理体系、学校-学院-教研室（系）三级教学质量监控体系（图 2）和运行体系（图 3）、教学质量保障体系（图 4）和专业课程设置评价机制（图 5）。

各主要教学环节有明确的质量要求，通过教学环节、过程监控和质量评价促进毕业要求的达成，定期进行课程体系设置和教学质量的评价，为持续改进提供了依据。同时，包括建立毕业生跟踪反馈机制，以及有高等教育系统以外有关各方参与的社会评价机制，对设置的培养目标是否达成进行定期评价，重点是目标与就业岗位情况的满意度，即涉及毕业生毕业 5 年左右情况自我评价和用人单位评价，根据反馈对已有毕业要求、课程体系、师资队伍及支持条件不足之处进行改进，有效保证了本专业人才培养质量，促进了毕业生培养目标的达成。

3.4 专业师资队伍建设

学校始终支持专业课教师队伍建设，吸引与稳定合格教师，支持教师自身专业发展与提升。

对于专业课任课老师，在做好正常教学工作的同时，充分利用扬州大学工程设计研究院、现代农村水利研究院、现代农村水利协同创新、水资源高效利用与管理研究所、农业水土环境与生态研究所

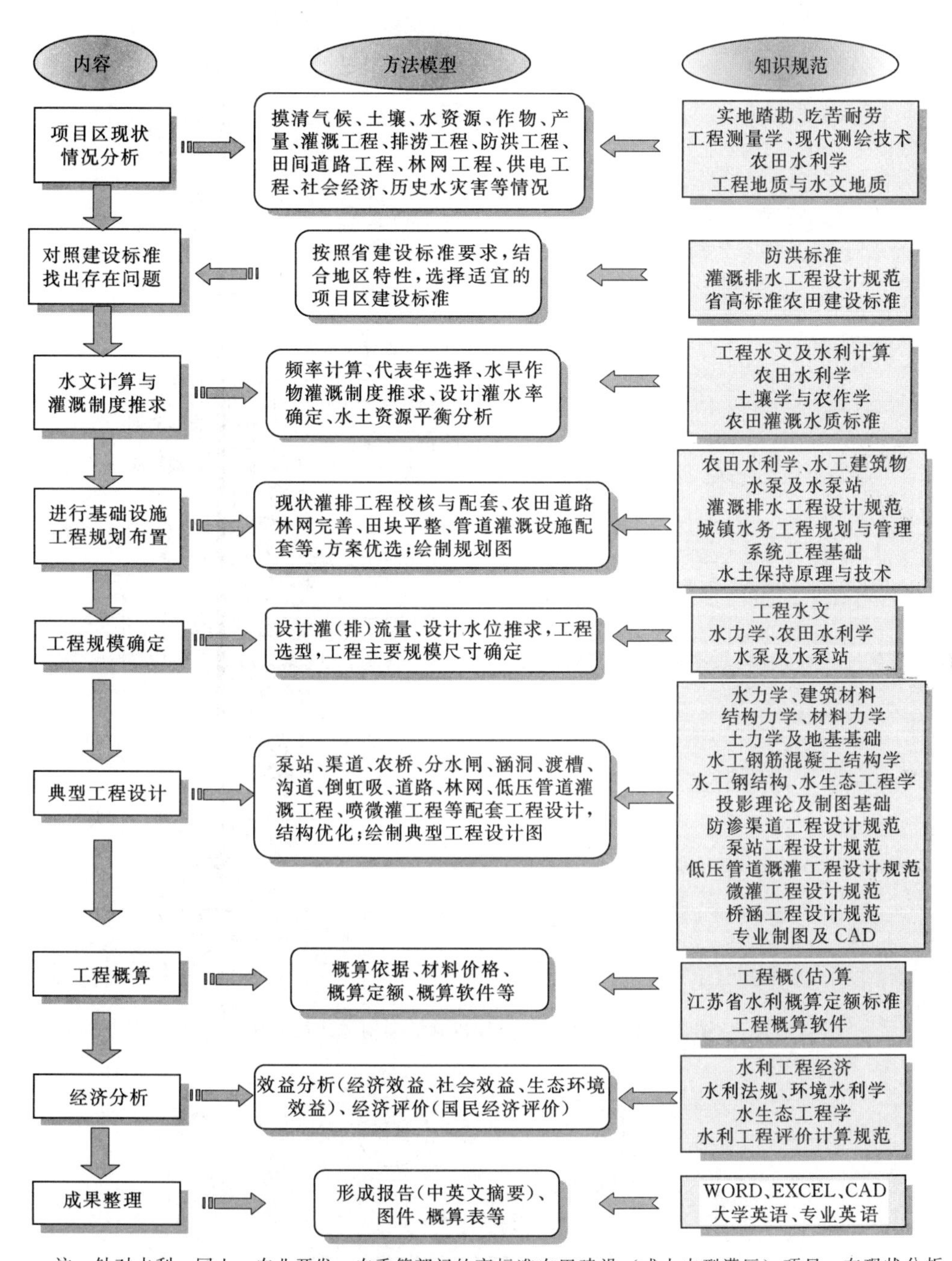

注：针对水利、国土、农业开发、农委等部门的高标准农田建设（或大中型灌区）项目，在现状分析的基础上，按照高标准农田建设标准，进行骨干灌排工程及农田基础设施配套建设，建成“灌排设施配套、土地平整肥沃、田间道路畅通、农田林网健全”的农田。

图1　高标准农田（或大中型灌区）项目规划设计案例

等平台，积极参与工程实践，通过与地方水利部门、设计院或其他科研院所合作，开展横向课题、科技服务或咨询、科学试验、产品研发与推广应用等活动，丰富自己的工程背景，有助于理论联系工程实际教学；组织教师到行业兼职、到企业锻炼、到地方挂职。

对于新进教师，制订了青年教师培养工作实施细则，包括岗前培训、青年教师成长导师制、具有参与水利工程规划、设计、施工、管理或其他相关经历等。

聘请水利行业专家到校讲学、座谈、答辩，承担或协助指导学生认识实习、生产实习、综合实习、课程设计、毕业设计等实践性教学。

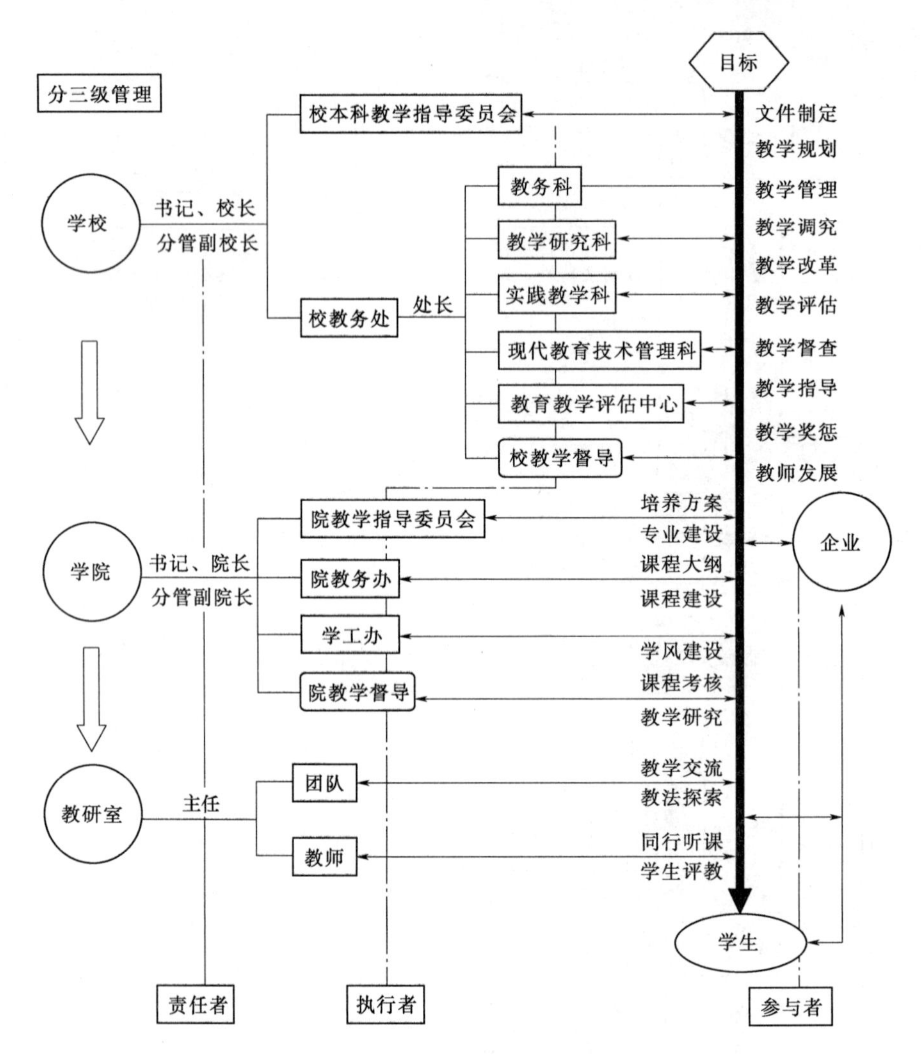

图 2　教学过程质量监控机制的架构与运行方式

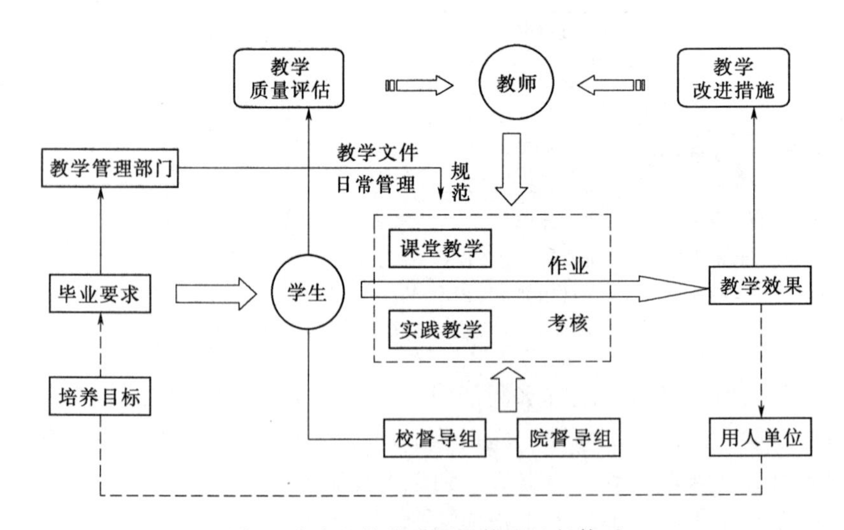

图 3　本专业教学质量监控及运行体系

另外，注重教师队伍年龄结构、学缘结构、国际化水平等方面的优化组合，补充了来自“211”“985”重点院校的年轻博士、拥有海外背景的博士、教授。

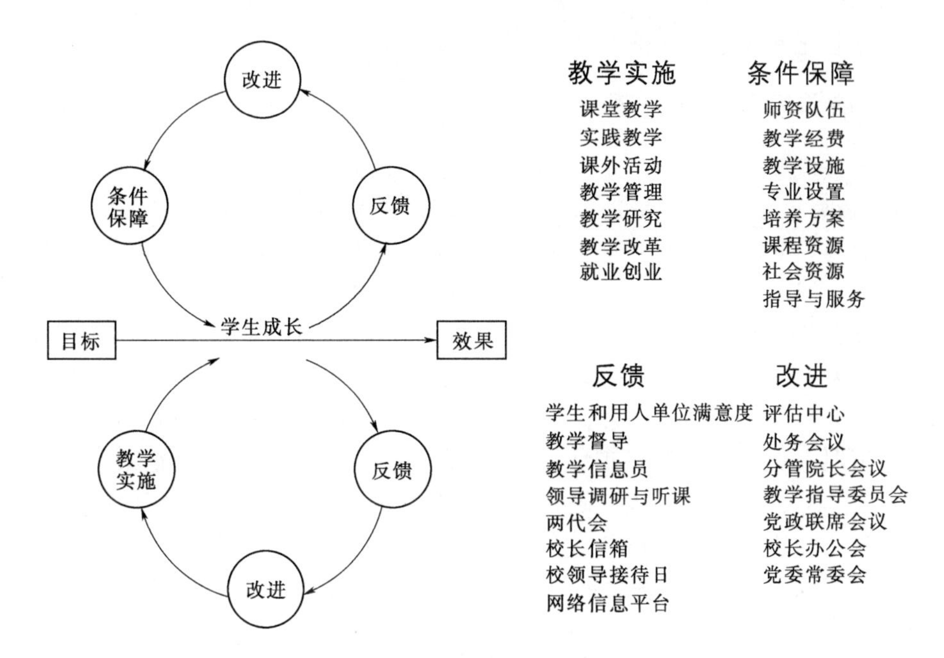

图 4　扬州大学教学质量保障体系示意图

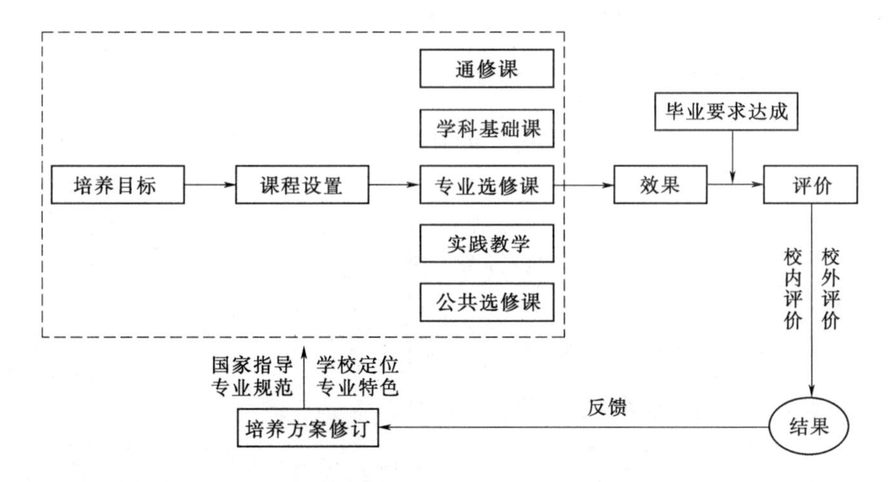

图 5　专业课程设置评价过程与评价机制

3.5　毕业要求支撑课程的落实

要求教师明确自己承担的课程所支撑的毕业要求指标点，充分认识本人承担的课程在专业课程体系中地位与作用，并对照本课程教学大纲所支撑的毕业要求，开展教学活动，包括教学内容安排、授课方式和考核方式。

课程教学结束后，根据课程性质和考核要求，选择合适的方法（课程考核成绩分析法或评分表分析法）进行达成度评价，认真填写“教师对课程落实毕业要求的情况自评表”“课程考核合理性确认表”“课程对毕业要求达成度评价表”，根据课程对毕业要求达成的自评情况，提出课程的持续改进措施，包括教学大纲、教学内容与考核方式等方面的改进，并在今后的教学中加以一一落实。

4　实施效果评价

近年来，我校农水专业不断加强专业建设、完善培养体系、持续改进，2016 年 10 月农业水利工程专业接受了工程教育认证的专家进校考查，专家组给予了充分肯定并顺利通过了专业认证，为人才培养模式规范化、国际化和人才培养质量提高提供了重要保证。

4.1 提高了人才培养质量，促进了培养目标的达成

（1）采用课程考核成绩分析法及评分表分析法，对2014届、2015届、2016届毕业生达成度评价，即培养方案12条毕业要求36个二级指标点进行分析，评价结果均为达成（0.7以上），表明本专业达成度评价机制较为完善，能够对学生毕业要求与培养目标达成情况进行较为全面、客观、科学的评价；同时，评价结果也显示了2014—2016届毕业生培养目标均已达成。

（2）大学生科技创新活动：2014—2016年，本专业学生参加的科技创新项目获得省级立项1项，校级重点项目3项，发表科研论文5篇；参加各类大学生竞赛和创新实践活动12项并取得优异成绩。

（3）毕业生与用人单位调查：2014年、2016年进行了两次较大规模的毕业生质量跟踪调查和用人单位评价，从总体情况来看，2016年调查结果好于2014年。根据2016年调查结果，用人单位对毕业生综合评价满意度达95%；毕业生调查显示，认为本专业符合或基本符合社会经济发展需要的占96.9%，认为专业理论知识能满足实际工作需求的占92.8%，认为专业技能满足实际工作需求的占90.7%，认为专业基础设施满足教学要求的占75.3%，认为专业师资认真负责的占86.6%，所有的毕业生都认为专业学习有收获。

（4）考研上线率、就业率：考研上线率2014年31.25%、2015年18.7%、2016年39.13%；一次性就业率2014年93.75%、2015年100%、2016年100%。

4.2 教师队伍整体水平不断增强

2014—2016年，引进教学与科研基础扎实、海外经历丰富的罗纨教授、贾忠华教授，补充了窦超银、王娟、丁奠元、李雪、唐双成、程娜、李占超和侯会静等8名重点院校毕业的年轻博士（均获得过国家或省青年基金），师资队伍博士化比例达到82.5%，改善了本专业教师队伍的结构，提升了教师队伍整体水平。同时，本专业有92.5%的教师参与本专业有关的各类工程项目，为本科教学，特别是认识实习、生产实习、综合实习、课程设计、毕业设计等实践性教学提供了强有力的支撑；获得各类教学奖项28项，教改立项8项，发表教改论文19篇。

4.3 获得工程教育专业认证专家的认同

中国工程教育专业认证协会2015年11月接受了本校农业水利工程专业的认证申请，2016年8月认可了本专业认证的《自评报告》，并于2016年10月接受了中国工程教育专业认证专家组进校考查。专家组对相关资料进行了认真审阅，并考察了相关的教学基础设施，查阅了《自评报告》有关支撑材料，访谈了学生、教师、管理人员、毕业生和用人单位代表，对《自评报告》提供的数据及现场重点考察要点进行了核查，对学生、培养目标、毕业要求、持续改进、课程体系、师资队伍和支持条件等7个方面的达成情况给予了好评与肯定。

另外，扬州大学机械工程学院、太原理工大学水利科学与工程学院负责本科教学的领导，也先后亲临我院学习与交流农水专业建设的成功经验，在一定程度上表明了我院农水专业教育教学改进成果已经产生了积极的影响，具有较好的示范性和指导性。

4.4 研究机构专业排名评价情况

中国科学评价研究中心、中国科教评价网和中国教育质量评价中心共同完成的“2014—2015年中国本科教育农业水利工程专业大学竞争力排行榜”扬州大学农业水利工程专业为3星级水平专业型学科专业排名第8名（全国34所大学参评）。另外，大学生必备网“2016年中国大学农业水利工程专业大学排名榜”，扬州大学农业水利工程专业为中国知名大学专业排名第8名（全国34所大学参评）。表明本专业通过不断加强专业建设、完善培养体系，在国内具有一定的专业影响力，也是人才培养质量

提升的缩影。

5 结语

本文针对中国工程教育专业认证通用标准和水利类专业补充标准，结合我校农业水利工程专业本科生培养目标与专业特色，遵循以学生为中心、以成果为导向的教育理念，探讨了推进专业建设的教育教学改革与持续改进的具体做法，切实提高了专业人才培养质量，有效促进了毕业要求的达成与培养目标的实现，取得毕业生、用人单位、同行专家高度认同，并于2016年10月通过了工程教育专业认证专家组进校考查，受到了专家一致好评与充分肯定，具有较强的适用性和可操作性，为其他专业建设或专业认证提供了借鉴或指导，具有很好的示范性和推广应用前景。

当然，历经首次专业认证申请、自评、考查、反馈的全部过程，我们深深体会到专业建设永远行走在持续改进的道路上。我校农业水利工程专业发展将一如既往地紧密围绕工程教育专业认证通用标准与水利类补充标准的各项要求，不忘初心、继续前行、持续改进；进一步转变专业办学理念，持续深化教育教学改革，强化专业内涵建设，优化师资队伍，夯实专业基础，不断推进我校农业水利工程专业建设，形成专业认证工作的常态化机制，增强工程教育的科学性与有效性，真正达到以专业认证促进专业建设的持续改进，切实提高本专业工程教育人才培养质量。

参 考 文 献

[1] 蒋宗礼. 本科工程教育：聚焦学生解决复杂工程问题能力的培养 [J]. 中国大学教学，2016，(11)：27-30.
[2] 周红坊，朱正伟，李茂国. 工程教育认证的发展与创新及其对我国工程教育的启示——2016年工程教育认证国际研讨会综述 [J]. 中国大学教学，2017，(1)：88-95.
[3] 杨毅刚，孟斌，王伟楠. 如何破解工程教育中有关“复杂工程问题”的难点——基于企业技术创新视角 [J]. 高等工程教育研究，2017，(2)：72-78.

作者简介： 仇锦先（1971— ），博士，扬州大学水利与能源动力工程学院副教授，硕士生导师，农业水利工程专业主任。
Email：503834429@qq.com。

基于成果导向的课程教学设计、评价与持续改进方法研究与实践
——以“水文学原理”为例

董晓华　刘　冀　陈　敏　薄会娟　马海波

（三峡大学水利与环境学院，湖北宜昌，443002）

摘　要

本文以“水文学原理”课程为研究对象，为达成课程教学目标，研究了课程教学设计、课程评价与课程持续改进方法，并应用于教学实践中。课程教学目标来源于毕业要求分解的指标点，针对课程目标设计课程内容和达成途径，并设计有针对性的评价方法，评价结果用于对课程的持续改进。在教学过程中使用了基于课程任务驱动的混合式教学方法，采用课堂讲授、分组讨论、翻转课堂等多种教学形式，以及讲座式、案例式、研究式、以问题为导向等不同的教学方法，完成设定的课程任务，以充分激发学习兴趣，提高学生的学习效率。建立了贯穿教学全过程的课程持续改进机制，实现了教与学的有效互动，有利促进了课程学习目标的达成。

关键词

成果导向；课程教学设计；课程评价；课程持续改进方法

1　引言

工程教育认证是国际通行的工程教育质量保证制度，也是实现工程教育的国际互认和工程师资格国际互认的重要基础。中国在2006年由教育部等有关部门正式启动了工程教育专业认证试点工作。2016年6月2日国际工程联盟大会《华盛顿协议》全会全票通过了中国的转正申请，中国成为第18个《华盛顿协议》正式成员。这标志着我国工程教育质量得到国际认可，工程教育国际化迈出重要步伐[1-3]。

工程教育认证标准的核心理念是工程教育要以学生为中心，教育目标围绕学生能力的培养。以学生学习成果或产出为目标导向，这就需要将学生的培养目标和毕业出口导向要求放在极其重要的位置。专业认证时每项毕业要求由不同的课程或实践教学环节来支撑，毕业要求和培养目标的达成依赖于课程教学的质量。课程教学质量的提高首先依赖于对课程的教学设计，其次取决于课程教学过程的实施方法[4,5]。

当前工程教育思想转变的一个重要方面，是从以往的以教师为中心转向以学生为中心；从以教师教得好的课程质量评判标准，转向以学生是否学得好为标准。学生学得好的前提之一，在于教师的引导。教师需要给学生设定明确的课程教学目标，设计相应的达成途径，指导学生达成教学目标。教师必须量体裁衣，根据学生的基础和特点，设计适合于不同学生的教学方法。在这些过程中，教师必须加强与学生的互动，及时收集来自学生的反馈信息，对教学内容和教学方法做出相应的调整。课程教学的实施是一个动态的过程，不存在一个一成不变的课程教学内容和教学方法。教师应该随时收集学

生的状态和表现，根据情况做出实时调整，以求达到最佳的课程教学效果[6]。

本文以“水文学原理”课程为研究对象，根据工程教育专业认证的要求，优化课程教学的内容和方法，在教学全过程中实施课程评价，动态调整教学过程，已求获得最佳的教学效果。

2 课程教学设计

2.1 课程教学目标的确定

“水文学原理”课程是水文与水资源工程专业的专业核心课与学位课。水文学原理是研究地球上各种水体的存在、数量、分布和变化规律的科学，同时也讨论水的化学、物理性质以及它们对水环境的作用。通过对水文规律的研究，能够模拟和预报自然界中水量和水质的变化及发展动态，最终为开发利用水资源、控制洪水、保护水环境等水利建设提供科学依据。

通过对该课程的学习，希望使学生掌握上述水文学基本原理和研究方法，以及基本的水文学实验方法。同时也希望学生通过课程学习，掌握相关英文专业词汇，具有一定的英文文献阅读能力。通过设计合适的专题开展课堂团队讨论，使学生以团队形式（每队4～5人）进行合作，进行文献查阅与分析处理，通过合理分工与合作，协同完成专题研讨各个环节（包括专题研究报告的撰写和答辩）。除专题研讨外，还有部分课程作业也需要以团队形式互助完成。

“水文学原理”课程对毕业要求的支撑情况见表1。

表1　“水文学原理”课程对毕业要求的支撑情况

课程对毕业要求的支撑	相应支撑毕业要求指标点	课程教学目标、达成途径和评价依据等
毕业要求3、设计/开发解决方案：具有从事水文、水资源、水环境方面勘测、评价、规划设计、运行管理的能力，能够设计针对水文、水资源、水环境有关的复杂工程问题的解决方案，具有追求创新的态度和意识，设计中能够综合考虑经济、社会、健康、安全、法律、文化以及环境等因素	指标点3.1掌握专业基础课程与专业课程的基本原理及计算方法	教学目标： （1）掌握水量平衡原理并能够灵活运用；理解流域水循环各环节（降水、下渗、蒸发、径流）的基本概念，掌握相应的物理机制与规律；应用蓄满产流、超渗产流模型、单位线、特征河长法等进行流域产、汇流计算。 （2）通过上机实践、实验与专题讨论培养学生团队合作能力。 （3）培养学生实验数据采集、分析处理能力。 （4）培养学生专业英语阅读能力。 达成途径：课堂讲解；平时作业；上机实践；实验；专题讨论。 评价依据：作业；专题讨论答辩与报告；实验表现与实验报告；期末考试试题

2.2 课程教学内容的确定

课程教学内容不仅包括课程知识的传授，也包括对学生能力和素质的期望达成内容。在确定课程教学内容时，根据课程在毕业要求达成中所承担的任务要求，确定课程所应满足的认证标准与相应的指标点及支撑强度，在此基础上确定课程教学目标，设计相应的教学达成途径，以及有针对性的评价方法。

在知识传授上，“水文学原理”课程注重更新和完善教学内容，构建多层次教学案例库。针对国内外水文学科发展趋势及面临的新问题，不断更新课程教学内容，使课程紧跟科技前沿，使学生的知识和能力能适应现代水利事业的发展。

在能力和素质培养上，希望通过本课程的学习，加强学生的上机能力、实验能力的培养，以及专业英语应用能力和团队合作、沟通能力的培养。

“水文学原理”主要课堂教学内容包括：掌握水量平衡原理并能够灵活运用；理解流域水循环各环节（降水、下渗、蒸发、径流）的基本概念，掌握相应的物理机制与规律；应用蓄满产流、超渗产流模型、单位线、特征河长法等进行流域产、汇流计算。

其他教学内容见表 2。

表 2　　“水文学原理”课程对毕业要求的支撑情况

序号	教学环节	教学内容	学时
1	上机	1. ARCGIS 软件提取流域地貌参数与水系 2. 利用 ARCGIS 绘制泰森多边形 3. 采用距离平方倒数法与克里格法进行雨量插值，并绘制等雨量线	1
2	实验	1. 土壤水分特征曲线的测定	2
3		2. 土壤下渗实验（渗析仪法）	2
4		3. 土壤下渗实验（双环入渗仪法）	2
5		4. 土壤样品的采集与分析	1
6	专题讨论	1. 流域平均雨量计算	2
7		2. 土壤水的观测与预测	2
8		3. 下渗及蒸散发的观测与计算	2
9	作业	1. 流域平均雨量的计算、有缺测雨量站情况下的流域平均雨量计算结果对比分析 2. 下渗计算相关作业 3. 蓄满产流与超渗产流量计算 4. 特征河长计算 5. 瞬时单位线计算	

2.3　基于能力导向的教学方法设计

探索有效的、多样化的教学方式。开展案例教学、翻转课堂、课堂专题讨论（图 1）、与专业课结合的专业英语课堂（图 2）等，培养学生的自学能力、表达能力、团队合作能力，拓宽国际视野。将课程教学按层次分为 3 大部分：水文基本理论、水文基本应用和水文专门课题。根据各部分的特点，采用精讲、略讲和在教师指导下课堂、课下讨论等多种教学方式。在教学中大量采用讨论法、设问法等教学形式，加强对学生创造性思维能力的培养。

图 1　分组讨论、完成作业及汇报

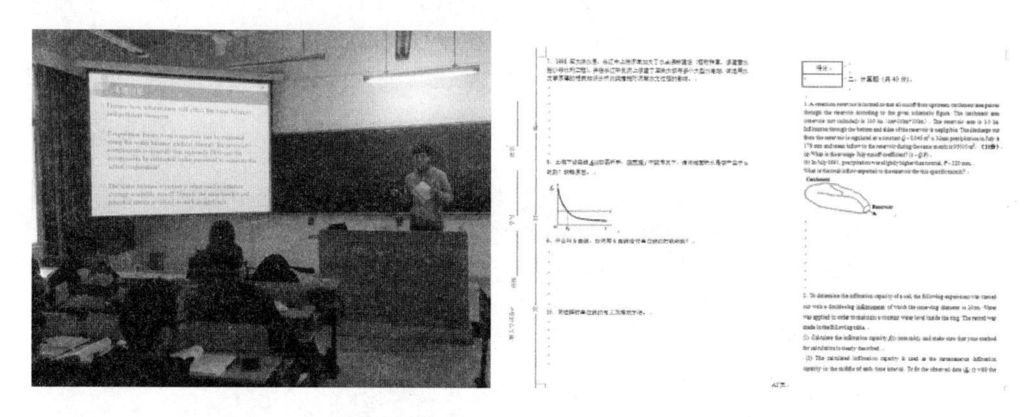

图 2　将专业英语教学融入专业课教学中：部分章节使用英语进行授课、作业及考试

建立有效的师生沟通方式。教师与学生是教学过程的主体，两者要有实质性的深入交流才能达到教与学的统一。本研究充分利用网络课堂、QQ、微信等 90 后学生广泛采用的现代沟通工具，扩大信息传播范围，提高交流、沟通效果，让师生互教互学，彼此形成一个真正的“学习共同体”。

在实践教学（课程实验）方式上将传统的“单向灌输”教学方式改革为“互动实践”教学方式。这种教学方式将学生摆在了整个实践教学过程的“中心”，但又不忽视教师的作用，应用理论课所学知识处理试验数据、分析试验原理和试验误差。学生以团队的形式分组试验、分组讨论，从而活跃课堂气氛，提高学生的学习主动性。特别是对于难度较大、综合性强的大作业与课程设计，将学生分为若干团队，成员互帮互助，共同学习讨论，有利于发挥团队 1＋1＞2 的功能，也有利于培养学生团队合作能力、沟通能力与责任意识。

3　课程评价与持续改进

学生学习全过程阶段评价规范化。采用灵活多样，开放性的定性、定量相结合的评价方法，全面评价学生目标达成状况与等级。评价主体包括知识程度评价和能力达成度评价。每次评价位于不同的学习阶段，并将结果反馈给学生，便于学生了解问题并有针对性的加强训练，也有利于老师注重对不达标学生的个性化指导。

建立教师、学生双向状态互馈机制：充分利用 QQ 群投票、求索学堂、学生问卷调查、QQ 网络答疑、当面答疑等方式不定期开展课堂知识点掌握程度调查，从而做到教与学状态互馈[7-10]。

通过对学生周期性评价结果的综合分析，教师在后续教学中有针对性的作出适度响应（如减小教学难度或适度减小学生的学习压力，对难点问题进行进一步的讲解，包括对教学方法、内容等方面的改进等），从而达到压力与状态的协调与动态平衡，以获得师生双方均满意的教学效果。进一步对周期性评估进行持续跟踪，对学生在学习全过程（本项目中为一个完整学年）中的表现进行跟踪与评估，并记录下来成为形成性评价。心理状态评估主要依靠团队座谈、个人座谈等方式结合。

评价注重个人能力与团队合作能力的综合评估，采用灵活、开放性的定性、定量相结合的评价方法。如除了教师评价外，也进行学生自我评价，让学生在评价过程中，对照各次作业或者学习任务的评价标准，自我打分，了解自己的作业完成质量，并在最终成绩计算时重视学生的自我评价，在综合评定成绩时给予学生自我评价分数一定权重，激发学生学习动力。关注形成性评价，及时发现学生发展中的需要，帮助学生提升能力，激发学习动力，从而促进学生达成毕业要求。将考试和其他评价的方法（如定性评价方法）有机地结合起来，全面描述学生能力达成的状况。

在课堂授课环节中，加入实时互动环节，让学生在课堂派（图 3 和图 4）上作答或发表观点想法等，可实时显示出每位学生的作答情况，有利于教师掌握学生的听课状况，便于更好地开展下步的教学工作，如讲解例题时，针对难度稍大的例题，可在互动环节上设置选项（你对本题的掌握程度为：优、良、中、差，你不理解的主要原因为：……），从而有助于教师了解授课重点、难点学生的掌握程度与未掌握的原因，在课堂上针对问题马上开展相关教学补救措施。

图3 利用“课堂派”网站与学生手机微信进行实时测验

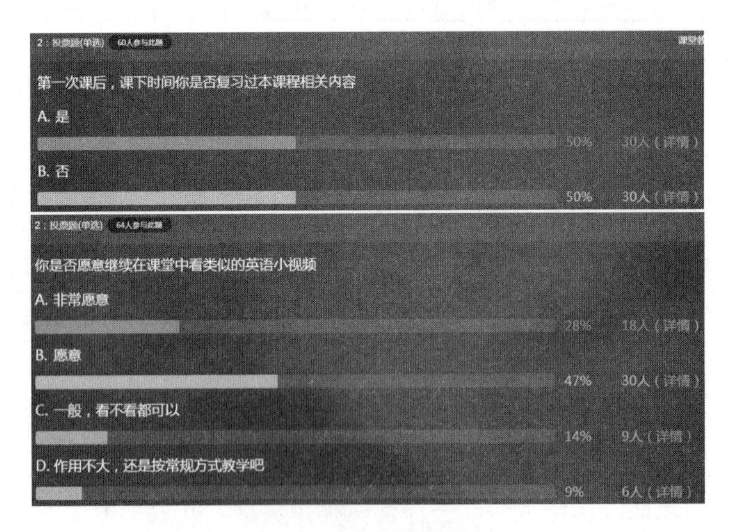

图4 课后教学效果调查

在课程结束后进行课程达成度评价。课程达成度评价的依据是毕业要求达成度评价中确定的对特定课程的要求。课程考核材料作为评价依据，对课程的所有教学环节（包括实践教学）达成情况进行评价；根据每门课程达成度评价结果，计算出毕业要求达成度评价结果。

对与专业直接相关的技术性指标点，可以采用“课程考核成绩分析法”进行评价，针对实验课程以及课程设计等需要评价学生沟通能力、团队合作，工程职业道德等非技术性指标点，采用“评分表分析法”进行评价。评价的依据为各门课程考核材料，包括考试、测验、大作业、实验（实习、设计）

报告、读书报告等。“水文学原理”课程采用“课程考核成绩分析法”进行评价。课程达成度评价流程见图5。

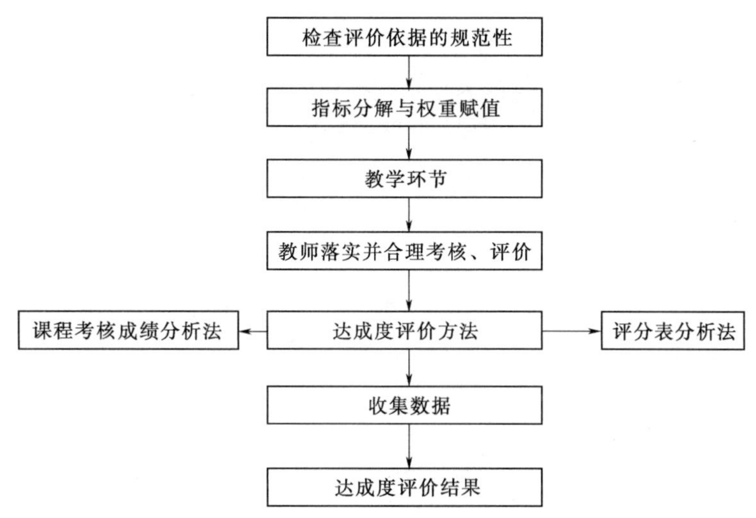

图5　课程达成度评价过程图

课程达成度评价完成后，针对评价所反映出的问题，课程教学团队与学生进行充分讨论和沟通，在此基础上探索出持续改进措施。重点研究评价中存在问题的内部关联性，抓住主要问题，探索出适合本课程的可持续改进的教学方式。

4　结语

本文以“水文学原理”为研究对象，进行了课程教学内容和学生能力培养方法的优化。开发了有效的课程目标达成度评价方法和课程持续改进方法，使课程的教学形成了互补和优化。

提出了基于课程实践任务驱动的混合式教学方法。在教学过程中采用课堂讲授、分组讨论、翻转课堂等不同教学形式，以及讲座式教学、案例式教学、研究式教学、以问题为导向等不同的教学方法，分阶段完成设计的课程任务，充分激发学习兴趣，由被动学习向主动学习转变，提高学生的学习效率。建立了贯穿教学全过程的动态课程持续改进机制。有效地建立了教师与学生之间的互馈联系，实现了教与学的良性互动，以促成课程学习目标的达成。

参　考　文　献

[1]　韩晓燕，张彦通，王伟．高等工程教育专业认证研究综述［J］．高等工程教育研究，2006，(6)：6-10.

[2]　严玲，闫金芹．应用型本科专业认证制度及其作用机理研究——以工程管理类专业为例［J］．清华大学教育研究，2012，(4)：80-88.

[3]　杨振宏，杨书宏，宋守信，等．国外工程教育（本科）专业认证分析与借鉴［J］．中国安全科学学报，2009，(2)：61-66.

[4]　陈元芳，芮孝芳，董增川．国内外水文水资源专业教育比较研究［J］．河海大学学报（社会科学版），1999，(4)：67-70，80.

[5]　宋松柏，康艳．我国水文与水资源工程专业教育的现状分析与思考［J］．中国地质教育，2011，(3)：68-73.

[6]　郭琼．基于PSR模型的县级中小学教师现代教育技术培训分析［J］．淮海工学院学报（人文社会科学版），2012，10（22）：99-101

[7]　高爱，王庆涛．“互联网＋”形势下本科教学模式的实践与探索［J］．科技视界，2015，(35)：117.

[8]　康桂珍，韩嘉懿．基于QQ交流平台的教育教学应用探析［J］．中国教育信息化，2014，(4)：22-26.

[9]　杨儒建，李军．合理利用QQ工具促进教育教学［J］．发明与创新（教育信息化），2014，(6)：44-48.

[10] 张小莉，梅雪，江华. QQ群网络平台在中医药院校“医学免疫学”教学中的应用［J]. 教育与职业，2013，(12)：158-159.

作者简介：董晓华（1972— ），男，三峡大学水利与环境学院副院长，教授，主要从事水文与水资源领域的教学与科研工作。

Email：xhdong@ctgu.edu.cn。

认证理念与实践

水文职业要求与工程教育浅析

张建新

（水利部水文局，北京，100053）

摘　要

近些年来，国家对水文事业投入不断加大，不但弥补了基础设施的不足，更使得水文技术和手段实现了跨越发展，同时对水文人才队伍提出了更高要求，无论是水文技术人才还是技能人才，需要兼备扎实的专业基础，广泛的知识结构，宽阔的学科视野，发现问题、分析问题和解决问题的综合能力，以及终身进取学习能力。本文从水文工作现状和发展，对水文技术技能人才要求进行了分析，对水文学科工程教育的部分环节改进提出了建议。

关键词

工程教育；水文；技术人才

1　概述

1.1　水文的内涵

水文学是研究地球上各种水的发生、循环、分布，水的化学和物理性质，以及水对环境的作用，水与生命体的关系等的科学。水文学属于地球物理学和自然地理学的分支学科，也是水利工程下的分支学科。水文学主要研究地球上水循环，以及地球水圈的存在与运动，水文学的研究对象范围涵盖了从大气中的水到海洋中的水，从陆地表面的水到地下水，研究内容包括了地球上水的形成、循环、时空分布、化学和物理性质以及水与环境的相互关系。水文科学不仅研究水量，而且研究水环境、水生态；不仅研究现时水情的瞬息动态，而且探求全球水的生命史，预测其未来的变化趋势。水圈同大气圈、岩石圈和生物圈等地球自然圈层的相互关系，也是水文学的研究领域。它与地质学、地貌学、土壤科学、气候学与气象学、流体力学、物理、化学等学科都有着广泛的联系。

水文作为一项行业工作，其基本目的是为公共服务。水文工作者不断地设法应用水文学知识解决人们生活中的一些实际问题，从大的方面来讲，主要参与水的利用、水的控制和水污染控制这三方面中的水文工作。

综上，水文既是一门科学，也是一个行业。水文学科是水文行业工作的科学基础。

1.2　水文工作与水文服务

水文工作内容主要有地形等的测量，水位、流量、泥沙、水质、地下水、降水等的监测，水文资料的处理整编，水文情报预报和各种专业化的应用与服务。概括地说就是监测、预测和服务三大内容。水文数据，包括历史数据、实时数据和预分析的未来数据，是水文工作的中心和灵魂，也是贯穿水文三大工作内容的核心任务。

长期以来水文对防汛抗旱、水资源开发、利用与保护、水生态环境保护、水利工程建设和运行调度、涉水突发事件、经济社会发展和社会公众服务等诸多方面给予了卓有成效的技术支撑。

随着我国社会经济的快速发展，对水文服务的内容、水平以及形式、时效等方面都提出了更高的要求。目前，全国水文部门开展的水文情报预报服务，水情信息量大幅增加，中央接收报汛站点达4.7万个，主要江河洪水预报断面增至1300个，并加强了抗旱应急监测和信息报送、精准化预报。在汶川地震唐家山堰塞湖、甘肃舟曲特大泥石流灾害、青海玉树地震等救灾工作中，水文部门为处置险情灾情提供了及时准确的应急监测和预报。近几年相继完成全国河湖对象清查，形成河湖数字水系，编制河流湖泊名录，首次组织开展了西部重要湖泊纳木错、青海湖、艾比湖等西部湖泊测量。水文还为黄河调水调沙、三峡梯级调度提供有力信息保障和技术支撑；北京、上海、广州三地水文部门在奥运会、世博会、亚运会等重大国家活动中提供优质的专业化服务。

1.3 水文现代化发展

水文现代化是一个不断发展的动态过程，随着经济社会发展和科学技术进步，水文现代化进程和相应标准也有所不同。水文现代化具有3个主要特征，即是否以水文科学技术为推动力、是否达到世界先进水平、是否渗透到水文的各个方面。从一定意义讲，水文信息化是水文现代化的一个方面，水文信息化是计算机技术、通信技术和网络技术应用为基本特征的现代化进程。

因此，水文现代化特征表现在思想观念、技术手段、行业管理和人才结构4个方面现代化。

以水文技术现代化为例，公元1400年以前，基本是原始水文观测和定性观测活动，我们称为萌芽时期；1400—1900年，开始定量观测和理性认识，水文科学体系逐步形成；1900—1950年，水文成果应用，水文快速发展；1950年后，大量新技术，特别是现代计算技术、通信技术、网络技术、数据技术得以在水文中应用，水文进入了狭隘意义的现代化时期。

“九五”以来，水文基础设施建设总投入猛增，水文测站数量大幅增加（图1），水文测验、预报、服务手段快速更新和提高，为水文现代化发展提供了强力保障。从测站数量看，目前全国水文部门共有各类水文测站10.4万处，约是“十一五”期末的2.5倍。从站网布局看，水文监测从对大江大河的控制延伸到了重要中小河流的全覆盖，地下水监测站网控制站点和水质监测断面大幅增加，土壤墒情监测覆盖范围显著拓展，初步改变了站点数量不足、分布不平衡、整体功能不完善的状况，基本建成布局合理、功能较强的水文站网体系。

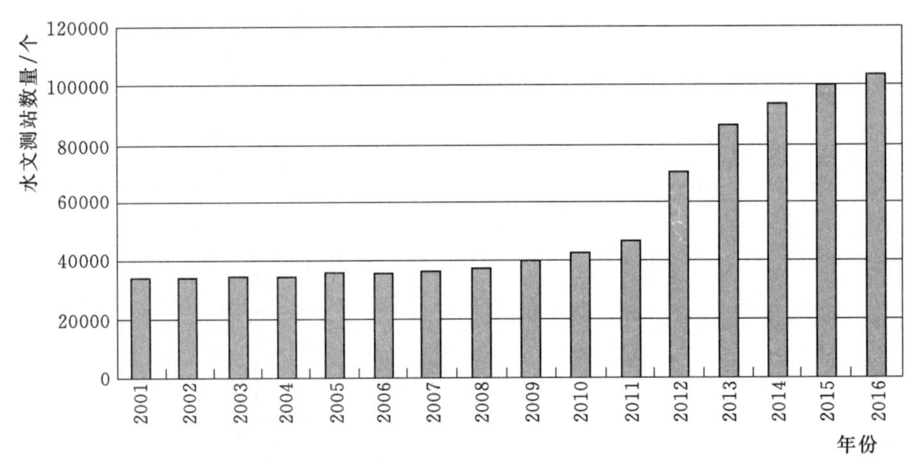

图1 2001年以来全国水文测站总数发展变化情况

1.4 现代水文监测体系

现代水文监测体系包括水文监测、质量监督与保障和数据信息的应用服务支撑3个子系统。

水文监测子系统又是3个子系统中基础，其具有三个属性，即立体化、区域化和精细化。立体化水文监测体系是在现有水文监测手段上的能力扩展和提升，达到或实现基于航天（天基）、航空（空基）和地面（地基）实施空中（降水、蒸发）、地表、壤中、地下和近海（河口）的水文要素的全覆盖、无盲区、准确及时的常规监测和应急监测。区域化水文监测体系是对一特定区域（或区段），如重要堤防、湖泊水库大坝、城市低洼区等，实现连续的水文要素，如水位、流量等的监测。精细化主要体现在3个方面，一是水文监测要素的精细化，如降雨；二是水文监测的时间、空间的精细化；三是水文监测管理方面的精细化。

质量监督与保障子系统主要包括水文标准体系、水文计量体系和水文管理制度。应用服务支撑子系统主要包括国家水文数据库系统、水文云和水文资料年鉴等。

现代水文监测的重点领域和方向从仅仅关注水的量，逐步包括了水量和水质，仍然是以自然规律形态为主；逐步从水生态、水安全的角度来关注水的量、质和生态形式，更多地考虑人的生存和发展环境、质量。水文科学和专业将从不同的尺度和不同的角度进行深入研究和实践。发展领域包括水文大数据，数据的分类、来源、处理和分析；城市水文，会更加关注城市降雨的变化与影响，城市产汇流的变化及规律，以及城市水文环境水生态、城市水文监测技术与方法；智慧水文，在水文大数据的基础上，合理配置结构化数据和非结构化数据，采用虚拟化技术、非关系型数据库，架构水文云，将水文信息的采集全面系统，传输、存储虚拟无形，应用无所不能无所不在，人与系统高度和谐一体，水文数据的过去、现在和将来全掌控。

2 水文人才队伍初步分析

2.1 水文人才队伍

水文行业发展和水文现代化离不开高水平、高质量的水文人才队伍。水文人才队伍是水文行业的基础，从工作性质将水文人才队伍可以划分为3个层面，即水文的三支队伍，一是管理人才队伍，主要承担行业管理和部门管理工作；二是技术人才队伍，又可分为研究型和实用型技术人才，主要涉及科研、规划、设计、建设、分析计算、评估评价等任务；三是技能人才队伍，主要在水文勘测一线从事水文勘测操作等工作。

2.2 能力分析

以技能为主的工作岗位为例，对水文职业能力进行初步分析（图2）。技能分为3个层次：专业特定技能，行业通用技能，核心技能。水文职业技能能力应该包括专业能力和专业之外的综合能力，包括方法能力、社会能力等方面。专业能力是指职业业务范围内的能力，包括单项的技能与知识，综合的技能与知识。专业能力通常包括工作方式方法、对劳动生产工具的认识及其使用和劳动材料的认识等。能力是练出来的，而不是讲出来的，而且是需要反复训练的（图3）。由此，才可以进行能力等级的评估（表1）。能力达到能手以上等级可以称为水文勘测技能人才。

表1　　水文技能人才评估标准

等级		说　　明	熟练程度
4	C	能高质、高效地完成此项技能的全部内容，并能指导他人完成	高手/专家
	B	能高质、高效地完成此项技能的全部内容，并能解决遇到的特殊问题	
	A	能高质、高效地完成此项技能的全部内容	能手
3		能圆满地完成此单项技能的内容、不做任何指导能够完成此项工作的全部	熟手
2		能圆满地完成此单项技能的内容、但偶尔需要帮助和指导下完成此项工作的全部	新手
1		能圆满地完成此单项技能的内容、但需在指导下完成此项工作的全部	生手

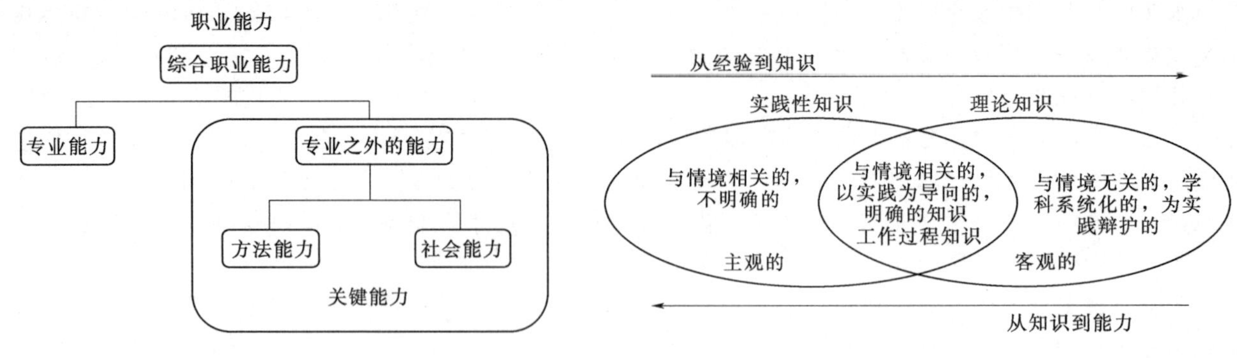

图 2　水文职业能力分析

图 3　职业能力培养过程

2.3　人才队伍结构评估

通过人才个体能力分析，进而可以对一个部门、一个单位甚至一个系统的某一类人才结构进行评估，理想的高水平结构队伍中高级能力人数应占到50%～70%（图4）。

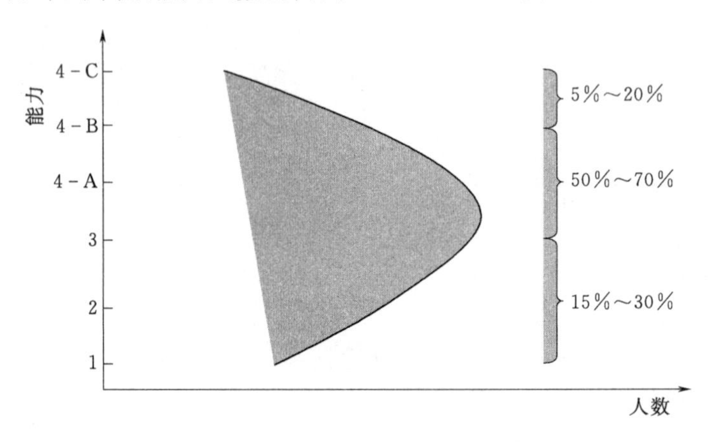

图 4　技能人才队伍结构评估

3　水文复杂工程问题

水文工作任务综合性强，需要应用多方面基础知识，再通过运用专业化理论加以分析处理，以及运用现代计算机技术等形成成果并提供应用服务。复杂工程问题在水文工作中几乎无处不在，下面以江河洪水实时作业预报为例，对水文复杂工程问题加以分析。

3.1　工作流程

要真正实现洪水预报，须完成以下流程：编制洪水预报方案（选定预报流域和断面；收集资料；选择模型和方法；参数率定；预报方案的合理性检查和精度评定；预报软件研发等），预报作业，结果评估评定，反馈更新方案。

3.2　洪水预报工作分析

（1）洪水预报方案编制和修订。编制科学合理、且具有较高实用价值的洪水预报方案，是水情预报技术人员的一项重要任务。编制预报方案时首先要对预报对象（流域、河段）实地踏勘与调研，再对基础资料进行收集、整理及数据处理，然后分析论证预报方法，建立水文经验模型或数理模型，最后进行预报参数分析、率定和方案校核。

水文预报方案是利用以往一定时期实测资料分析研究的成果，随着实测资料的增加，或者预报技术的发展，预报方案需要及时修订，以求更加完善。如果由于自然地理条件的演变或人类活动影响，使流域、河段或断面的水文情势发生改变，也要及时修订。

（2）作业预报与实时校正。作业预报是水文预报工作的关键环节，是预报方案的应用实践，其工作流程包括：水雨情监视、水文情势分析、预报计算、综合分析、预报修正、精度评定等。当水情或工程运行发生较大变化时，还要根据新的情况及时进行滚动预报。为增长预见期或评估防洪形势，可参考降雨预报或假设不同量级降雨，预测评估相应水文要素，供决策部门参考。

由于水文现象具有很强的随机性，故水文预报方案也仅是一种统计规律的描述，是对水文现象的模拟，将它应用到具体的一次水文过程预报时，预报方案的一般统计规律与将出现的个体的特性肯定会存在一定的差异，因此，需要技术人员依据经验和对现状的认识，对预报值进行实时校正。

4 建议

在当前水文事业正处在快速发展的新时期，全国水文职工队伍的综合素质尚不能适应，急需随之相应提高。应予强调对学生能力特别是职业能力的培养，强调学生的主体性和学生学习的主动性，特别强调学生实践技能的培养。

建议本科教育应当加强以下环节：

（1）课程设置应该广而杂，特别是交叉学科的设置，有助于学生知识结构的优化和视野的延伸。

（2）实践环节应当进一步强化，特别是有针对性的实践活动，至少进行一次系统性水文工作的实践，并且能够充分认识水文数据的产生、处理、分析计算、应用与服务。

（3）加强能力训练，特别是问题分析解决能力，思考创新能力和持续学习能力。

参 考 文 献

[1] 中国工程教育专业认证协会. 工程教育专业认证标准 [Z]. 2015.
[2] 水利部水文局. 全国水文勘测技能培训系列教材 [M]. 北京：中国水利水电出版社，2017.
[3] 中华人民共和国人力资源和社会保障部. 水文勘测工（2009年修订）[M]. 北京：中国劳动社会保障出版社，2009.
[4] 张建云，等. 水文学手册 [M]. 北京：科学出版社，2002.

作者简介：张建新（1969— ），男，水利部水文局教高，处长。
Email：zhangjx@mwr.gov.cn。

关于水利类工程教育认证工作的认识

姜广斌

（北京北清勘测设计院，北京，100084）

摘　要

从国际工程教育认证的宗旨、理念和体系出发，结合中国工程教育认证的目标和定位，交流了水利类工程教育认证实践方面的初步认识，探讨了工程人才培养目标及其多样性，梳理和分析了现场考查中水利类专业在执行认证通用标准和专业补充标准中可能存在的一些具体问题及其原因，对如何充分体现水利类专业特色、提高工程教育认证的效果，在水利类工程专业体系设计、课程体系建设、教学实践实习环节规划、专业认证补充标准和评估要求等方面提出了参考性建议。

关键词

水利；工程教育认证；认识；问题；建议

在我国工程教育认证水利类专业启动认证工作10周年之际，就本人了解的有关国际工程认证的理念、国际工程教育认证中的一些实践、有关认证标准方面的要求，以及近年来参与水文与水资源工程专业认证中的一些感受，借助水利类工程教育专业认证工作专题研讨会平台，交流个人的粗浅认识，供参考和批评。

1　关于国际工程教育认证的初步认识

（1）专业认证与实质等效。专业认证，比较通行的定义是由专业性认证机构对高等教育机构开设的专业教育培养方案实施的专门性认证，由专门职业协会会同该专业领域的教育工作者一起进行，为教育机构的毕业生进入专门职业界（工业界）工作的预备教育提供质量保证，以保证工程技术行业的从业人员达到相应教育要求的过程。专业认证倡导培养国际化的人才，追求国际可比性与等效性。按照《华盛顿协议》规定，签约成员均承认各签约成员的工程教育专业认证具有可比性，并承认经过本协议任何一个组织认证的工程专业教育的等效性。其中可比性指认证的各环节及相应的政策、准则和方法类似，设置的课程与满足工程实践所需的理论知识基本一致；等效性则指经过认证的工程专业毕业生的能力满足工程实践的基本要求等效。

（2）工程教育认证。工程教育认证是实现工程教育国际互认以及工程师资格国际互认的重要基础，是以培养目标和毕业出口要求为导向的合格性评价。《华盛顿协议》是通过多边认可工程教育资格，促进工程学位互认和工程技术人员的国际流动的国际上最具权威性和影响力的工程教育互认协议之一。

（3）我国工程教育认证目标。构建中国工程教育的质量监控体系，推进中国工程教育改革，进一步提高工程教育质量；建立与工程师制度相衔接的工程教育认证体系，促进工程教育与企业界的联系，增强工程教育人才培养对产业发展的适应性；促进中国工程教育的国际互认，提升国际竞争力。我国在参照国际工程教育专业认证领域的惯用做法，遵照国际“实质等效”原则，制定了认证办法和认证标准等文件。

（4）水利类专业认证。水利类四个专业，分别为水文与水资源工程专业、水利水电工程专业、港口航道与海岸工程专业和农业水利工程专业，在2007年开始进入国际工程教育认证。根据相关要求，组织制订了水利类四个专业补充标准，并在推进水利类国际工程教育专业认证中进行了实践和探索。

2 关于工程人才培养目标及其多样性的认识

（1）培养目标是人才培养的重要定位。培养目标是学生经过一段时间（5年左右）工程实践之后，预期能够达到的职业和专业成就。从人才培养方案设计的角度看，确定培养目标是设计的起点，培养目标决定毕业要求，制定明确的培养目标并清晰表述，对专业的人才培养工作将具有重要的导向作用。按照认证的要求，同时考虑到我国工程教育现状和专业培养方案的表述习惯，培养目标一般应该包括培养定位和职业能力两个方面，即在培养目标表述中应该说明毕业生就业的专业领域、职业特征以及应该具备的职业能力。专业领域和职业特征反映专业人才培养定位；职业能力是对从业者工作能力的概括要求，职业能力与专业的毕业要求具有对应关系。培养目标的制定受到内外部需求以及条件（包括社会和学校、用人单位和学生自身等）的影响，表述一般相对宏观和概括，兼具导向性和标准性，能够指导专业教学工作，同时可以实现宏观尺度上的衡量和评价。

（2）培养目标的多样性及其与国情的适应性。注重专业认证质量和水平与国际接轨，在其程序、标准体系、层次结构及人才培养目标的多样性，同时也需要体现中国国情。Washington Accord就是进行专业学位和职业资格证的国际互认平台，在这一平台上通过认证的工程教育专业，它就意味着达到了工程技术职业资格国际互认效果。需要注意的是，该协议并不是一定要求各签约组织制定的专业认证标准和程序完全相同。这样，我国的工程教育只是在把握好具有国际实质等效这一前提下，可以逐步采用一些符合本国实情的专业认证程序和标准。

从服务国家发展对人才的需求看，既需要以创新驱动国家经济建设的高端技术研究开发型人才，又需从事大量实际操作的技术应用型人才。这些均需要工程教育人才培养与工程领域的实际需要有一个良好的对接，这就要求无论是工程教育，还是工程教育专业认证，均要体现一定的层次结构，包括本科、研究生以及高职高专等。充分发挥认证的导向作用，大力促进我国多层次、多类别的高等工程教育体系的建立与完善。在此情形下，工程教育人才培养目标将会体现出多样性（图1）。图中，纵坐标为研究，横坐标为应用，始于原点的辐射线表示不同学校或不同专业的取向，质量门槛曲线表示学位的国际实质等效的发展道路具有多样性。从质量门槛曲线可以看出，学校与专业培养目标的定位，但是对于每个具体学校和专业，如何具体确定质量门槛曲线是需要认真研究的，特别是在国际工程教育认证中，对于同一个专业也可能在培养目标上体现学校和专业特色，在专业具体的毕业要求和课程体系方面的设计如何把握特点和特色，并能符合通用标准和补充标准要求，是很值得探讨的问题。

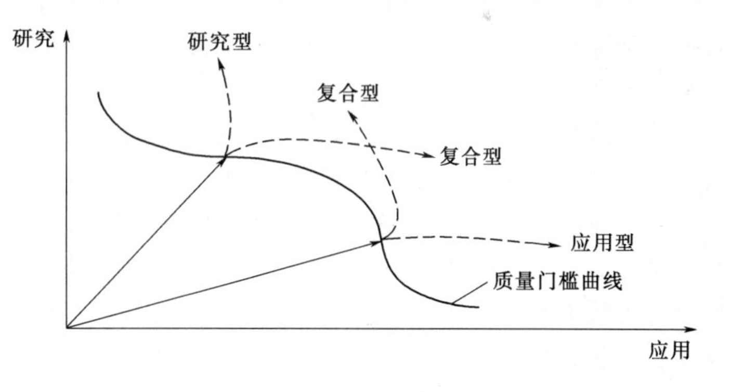

图1 工程人才培养目标的多样性

3 关于水利类专业工程教育认证现场考查中的问题与分析

依据通用标准中标准项学生、培养目标、毕业要求、持续改进、课程体系、师资队伍、支持条件和补充标准，并将补充标准中课程体系、师资队伍和支持条件内容融入标准项中，针对笔者和同行在水利类专业工程教育认证现场考查中，遇到的常见问题进行梳理，并作简要分析。

(1) 学生。主要存在两个方面的问题：一是学校有关专业本身吸引优秀生源的作用非常有限。由于我国高校招生的方式与国外有很大的区别，生源的质量主要取决于高校的地位和排名。二是难以评估吸引优秀生源所采取相关措施的有效性。中国的学生考大学选择专业普遍存在一定的盲目性、模糊性、被动性，很少能够从一开始就有自己的人生规划和成熟的志向，即使学校所在专业开展了一些职业规划辅导，存在的问题仍然很难解决。因此，在吸引优秀生源方面，难以达到通用标准要求。现在许多学校开始按照工程类相似专业实行大类招生，有可能改善这种局面。

(2) 培养目标。主要存在两个方面的问题：一是培养目标的辨识度不够明显。长期以来我国高校各专业的培养目标都受到教育单一体制培养指导思想的约束，导致培养目标比较千篇一律，缺少特点和特色。从接触到的几个不同类型学校中水文与水资源工程专业，在传统水利学校、具有地矿背景的学校和农业部门背景学校等三类典型中，课程体系差异性相对较大，但培养目标的辨识度不够明显。二是“培养目标达成度”是很难考查到定量指标和精确凭据的。依靠调查或者学校编写信息不太能够支撑培养目标达成，这也已经成为相对普遍的现象。

(3) 毕业要求。主要存在四个方面问题：一是学生毕业率问题。毕业率高是反映专业的培养质量好，还是反映了该专业培养要求不够严格？反之亦然。部分学校毕业率很高，甚至达到100%，感觉培养要求方面存在不足。二是一般学校对毕业生都提出要基本掌握一门的外语（如英语），尽管现在高校绝大多数本科学生通过英语四级考试，但其实际的外语应用能力远远达不到基本掌握一门外语的要求。三是部分学校对学生毕业设计（论文）评判中，对规范性、技术性、系统性等要求方面把握不够严格。四是对具有自主学习和终身学习的意识，有不断学习和适应发展的能力等方面难以评价。

(4) 持续改进。主要存在两个方面问题：一是建立教学过程质量监控机制、毕业生跟踪反馈机制以及有高等教育系统以外有关各方参与的社会评价机制，对评价涉及的范围、代表性等缺少定量指标约束，定量指标和评价方法缺少明确规定，鉴于调查对象的代表性和信息有限性等问题，提出的改进意见常常针对性不足、迫切性不强等。二是评价结果的利用和持续改进的具体行动不是很充分，也缺少具体的评估标准。

(5) 课程体系。存在四个方面的问题：一是部分知识点和学时数方面缺少明确的要求。对于水文与水资源工程专业，补充标准在课程体系中明确了知识领域，但在部分知识点和学时数方面缺少明确的要求，在课程设置和教材编制方面也存在规范性指导不够，有些学校教材的知识覆盖和及时更新存在不足；二是实践环节上不太满足学生实际能力的培养；三是毕业设计（论文）大都存在技术深度、解决复杂技术问题典型性、规范性方面存在不足。四是企业专家参与毕业设计（论文）的指导和考核也存在不足，与国际认证标准要求和西方发达国家的学校做法差距比较大。

(6) 师资队伍。这方面存在两个问题：一是师资学缘结构、教师工作量、教学方式等缺少定量或有效的考核方式。这里师资学缘结构不够合理有历史的原因，一般学校或导师很愿意将一些好的学生留校，以前学校也没有这方面的限制和约束，特别是具有资历的学校情况更是如此。二是企业或行业专家作为兼职教师缺乏定量指标要求。笔者考查和了解到的情况，学校普遍存在企业和行业专家参与度不高，即使参与也大多远没有达到认证要求的工作深度和强度，这是我们参与国际工程教育认证中急需先解决的问题。

(7) 支持条件。存在四个方面的问题：一是教育经费保障如何评估和考量，其标准不是很明确，特别是一些实习经费保障存在一定问题，不同学校或者不同专业差距还是比较明显的。二是实习基地需求和使用要求的标准不是很明确。三是学生完成相关实验的复杂性、深度或难度要求体现不足，对完成实验方面能力培养效果难以评估。四是青年教师发展政策在执行上仍然存在一定差距。

4 几点建议

（1）推进适应国际工程教育认证理念的水利类工程专业体系设计。从参与认证的水利类专业来看，主要包括水文与水资源工程专业、水利水电工程专业、港口航道与海岸工程专业和农业水利工程专业等四个专业。这些专业是中国水利行业中的主要专业，从分类或与国外相关专业或学科比较，分类方面是比较细化的，可能极具中国特色。从国际工程教育认证理念出发，在水利类工程专业体系设计中，需要不断借鉴和吸收国外同类和相似专业体系设计，增强工程专业体系的可比性和相似性，有助于推进具有中国特色的水利类专业的国际化，也有助于我国水利类工程专业人才的国际流动和交流。

（2）推进符合国际工程教育认证要求的水利类课程体系建设。从参与认证实践中可以明显地感到，水文与水资源工程专业三个不同背景的典型学校，在专业基础课程、专业课、课程设计和毕业设计等方面存在比较明显的差异。从合理性方面可以认为体现专业培养目标定位，满足毕业要求而设置相关课程体系。但从专业评估方面，如何平衡专业特色和专业标准，包括补充标准要求。在具体课程方面存在相近课程在内容覆盖性和深度方面存在明显差异，就知识点而言，涵盖不够充分和完整，在基本课时数方面约束力也不够。这就需要加快推进课程体系规范化建设，针对“专业质量门槛曲线”中要求，提出课程体系和课程大纲，并对参与认证专业课程体系进行专门评估。

目前，在中国水利教育协会的指导下，中国水利教育协会高等教育分会联合教育部高等学校水利类专业教学指导委员会和中国水利水电出版社等机构，按照申报立项、分类筛选、专家评审等程序，遴选出共56本普通高等教育教材作为水利行业“十三五”规划教材。目前教育部高等学校水利类专业教学指导委员会和中国工程教育认证协会水利类专业分会正在开展“基于工程专业认证的水利类专业教材规划调查表”，就解决复杂工程问题、国际视野即跨文化交流（国际工程管理）问题等进行专题调查。希望在“十三五”期间，能完成符合国际工程教育认证要求的水利类课程体系建设工作。

（3）推进与国际工程教育认证接轨的教学实践实习环节规划。以水文与水资源工程专业为例，从多次参与学校现场考查中发现，在教学实践实习环节方面，自评估报告中专业是在按照认证标准要求安排实践实习，但从实践实习的整体设计，具体实践实习过程，完成的实践实习任务、工作量和工作难度等，与国外同类学校专业比较，感觉不够充分和深入，这与许多在国外学习过的人员或参与教学的老师有基本一致的看法。要从根本上有所改变，需要推进与国际工程教育认证接轨的教学实践实习环节规划，加大工作力度和投入，加大过程管理和效果评价，切实达成实践实习目标。

（4）推进完善符合国情的水利专业认证补充标准和评估要求。从认证标准体系来讲，通用标准是各专业共同遵循的通用条款，具有原则性、指导性和通用性，但对于各个专业而言，补充标准才能体现专业的要求和特色。目前，水利类补充标准包括课程体系、师资队伍和支持条件三个方面，其中课程体系中规定“课程由学校根据培养目标与办学特色自主设置”，从一般意义上来讲，给学校和专业在课程体系设计安排上提供了很大的自由空间，但作为国家和国际上同一个专业，也要符合“质量门槛曲线”的基线要求。当前对于这个专业的“质量门槛曲线”基线尚没有清晰绘制，需要水利类各专业探讨和描绘。在专业认证中是否符合专业补充标准要求，在相关课程体系、知识点分解、学时数规定、教学与实践实习深度要求等方面还需要逐步建立更加完善的评估要求。

参考文献

［1］ 中国工程教育专业认证协会．工程教育认证办法［Z］．2012

［2］ 中国工程教育专业认证协会．工程教育认证标准［Z］．2015．

［3］ 中国工程教育专业认证协会水利类专业认证委员会．水利类专业补充标准［Z］．

［4］ 中国工程教育专业认证协会秘书处，教育部高等教育教学评估中心．关于认证标准和自评工作的几个重要问题

[Z]. 2017.
[5] 周红坊，朱正伟，李茂国．工程教育认证的发展与创新及其对我国工程教育的启示——2016年工程教育认证国际研讨会综述[J]．中国大学教学，2017，(1).
[6] 余寿文．对工程教育质量保证中几个问题的思考[J]．高等工程教育研究，2016，(1).
[7] 蒋宗礼．工程教育认证的特征、指标体系及与评估的比较[J]．中国大学教学，2009，(1).
[8] 王孙禺，赵自强，雷环．中国工程教育认证制度的构建与完善——国际实质等效的认证制度建设十年回望[J]．高等工程教育研究，2014，(5).
[9] 余寿文．工程教育评估与认证及其思考[J]．高等工程教育研究，2015，(3).
[10] 孙娜．我国高等工程教育专业认证发展现状分析及其展望[J]．创新与创业教育，2016，(2).
[11] 钱炜，朱坚民，汪中厚．开展国际工程教育专业认证推进“特色专业”国际化[J]．科教文汇，2014，(11).
[12] 杨振，杨书宏，宋守信，等．国外工程教育（本科）专业认证分析与借鉴[J]．中国安全科学学报，2009，(2).

作者简介： 姜广斌（1964—　），男，理学硕士、工商管理硕士，教高，从事水文水资源与水环境及水利经济方面的研究、技术咨询与技术推广。
Email：1438233341@qq.com。

武汉大学水文与水资源工程专业认证 10 年

陈　华　梅亚东　张利平　刘　攀　吴云芳

（武汉大学水利水电学院，湖北武汉，430072）

摘　要

2007 年武汉大学水文与水资源工程专业作为水利类的第 1 批专业通过全国专业认证，2013 年再次通过认证。论文总结了武汉大学水文与水资源工程专业 2 次认证工作的经验，分析了水利类大类招生对水文与水资源工程专业的影响，阐述了近 10 年水文与水资源工程专业学生就业形势的变化，探讨了新形势下水文与水资源工程教学与人才培养目标。

关键词

水文与水资源工程；专业认证；教学改革；人才培养目标

1　水文与水资源工程专业认证工作

武汉大学的水文学及水资源学科已具有 60 多年历史，2002 年和 2007 年评为国家重点学科。武汉大学以水文学及水资源学科作依托，1982 年根据国民经济发展需要，创办水资源规划及利用本科专业，1994 年又开设水文水环境专业本硕连读班，1998 年根据国家教育部颁布的“普通高等学校工科本科引导性专业目录”，水资源规划及利用专业与其他水文本科专业（如水文及水资源利用、水文地质等专业）合并为水文与水资源工程专业。

2007 年水文与水资源工程专业作为第一个水利类专业参加全国工程教育专业认证现场考查，这对武汉大学水文与水资源工程专业来说既是挑战，也是机遇。尽管当时顺利通过了专业认证，专家组在肯定水文与水资源工程专业的同时，提出了许多宝贵的建设性意见，这些意见对规范教学、促进教学和学生培养都起到重要的指导作用。针对认证意见，结合水资源与水电工程科学国家重点实验室和水文学及水资源国家重点学科建设，水文水资源系采取了有效的措施，加大了人才引进和人才队伍的建设，增加了课程教学和实验教学投入，实验教学条件得到了显著改善，教学质量得到进一步提高。

在 2007 年专业认证工作建设基础上，2013 年水文与水资源工程专业再次顺利通过专业认证，此次专业认证中提出了对于兼职教师的管理欠缺以及教学仪器设备更新慢等问题。近几年的专业建设中，一方面继续加大对人才队伍的建设，尤其是青年教师的培养和引进，目前水文系已经引进 3 名“青年千人”；另一方面加大对大学生实习实训基地建设，同长江委水文局汉江局和汉江集团（丹江口水库管理局）正式签订武汉大学大学生实习实训基地建设协议，加强和促进实践教学基地的建设。

2　水利类大类招生对于水文专业的影响

大类招生已经成为国内高校工科专业的一个发展趋势，水利水电学院的 4 个本科专业从 2003 年开始按水利类大类招生，然而水文与水资源工程专业与水利水电工程、港口航道与海岸工程、农业水利工程的教学内容和课程设置比较大，水文与水资源工程专业在大类招生中所遇到的困境和问题，以及经验和教训，对于目前正在或者即将要按大类招生的院校值得借鉴。

1998专业调整后，水文与水资源工程专业招生规模稳定在50人左右的规模，但是在2003年武汉大学按水利类大类招生后（学生在第4学期末自主选择专业），招生的生源变得不可控。而在水利水电学院四个专业中，水文与水资源工程专业受到的冲击最大。

图1是水文与水资源工程专业自2000年以来的学生人数变化情况。

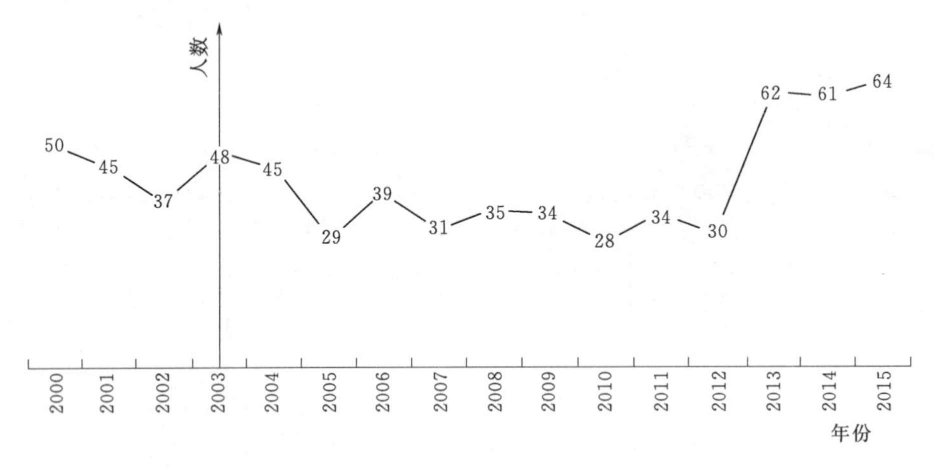

图1　水文与水资源工程专业2000—2015年生源数量

从图1中可以看出水文与水资源工程专业经历了长达近10多年的低谷期，直到2013年生源的形势有所好转。

专业认证10年，水文与水资源工程专业的招生形势发生跌宕起伏的变化，对于这种变化趋势后的原因进行了深入的分析和思考，总结有以下几点原因：

（1）相比于水利水电工程、农业水利工程和港口航道与治河工程，水文与水资源工程专业就业面相对偏小，就业率不如其他3个专业，这是学生自主选择专业一个重要参考指标。

（2）2003—2010年期间，水文水资源系人才流失严重，几位影响力大的教授相继出走，人才梯队断层，相比于其他几个系教师团队的影响力要明显弱些。

（3）水文行业的机构改革，到水文行业部门工作，尤其是本科生都要参加事业单位的考试，而考试的时间一般安排在6月左右，这也是对就业率低一个很大的影响因素。

从图1中也可以看出，从2013年后，水文与水资源工程专业生源发现重大的跳跃，2014年、2015年和2016年学生分专业的人数基本上稳定在60人左右，而2017年选择水文与水资源工程专业的学生接近90人。说明水文与水资源工程专业经过低谷后，形势有所好转，究其原因，主要有以下几点：

（1）在经历人才流失后，水文水资源系在院系领导以及学科带头人的共同努力，大力培养人才梯队，苦练内功，涌现出中国科学院院士、长江特聘教授、国家自然科学杰出青年基金获得者、国家自然科学优秀青年基金获得者等人才，提升了水文系整体实力和影响力。

（2）积极引进海外学者，国际著名水文学家挪威皇家科学院许崇育院士，成功获批第9批中组部“千人计划”专家（B类），同时从加拿大、美国和澳大利亚成功引进“青年千人”3名，国际化程度和影响力得到进一步提高。

（3）对学生生源质量控制上采取了宁缺毋滥的原则，只接受第一志愿选报的同学，虽然有几年学生的数量只有30人左右，但是这部分学生对于水文与水资源工程专业是热爱的，积极的和向上的。水文水资源系重视和加强对于学生的指导和引导，水文与水资源工程专业的学生继续深造的比例达到65%，一次性毕业率和就业率在显著提高，给学生传播的正能量越来越显著。

（4）加强学生和老师的联系与互动，通过班级导师、“烛光领航”等活动来加强对学生学习、科研和生活的引导；通过举办“水文杯”篮球联赛，加强水文本科生、研究生和教师之间的联系。通过这一系列活动，让学生能更好更近地了解水文教师团队，从而更深刻认识水文与水资源工程专业。

（5）水资源、水环境和水生态问题日益受到地方、国家和国际上的重视，已成为社会上关注的热点问题，水文与水资源工程专业的学生无论是出国、读研和就业的形势都在改变，人才的需求从水文行业部门向科研院所、设计院和企业转移。

3　水文与水资源工程近10年毕业去向分析

从图1中可以看出，2013年以前水文与水资源工程的招生规模在30人左右，2013年以后控制规模在60人左右。通过收集和分析近10年毕业生的去向，对于人才培养模式的改进和培养目标的修订有比较重要的参考意义和价值。

表1统计和分析2008年以来水文与水资源工程专业毕业生的就业去向。

表1　　水文与水资源工程近10年毕业生去向统计

就业去向	2008		2009		2010		2011		2012		2013		2014		2015		2016		2017	
	人	%	人	%	人	%	人	%	人	%	人	%	人	%	人	%	人	%	人	%
出国	0	0	3	10	3	8	1	3	1	3	7	21	5	18	8	24	8	27	11	18
读研	12	27	7	24	17	44	8	26	16	46	15	44	15	54	12	35	11	37	29	47
水文局	0	0	0	0	0	0	1	3	0	0	0	0	0	0	0	0	0	0	1	2
设计院	6	13	5	17	3	8	7	23	1	3	2	6	2	7	3	9	2	7	2	3
其他水利	5	11	4	14	9	23	6	19	1	3	1	3	2	7	4	12	1	3	4	6
非水利	6	13	1	3	5	13	3	10	3	9	3	9	4	14	5	15	8	27	11	18
待分	16	36	9	31	2	5	5	16	13	37	6	18	0	0	2	6	0	0	4	6
合计/人	45		29		39		31		35		34		28		34		30		62	

为了更好地比较分析，将毕业生当年的就业去向按出国、读研、水文局、设计院、其他水利机构、非水利行业和待分等进行分类。该数据是基于学校就业部门的统计数据，存在着部分学生换工作而没有统计上的可能性，但还是具有一定的真实性和代表性。

从表1可见，水文与水资源工程专业的本科毕业生到水文局系统就业毕业生非常少，主要原因是水文行业的机构改革，省级和流域的水文局基本上都要参加事业单位或者公务员考试，其次武汉大学的毕业生眼光略显高，对于非省会以上城市或者经济欠发达地区基本上不考虑投递简历。

而在2008—2013年间的待分比例比较高，主要原因是学习成绩差的学生比例比较高，因为在学生选择专业时，由于生源质量不好，有一部分是非第一志愿选的水文与水资源工程专业，当时为了在数量上得到保证，接受了一批调剂的学生，而这些调剂的学生都是成绩排在年级最后几位的，且挂科严重。这部分学生毕业都很困难，更难说找到理想的工作。针对这种情况，水文水资源系也调整了政策，在大类招生的学生自主选专业的学生中，只考虑录取第一志愿报水文与水资源工程专业的学生，不再接受调剂。2014届的毕业生只有28人，但是整体成绩很好，无论是就业和继续深造，比例都比以前有明显提升，而对于后续学生的选择专业起到了较好的引导作用。

从表1可见，近几年还有一个显著的变化就是读研和出国的比例在逐年上升，2012年读研和出国的比例49%，2013年65%，2014年72%，2015年59%，2016年64%，2017年65%。需要指出的是2017年学生数量62人，几乎前几年的翻番，能达到65%的出国和读研的比例，侧面也说明了水文与水资源工程专业学生的生源质量也有大幅提高。

4 新形势下水文与水资源工程专业培养目标的思考

水文与水资源工程专业的培养目标定位沿袭原武汉水利电力大学高级工程师培养的理念，但是从水文与水资源工程专业近10年毕业生去向统计数据上看，原先高级工程师培养的理念已经不能适应武汉大学水文与水资源工程专业现有的生源结构和学生自我定位意愿，因此有必要对水文与水资源工程专业的培养进行重新定位和思考。

不同高校及不同的专业间培养目标定位不同[1,2]，在武汉大学2013版培养方案中，武汉大学对于本科生的培养目标定位是：培养适应经济和社会发展需要的“厚基础、宽口径、高素质、强能力”，具有“三创（创造、创新、创业）”精神和能力的复合型人才、拔尖创新人才和行业领军人才，然而水文与水资源工程专业的培养目标定位是培养在水利、水电、水务、国土及环保等部门从事水文、水资源及水环境相关领域的科学研究、工程应用及技术管理的高级人才。目前武汉大学进入国家“双一流”学校建设名单，水利类专业也在“双一流”的学科中，而中国的工程教育于2016年也正式加入了《华盛顿协议》，武汉大学的水文与水资源工程教育将迎来新的机遇和挑战。在新的一轮培养方案修订中，武汉大学水文与水资源工程专业的培养目标应考虑国际工程教育认证强调实质等效，以人才培养产出为导向，体现学校和专业特色。新的培养目标定位应强调领袖才能，重视创新，面向国家和世界。

参 考 文 献

[1] 雷庆，赵囡. 高等工程教育专业培养目标分析［J］. 高等教育研究，2007，(11)：7-15.
[2] 金鑫. 地方高校水文与水资源工程专业定位及培养目标分析［J］. 教育现代化，2015，(14)：196-198.

作者简介：陈华（1977— ），男，博士，教授，博导，水文水资源系教学主任，主要从事水文水资源教学和科研工作。
Email：89027988@qq.com。

工程教育专业认证背景下的培养目标合理性评价
——以华北水利水电大学水文与水资源工程专业为例

臧红飞　王文川　马明卫

（华北水利水电大学水利学院，河南郑州，450045）

摘　要

定期评价培养目标的合理性对于提升高等学校工程人才培养质量、促进专业建设具有重要意义。以华北水利水电大学水文与水资源工程专业为例，采用召开校内研讨会、专家访谈与调查问卷反馈相结合的方法，评价了该专业2016版培养目标的合理性。结果显示，专业所有任课教师、校友、用人单位及企业专家均对本专业2016版培养目标表示支持、基本支持或一般支持，认为专业培养目标与毕业5年左右校友的职业成就、行业发展趋势、社会满意度等的吻合度较高。评价结果可为其他院校和专业的培养目标合理性评价提供参考。

关键词

工程教育专业认证；培养目标；合理性评价；水文与水资源工程

1　引言

工程教育专业认证作为完善高等工程教育质量保证体系、推进工程技术人才培养国际互认的重要环节，已成为我国高等工程教育的改革重点[1-5]。水利类专业的工程教育专业认证始于2007年，至今已有10年时间[6]。在这10年期间，共有54个水利类专业点参与了工程教育专业认证。参与认证的专业数量呈持续增长趋势，2017年已增至15个。因此，开展工程教育专业认证是工程教育改革的内在发展要求和必然趋势，也是地方工科院校提升工程人才培养质量的保证与促进专业建设的契机[1]。

培养目标的制定和评价是工程教育专业认证工作的主要组成部分与重要考察内容。工程教育认证标准（2015版）通用标准[7]指出，培养目标是对该专业毕业生在毕业后5年左右能够达到的职业和专业成就的总体描述，并要求“专业应定期评价培养目标的合理性，并根据评价结果对培养目标进行修订，评价与修订过程有行业或企业专家参与”。因此，培养目标的合理性评价对于提升工程人才培养质量、促进专业建设具有重要意义。本文以华北水利水电大学水文与水资源工程专业为例，探讨了该专业培养目标合理性评价的方法与评价结果，可为其他专业培养目标的制定与评价提供参考。

2　专业培养目标解读

工程教育认证标准（2015版）通用标准[7]指出，专业应该有公开的、符合学校定位的、适应经济

基金项目：2017年省级高等教育教学研究与改革项目：以OBE理念为向导的水利人才培养体系改革研究与实践。

社会发展需要的培养目标，培养目标能反映学生毕业5年左右在社会与专业领域预期能够取得的成就。该标准出台后，华北水利水电大学水文与水资源工程专业以此为契机，结合学校定位与社会经济发展需求，于2016年4月对专业的培养目标进行了修订，修订过程广泛征求了企业专家、校友、任课教师及学生的建议，形成了2016版培养目标，具体如下：

"本专业培养适应经济社会发展需求，德、智、体、美全面发展，具有高尚的职业道德和社会责任感、扎实的自然科学和专业基础知识、并具有创新能力、宽广的人文知识和国际视野的水文与水资源工程专业高级应用型人才。学生毕业后具有人文知识，能够在水利、水务、能源、交通、城市建设、环境保护、国土资源、教育等部门胜任水文、水资源、水灾害、水环境和水生态方面的勘测、评价、规划、设计、预测预报和管理等生产实践或科研等工作；5年左右具备工程师或与之相当的专业技术能力；能够通过继续教育或其他终身学习渠道增加知识和提升能力，为国内外水利及相关事业服务。"

该培养目标包含5个子目标：

培养目标1：具有高尚的职业道德、社会责任感、健康的体魄、良好的心理素质及人文科学素养。

培养目标2：具有扎实的自然科学、人文科学基础，坚实的外语和计算机应用技能，全面掌握水文和水资源领域的基本理论、基本知识、基本方法和基本技能；适应经济社会发展需求，能够通过继续教育或学习渠道增加知识和提升能力，紧跟相关领域新理论和新技术的发展。

培养目标3：掌握水资源和水环境方面的知识和技能，知识面宽、实践能力强、综合素质高，能胜任水文、水资源、水灾害、水环境和水生态方面的勘测、评价、规划、设计、预测预报和管理等生产实践或教学科研等工作。

培养目标4：具有科学思维方法、开拓创新精神、沟通与合作能力和国际视野。

培养目标5：具备工程师的专业技术能力和条件；能在一个设计、生产或科研团队中担任领导者或重要角色，为国内外水利及相关事业服务。

水文与水资源工程专业2016版培养目标从品德人文素养、自然科学及专业知识、专业能力、协作及交流能力、工程素养等5个方面规范了学生在毕业5年左右能够达到的预期成就。与该专业2013版培养目标相比，2016版培养目标明确了培养学生的国际视野、毕业5年左右在社会与专业领域预期能够取得的成就和终身学习的能力。培养目标修订后，专业通过招生简章、宣传手册、学校与学院的网络介绍、教师与校友的对外交流、培养方案问卷调查、召开培养方案修订研讨会等多种方式对培养目标进行了宣传。

3 培养目标合理性评价

3.1 评价制度

建立培养目标合理性评价制度是进行培养目标合理性评价的前提与依据。为了充分了解专业培养目标定位是否符合专业人才培养需要与经济社会发展需要，有力支持人才培养各环节的任务，及时发现人才培养过程中的各类问题并进行完善，持续改进，进一步建立和完善评价制度，依据《华北水利水电大学关于进一步促进学生学业全面发展的若干意见》（华水党〔2013〕31号）文件精神，水利学院印发了《水利学院培养目标合理性评价办法》（水院政〔2015〕24号），构建了培养目标合理性评价体系，明确了培养目标合理性评价的组织机构、评价内容、评价周期及评价结果反馈与改进等内容。

3.1.1 组织体系

学院成立了由院长牵头，副书记、副院长及专业负责人（专业教研室主任）共同组成的培养目标合理性评价领导小组。其中，学院院长负责总体的组织协调；学院副书记负责联络走访用人单位、毕业校友进行调研，组织在校生座谈会；副院长负责组织教学各环节人员、落实相关工作任务；专业负责人和教研室主任负责培养目标的跟踪与修订、落实改进的培养目标、统计分析调研问卷等工作。学院还组织专业相关人员对培养目标的合理性评价结果进行认真分析研究，结论用于专业人才培养的持续改进。

3.1.2 评价方法

（1）校内评价。由院长组织，副院长、专业负责人、负责学生工作的相关人员、专业教师代表、企业代表共同参与，召开研讨会，评价专业的市场需求变化趋势和专业定位，比照现行培养目标判断是否科学合理，定位是否适应于更广泛的领域。

（2）调查问卷反馈。采用问卷调查的形式（图1），对用人单位、毕业5年的毕业生及近三年毕业的学生进行培养目标的合理性调查。

姓名：　　曾就读年级或班级：　　2010 年毕业

毕业时的学位：　　就职单位：　　从事具体工作：

最高学历/获得时间：　　职称/获得时间：

联系方式：

提示：（为证明调查的真实性，以上部分请务必手写，以下部分可以手写也可以在电脑上填好后打印）

调查方向	调查内容	培养目标认同度的评价		培养目标达成度的自我评价	
		选择项目	请您在相应的方框打“√”	选择项目	请您在相应的方框打“√”
培养目标的认同度和达成度评价	培养目标1：具有高尚的职业道德、社会责任感、健康的体魄、良好的心理素质及人文科学素养。	A. 非常认同（5分）	√	A. 非常满意（5分）	√
		B. 基本认同（4分）		B. 基本满意（4分）	
		C. 一般认同（3分）		C. 一般满意（3分）	
		D. 基本不认同（2分）		D. 基本不满意（2分）	
		E. 非常不认同（1分）		E. 非常不满意（1分）	
	培养目标2：具有扎实的自然科学、人文科学基础，坚实的外语和计算机应用技能，全面掌握水文和水资源领域的基本理论、基本知识、基本方法和基本技能；适应经济社会发展需求，能够通过继续教育或学习渠道增加知识和提升能力，紧跟相关领域新理论和新技术的发展。	A. 非常认同（5分）	√	A. 非常满意（5分）	√
		B. 基本认同（4分）		B. 基本满意（4分）	
		C. 一般认同（3分）		C. 一般满意（3分）	
		D. 基本不认同（2分）		D. 基本不满意（2分）	
		E. 非常不认同（1分）		E. 非常不满意（1分）	
	培养目标3：掌握水资源和水环境方面的知识和技能，知识面宽、实践能力强、综合素质高，能胜任水文、水资源、水灾害、水环境和水生态方面的勘测、评价、规划、设计、预测预报和管理等生产实践或教学	A. 非常认同（5分）	√	A. 非常满意（5分）	√
		B. 基本认同（4分）		B. 基本满意（4分）	
		C. 一般认同（3分）		C. 一般满意（3分）	
		D. 基本不认同（2分）		D. 基本不满意（2分）	
		E. 非常不认同（1分）		E. 非常不满意（1分）	

2

华北水利水电大学水利学院“水文学及水资源工程”专业调查

贵单位名称

说明：请在所选答案后面打“√”即可。

1.贵单位属于：

（1）党政机关（ ）　（2）事业单位（ ）　（3）施工单位（ ）

（4）设计单位（ ）　（5）科研单位（ ）　（6）学校（ ）

（7）民营企业（ ）　（8）其他（√）

2.本专业毕业生在贵单位发挥的作用：

（1）骨干作用（√）　（2）一般性作用（ ）　（3）无（ ）

3.本专业毕业生在贵单位工作表现：

（1）好（√）　（2）一般（ ）　（3）较差（ ）

4.贵单位在录用毕业生时主要考虑那些因素（请在数字上划“√”可多选）

（1）学习成绩　（2）求职时态度　（3）学历层次

（4）性格因素，交往能力　（5）学生党员、干部　（6）在校期间获奖情况

（7）家庭背景　（8）踏实精神　（9）动手能力

（10）学校或教师推荐　（11）求职单位职工或领导推荐

（12）其他（注明因素）

5.结合贵单位情况，您认为我院“水文与水资源工程”专业毕业生表现最好和需要提高的方面分别是（请您在相应的空格内打“√”）：

选项	表现最好	需要提高
知识结构		
研究能力		√
创新能力		√
实际操作	√	
敬业精神	√	
团队合作	√	
人际交往	√	
组织协调	√	
外语能力		
人文素养		
心理素质		
发展潜力		
解决问题能力	√	
独立工作能力	√	

6.对在贵单位就业的我院“水文与水资源工程”学生毕业5年左右培养目标达成度评价：

1

图1　毕业生及用人单位调查问卷实例

3.1.3 评价周期

校内评价：每年组织一次座谈会。

应届及往届（毕业5年）毕业生：每年调研一次，时间安排在每年4月左右。

用人单位：一般用人单位每年进行一次，毕业生较多的单位每两年进行一次。并对用人单位进行不定期走访。

3.2 评价依据

分析培养目标与毕业5年左右校友培养目标达成情况、学校本科教育定位、社会经济发展、行业需求等的吻合度，定期评价本专业培养目标合理性。主要评价依据如下：

（1）培养方案对培养目标的支撑度调查意见。通过问卷调查的形式，对教师进行关于“水文与水资源工程专业培养方案对培养目标的支撑度”情况调查，分析制定的培养方案是否支撑培养目标的实现，据此评价本专业培养目标合理性。

(2) 毕业出口能力与目标期望吻合度的调查反馈意见。通过问卷形式，对应届毕业生进行“毕业生信息反馈”调查，进行毕业生工作状况、专业教学、专业课程设置等反馈信息评价，据此评价本专业培养目标的合理性。

(3) 用人单位对人才的需求与培养目标的吻合度的调查反馈意见。通过用人单位对本专业2009届、2010届和2011届毕业生在单位表现的评价意见，分析用人单位人才需求与培养目标吻合度，评价专业培养目标合理性。

(4) 用人单位对毕业生的表现调查反馈意见。通过用人单位对本专业设定的培养目标与2009届、2010届和2011届毕业生的表现是否适合行业发展的意见，分析培养目标与行业发展需求吻合度，评价本专业培养目标合理性。

(5) 毕业生自我评价调查反馈意见。通过调查近三届和毕业五年左右的校友对本专业设定的培养目标与毕业生工作表现的自我评估，分析培养目标与行业发展需求吻合度，评价本专业培养目标合理性。

(6) 行业企业专家对培养目标合理性的审核意见。修订培养方案时，邀请河南省水文水资源局、河南黄河水文勘测设计院等5名行业企业专家对培养目标合理性进行评价，以此分析专业制定的培养目标的合理性。

3.3 评价结果

最近一次的培养目标合理性评价于2016年4月进行。通过表1所示方式，收集全体任课教师、141名校友及14家用人单位的相关调查信息，对水文与水资源工程专业的培养目标合理性进行了评价。

表1　　2016年水文与水资源工程专业培养目标调查表

<table>
<tr><th>调查方式</th><th>调查对象</th><th>调查时间</th><th>主要调查内容</th></tr>
<tr><td>问卷调查</td><td>所有专业教师</td><td>2016年4月</td><td>培养方案对培养目标的支撑度</td></tr>
<tr><td>问卷调查</td><td>校友</td><td>2016年4月</td><td rowspan="3">对培养目标的认同程度
对毕业生的表现
对培养目标的评价建议</td></tr>
<tr><td>问卷调查</td><td>用人单位</td><td>2016年4月</td></tr>
<tr><td>个人访谈</td><td>企业行业专家</td><td>2016年4月</td></tr>
</table>

评价结果如下：

(1) 参与调查的所有任课教师中，约有94%的教师完全支持本次修订的培养目标，认为培养目标是合理的；6%的教师基本支持修订的培养目标。

(2) 校友关于培养目标与行业发展需求吻合度的评价结果为：对于培养目标1，分别有88%和9%的校友非常认同和基本认同该培养目标；有86%和14%的校友非常认同和基本认同培养目标2；对于培养目标3，分别有79%、16%和5%的校友非常认同、基本认同和一般认同；对于培养目标4，分别有80%、17%和3%的校友非常认同、基本认同和一般认同；对于培养目标5，分别有79%、12%和8%的校友非常认同、基本认同和一般认同。

(3) 毕业5年以上的55名校友中，80%左右的校友在基层单位从事管理和设计等应用型工作，有65%以上已顺利晋升中级职称。另外，有5名校友正在河海大学、大连理工大学等高校攻读博士学位。

(4) 14家用人单位对培养目标的反馈表明，分别有86%和14%的用人单位非常认同和基本认同该专业的培养目标1、2、3和5；57%和43%的用人单位非常认同和基本认同该专业的培养目标4。从用人单位对本专业毕业生工作表现满意度看，用人单位普遍认为本专业毕业生有扎实的基础和较宽广的专业知识，具备良好的综合素质，有较强的学习能力和独立工作能力，工作认真负责，具有团队精神，有的学生很快成为单位的技术骨干与中坚力量。用人单位认为本专业的毕业生的团队合作和独立工作能力最强，满意度达到100%；毕业生的敬业精神、人际交往能力、组织协调能力、心理素质、解决问能力的满意度都在80%以上。毕业生的创新能力、研究能力、外语能力有待进一步的提高。总体来看，我校培养的水文与水资源工程专业毕业学生培养目标合适，实现度高。

（5）通过对5位企业行业专家的走访座谈，4位专家完全支持本次修订的培养目标，1位专家基本支持本次修订的培养目标。

（6）本专业毕业生一次就业率在全校一直名列前茅。2014—2016年，毕业生选择继续深造的比例为32.6%、30%和36.5%；其余就业学生也主要分布在水利（水务）、能源、交通、城市建设、环境保护、地质矿产等部门从事水文、水资源及水环境方面的勘测、评价、规划、设计、预测预报和管理等工作，学生就业领域与培养目标规定的领域吻合度较高。近3年毕业生中，在专业目标领域内就业的分别有57人、62人和63人，分别达到当年毕业生总人数的77%、69%和73%。

综上所述，专业培养目标和毕业5年左右校友的职业成就、行业发展趋势、社会满意度等吻合度高。因此，可以认为水文与水资源工程专业2016版培养目标是合理的。

4 结论与建议

以华北水利水电大学水文与水资源工程专业为例，采用召开校内研讨会、企业专家访谈与调查问卷反馈相结合的方法，评价了该专业培养目标的合理性。

（1）专业所有任课教师、校友、用人单位及企业专家均对本专业2016年修订的培养目标表示支持、基本支持和一般支持，认为专业培养目标与毕业5年左右校友的职业成就、行业发展趋势、社会满意度等的吻合度较高，认为该版本的培养目标是合理的。

（2）培养目标的合理性评价目前尚未形成统一的理论评价体系，仍以定性评价为主，未来应加强对该方向的研究。

参考文献

[1] 洪晓波．地方工科院校工程教育专业认证的对策研究［J］．教育评论，2014，(10)：12-14.

[2] 韩晓燕，张彦通，王伟．高等工程教育专业认证研究综述［J］．高等工程教育研究，2006，(6)：6-9.

[3] 刘昭亚．本科院校工程教育专业认证制度研究［D］．淮北：淮北师范大学，2014.

[4] 俞路，潘艳秋，吴雪梅．以工程教育专业认证为导向培养学生工程素质［J］．教育教学论坛，2015，(42)：196-197.

[5] 李涛，刘灵芝．我国高等工程教育专业认证的现状分析及对策研究［J］．大学教育，2012，1(6)：21-22.

[6] 陈元芳，李贵宝，姜弘道．我国水利类本科专业认证试点工作的实践与思考［J］．科教导刊，2013，(2)：25-27.

[7] 中国工程教育专业认证协会．工程教育认证标准（2015版）［Z］．2015.

作者简介： 臧红飞（1987— ），男，博士，讲师，主要从事水资源与水环境方面的研究。
Email：zhf6344@126.com。

通信作者： 王文川（1976— ），男，博士，教授、博导，主要水文水资源系统分析与管理。
Email：wangwen1621@163.com。

对工程教育认证中毕业要求的探讨

李 森 汤 骅 李 刚

（石河子大学水利建筑工程学院，新疆石河子，832000）

摘 要

毕业要求是工程教育认证的重要考核标准之一，本文围绕影响毕业要求达成度评价的几个关键因素，即毕业要求的改进和完善、指标点分解和支撑课程体系构建、达成度评价等，就相关经验展开论述，阐述了各环节应当注意的要点，指出了各环节容易出现的问题，并提出了一定的解决方法，旨在为高校工程专业毕业要求达成度评价机制的完善和专业认证工作提供参考。

关键词

工程教育认证；毕业要求；指标点；达成度

工程教育认证是实现国际间工程学位互认和人才流动的重要途径。在经济全球化的背景下，让毕业生走出国门、培养面向世界的工程师，是现代工程人才培养的必然要求。2005年我国启动实施工程教育认证工作，亦是旨在加快推进我国的注册工程师制度并与国际接轨。

工程教育认证的考核标准包括：学生、培养目标、毕业要求、持续改进、课程体系、师资队伍和支持条件7项内容，所有标准完全满足相应要求方可通过认证。对于专业教育而言，培养合格的毕业生，使毕业生素质满足毕业要求，达到培养目标是人才培养工作的出发点和落脚点，因此，毕业要求也是通用标准中最重要的考核项目之一。毕业要求认证考核工作的重心在于毕业要求的制定、分解和达成度评价，是一个复杂而系统的过程，需要引起足够的重视。

1 毕业要求的制定和改进

毕业要求是对学生毕业时应该掌握的知识和能力的具体描述，是衡量高校办学质量的一项重要标准。2015版工程教育认证标准指出：“专业必须有明确、公开的毕业要求，毕业要求应能支撑培养目标的达成。专业应通过评价证明毕业要求的达成。专业制定的毕业要求应完全覆盖工程教育认证标准的12条毕业要求：工程知识、问题分析、设计/开发解决方案、研究、使用现代工具、工程与社会、环境和可持续发展、职业规范、个人和团队、沟通、项目管理和终身学习”[1]。

认证标准中对专业毕业要求进行了明确要求，但是在相关工作中，往往容易忽略专业毕业要求的制定和改进这一环节，而将全部重心放在后续工作中，这本身是存在问题的。在毕业要求的持续改进过程中，应当注意以下几点：

（1）以认证标准毕业要求（以下简称标准要求）为参考改进本专业毕业要求。首先，本专业毕业要求不能照搬标准要求。标准要求是纲领性、概括性的标准，不等同于各专业实际的毕业要求，不能简单地以标准要求作为本专业毕业要求。标准要求是所有工程专业毕业要求应当具备的共性，而不同高校的不同专业，各自具有其独特的办学风格和专业特色，只有将自身特点与标准要求相融合，才能制定出适合本专业的毕业要求。

其次，本专业毕业要求应当完全覆盖认证标准毕业要求。认证标准毕业要求是对学生通过本专业学习所应当掌握的知识、技能和素养的具体要求，其内容紧密联系，环环相扣，既系统又全面。本专业毕业要求虽然不必拘泥于通用标准的形式，但如果完全与之大相径庭，则难免出现不明确、不具体、无法完全覆盖标准要求等问题。

（2）确定毕业要求对培养目标的支撑关系。毕业要求与培养目标是紧密相连的。专业根据行业需求制定培养目标，培养目标以毕业要求作为支撑来实现其达成。培养目标属于顶层设计，具有纲领性、综合性，需要细分为具体、可操作的各项要点[2]，毕业要求就是将培养目标具体化、形象化，因此毕业要求与培养目标之间应该有明确的对应关系，专业在改进毕业要求的过程中应能将这一关系明确体现出来。

（3）理解“复杂工程问题”内涵。从经济社会的全球化发展趋势和“一带一路”国家战略对于工程教育所提要求的角度看，深刻理解复杂工程问题，培养具有复杂工程问题解决能力的毕业生，不仅仅是拟认证工程专业，同时也是我国所有工程专业当前和今后必须重视和做好的工作[3]。

2015 版认证标准毕业要求中的工程知识、问题分析、设计/开发解决方案、研究、使用现代工具、工程与社会、环境和可持续发展、沟通等 8 项要求的具体内容中，均明确了各项能力的指向是复杂工程问题，而非一般性工程问题。认证标准相关解读材料对复杂工程问题也进行了说明，并列举了 7 个方面的特征。专业要依据相关特征，结合本专业实际工程问题，对本专业所面对的复杂工程问题进行深入理解和把握，并作出明确诠释，使达成度评价在实施过程中有据可依，具有说服力。

2 毕业要求的分解

毕业要求的分解，就是将每条毕业要求分解为清晰、明确、可衡量的若干指标点。通过分别对各个指标点的达成度进行评价，再经过结果数据的比较、综合，得出毕业要求达成度。将毕业要求分解为不同指标点，有利于毕业要求达成度的细致、全面评价。

毕业要求的各指标点内容要相对独立，避免相互涵盖。每个毕业要求都由若干个相互关联又各有侧重的方面组成，应当根据不同方面分解不同的指标点。例如通用标准要求第 2 条——问题分析：能够应用数学、自然科学、工程科学的基本原理，识别、表达、并通过文献研究分析复杂工程问题，以获得有效结论。可以理解为 3 个不同方面：一是对复杂工程问题的识别和表达；二是通过文献对复杂工程问题进行分析研究；三是形成有效结论。指标点可以围绕三方面要求分别进行具体的表述。

指标点的达成需要通过具体的教学活动、实践活动和学生工作等环节实现，在实施评价前，需要对支撑课程体系进行构建。构建课程支撑体系的重点和难点在于：一个指标点具体由哪些课程支撑，每门课程的权重值如何设置。其方法可简单概括为：每个指标点应选择 2～4 门课程完成其达成度的评价，每门课程根据支撑强度的不同，被赋予不同的权重值。这个过程看似简单，实际上是十分繁琐的。在此过程中，需要注意以下问题：

（1）一个指标点可能由较多门课程支撑，对所有课程均赋予权重值，无疑会增加权重设定的难度，影响其合理性，且使后期评价工作更加繁琐，因此仅需对其中支撑强度最大的 2～4 门课程设定权重。其余课程虽未列为权重支撑课程，不直接参与指标点达成度评价，但对指标点达成仍起到辅助作用，也应该列出与指标点的支撑关系。

（2）某一课程被赋予支撑某个指标点达成的权重值，其合理性应经过相关任课教师的认可，以保证教师在今后的教学过程中能够顺利贯彻实施。每个教师要明晰自己应当承担的毕业要求培养任务，并围绕毕业要求实施教学活动，采用合理的考核方式。

3 达成度评价

毕业要求达成度评价就是由教师和管理人员通过各种评价方式，评估自己负责的课程环节所对应指标点的达成情况，然后通过对所有数据的综合处理得出毕业要求的达成情况。达成度评价不仅仅是认证工作自身的需要，其更重要的意义在于将毕业要求落实到每门课程和每位教师，并为专业持续改进工作指明方向。

毕业要求达成度的评价依据多种多样，包括考试、测验、论文、大作业、实验（实习、设计）报告、读书报告等，根据课程考核方式的不同选择确定何种评价依据，具体见表1。

表1　毕业要求达成度评价依据

课程类型	评价依据
理论课程	期末考试试卷、课程大作业、课程论文、课程报告等
实验类课程	实验报告、实验操作流程、实验表现等
内容为设计的实践类课程	设计说明书和计算书、图纸、结题报告
内容为实习的实践类课程	综合考虑实习日志、实习报告、实习考核材料等

在开展课程达成度评价前，有专门的评价机构指定专人对评价依据的合理性进行确认，审查考核内容是否能够完整体现指标点要求，考核形式和结果判定标准是否合理。

毕业要求达成度评价方法是灵活多样的，没有统一的办法和规范的要求，只要能证明毕业要求的达成情况，并且具有说服力，都是可行的。认证标准相关解读材料中列举了3种评价方法，其原理分别为：

（1）课程考核成绩分析法：首先对课程（包括实践教学在内的所有教学环节）对毕业要求达成的情况进行评价，即计算“课程达成度”。其次，根据每门课程的达成度评价值所相应支撑权重，计算出“毕业要求达成度”。最后，将该计算结果和合格标准进行比较，进而得出支持毕业要求达成情况的评价结果。

（2）评分表分析法：首先制定各指标点的评分表，评分表包括：评价指标点、量化的达成层级以及各指标点达成层级情况的描述。其次，由教师依据评分表，根据学生的报告、作业、课堂表现等评价学生在该毕业要求指标点上的表现，给出量化分数，计算出该门课程中的达成度评价值，最后综合该项毕业要求和各项达成度评价值相应支撑权重，计算得出评价结果。

（3）问卷调查法：针对用人单位、毕业生及应届毕业生，就毕业要求各项能力重要性的认同度及毕业生在这些能力上的表现的达成情况进行调查。

具体采用哪种方法进行毕业要求达成度评价，可以根据评价依据的不同成绩考核方式来选择（如理论课程宜选用课程考试分析法，实践类课程宜选用评分表分析法），或者根据各项毕业要求内容不同来选择。

4 容易出现的问题

毕业要求的制定、分解和评价是一个复杂而系统的过程，在该过程中可能会出现以下问题：

（1）毕业要求的制定不够合理。主要表现为：①毕业要求标准偏低，不能完全覆盖通用标准要求；②毕业要求内容较为笼统，具体要求描述不清晰，或者不能与专业特点较好地契合。

（2）对毕业要求的分解不合理。主要表现为：①指标点内容要求偏低，不能覆盖毕业要求；②指标点间相互涵盖，相同内容反复出现于不同指标点中；③指标点与毕业要求不相对应，存在逻辑错误。

（3）课程对指标点的支撑关系梳理不合理。主要表现为：①支撑课程的选定不合理，有些课程对指标点支撑关系牵强，或有些支撑力度较大的课程被遗漏；②课程支撑权重值设定不合理，即课程的支撑权重值偏大或偏小，导致指标点最终评价结果与实际不符。

（4）课程对毕业要求的支撑关系不明确，教学目标中不能明确体现出与毕业要求的关联，任课教师或管理人员对毕业要求的了解不够深刻，对所担负的责任不够明晰。

上述问题的前3条，往往是态度上不够重视，认识上不到位造成的。为避免问题的发生，需要从事教学、管理及学生工作的骨干教师群策群力，对相关环节进行多次研讨和修改，并借鉴同行业资深高校经验，听取业内专家建议[4]。为避免上述第4条问题，在构建课程支撑体系过程中，指标点支撑课程和相应权重需由任课教师确认，在教学目标设定、教学和成绩考核过程中能够明确对指标点的支撑关系。

毕业要求制定、分解和评价过程的复杂性，决定了该过程不是某个人或者某个机构所能完成的，需要与专业相关的所有教师、管理人员和学生的共同参与和通力配合。

5 结语

以通用要求和培养目标为指引改进和完善本专业毕业要求，合理地分解指标点，构建课程支撑体系，并采用合适方法进行达成度评价，是提高毕业要求达成度评价质量的关键。该过程将有助于本专业教师和管理人员对人才培养目标、毕业要求、课程设置、教师和管理人员责任、毕业要求考核机制等形成更加全面而深刻的认识，并从中认清优势和不足，这对于推动专业持续改进，提高教育质量具有重要意义。

参考文献

[1] 中国工程教育专业认证协会秘书处. 工程教育认证毕业要求达成度评价手册（试行）[Z]. 2015.

[2] 邵辉. 安全工程专业毕业要求达成度定量评估——基于跟进式教育理念的视角 [J]. 常州大学学报：社会科学版，2015，16（3）：114-117.

[3] 林健. 如何理解和解决复杂工程问题——基于《华盛顿协议》的界定和要求 [J]. 高等工程教育研究，2016，（5）：17-26.

[4] 杨燕. 提高毕业要求达成度评价质量的几个关键问题 [J]. 计算机教育，2017，（6）：62-65.

作者简介：李森（1987— ），男（汉族），硕士，讲师，研究方向：水工与水力学教学研究工作。
Email：yzzsjcsjj@163.com。

通信作者：汤骅（1966— ），男（汉族），硕士，教授，研究方向：农业水利工程教学研究工作。
Email：465521263@qq.com。

基于OBE理念的水文与水资源工程专业人才培养探索

王文川　徐冬梅　邱　林

（华北水利水电大学水利学院，河南郑州，450045）

摘　要

随着国民经济的快速发展，"河长制"的全面推行，势必对水文与水资源工程专业人才培养提出更高的要求。本文根据《国家中长期教育改革和发展规划纲要（2010—2020年）》对提高高等教育人才培养质量的要求，基于产出导向（OBE）的工程教育理念，对水文与水资源工程专业的人才培养进行了研究与实践，旨在进一步明确培养目标、完善毕业要求、构建科学合理的课程体系，着实提高人才培养质量，使学生更好地实现就业和服务于地方经济。

关键词

OBE理念；水文与水资源工程；教学改革；人才培养

提高人才培养质量应作为高等教育改革发展的核心任务[1]，党中央在党的十八届三中全会上作出重要指示，要求高校必须与时俱进的作出德智体美全面发展的新的人才培养方案。《国家中长期教育改革和发展规划纲要（2010—2020年）》也指出应着力培养信念执著、品德优良、知识丰富、本领过硬的高素质专门人才和拔尖创新人才。因此，高校专业人才培养研究与探索一直是高校教育教学改革研究的核心。

国家实施最严格的水资源管理，全面推行"河长制"，势必对水文与水资源工程专业人才培养提出更高的要求。为了更好满足国家对人才培养的要求和社会对人才的需要，培养出适应水文学及水资源学科发展和具有行业特色的高质量专业人才，水文与水资源工程专业迫切需要不断地对专业人才培养的目标、毕业要求、课程体系、培养模式等方面进行修订，才能将较好地完成以提高质量作为高等教育改革发展的核心任务的这一时代责任[2,3]。

1　OBE理念

OBE是学习产出教育模式（outcomes based education）英文缩写，最早出现于美国和澳大利亚的基础教育改革，是20世纪80—90年代早期美国教育界一个十分流行的术语[4]。该理念要求在实施课程教学过程中应根据不同的目标、对象和要求，通过设定教学目标，设计教学过程，以学习成果为目标引领学生自主自觉地学习，同时要求教师作为学生的指导者，注重培养学生自我探索和自我学习等多方面的能力，最后制定教学评价体系，并以此来核准之前设定的教学目标，保证其教学质量的提高[5,6]。所以，OBE理念从传统的"以教师为中心"转向"以学生为中心"，提出了以人才培养结果为

基金项目：2017年河南省高等教育教学研究与改革项目：以OBE理念为向导的水利人才培养体系改革研究与实践。

基础进行反向设计，打破了传统教育设计的具体思路，改变测量教育效果的方式。因此，在一个 OBE 体系中，所有这些都是围绕明确的学习结果来组织的，这样的体系才是真正以它的全部学生为中心，确保学生在离开教育系统时拥有成功所需要的知识、能力和素质[7]。

2 水文与水资源工程专业发展和现状

我校水文与水资源工程专业设立于 2002 年，学制四年，授工学学士学位，从 2012 年起开始按照一本分数线招生。该专业 2012 年成为河南省高等学校特色专业建设点和河南省普通高等学校本科工程教育人才培养模式改革试点专业；2013 年通过“全国工程教育专业认证”，有效期 3 年；2016 年度获批河南省高等学校专业综合改革试点项目立项。水文学及水资源学科 1978 年成为国家首批硕士学位授予点单位，2013 年获得博士学位授予权。水利工程学科 2015 年成为河南省优势特色学科。水文与水资源工程专业面向全国招生，年招生数约 120～140 人，截至 2016 年已为国家培养 870 余名毕业生。

3 水文与水资源工程专业的培养目标修订和实现的举措

水文与水资源工程专业的培养目标是培养适应我国水资源高效利用与严格管理的应用型专业技术人才。我校水文与水资源工程专业自始至终注重吸取国内外高校相关专业的教学改革成果，及时总结经验，修订培养方案。所以在修订培养方案时基于《工程教育专业认证通用标准》《工程教育专业认证水利类专业补充标准》和 OBE 产出导向理念，以市场需求为导向，服务地方及区域经济发展，结合学校人才培养定位，强调学生的工程实践能力、国际视野、终身学习能力的培养，制定了专业培养目标。

在进行专业培养目标修订时，结合行业企业的人才需求、特色专业建设、人才培养模式改革实施中存在问题、学校、学院、任课教师、毕业生、行业企业专家、用人单位意见及建议及第三方调查，遵循《华北水利水电大学关于进一步促进学生学业全面发展的若干意见》（华水党〔2013〕31 号）、《华北水利水电大学关于修订全日制本科生人才培养方案的指导意见》（华水政〔2016〕16 号）等文件要求，以学生毕业时应该掌握的知识、能力及素质的达成为导向，对专业培养目标作出相应的修订，充分体现毕业生在毕业后 5 年左右具备工程师或与之相当的专业技术能力。

4 OBE 理念下的水文与水资源工程专业毕业要求

按照 OBE 反向设计的原则，以高校服务经济建设和社会发展的原则，在充分考虑我国社会经济的高速发展和现代治水观念的转变，水文与水资源工程专业教育应主动适应水利经济当前建设和未来发展需要，从符合中国国情以及与社会发展水平相适应的角度，按照培养目标制定水文与水资源工程专业人才培养标准，覆盖工程教育专业认证的 12 条毕业要求，对各条毕业要求逐一进行指标点分解，为后续教学设计指出方向。例如，将毕业要求 1“工程知识：能够将数学、自然科学、水文、水资源、水环境、水生态专业知识用于解决复杂工程问题。”分解为：1.1 掌握数学、自然科学的基本概念、基本理论和基本方法，能将其用于水文与水资源问题的建模和求解。1.2 理解产汇流理论，掌握降雨径流预报、水文水利计算方法等；能将其应用于分析流域的产汇流规律、解决水利工程中的水文分析计算问题。1.3 掌握工程测量、制图基础及 CAD 技术，掌握绘制复杂水文、地质和水文地质相关图件的方法；掌握数值模型的构建和求解方法，能将其用于水资源规划、分析地表、地下水资源相关的复杂工程问题。1.4 掌握水文信息采集和水文数据处理的基本原理和方法，能将其用于水资源与水环境勘测、评价、规划、设计、预测预报中。1.5 掌握专业知识，能选择恰当的数学模型，用于描述水文水资源系统或过程，能对模型进行推理和求解。

5　以培养目标为引导，逆向构建课程体系

基于OBE理念，在培养目标与毕业要求指标点的引领下，科学配置课程体系，重点体现学校“应用型、国际视野”办学定位与特色，注重理论环节和实践环节相互融合，符合“认识—实践—再认识”的认知规律，突出实践教学环节及培养应用型人才的办学特色。根据课程教学目标对毕业要求的支撑关系，修订课程教学大纲，规划课程教学内容、教学方法，落实课内外学习要求和考核方法，以保障毕业要求的达成。课程体系分为以下4个模块：

（1）数学与自然科学。该模块内容主要包括：高等数学、线性代数、概率统计、大学物理、物理实验、大学化学、生态学等。

（2）通识教育。通识教育平台包括思想政治素质和通识基础素质两个模块。思想政治素质模块包括毛泽东思想、思想道德修养与法律基础和中国特色社会主义理论体系概论、马克思主义基本原理和中国近现代史纲要等课程。通识基础素质教育模块主要体现培养学生数理基础、外语应用能力、人文素质、工程素质、体能及心理素质等方面的培养，包括数学、外语、计算机基础、体育、军事理论和形势与政策等课程。

（3）学科专业。学科专业模块包括工程基础类、专业基础类、专业类课程三个方面内容。工程基础类包括水利水电工程概论、工程图学概论（土建类）、工程力学、测量学、计算机与信息技术等。这部分内容是学生必须学习的该专业所在学科的基本理论和基本知识，有较广的专业覆盖面。专业基础类包括：自然地理学、水力学、水文学原理、地下水水文学、水文测验学、水环境化学、水利工程经济学、水文统计学、水文地质学基础、河流动力学、地下水动力学、地理信息系统等。专业类包括水文分析计算、水利计算、水资源优化配置、节水理论与技术、水环境保护与管理。水资源开发利用、水文预报、流域水文模型、水库群优化调度、水资源评价与管理、水灾害防治、工程管理、水利法规等。

（4）实践教学。实践教学包括基础实践课程、专业技能综合训练。基础实践课程模块包括军事训练、社会实践、素质拓展、创新创业训练、工程训练等。专业技能综合训练基于OBE的理念设计专业技能综合训练，进一步充实实践教学环节，主要包括各类课程的专业综合实验、专业实习、专业课程设计和毕业设计（论文）等。

6　结语

我国已成为《华盛顿协议》的正式成员国，《华盛顿协议》各签约国都实施了基于产出导向的工程教育模式，建立基于OBE理念的水文与水资源工程专业教育模式，对提高我国高等工程教育质量，建立与《华盛顿协议》规定具有“实质等效性”的水文与水资源工程专业人才培养体系，确立以应用型和实践性为导向的课程体系和教学内容，特别是加强工程实践教育，突出工程教育回归服务国家和社会经济发展需求的本质属性，对水文与水资源工程应用型本科人才培养改革具有积极的探索与实践意义。

参　考　文　献

[1]　袁贵仁. 把提高质量作为高等教育改革发展的核心任务［J］. 中国高等教育，2010，(11)：6-8.
[2]　王文川，陈海涛，邱林，等. 水文和水资源工程专业教学改革关键问题研究［J］. 华北水利水电学院学报（社科版），2011，(2)：166-168.
[3]　陈功新，徐卫东，张卫民，等. 国家特色专业综合实践教学体系的构建——以水文与水资源工程专业为例［J］.

东华理工大学学报（社会科学版），2016，(4)：380-382.
[4] 顾佩华，胡文龙，林鹏，等. 基于“学习产出”(OBE) 的工程教育模式——汕头大学的实践与探索 [J]. 高等工程教育研究，2014，(1)：27-37.
[5] 程超，刘诗琼，刘红岐，等. 基于OBE理念修订人才培养方案——以西南石油大学勘查技术与工程专业为例 [J]. 中国地质教育，2016，(1)：41-44.
[6] 姜翠翠，邱松山，张钟，等. 基于OBE教育理念的食品科学与工程专业教学改革与探讨 [J]. 农产品加工，2016，(3)：79-81.
[7] 吴秋凤，李洪侠，沈杨. 基于OBE视角的高等工程类专业教学改革研究 [J]. 教育探索，2016，(5)：97-100.

作者简介： 王文川（1976— ），男，河南鹿邑，博士，教授，博士生导师，主要从事水文水资源系统的教学与科学研究工作。
Email：wangwen1621@163.com。

面向工程教育专业认证的课程教学产出评价
——以水文专业“运筹学”课程为例

马明卫　王文川　臧红飞　万　芳

（华北水利水电大学水利学院，河南郑州，450045）

摘　要

开展课程毕业要求达成度评价是工程教育专业认证工作的核心要求，是体现工程教育专业持续改进效果的重要环节。以水文专业“运筹学”课程为例，通过对比传统教育的课程教学完成度评价和专业认证的课程学习达成度评价，简要分析了实施工程教育专业认证之前课程教学评价存在的问题与缺陷，重点阐述了目前面向工程教育专业认证的课程教学产出评价具体做法及不足，提出了可能的改进与完善措施。指出从传统教育到工程教育专业认证涉及从“教什么、怎么教、教得怎么样、如何增强教师教学能力”到“学什么、怎么学、学得怎么样、如何提高学生学习产出”的教育理念转变，必须以此为导向开展各类教育教学活动并评估相应学生学习产出，变“评教”为“评学”。

关键词

工程教育；专业认证；课程评价；教学理念；毕业要求

1　引言

自2005年以来，我国开始构建工程教育专业认证（简称专业认证）体系，逐步开展专业认证工作，并把实现国际互认作为重要目标[1]。2006年由教育部组织开展以提高教学质量、加入《华盛顿协议》为宗旨的工程教育专业认证试点工作。水利类专业于2007年开始试点认证，其中水文与水资源工程专业于2007—2010年率先开展认证[2]。过去10年的认证实践，不仅使我国成为了《华盛顿协议》的正式成员，更重要的是专业认证的先进理念，有力地推动了我国工程教育专业教学改革，极大地促进了我国工程教育质量的提高并积累了经验，形成了比较完善的认证工作体系。

产出导向教育（outcome - based education，OBE）是整个工程教育认证的核心理念与灵魂。我国专业认证的十年，也经历了由起初的课程导向逐步向产出导向的转变。具体来说，前者主要强调教师在课程教学中的主体地位和课程教学的完成情况；而后者则更关注学生作为学习主体的学习产出情况，即学生通过课程学习在知识、思维、技能、实践等方面所能达到的程度。课程（包括所有教学环节）是专业教育的基本载体，专业教育目标的达成，主要是靠课程教学目标的达成而实现的[3]。华北水利水电大学水文与水资源工程专业（简称水文专业）设立于2002年，2013年首次通过“全国工程教育专业认证”，2017年已再次接受教育部、中国工程教育专业认证协会组织的复评和专家组现场考查。

基金项目：2017年省级高等教育教学研究与改革项目：以OBE理念为向导的水利人才培养体系改革研究与实践。

两次专业认证实践，为水文专业的学生培养、教学改革、学科建设等方面带来了积极而深远的影响；作为目前学校唯一具有工程教育专业认证经历的本科专业，必将对学校其他众多专业逐步、有计划地申请并接受工程教育专业认证起到良好的示范和引领作用。

本文旨在探讨笔者参与水文专业认证过程中有关课程教学产出评价（以“运筹学”课程为例）的内容，通过对比、辨析工程教育专业认证实施前、后的不同做法及其利弊，总结并积累经验，为进一步完善课程毕业要求达成度评价及相关教学理念的转变提供参考。

2 传统教育的课程教学完成度评价

传统教育往往以教师为中心，教什么、怎么教都由教师说了算，学生只是被动地接受教师的安排来完成学习[1]。因此，从某种意义上说，传统教育的课程教学评价更偏重于对教师教学水平和完成质量的定性评估。以水文专业“运筹学”课程为例，在实施工程教育专业认证之前，授课教师在课程教学和考核结束以后，需要完成并提交用于课程教学评价的材料主要包括以下内容。

（1）课程教学工作报告。主要包含：①授课教师基本信息（姓名、职称、所属教研室等）；②课程基本信息（课程名称、课程性质、学时分配、授课专业班级、考核方式、选用教材等）；③学生成绩（考试＋平时）分布，即不同分数段相应各等级（优秀、良好、中等、及格、不及格）学生所占的比例；④课程教学过程的简单描述，包括授课方式方法、学生主体地位体现、科研成果应用、教学创新或特色、学生能力培养措施、学生学习状况、教学感悟、意见和建议等。

（2）学生考试成绩一览表。主要包含学生基本信息（学号、姓名、性别）、修读性质（初修、补修、重修等）和书面考试成绩（百分制）。

（3）学生平时成绩一览表。主要包含学生基本信息（学号、姓名、性别）、修读性质（初修、补修、重修等）和平时成绩（原始成绩和换算为百分制的成绩）。

（4）学生课堂出勤点名册。主要包含学生基本信息（学号、姓名、性别）、修读性质（初修、补修、重修等）和课堂出勤原始记录（作为核算平时成绩的重要依据）。

基于上述材料实施课程教学评价的问题与缺陷在于：①各项材料均针对自然班而非教学班，不能反映面向一门课程的全部学生进行评价；②考试试题和平时作业的设置取决于教师的主观经验，考核标准及依据的操作性不强，缺乏有效的课程教学定量化评价方法；③学生学习的目的性和自主性受到较大限制，其重点在于“评教”而非“评学”，无法有效反映学生的学习效果。

3 专业认证的课程学习达成度评价

基于 OBE 理念的专业认证强调以学生为中心，教师应该善用示范、诊断、评价、反馈以及建设性介入等策略，来引导、协助学生通过课程学习达成预期成果[1]。因而，专业认证要求的课程教学评价应该是对学生学习产出与能力达成的定量评估。

3.1 目前做法与不足

在实施工程教育专业认证之后，为了实现对水文专业“运筹学”课程教学产出的定量评估，授课教师还需重点提供能用以反映学生学习过程和学习产出的有效支撑材料及评价依据与标准。

（1）课程考核标准。明确“运筹学”课程成绩由期末考试成绩和平时成绩组成。期末考试采用闭卷笔试方式，期末考试成绩占 70%，其依据是试卷答案及评分标准。平时成绩占 30%，包括出勤、作业完成情况及课堂笔记，其中：①出勤 10 分，应得分数为 10 分×出勤率，或者共点名 5 次，一次计 2 分；②作业 10 分，每次作业根据完成等级按表 1 给出分数，最终得分＝得分总数/作业次数；③课堂笔记 10 分，成绩计算方法与作业相同。

表 1　　　　“运筹学”课程学生作业成绩评定标准

等级	A+	A	A-/B+	B	C	D	E	—
分数	10	9	8	7	6	4	2	0

（2）学生平时成绩记录单。详细记录学生平时成绩的各项评定材料和测算依据（表 2）；其中，平时成绩＝出勤＋作业＋课堂笔记，各项得分的计算方法见课程考核标准。

表 2　　　　“运筹学”课程学生平时成绩记录单（示例）

序号	姓名	出勤						作业				课堂笔记		平时成绩（原始）	平时成绩（百分）
1	丁××	√	√	√	√	√	10	A	A	A	9.0	A	9	28.0	93
2	白××	√	√	√	√	√	10	—	B	B	4.7	B	7	21.7	72
3	杨××	×	×	√	×	√	4	A-	B	B	7.3	C	6	17.3	58
⋮	⋮	⋮	⋮	⋮	⋮	⋮	⋮	⋮	⋮	⋮	⋮	⋮	⋮	⋮	⋮

（3）课程支撑毕业要求的达成度评价表。按照《中国工程教育专业认证协会工程教育认证标准》，具体拟定了华北水利水电大学水文专业本科学生的 12 条毕业要求，共计 44 项二级指标点。其中，每条毕业要求及各项指标点均由一系列课程教学、实践教学和其他辅助教学过程作为支撑。以“运筹学”课程为例，其支撑的毕业要求和指标点包括：①毕业要求 7（环境和可持续发展）和指标点 7.1（理解环境保护和社会可持续发展的内涵和意义）；②毕业要求 9（个人和团队）和指标点 9.4（能组织团队成员开展工作）；③毕业要求 11（项目管理）和指标点 11.1（掌握工程管理的基本理论和基本方法，具有发现、分析、解决工程管理实际问题的基本能力，并能在多学科环境中应用）；④毕业要求 12（终身学习）和指标点 12.1（理解技术环境的多样化、技术应用发展和技术进步对于知识和能力的影响和要求）；相应的支撑强度（权重）分别为 0.2、0.3、0.2 和 0.3。在此基础上，完成“运筹学”课程支撑毕业要求的达成度评价表（表 3）。

表 3　　　　“运筹学”课程支撑毕业要求的达成度评价表（示例）

<table>
<tr><td colspan="7">1. 评价内容与结果</td></tr>
<tr><td rowspan="3">毕业要求</td><td rowspan="3">课程支撑的毕业要求指标点</td><td rowspan="3">教学目标、达成途径、评价依据、评价方式</td><td colspan="4">评价结果</td></tr>
<tr><td rowspan="2">达成目标值</td><td colspan="2">达成度</td><td rowspan="2">最终结果</td></tr>
<tr><td>2015 年</td><td>2016 年</td></tr>
<tr><td>⋮</td><td>⋮</td><td>⋮</td><td>⋮</td><td>⋮</td><td>⋮</td><td>⋮</td></tr>
<tr><td>毕业要求 9：个人和团队</td><td>9.4 能组织团队成员开展工作</td><td>教学目标：掌握运输问题的基本性质及特征，并建立数学模型；掌握决策分析的基本问题、风险型决策方法、不确定性决策方法、效用函数方法、层次分析法、多目标决策分析；应用表上作业法求解运输问题，应用层次分析法、多目标决策分析法解决实际工程问题。
达成途径：课堂教学、作业、思考题、课后练习、查阅文献等。
评价依据：结课考试、课堂考勤、作业质量、课堂笔记等。
评价方式：根据出勤、作业和课堂笔记完成质量，综合确定平时成绩；根据结课考试答题情况，参照评分标准，确定考试成绩</td><td>0.30</td><td>0.213</td><td>0.201</td><td>0.201</td></tr>
<tr><td>⋮</td><td>⋮</td><td>⋮</td><td>⋮</td><td>⋮</td><td>⋮</td><td>⋮</td></tr>
<tr><td colspan="7">2. 课程的持续改进</td></tr>
<tr><td>改进措施 1</td><td colspan="6">引导学生查阅相关文献，以兴趣小组等形式就实际中的具体问题进行分析和讨论，通过自身体验逐步培养、提高其团队合作的自觉意识与能力，并从中受益</td></tr>
<tr><td>改进措施 2</td><td colspan="6">结合水文水资源领域的实际工程或科研项目，向学生展示如何将理论知识应用于工程实践，开拓学生视野并使其理解灵活应用所学理论知识的重要性；同时，有意识、有针对性地培养学生的综合思维，进一步提高其独立分析与解决问题的能力</td></tr>
</table>

表 3 中以该课程支撑的毕业要求 9 和指标点 9.4 为例，给出了相应的教学目标、达成途径、评价依据和评价方式；评价结果中的达成目标值取为课程对该项毕业要求指标点的支撑强度权重值（0.2）；课程达成度计算方法如下：

$$P = W\frac{M}{T} \tag{1}$$

式中：W 为该课程的达成目标值；T 为课程考核总分；M 为学生考核平均分（平时＋考试）。

据此可以求得 2015 年和 2016 年该课程支撑毕业要求指标点 9.4 的达成度分别为 0.213 和 0.201，取两年中的较小值作为最终评价结果。类似地，可以得到“运筹学”课程支撑毕业要求指标点 7.1、9.4、11.1 和 12.1 的达成度最终评价结果分别为：0.134、0.201、0.134 和 0.201。为落实专业认证的持续改进理念，表中还设置了基于达成度评价结果的课程持续改进，通过有针对性的措施引导课程教学改进的重点和方向，有效弥补课程支撑相应毕业要求达成的短板。

按照上述思路与方法，可具体计算出支撑某一项毕业要求指标点的所有课程的达成度评价指标，其总和即为该项毕业要求指标点的达成度结果；取各条毕业要求所包含全部指标点达成度的最小值，作为相应毕业要求的达成度结果。目前这种做法的问题与不足体现在[4,5]：①考试试题和平时作业设置对学生能力培养与毕业要求指标点达成的具体支撑关系并未得到体现；②仅采用学生的课程平均成绩进行教学产出评价，不足以反映课程对每一项毕业要求指标点的具体支撑情况，尤其是支撑强度（权重）相同时无法加以区别；③仍需更加多样化的学生学习产出考评手段和指标，特别是平时实践环节；④需对相关定量化评价方法进行不断尝试与改进。

3.2 预期改进与完善

（1）对于考试成绩，应按课程支撑的毕业要求指标点设置试题，分指标点统计学生的平均得分情况。对于平时成绩，同样根据课程支撑的毕业要求指标点，有针对性地布置作业和其他形式的考核环节，按指标点统计学生相应的平均得分情况。表 4 给出了“运筹学”课程支撑毕业要求指标点 9.4 的考试和作业成绩记录样表。

（2）在计算课程支撑毕业要求的达成度时，对于每一项毕业要求指标点，针对支撑指标点的部分考题和平时考核（如表 4 中，“运筹学”课程支撑毕业要求指标点 9.4 的考题总分为 26 分，以及运输问题和决策分析等 2 次作业），根据学生相应平均成绩，分项计算课程支撑对应毕业要求指标点的达成度评价值。

（3）进一步引入更为灵活、多样化的课程学习产出考评机制与手段，例如学生课堂表现、课堂互动、随堂测验、开放式作业等，且这些环节需有详细、易操作的定量化方法。

表 4　“运筹学”课程支撑毕业要求指标点 9.4 的考试和作业成绩记录表（示例）

序号	姓名	课程支撑毕业要求指标点的试卷试题及得分								考试	作业	
		单纯形法 16 分	对偶理论 15 分	运输问题 16 分	目标规划 14 分	整数规划 4 分	动态规划 17 分	图与网络 8 分	决策分析 10 分	指标点 9.4 26 分	指标点 9.4 运输问题	指标点 9.4 决策分析
1	×××	13	11	12	10	3	14	7	8	20	8	9
2	×××	11	10	11	10	4	13	5	6	17	8	7
⋮	⋮	⋮	⋮	⋮	⋮	⋮	⋮	⋮	⋮	⋮	⋮	⋮
平均		—	—	—	—	—	—	—	—	—	—	

4 结语

围绕传统教育的课程教学完成度评价和专业认证的课程学习达成度评价，以水文专业“运筹学”

课程为例，简要分析了实施工程教育专业认证之前，课程教学评价存在的问题与缺陷；重点阐述了目前面向工程教育专业认证的课程教学产出评价的具体做法及不足之处，并提出了可能的改进与完善策略。从传统教育到工程教育专业认证，实质上涉及从“教什么、怎么教、教得怎么样、如何增强教师教学能力”到“学什么、怎么学、学得怎么样、如何提高学生学习产出”的教育理念转变，唯有以此为导向开展课程教学活动及其产出评价，才能更好地实现工程教育专业认证的核心设计和理想目标。

参考文献

[1] 李志义．对我国工程教育专业认证十年的回顾与反思之一：我们应该坚持和强化什么［J］．中国大学教学，2016，11：10－16．

[2] 陈元芳，李贵宝，姜弘道．我国水利类本科专业认证试点工作的实践与思考［J］．科教导刊，2013，2（中）：25－27．

[3] 李志义．对我国工程教育专业认证十年的回顾与反思之二：我们应该防止和摒弃什么［J］．中国大学教学，2017，1：8－14．

[4] 穆浩志，薛立军，徐艳，等．基于工程教育专业认证的“工程制图”课程达成度评价研究与实践［J］．模具工业，2017，43（5）：71－77．

[5] 聂仁仕，陈雄．论工程教育专业认证课程达成度评价体系之缺陷——以西南石油大学为例［J］．西南石油大学学报（社会科学版），2017，19（1）：74－81．

作者简介：马明卫(1986—　)，男，博士，讲师，主要从事水文水资源、水旱灾害模拟与调控等研究工作。Email：mmw1986@163.com。

通信作者：王文川（1976—　），男，博士，教授、博导，主要水文水资源系统分析与管理。Email：wangwen1621@163.com。

工程教育认证中教学质量监控机制的建设与实践

李占玲　武　雄　沈　晔　高　冰

（中国地质大学（北京）水资源与环境学院，北京，100083）

摘　要

教学质量是高等教育工作的生命线；提高教学质量是学生培养目标达成的重要基础。教学质量监控机制的建设和实施是提高教学质量和人才培养质量的重要保障，也是工程教育认证中专业持续改进理念的重要环节。本文介绍了中国地质大学（北京）水文与水资源工程专业教学质量监控机制的建设及其实践效果，并阐述了其在专业认证持续改进中所发挥的重要作用。

关键词

教学质量；工程教育认证；持续改进

1　引言

中国地质大学（北京）自建校以来，经过半个多世纪的建设与发展，已经成为一所地球科学特色鲜明、在国内外有重要影响力的综合性大学。我校总体的发展目标是建设地球科学领域世界一流大学。要实现学校的总体发展目标，需要有相关的外部条件和内部条件。学校的内部条件涉及方方面面，但教学质量监控机制的构建无疑是其中一项重要的工作[1]。我校水文与水资源工程专业于2011年和2016年分别启动并开展了工程教育认证。认证工作中，也明确要求专业需要具有可行的教学过程质量监控机制。构建具有本校特色的教学质量监控机制，并使其制度化和规范化，这既是丰富学校和专业办学特色、保证人才培养质量的前提条件[2]，又是工程教育认证中专业持续改进理念的重要环节[3]。

2　教学质量监控机制的建设与实践

科学、规范的教学质量监控机制是确保教学工作正常进行、加强教学过程管理、提高教学质量的重要手段和保证。结合专业实际情况以及工程教育认证的要求，在以学生为中心、以学习产出为导向理念的指导下，本专业不断建设和完善教学质量监控机制，从制度建设、管理队伍建设和评价反馈机制建设等方面做出了积极的探索与实践。

2.1　教学质量保障的制度建设

为引导和激励广大教师从事本科教学工作的积极性和主动性，改进课堂教学活动，提高教学质量和教学水平，学校、学院制定了一系列教学质量保障制度。学校印发了《教师本科教学工作基本职责

基金项目： 中国地质大学（北京）2014年度教学研究与教学改革项目资助（JGYB201409）。

及考核实施办法》《深化本科教育教学改革方案》《关于进一步加强本科教学督导工作的意见》等系列文件，全面保障本科教学质量。专业按照学校总体要求严格执行学校的各项规章制度，同时结合自身特点，形成了具有自身特色、相对完整的教学质量管理制度体系。主要包括以下内容。

（1）教学内容、进度等审查制度。在落实教学任务时，学院根据专业课程和教师的知识结构及研究领域，认真选定合适的任课教师，并对教师的教学内容、授课方式、教学进度、教材选用、考核方式等认真审查，保证课程教学设计符合大纲要求。学校每学期都会通过中国地质大学（北京）教务管理系统正式下达教学任务通知。

（2）开学检查制度。开学第一周，学校和学院组织第一周教学秩序检查，检查师生到岗情况和教师教案完成情况、多媒体课件质量及完成情况等，确保按时顺利开课。

（3）期中教学质量检查制度。期中教学检查是教学管理的一项常规性工作，也是教学质量监控的重要组成部分。每学期期中阶段，以教学单位自查为主，各职能部门、校院两级教学督导组抽查为辅，通过随机听课、召开学生和教师座谈会等方式进行。检查内容包括教学规范性、教学秩序、教学效果等。通过检查，发现并总结好的教学经验，及时反馈和整改存在的问题。

（4）学院听课制度。学院制定了听课制度，要求教授每学期至少听 1 次课，副教授和讲师每学期至少听 2 次课；听课制度贯穿于整个学期；听课后需要认真填写听课记录表并将评价结果输入学校评教系统。通过听课，加强资深教授对青年教师的指导，增进教师们的相互学习、相互交流、相互评价、相互监督。

（5）督导员制度。学校建立了聘请退休教师作为督导员进行随机抽查的听课制度。每学期督导员需要深入本科教学第一线进行随堂听课，认真填写听课记录表，并将发现的问题及时反馈给任课教师及学院。

（6）学生评教制度。学生评教每学期 1 次，一般在每学期的第 14—15 周由学生在网上评教系统中进行。评价对象为本学期所有修读课程的任课教师。评价内容包括对教学内容、教学方法、教学态度和教学效果进行定性/定量评价。教师可通过学校“教育在线”查看评价结果，根据学生的定性和定量评价，扬长补短，有针对性地改进教学。

（7）试卷审查制度。为考核学生的学习效果，课程授课结束后，教师要根据课程要求，采取考试、大作业、读书报告、论文、实验、上机操作等不同方式进行考核；考核内容需要紧扣课程目标，并经过同行审查、教学院长审批后方可实施，以保证教师教学满足责任要求。考试结束后，任课教师需要提交课程小结和试卷分析表，以评价该课程对相应毕业要求指标点的达成情况。各门课程对专业毕业要求指标点达成情况的具体评价依据由任课教师进一步细化。

2.2 教学质量保障的管理队伍建设

完善的教学质量管理队伍是教学质量监控机制有效运作的重要保证。学院成立了教授委员会、教学指导委员会、教学督导组、学生教学信息员队伍等，强化教学管理。

（1）教授委员会是学院重要的咨询机构，为学院学科建设、教学、科研、实验室建设、人才引进等重大问题的决策提供意见和建议。

（2）教学指导委员会是学院重要的教学督查、指导和咨询机构，围绕教学工作的中心任务和教学改革发展目标，对教学过程、教学质量、教学管理等进行检查、督促，开展专题调研，提供咨询意见和建议。为适应社会对水文与水资源工程专业的人才培养要求，同时对学生培养过程质量进行有效监控，学院教学指导委员会特制订本专业毕业要求达成度评价机制，并负责开展评价工作；具体包括确定和审查本专业毕业要求各指标点分解的合理性和支撑的教学环节，确定各指标点支撑课程的权重，制定和审查评价方法，收集数据、实施评估、撰写报告、提出持续改进要求等工作。教学指导委员会由院长、副院长、学科负责人、专业负责人、学工代表、教师代表组成。教学指导委员会每学期初制定工作计划，学期末提交工作总结报告。

（3）教学督导组由院长、副院长、各专业负责人、教授代表、教学造诣水平高的离退休专业教师组成，主要对教师进行随堂听课，对毕业设计（论文）质量、试卷质量进行抽查评价，参加毕业设计（论文）答辩，对专业教学工作状况进行评价，对各项本科教学活动进行监督和反馈，保证教学活动的高质量运行。

（4）学生教学信息员由专业学生代表组成，主要收集学生对本科教学管理、教学过程、教学条件、教学环境等方面的意见和建议，并通过听课对教学质量进行评价，并将评价结果反馈给学院和教师。

2.3 教学质量监控的评价反馈体系

开展全方位、多渠道、过程性的教学质量评价工作，能够促进教师树立质量意识，不断改进教学手段和方法，也为后续的反馈、改进和提高提供真实的依据[4,5]。为使教学质量评价结果更客观、更全面，本专业除了收集督导员、同行、领导评价等信息外[4]，还增加了学生教学信息员评价、全体学生评价、毕业生评价等途径收集教学质量信息。根据评价方案，对教学质量的各个环节进行评估和诊断，并在期中和期末形成不同层次的教学质量评价报告。质量报告围绕本科教学工作，系统总结教学建设、教学改革的经验和成果，分析存在的问题，提出解决办法和措施。本科教学质量报告及时发布在学校网站上，接受学校以及社会各界的监督和评价。

教学质量监控评价后，专业通过多层面、多渠道的质量信息反馈机制，及时把相关意见反馈至每位教师，具体包括网络反馈、书面反馈、口头反馈（面谈等），或召开专门会议反馈。对于违反教学纪律、教师上课迟到等行为，按照学校相关教学工作的管理规定，予以警示和相应的处罚。对于教学评价结果为合格的教师进行个别谈话，督促其改进与提高，对于连续两年评价结果为“不合格”的教师，暂停授课资格，并责令其脱离教学岗位进行学习整改。对于教学质量优秀者，则给予表彰和教改项目申请时的政策倾斜。同时将运行好的教学方法、教学手段进行总结和推广；并对整改意见的落实情况进行动态监控，最终形成一个制度化、良性运转的教学质量监控动态过程。

3 教学质量监控与专业持续改进

持续改进是工程教育专业认证的核心理念之一，教学质量监控是专业持续改进的重要环节。教学质量监控与专业持续改进，两者目标一致，都是为了完善培养过程，保证培养质量；在内容上，教学质量监控为专业持续改进提供评估信息，提供整改建议，提供规范指导，甚至提供助推动力，而专业持续改进则成为教学质量监控的工作落脚点和效果生成器[3]。本专业经过近几年教学质量监控工作的改革与实践，也为专业在课堂教学、实践教学、课程设置等环节的持续改进提供了重要的信息和有效的支持。

3.1 课堂教学

在课堂教学环节，根据教学督导组听课、学生网上评教、毕业生座谈会等反馈意见，认为应该加强教师授课的吸引力，避免照本宣科。因此，专业采取了一些措施，包括举办青年教师讲课比赛，每2年选派1名教师参加全国水利系统青年教师讲课比赛等；通过比赛以及更高水平教学平台的锻炼，使得青年教师得到快速成长。

3.2 实践教学

在实践教学方面，根据学生反馈，希望加强动手实践能力的培养。本专业在实验教学上逐步完善并优化了实验项目；2016年为水力学等实验室更新了试验装置，完成了全部教学实验室安全升级改造，扩大了实验室面积；依托国家地质调查项目，加强柳江盆地实习基地建设，为学生实践能力的培养提供了更好的条件。同时，延长了野外实习时间，增加了野外实习内容。

3.3 课程设置

在课程设置方面，根据期中教学质量检查学生座谈会的反馈意见，学生认为课程设置应该加强理论与实践结合。专业在2016年培养方案修订时，对课程体系进行了优化：新增综合课程设计类以及GIS等相关课程，以便更好地让学生将理论知识与工程实践相结合，提高学生解决复杂工程问题的能力。

4 教学质量监控机制的效果分析

通过不断完善教学质量监控机制，教师对以学生为中心的教学理念有了新的认识，在课堂教学中更加注重师生互动、教与学的统一。好的教学形式、教学方法、教学手段得到了推广，教师的教学水平和教学质量得到了提高；学生在课堂中也更加活跃，主动参与到教学讨论中。在每学期的学生评教中，学生满意度平均在90分以上。学生的创新实践能力普遍获得提升，在各类创新创业训练计划项目、专业竞赛、科研项目等方面均表现出了积极地参与态势和更强的竞争力。近5年来，本专业获得国家级、市级、校级大学生创新性实验计划项目15项，参加各类竞赛47人次，发表学术论文6人次。学生在社会实践活动中也屡获表彰，得到了社会的认可和好评。

为不断提升自身专业理论水平和实践能力，教师也积极参与各项实践教学活动和教改项目。近5年来，本专业教师团队先后承担国家级、市级、校级教改项目8项；出版专著4部，发表教学法论文12篇。教师队伍中获得中国地质学会青年地质科技金锤奖、银锤奖，教育部新世纪优秀人才等奖项和荣誉8人次；省部级、校级等教学成果奖6项。

5 结语

建立一套科学合理、具有可操作性的教学质量监控机制，不仅能为教育教学改革提供理论支持，在教学上形成有效的监督约束和激励竞争机制，促进教学质量的提高，而且，也为专业持续改进提供评估信息和规范指导。本专业教学质量监控工作的改革与实践，使得广大教师以及管理人员的教学质量意识逐步加强，教学质量明显提高，也为专业的持续改进提供了重要的信息和有效的支持。另外，教学质量监控机制的建设与实施是一项长期、艰巨、动态的系统工程，是一项基础工作，只有长期坚持才能更加充分地发挥其在教学监控以及专业持续改进中的功能和作用。

参 考 文 献

[1] 朱立华，张亚玲. 教学质量监控机制的构建与实践［J］. 中国科教创新导刊，2007，(23)：219.

[2] 随新玉. 建立健全教学质量监控机制，全面提高教学质量［J］. 中国高教研究，2008，(1)：90-91.

[3] 朱惠延，杨勇，张新华，等. 教学督导在专业认证持续 改进质量监控中的作用. 当代教育理论与实践，2016，8(12)：94-97.

[4] 李恒威. 构建全程性教学质量评价体系及反馈模式［J］. 中国成人教育，2011，(17)：133-134.

[5] 任玉录. 建立健全教学质量监控体系的实践与探索［J］. 中国职业技术教育，2008，(22)：23-25.

作者简介： 李占玲（1980— ），女，博士，副教授，主要从事水文学与水资源的教学和科研工作。

Email：zhanling.li@cugb.edu.cn。

工程教育专业认证中选修课与培养目标达成度的几点思考

王慧亮　管新建

（郑州大学水利与环境学院，河南郑州，450001）

摘　要

选修课是课程体系中不可或缺的重要组成部分，也是实现人才培养目标、完善人才培养模式的重要举措。但是工程教育专业认证要求培养范围的“全覆盖”性。因此高校专业选修课是否可以支撑工程教育专业认证培养目标和毕业要求成为在专业认证材料准备过程中面临的困惑之一。本文从选修课与培养目标制定的关系分析入手，认为选修课是支撑培养目标和毕业要求的部分之一，不过，由于现行的选修课设置不合理、课程目标不规范等原因，在支撑培养目标和毕业要求时还存在不足。针对这一问题，在查阅了国内高校的培养方案的基础上，提出了“模块化”设置选修课、规范课程目标和持续改进三种途径来实现选修课对工程专业认证培养目标和毕业要求的支撑。

关键词

选修课；专业认证；培养目标；毕业要求；达成度

1　选修课与培养目标的制定

选修课是课程体系中不可或缺的重要组成部分，也是实现人才培养目标、体现“专业有特色、管理有特点、学生有特长”人才培养特色、完善“学历＋证书”人才培养模式的重要举措[1]。以水文与水资源工程专业为例，河海大学选修课学分为17，其中专业选修课13学分，占总学分的7.6%[2]；郑州大学选修课学分为12，其中专业选修课8学分，占总学分的4.3%[3]。选修课的开设对于开阔学生视野、扩大知识面、优化知识结构、提高科学文化素养、培养综合素质有重要作用，主要表现在以下几个方面。

（1）拓展学生的知识与技能。必修课程关注学生基本的科学文化素质，追求知识与技能的基础性、全面性、系统性、完整性，为学生的一般发展奠定知识技能与情感态度基础。必修课的数量与内容总是有限的，它在知识的深度与广度上受到一定的限制，而选修课则可以弥补必修课的不足，它一方面可以对必修课的内容进行拓展或深化，另一方面又可以发展学生的技能、特长。它扩展了学校课程的种类与范围，使学校课程生机勃勃，充满活力，强化了学校课程与知识世界的动态联系。

（2）发展学生的兴趣和特长，培养学生的个性。由于遗传、环境、教育与个体主观努力程度不同，学生个体之间总是存在着或多或少的差异，他们在知识经验、能力基础、家庭背景、兴趣爱好、性格特征等方面均存在着一定的差异。我国教育固然以学生全面发展为目标，但这并不意味着对所有的学生都统一要求，更不意味着要求每一个学生在每门课程上都平均发展或门门优秀。学校教育应该适应学生的个别差异，赋予每个学生选择性发展的权利，引导和促进学生个性的生动发展。可以说，没有“选择”的教育，不讲“个性”的教育，充其量不过是一种“训练”，而不是真正的教育。因此，我们必须改变过去必修课一统天下的僵化格局，在不加重学生负担的前提下，开设丰富多样富于弹性的选修课，拓宽学生的知识视野，促进其潜在能力和个性特长的充分发展。

(3) 促进教师的专业成长。选修课的开设，对教师提出了新的要求、新的挑战，同时也为教师的专业发展、工作品质和教学质量的提升提供更多的机遇。它改变了教师的传统角色和固定不变的职能分工，要求教师更新课程意识、教学观念，掌握课程开发所必备的知识、技术和能力，吸收当代知识研究的新成果。正是在参与课程开发，进行课程设计、实施与评价的过程中，教师不断地反思自己的教育实践，最大限度地发挥自己的专业自主性和创造潜能，发挥自己的优势和特长，获得专业的自主成长和持续发展。

总之，选修课不是必修课的陪衬，更不是必修课的附庸，它是一个独立的课程领域，有自己独特的目标、任务、优势和作用，是现代学校课程制度的重要支柱，不可或缺。我们必须彻底打破中学课程结构封闭、僵化、萎缩的状态，重构课程结构，使必修课与选修课优势互补、动态平衡，充分释放各种课程的潜在功能，发挥每一个学生的聪明才智，为现代社会输送各级各类高素质人才[4]。因此说，选修课在支撑培养目标和毕业要求中是必不可少的。

2 现行选修课对培养目标达成度支撑的不足

学分制及选课制在中国高校实行以来，对贴近素质教育的目标、转变教育理念、创新与完善中国高等教育体制起到了重要作用。尤其选课制对学分制的补充，必修课与选修课的划分，使人才培养的目标更加明确，培养方式也更趋于完善，专业结构设置的框架更加清晰科学，课程性质分类也越发清楚。但是就目前选修课的设置和选课方式来说，选修课还不能支撑培养目标和毕业要求的达成，主要表现在以下两个方面。

(1) 学生“自愿”选课与培养目标“全覆盖”之间的矛盾。我国对专业选修课的规定往往采取“学生自愿”选课的原则，但工程教育专业认证要求培养范围对学生全覆盖[5]。也就是说专业认证是最基本的考核，不是拔高标准，但要求对学生全覆盖，要求严格，强调的是基础知识、工程意识、创新能力的全方位培养，全员培养。但是目前我国对于选修课和培养目标和毕业要求的关系还有待进一步研究，例如针对毕业要求 10 中的国际化培养，很多学校邀请国外知名专家学者作报告、作讲座，学生自愿参加，但专业认证不予以承认。

(2) 选修课课程目标与必修课相同。选修课与必修课共同作用于学生的发展，但由于选修课的目标旨趣、任务功能、教学途径和方法乃至考核评价具有自身的特点，很多学校直接将必修课教学的做法简单移入选修课教学中，忽略了选修课教学的特殊性。从教学目标看，必修课侧重共同知识、技能、素质的形成，为学生的终身发展奠定共同的根基，而选修课则侧重拓展学科视野，深化学科知识与技能，发展学生的特长、个性。从教学功能看，必修课传授基本的科学文化知识、技能、技术，保障基本学力，培养基本素质，奠定个性化发展和终身学习的基础。而选修课则着眼于学科知识的拓展、深化，满足学生的兴趣爱好，发展学生的个性与特长。当然，这种区分仅具有相对的意义，对那些学科课程中的选修模块来说，其教学与必修模块的教学有许多共同之处，不过，即便如此，选修课与必修课的设置旨趣、任务功能仍有区别，不能混同二者的差别[4]。但是目前我们国家的选修课往往与必修课在内容和形式上没有区别，失去了选修课本来的意义，导致选修课的课程目标不能很好地支撑培养目标和毕业要求的达成。

3 如何实现选修课对培养目标达成度的支撑

针对目前选修课中存在“培养目标”不能全覆盖等问题，参考国内大学选修课设置和选课方式，认为有以下三条途径可以促进选修课对培养目标和毕业要求的支撑。

（1）“模块化”课程设置。加大选修课的类别与课程内容，并且按照选修课课程目标的异同性，将选修课按模块化设置，在引导学生自主选择的基础上符合专业认证要求，即同一模块课程支撑的毕业要求应该相同，并且要求学生在该模块内至少选择一门。例如郑州大学水文与水资源工程专业中，选修课中的水利工程管理、工程监理及招投标、合同管理三门课程共同支撑毕业要求 11（项目管理：理解并掌握工程管理原理和经济决策方法，并能够在多学科环境中应用中）的第一个指标点（掌握工程管理的基本理论和基本方法，具有发现、分析、解决工程管理实际问题的基本能力，并能在多学科环境中应用），并且要求学生选择一门[3]。又如东南大学自动化专业对选修课的规定是：“专业及跨学科选修”共要求学分 12，所含课程分三类，分别要求在 16 学分课程中限选 4 学分、在 20.5 学分课程中限选 2 学分、在 10 学分课程中限选 6 学分；“系列专题研讨课”共要求 7 学分，所含课程也分三类，分别要求在 4 学分课程中限选 1 学分、在 14 学分课程中限选 2 学分、在 24 学分课程中限选 4 学分[6]。因此，通过“模块化”的选修课课程设置，既能达到学生扩展知识面的左右，从专业认证的角度，又能满足培养目标“全覆盖”的要求，是解决用选修课支撑培养目标和毕业要求的有效途径之一。

（2）规范选修课教学目标。当前的专业选修课的内容大多是将学分制改革前某一门课程设置为选修课，实质上还是一门专业基础课。此外，课程内容大多比较陈旧。专业基础课的一个关键功能是拓宽专业视野，培养创新性思维，因此，专业选修课应该是最新、最前沿的与专业相关的知识。同时，在专业选修课中应该更多地探讨创新性的问题，或者是和相关学科紧密集合，从而解决相关问题的边缘科学[7]。因此我们说，选修课的教学目标应该是“使学生具有在本专业领域跟踪新理论、新知识、新技术的能力”，可以用于支撑“终生学习”的要求。以工程教育专业认证为契机，应认真研究选修课的特点，根据选修课自身的特点与规律实施教学，规范选修课的教学目标，努力提高教学质量，实现选修课对培养目标和毕业要求的支撑。

（3）着实有效的持续改进。工程教育专业认证在传达这样的培养理念，即工科专业的学生需要掌握一个产品从设计到制造的全过程、全链条的知识和能力。对于认证要求，学校很多东西都做了，但按照认证要求做得还不够到位。应根据社会需要为学生定制培养目标，然后，将培养目标分解成能力达成指标，再根据能力达成指标确定专业课程体系，明确学习哪些知识、哪些课程能够掌握此项能力。例如对于工科专业，专业认证要求强化学生安全意识、环保意识和节约意识，于是，很多高校将生态环境导论课程由以前的选修课转为必修课。因此要想实现选修课程对培养目标和毕业要求的支撑，需要不断优化课程体系，着实有效的持续改进，达到工程教育专业认证标准。

4 结语

专业选修课是专业高校教学计划的重要组成部分，在人才培养中承担着巩固、深化专业理论知识，扩展专业视野，培养创新性思维及教学实践能力的教学功能，具有支撑培养目标和毕业要求的功能。因此，应该充分认识选修课与培养目标和毕业要求达成度的关系，在课程体系设置中，持续改进，使选修课充分发挥其意义，为人才培养起到应有作用，使我国的工程教育更快更好发展，促进我国工程教育认证工作的开展。

参 考 文 献

[1] 卫绍元，佟绍成，吕义. 高校专业选修课改革的探索与实践 [J]. 黑龙江教育：高教研究与评估，2012，(2)：52-53.
[2] 叶鸿蔚，张薇，阮怀宁，等. 本科教学改革案例：河海大学 2012 版本科培养方案修订 [J]. 中国大学教学，2013，(11)：9.
[3] 管新建，刘豪. 水文与水资源工程专业创新型人才培养模式 [J]. 学园：学者的精神家园，2015，(9)：10-11.
[4] 辛江慧，张雨，刘国兵. 培养应用型人才高校的专业必修课与选修课同质化研究 [J]. 教育教学论坛，2015，

(49)：87-88.
[5] 张民选. 关于高等教育认证机制的研究［J］. 教育研究，2005，(2)：37-44.
[6] 东南大学. 自动化专业课程体系-学分总体分布［EB/OL］. http：//automation. seu. edu. cn/Depts. aspx? id=3153. 2017-06-25.
[7] 刘开林，罗坤. 高校专业选修课改革刻不容缓［J］. 考试周刊，2014，(76)：18.

作者简介： 王慧亮（1982— ），男，博士，讲师，主要从事水文学及水资源的教学与科研工作。
Email：wanghuiliang@zzu. edu. cn。

以专业认证为导向的教学档案分类管理方法

李圆圆　李道西

（华北水利水电大学水利学院，河南郑州，450045）

摘　要

工程教育专业认证是最具影响力的工程教育学位互认体系，本文从专业认证的角度出发，结合高校教学档案管理中存在的关键问题，重点介绍了专业认证背景下的档案归档分类标准，以及纸质档案的档号编制方法，进而提出了一套教学档案管理模式，通过对教学档案进行科学分类、编制档号、统一收集整理、科学摆架归置以及编制目录的方法，旨在提高档案管理效率，保证教学过程的规范化和标准化，促进教学改革，从而更好地为教学和管理工作服务。

关键词

专业认证；档号编制；档案管理模式；教学改革

1　工程教育专业认证背景及教学档案管理意义

工程教育专业认证是指专业认证机构针对高等教育机构开设的工程类专业教育实施的专门性认证，是国际通行的工程教育质量保障制度，也是实现工程教育国际互认和工程师资格国际互认的重要基础。我国于2016年6月正式成为《华盛顿协议》的成员，标志着我国工程教育质量标准实现了国际实质等效，工程教育质量保障体系得到了国际认可，工程教育质量达到了国际标准。工程教育专业认证必将成为国际上高等教育的发展趋势，是各国尤其是非英语系国家的高校国际化的一个重要组成部分[1]。

高校教学档案是工程教育专业认证的重要支撑，是高校教学改革、教学研究、课程建设的重要平台[2]，也是各种教学检查和评估的依据，衡量了高校教学质量及管理水平[3,4]。在当前工程教育专业认证背景下，建立健全的档案管理制度，不仅能够规范教学档案，提高教学质量，促进学校各专业教学过程的系统化、规范化和标准化，方便档案资料的管理，提高工作效率，同时也有助于各项教学检查和专业认证工作的开展，对提升高校教学管理水平具有重要意义。

2　当前教学档案管理中存在的问题

针对专业认证，当前高校的教学档案管理主要存在以下问题。

（1）认证工作起步晚，管理人员档案意识不到位。与院校评估不同，专业认证的对象是专业，而不是学校，因此，专业认证实际上对二级学院的教学资料档案管理提出了更高要求。由于专业认证工作起步较晚，一些二级院系领导对专业认证的认识不够深入，档案管理意识薄弱，对档案管理的基础设施及人员投入不足。甚至有些高校的教学档案资料直接存放于教师个人手中，没有进行统一管理和存放，导致资料管理混乱。一旦参与教学评估或专业认证，就慌不择路地找资料、补资料，不但影响了教学资料的原始性和真实性，还会导致专业认证影响正常的教学工作。

（2）没有专门的档案管理办法。由于专业认证的对象是专业，二级学院的档案管理不能简单依靠校级教学管理部门，有必要提出专门的针对专业认证的档案管理办法。但事实是，很多二级院系教学档案管理制度不健全，对教学档案的归档内容和归档要求不明确，导致收集整理的教学档案资料随意性较大，真实性存疑，质量不高。

（3）数字信息化程度不高。目前，各高校教学档案大多采用人工分类整理归档方式，且以传统的纸质资料为主。但是，专业认证所需的教学资料涉及范围广，资料来源零散，采用人工归档纸质档案的工作量大。特别地，专业认证要求专业持续改进，传统的人工纸质归档方式已经不能适应未来专业认证发展需求，有必要改革档案管理方式，实现教学档案的数字信息化管理，不但能减少占地和管理人员数量，还能保存传统意义上超过档案保存年限的资料，使资料系列更长[5]。更关键的是分类可以快速准确地查询到所需资料。

3　适应专业认证要求的教学档案分类管理方法

通常情况下，教学档案按行政管理类、教学管理类、教师业务类等三大类进行分类管理。但是，根据 2015 版专业认证通用标准，认证内容包括学生、培养目标、毕业要求、持续改进、课程体系、师资队伍、支持条件七大类。因此，传统的档案分类管理方法与专业认证的分类管理不相适应。为了使专业认证更顺利地开展，方便专家对照通用标准进行查漏补缺，针对专业认证的特点，笔者整理出了一套专业认证档案分类管理方法。

3.1　教学档案归类范围及分类

根据专业认证通用标准，专业认证档案的大类宜按学生、培养目标、毕业要求、持续改进、课程体系、师资队伍、支持条件等七大类内容进行归档，这七大类又可以进一步划分子类。从院系二级管理的角度来说，除了管理制度可按学校和学院两个层次分类整理外，其他专业认证教学档案可先按专业分类，再按年级分类。下面分别介绍子类及其小类的具体归档内容。

第一大类：学生。该大类可进一步划分 10 个子类：学生管理制度、学习指导、就业指导、心理辅导、就业统计、招生统计、助学金与奖学金统计、转专业情况、跟踪评估、第二课堂。

（1）学生管理制度。如学生日常行为规范、学生纪律处分条例、考场规则与违纪处分规定、职业规划及就业指导相关制度、毕业生与用人单位调查制度等。

（2）学习指导。如学院召开的讲座、班导师组织召开的毕业设计动员、高年级学长经验交流会、学业警示情况等。

（3）就业指导。如辅导员组织召开的就业讲座、交流会、创业大赛等。

（4）心理辅导。如心理健康教育活动及辅导相关材料。

（5）就业统计。如近三年毕业生就业信息表、用人单位调查问卷及统计、毕业生调查问卷及统计、毕业生就业去向统计与分析等。

（6）招生统计。包括近三年招生工作宣传资料、招生工作制度、招生简章、优秀生源基地汇总、生源质量报告、硕士研究生推免管理办法等。

（7）助学金与奖学金统计。包括奖学金、助学金管理办法、近三年获得奖学金和助学金学生名单、贫困生资助管理办法、绿色通道及学费缓交名单、特困生资助名单等。

（8）转专业情况。包括转专业实施办法、转专业进入学生的相关手续、转专业说明会通知及结果、转专业进入学生必须补修的课程和已有学分认定过程记录等。

（9）跟踪评估。如学生学习抽检情况等。

（10）第二课堂。学生参加科技创新大赛、社会实践、社团活动以及志愿者等情况。

第二大类：培养目标。该大类可进一步划分 9 个子类：培养目标修订制度、专业简介、复杂工程、培养方案、修订过程、用人单位问卷、应届毕业生问卷、往届毕业生问卷。其中，修订过程还应包括培养方案修订通知、外审意见、研讨会记录等。

第三大类：毕业要求。该大类可进一步划分6个子类：毕业要求达成度评价机制、毕业要求指标点分解、毕业要求的培养目标支撑、毕业要求的课程支撑强度矩阵、课程目标达成度评价案例、毕业要求达成度评价。

第四大类：持续改进。该大类可进一步划分4个子类：相关制度、专家督导记录、领导听课记录、培养目标达成评价。其中，相关制度涵盖内容较多，如教学质量监控机制、督导机制、评优机制、调查问卷反馈机制等；培养目标达成评价则主要是问卷调查分析及结果反馈。

第五大类：课程体系。该大类可进一步划分8个子类：相关制度、课程体系、课程目标与毕业要求对应关系、课程及实践教学大纲、数学与自然类课程、基础类课程、实践类课程、人文类课程。该大类的主要教学档案资料是课程考核支撑材料，如试卷、课程报告等。其中，相关制度，如课程体系修订制度、第二课堂学分管理办法、毕业设计管理规定等；实践类课程，可进一步划分为毕业设计、课程设计、实习、实验等4个小类。

第六大类：师资队伍。该大类可进一步划分12个子类：相关制度、专任教师情况、专任教师企业背景、专任教师培训进修、外聘教师情况、教学研究项目及获奖、科学研究项目及获奖、教学研究论文及获奖、科学研究论文及获奖、教师教学工作量、班主任考核、教师指导学生创新立项。其中，相关制度涵盖内容也较多，包括人才引进、职称评定、教师培养、工作量管理办法、绩效奖励办法等；专任教师情况，包括专业教师队伍及实验室队伍情况等。

第七大类：支持条件。该大类可进一步划分8个子类：各种制度、图书资料情况、专业实验室情况、仪器设备情况、实验室开放使用情况、实践基地情况、教学经费支出情况、教师培训进修实践情况。其中，相关制度，包括实验室管理制度、图书管理制度、学生实践管理制度、教师培养制度；实验室开放使用情况，包括实验记录、仪器使用与维修记录等。

3.2　专业认证教学档案档号编制

档号编制必须符合唯一性、合理性、稳定性的要求，即同一档案部门内的档案不得重号，同时方便插卷，使其有充分扩展的余地，不能随意变动。下面以二级院系的档案管理为例，说明专业认证档案档号编制方法。

专业认证档案档号可编制为：专业号＋年份（或年级）＋大类号＋子类号＋项目编号。

（1）专业号。可用专业名称汉语拼音的首字母来表达。如我院有7个专业，分别是水利水电工程、水文与水资源工程、农业水利工程、港口与航道工程、工程管理、工程造价、水务工程，专业号可分别用“SG、SW、NS、GH、GG、ZJ、SWU”来表示，对于学院各专业通用的资料，专业号可用“XY”表示。

（2）年份（或年级）。由于专业认证需要考察近4年的教学档案资料，为了使资料易于查找，教学档案资料宜以资料当年年份进行归口。但是，对于与学生相关的教学档案资料，还应额外增加“学生入学年份”即年级进行归口，这样可以跟踪学生四年学习情况，同时还保证了档案档号的稳定性。年份（或年级）采用四位阿拉伯数字表示。例如，2017（2014）即表示2017年收集的2014级学生的教学档案资料。

（3）大类号。共包括“学生”“培养目标”“毕业要求”“持续改进”“课程体系”“师资队伍”“支持条件”七项，可分别用1、2、3、4、5、6、7表示。

（4）子类号。根据上一节档案归类范围及分类，七个大类均有不同数量的小类，为对应二级类目，采用“双位制”，按照上一节中归档分类内容依次编号。

（5）项目编号。若子类号不需要进一步分类，即可按照当年内时间顺序或分类数依次编号，宜采用“三位制”；若有必要进一步分类，可采用前面同样的档号结构进行编码，但全部括号起来形成一个整体，以示小子类。例如子类号实践类课程中的毕设的项目编号可以进一步按班级或指导老师来细化编号。

例如，农水专业 2017 年归档的 2014018 班编号 001 的学生的毕业设计档案档号可编制为：NS-2017（2014）-5-07-（003-2014018-001），其中，5 表示课程体系、07 表示实践类课程，003 表示毕业设计。

3.3 专业认证教学档案管理模式

档案管理是一件较细致繁琐的工作，需要聘请至少 1 名专职人员进行档案管理。学院应将归档工作纳入部门工作计划，制定严格的档案分类管理办法，规划专门的房间存放纸质档案材料，采购专门的电脑或硬盘存放电子档案材料。具体通过以下方式实现。

（1）学院成立专业认证办公室，按专业下设专业认证小组。各小组履行以下职责：组织并督促本专业老师提交相关归档资料，注意所需提交的不同材料的时间节点；审核所提交材料的规范性和真实性，重点包括电子材料的命名、纸质材料的格式等问题；配合专业认证办公室的监督和检查。

（2）档案柜的分类及管理。档案架按顺序依次布置为学生、培养目标、毕业要求、持续改进、课程体系、师资队伍、支持条件，并在对应位置处贴标签；每个档案盒对应一个档号，档案盒的档案号只编制到子类号。

（3）完善档案借阅制度。档案室每周固定时间对外开放，教职工有需要借阅档案者，需在管理员处登记个人信息；爱护档案资料，严禁在档案上进行标记、涂改、撕剪或污损；查阅档案者应在档案室内查阅所需资料，严禁将档案资料带离档案室。

4 结语

随着全国各大高校工程教育专业认证工作如火如荼的进行，教学档案管理的规范化势在必行，建立健全的档案管理制度对提升教学质量、顺利通过认证发挥了积极的作用。前期专业认证的实践表明，通过对教学档案进行分类归档、编制目录以及统一管理的方法，可以有效保证专业认证工作的顺利进行，对促进教学改革具有重要意义，值得进行大力推广。

参 考 文 献

[1] 李洪. 面向高等工程教育专业认证档案建设的必要性及特点 [J]. 合肥工作大学学报（社会科学版），2013，27（6）：138-140.

[2] 陈静. 高校教学档案管理存在的问题及对策研究 [J]. 淮海工学院学报（人文社会科学版），2013，11（7）：138-140.

[3] 袁双云. 高校教学资料规范化管理的思考 [J]. 教育教学论坛，2017，12：19-20.

[4] 张宇鹏. 以本科教学审核评估为契机促进高校教学档案规范化管理 [J]. 科技展望，2017，27（8）：232.

[5] 林敏. 现代信息技术下的高校档案管理建设创新与策略 [J]. 高教论坛，2017，（9）：11-12.

通讯作者：李道西（1978— ），男，湖北鄂州人，副教授。
Email：ldx97042@163.com。

符合工程教育认证标准的课程教学大纲编制要领探讨

贺 晖 陈 杰 蒋中明 谢树春

（长沙理工大学，湖南长沙，410004）

摘 要

课程教学大纲是课程教学的纲领性文件，也是执行专业人才培养方案、实现毕业要求的教学指导性文件。本文探讨了工程教育认证背景下，符合工程教育认证标准的课程教学大纲编写模板设计和制定的必要性、编制原则与基本思路、编制要领，以及关于课程教学大纲编写工作的几点建议和思考。以期抛砖引玉，为工程教育认证专业的教学大纲编写与修订提供一定借鉴作用。

关键词

课程教学大纲；工程教育认证标准；编制要领

1 编制符合工程教育认证标准的课程教学大纲的必要性

自教育部2006年成立了工程教育专业认证专家委员会以来，中国工程教育认证历经了十余年推广和发展。2016年6月2日，在吉隆坡召开的国际工程联盟大会上，中国成为国际本科工程学位互认协议《华盛顿协议》的正式会员，标志着中国高等教育将真正走向世界。在这一背景下，传统的课堂教学及人才培养模式都遇到了新的挑战，特别是我国工程教育认证2015年通用标准及专业补充标准的出台，更加强调了以成果（学生学习成果）为导向，通过对课程及毕业要求达成度评价的实施，来保障各类课程教学的有效实施与持续改进，最终使学生的培养质量满足要求。

成果导向强调工程教育认证应关注学生学到什么，而非教师教了什么。要求专业按照“反向设计、正向施工”的基本思路，以培养目标和毕业要求为出发点，设计科学合理的培养方案和课程大纲，采用匹配的教学内容和教学方法，配置足够的软硬件资源，并要求每个老师明确自己的责任。我国高校多年的认证工作经验也表明，要真正实现教育思想的根本转变，关键是教师要将毕业生出口要求分解对应到课程上去，并在课程教学中有效实施。在我国高等教育长期以来“学科导向、投入导向”的传统教育理念下，课堂教学实际上已经成为工程教育改革的“最后一公里”。

课程教学大纲是课程教学的纲领性文件，也是执行专业人才培养方案、实现专业毕业要求的教学指导性文件，对人才培养质量起着重要的作用。在工程教育认证背景下，编制一份符合工程教育认证标准的课程教学大纲就成为落实专业培养方案及授课教师责任、实现人才培养目标的重要一环，而如何设计一份具有指导及引导意义的标准化课程教学大纲模板，已成为各认证专业点一项具有现实意义的迫切性的工作。编制符合认证标准的课程教学大纲也是各专业点深入贯彻工程教育认证核心理念、落实任课教师责任、解决课堂教学“最后一公里”的最好抓手。

2 工程教育认证背景下课程教学大纲编写的基本原则与思路

（1）必须符合中国高等教育人才培养的基本理念和方针，同时要体现专业点所在学校的办学定位与人才培养目标，满足专业点面向行业及社会对学生知识、技能与素质能力等的需求。

（2）教学大纲编写或修订应严格按照专业人才培养方案所设置的课程体系及规定进行；编写范围应包括本专业培养方案的全部支撑课程，含必修课与选修课、理论课程与实践教学环节。

（3）课程教学大纲的编写必须按照工程教育认证标准和专业类标准来进行。按照工程教育认证“学生中心、成果导向、持续改进”核心理念，从本课程在本科专业人才培养中的地位、作用出发，明确课程目标，设计课程内容、各教学环节安排及考评方法，并明晰毕业要求、课程目标、教学内容及考核方式4者之间的相互关系，应做到：①课程学习目标的制定必须与毕业要求指标点挂钩；②教学内容与教学方法必须支撑课程目标的达成；③考核方式必须能够证明课程目标的达成。

（4）课程教学大纲的编写要力求文字清楚、严谨，写作规范，排版紧凑美观，意义明确扼要，术语准确，计量单位、标点符号符合国家标准，指导性和操作性强。要有利于各教学单位及教师严格按课程教学大纲的要求开展教学活动，完成教学大纲的要求，实现课程目标。使大纲真正成为规范教师教学行为、指导学生学习行为的契约性文件。

（5）在专业已构建课程对毕业要求分解指标点支撑关系矩阵的基础上，教学大纲编写的基本思路是：①先确定本门课程与毕业要求指标点之间的关联度（H、M、L）；②根据有关联的指标点列出本门课程的教学目标；③围绕课程目标设计教学内容、重点难点和教学方法；④再围绕每个课程目标制定考核内容、考核方式和评分标准，以期评价课程目标是否达成。

3 工程教育认证背景下课程教学大纲编写的要点

结合传统教学大纲的内容体系，考虑到新旧大纲之间的内容衔接，并且一定程度上尽可能符合授课教师的传统备课授课习惯，便于一线教师能更快更好地接受和认同，我们认为一份符合工程教育认证标准、内容完整的理论课程教学大纲可包含以下主要内容：课程信息、课程目标及对毕业要求指标点的支撑关系、课时内容及学时分配、教学方法、重点与难点、考核内容/考核方式/成绩评定、教材与主要参考书、其他教学资源等。实践环节课程教学大纲（独立设课的实验、课程设计、实习或实训、毕业设计或毕业论文）因教学实施过程有较大不同，其大纲余理论课程大纲的内容上也有不同，主要体现在教学内容、教学方法、考核内容及成绩评定上。

3.1 课程目标及对毕业要求指标点的支撑关系

毕业要求指标点是专业根据自身特点和人才培养特色，将毕业要求细化分解力可衡量，可评价、可操作的指标点，分解的目的一是便于毕业要求落实到具体的教学环节，二是便于课程目标及毕业要求的达成度评价。

课程目标是课程学习所达到的最终效果的宏观描述，可采用宽泛而概括的语言进行阐释，作为课程的总体指导，目的在于明确本课程对毕业要求的支撑关系，从而明确某门具体课程的教学内容对达到毕业要求的贡献。课程目标应以毕业要求指标点为依据设计制定，并且要求覆盖该课程对毕业要求的全部支撑指标点，1个支撑指标点可对应1～2个课程目标，1个课程目标也可以覆盖多个指标点。为避免课程目标过于笼统或过于细化，造成实施不便或评价难度及工作量过大，建议课程目标总数量不宜过少和过多，一般以3～6个为宜。工程认证专业的课程目标的表达还要注意聚焦于解决复杂工程问题。

课程目标对毕业要求指标点的支撑关系可在课程目标-毕业要求关系表（表1）中一目了然地表达

出来，表中应标注本课程与毕业要求各指标点的支撑关系和支撑强度。

表 1　　课程目标-毕业要求关系表

毕业要求	指标点	与课程关联度	课程目标

注　表中用“H（高）、M（中）、L（弱）”表示该课程与各项毕业要求指标点的关联度，关联度的判断标准为：H——教学内容至少覆盖毕业要求指标点的80%；M——教学内容至少覆盖毕业要求指标点的50%；L——教学内容至少覆盖毕业要求指标点的30%。

3.2　课时内容及学时分配

传统的理论课程教学大纲一般已有这项内容，但一般是以教材为教学依据，对教材所规定的教学内容按照章、节顺序对讲授时间做出的安排，它规定了每一章、每一节的讲授学时以及每堂课的讲授内容，至于每一章、每一节、每堂课的教学内容与毕业要求是什么关系、对达到毕业要求有什么贡献却没有涉及，这样的编排比较符合任课教师长期以来的教学习惯，也便于课程组根据统一的教学进程组织教学研讨活动和中间测试。但专业认证要求的教学大纲则是由学习成果（也就是毕业要求指标点）出发进行反向设计，设计确定与只对应的教学内容与教学环节来实现各课程目标，并确定完成这些教学内容所需的教学时数。后者面临的一个最大不便就是支撑同一个毕业要求指标点对应的教学内容和需要学时可能在时间上是不连续的，不太容易为任课老师所接受，也不便于课程组统一备课和测试，因此，我们建议理论课程大纲可以沿用传统的课时内容和学时分配表达方式（表2），但应强调以下几点。

（1）知识单元及知识点的设计不仅仅是只按选用教材的章节来描述，而应按课程目标来设计确定，并要求覆盖到全部课程目标。因此，大纲撰写人应该根据专业培养方案中毕业要求的知识体系认真梳理课程的知识点，科学合理地设计课程教学内容，组织知识单元。

（2）鉴于目前大多数高校的授课和学生学习还不能完全脱离教材的现实情况，知识单元与知识点的设计不仅仅会包括教材和参考书籍上授课的内容，还应体现以学生为中心，设计相应的实验、实训、课程项目、课外学习等其他环节，并在学时分配中考虑课内和课外的全部应投入学习时间。

（3）课程目标栏应标注各知识单元及知识点对应支撑哪些课程学习目标，为表达简便，只需标注对应课程目标的序号即可。这样，对于每一堂课，无论是老师还是学生都会十分清楚，自己所教或所学对达到毕业要求的贡献，从而使老师教得明白、学生学得明白。

表 2　　课程内容及学时分配

知识单元		知　识　点		理论学时	其他学时	课程目标
序号	描述	序号	描述			

对于实践教学环节，因教学内容、教学方法及要求的不同，可参考表3～表5进行编制。编写时应注意：实验类型为验证性、设计性、综合性、创新性其中一种；实习内容不同于实习阶段安排，应根据支撑指标点的知识和能力要求设计具体实习内容，明确本部分内容的实习要求，常见实习方式手段一般为分散实习、集中实习等；课程（毕业）设计常见教学方式有集中指导、个别答疑等。所有实践教学内容均应与课程目标相对应，表中课程目标可用课程目标编号即可。

表 3　　实验项目名称及学时分配表

序号	实验项目名称	学时分配	必开或选开	实验类型	分组人数	支持课程目标

表 4　“×××实习（实训）”实习内容与时间分配

课程目标	实习内容	要求	实习方式手段	教学进度安排（天数）

表 5　课程（毕业）设计进度安排表

课程目标	课程（毕业）设计内容	教学方式	时间分配（天数）	计算机上机时数（或其他学时数）

3.3　教学方法

教学方法的采用必须有利于课程目标的达成，这也是大纲中最能体现教师个性化特点的部分。成果导向的课程教学最大的特点之一也是能够极大地引导教学方法的改革，工程教育认证在中国引进和实施十年以来，围绕学生中心、成果导向理念的教学方法的改革成果非常丰硕，新的教学手段（如慕课、翻转课堂、项目式教学、研讨式教学等）层出不穷，较好地改变了以往课堂教学缺乏教学设计、教学方法单一、课堂互动肤浅的情况，在此不一一赘述。对于理论课程，不管老师采用传统的讲授、实验、专题研讨、课堂作业等方法，还是网络教学、慕课新兴教学手段，均应紧紧围绕课程目标，由课程组结合教学资源及学生的实际情况、根据长期实践形成的成熟的教学经验、并引入教学改革的成果进行确定，并在教学实践中不断改进完善。课程大纲中教学方法的描述可用文字、表格、教学流程图等或结合以上方式表达。

3.4　重点与难点

大纲中注明知识单元或知识中哪些是重点内容，哪些是难点内容，有助于提醒和帮助任课教师和学生在教学或学习活动中更好地把握学习的深度和时间精力的分配。应注意的是，重点内容必须与课程学习目标挂钩，是全体学生达成毕业要求必须掌握的内容；难点内容则可以是某个知识单元或知识点的加深和拓展，可以属于提高性学习的内容，但不一定限于课程目标规定的内容。

3.5　考核内容、考核方式和成绩评定

教育部评估培训专家乐清华教授在工程教育认证培训会上明确指出：应明确课程目标与考核方式的对应关系，而科学、合理考核的两个关键是细化考核内容和明确评分标准。同时，工程教育认证2015标准也明确要求，专业应针对特定毕业要求，基于学生在相关教学环节行为表现的考核结果，综合评价和判断全体学生的毕业要求达成情况。毕业要求通过指标点分解落实到课程，当课程设置与毕业要求建立合理的对应关系后，课程目标的达成情况决定了相应毕业要求的达成情况。课程目标达成度评价是认证专业教学质量保障与反馈系统的关键环节。传统的教学大纲对考核方式和评分标准的规定往往远远达不到开展课程评价的要求，必须加以细化和完善，并且在大纲中明确考核方式与课程目标的对应关系。

在成果导向的理念下，考核方法的设计原则是应能很好地评价课程目标的达成情况，也即能科学合理地评估学生的学习成果，规范考核标准，同时对学生学习起到良好的引导作用；还要注意操作上具有可行性，并且符合所在学校教学管理的相关规定。

成绩评定标准是大纲设计中比较难的部分，但同时也是规范教师考核行为、引导学生学习行为的重要抓手，科学合理的评分标准实际上也表达了对学生学习成果的预期，对学生的学习活动起到很好的引导作用。成绩评定一定要落实到课程目标上，为课程目标达成度评价和毕业要求达成度评价提供依据。以往传统的教学大纲往往对这一块不够重视，写得不够详细，教学实施中容

易造成教师打分时缺乏标准，评价结果因人而异的现象，有可能对教学双方产生消极的后果。对此，制定符合专业认证的教学大纲时，课程组一定要加强研讨，取得共识，确立标准，并在实践中不断完善。

（1）理论课程考核方式及成绩评定。理论课程可用课程目标-考核方式关系表（表6）表达考核内容与课程目标的对应关系。考核内容应针对课程学习目标相应的知识点和能力点进行细化确定，并用规范用语描述该部分内容的考核深度（理解、掌握、应用、分析、计算等）目的是检验学生学习成果，避免课程组不同教师在考核方式和内容上命题的随意性；考核方式（评价依据）根据课程特点制定，按照高校比较普遍的做法，建议采用终结性评价与形成性评价相结合的方式，理论课常见的评价依据包括课堂表现、课外作业、大作业、专题讨论（例题、案例分析）、课内实验/调研报告、随堂考试、期末考试等。现在各高校都比较重视课程考核的改革，教学大纲应及时反映和固化课程考核改革的成果。

表6　课程目标-考核方式关系表

课程目标	考核内容	评价依据

鉴于很多高校成绩评定方法要符合学校考务管理的相关规定，传统理论课程成绩评定方法一般由平时成绩、期末考试、总评成绩的评价方式，在此前提下，大纲撰写人可分别将期末成绩和平时成绩的评分标准进行细化，规定其分数占比，分别用课程考试评分表（表7）和课程平时成绩评分表（表8）表达出来。课程考试应明确考核内容和建议分值，考试试题的内容和形式应当能够反映学生相关能力，即课程目标要求的达成情况；平时成绩应明确表3中规定的各评价依据和评分标准，体现累加式的形成性评价过程。考虑到课程教学大纲对课程教学的宏观指导作用，大纲中考核内容及评分标准只根据课程目标做原则上的规定和建议，不宜对具体出题方式和分值规定得太死，使得任课教师在出题和评分上既有标准可寻，又能有一定的灵活性。

对于采用不组织考试的课程，其他评价方式，则应按照课程目标设计相应的考核方式、成绩占比和评分标准，编写课程考核评分表（表9）。

表7　课程考试评分表

课程目标	考核内容	建议分值	合计

表8　课程平时成绩评分表

考核内容	占比/%	评分标准			

表9　课程考核评分表

课程目标	考核方式	考核成绩占比/%	评分标准

课程平时成绩考核方案的设计应充分体现对课程教学质量的过程管理，采用灵活多样的考核评价方式来考核评价课程目标的达成情况和学生个体对知识、技能和素质等方面的掌握情况。评分标准及分值范围可根据课程特点自行设置，分值范围也不一定每10分划一个档次，教师可根据自己习惯的方式划定。下面以某门理论课程的平时成绩评分表为例来说明（表10）。

表 10 ×××课程平时成绩评分表

序号	考核内容	占比/%	建议评分标准			
			90～100	75～90	60～75	＜60
1	作业	50	按时全部完成，书写工整，答案正确	按时全部完成，书写工整，答案大部分正确	完成大部分作业，答案基本正确	不能按时完成，书写潦草，错误较多
2	考勤	10	全勤	缺勤 2 次以内	缺勤 3～5 次	5 次以上缺勤（注：考勤不合格者平时成绩为 0）
3	课堂表现	10	认真听讲，积极参与讨论和回答问题	认真听讲，较为积极参与讨论和回答问题	基本听讲，回答问题和讨论不积极	总是做和课堂无关的事情
4	大作业	30	概念清晰、参数选取及计算正确，绘图规范，设计合理	概念基本清晰，参数选取及计算基本正确，设计图基本规范合理	概念欠清晰、参数选取及计算、设计图错误较多但能及时改正	概念不清楚、不能按时完成规定的任务

（2）实践教学课程（实验、实习、实训、课程设计、毕业设计等）考核方式及成绩评定。实践教学环节考核方式及成绩评定方案可用课程目标-考核方式关系表（表 11）表达出来，其中实验实训环节的常见考核方式包括预习报告、实验设计方案、实验操作、行为规范、实验报告、团队合作、上机等；实习、毕业设计、课程设计等的常见考核方式包括实习报告、论文、图纸、计算说明书、行为表现、答辩表现等。任课老师根据相应的考核方式自行定义成绩评定标准，下面以某门实验课为例加以说明（表 11）。

表 11 实验课程目标-考核方式关系表

实验课程目标	考核方式	考核成绩占比/%	评分标准
课程目标 1	实验报告	50	实验报告内容完整、格式规范、数据真实、结论准确给 90～100；实验报告内容大致完整、格式规范、数据真实、结论有说服力给 75～89……
⋮	⋮	⋮	⋮

4 工程教育认证体系下课程教学大纲编写的建议和思考

（1）教学大纲编写是一项系统工程，涉及专业培养方案中全部支撑课程，包括数学与自然科学类课程、工程基础类课程、专业基础类课程与专业课程、工程实践环节，还有人文社会科学类通识教育课程。涉及任课教师面广，不仅有本专业教师，还涉及大量跨系所、跨学院授课的非本系（教研室）教师，需要进行广泛的培训、严密的组织，并通过大量联系、协调、审核工作，才能顺利完成。因此，专业课程大纲的编写与修订一定要得到学校及学院层面的领导和支持，明确责任，协调进度，成立学校—学院—系所（教研室）—课程组的多级组织和工作机构是必不可少的。

（2）教学大纲的编写实际上是一个以成果为导向，明确课程对毕业要求的贡献、落实任课教师人才培养责任、不断优化教学内容、改革教学方式、完善课程质量评估机制的过程。专业应以此为契机，调动全体教师积极性，加强对教学大纲编写工作的组织、调研论证与研讨工作，按照专业培养方案中毕业要求的知识体系认真梳理课程的知识点，科学合理地确定课程目标、设计课程教学内容，积极探讨教学方法，并注意相关课程间的联系和分工，去掉冗余，避免重复和遗漏，确保高质量完成教学大纲编写工作，从根本上保证认证理念的落实。

（3）一份标准化、高质量的教学大纲是专业教学团队集体智慧的结晶，是课程组及任课教师制定更为详细和个性化的课程教学实施方案的依据，是检验教师教学质量和衡量学生学习成果质量的标准化文件，在实现工程教育认证理念深入课堂教学“最后一公里”中起着重要的引导和推动作用。学校及专业点不仅应高度重视课程大纲的编写和修订，更应该重视课程教学大纲的使用和落实，采取包括在网站上公开、加大教学大纲执行检查的力度等措施，树立教学大纲的权威性，并按照培养方案修订的周期，以学生为中心，不断反思教学实施中的问题、总结教学经验，定期进行大纲的修订与完善，使之在提高人才培养质量中真正发挥应有的作用。

参　考　文　献

[1] 教育部高等教育教学评估中心．中国工程教育质量报告（2013年）[R]．2014.

[2] 中国工程教育专业认证协会秘书处．工程教育认证工作指南 [Z]．2015.

[3] 中国工程教育认证协会．工程教育认证一点通 [M]．北京：教育科学出版社，2015.

[4] 李志义．解析工程教育专业认证的成果导向理念 [J]．中国高等教育，2014，(17)：7-10.

[5] 王凯，张秀兰，侯敏，等．基于工程教育认证标准　构建标准化课程教学大纲 [J]．化工高等教育，2016，(5)：6-11.

[6] 穆浩志，薛立军，牛兴华．工程教育专业认证背景下工程制图课程大纲的改革与实践 [J]．图学学报，2016，(5)：711-717.

作者简介：贺晖（1968—　），女，硕士，水利工程学院专业认证及学科评估办公室主任，从事教学管理和教学研究。

Email：1013997928@qq.com。

工程教育专业认证背景下毕业设计教学管理模式探讨

张继勋　蔡付林　顾圣平

（河海大学水利水电学院，江苏南京，210024）

摘　要

水工专业毕业设计是强化学生工程训练能力、促进学校与生产单位无缝对接的关键教学环节。在2016版水工专业人才培养方案制定过程中，我们紧紧结合2015版工程教育专业认证的新标准，从培养目标到课程体系设置进行了全新的定位和设计。特别是对毕业设计提出了更高的要求：毕业设计需要支撑所有12条毕业要求，其中与7条毕业要求的关联度属于“高”属性。这就促使我们要对毕业设计的全过程进行新的探索和创新，本文就本专业毕业设计选题、中期检查到答辩等各个环节的具体做法进行了阐述，希望可以对相关专业建设起到一定的借鉴作用。

关键词

水利水电工程；工程教育认证；毕业要求；课程体系；毕业设计

1　引言

2016年6月2日，注定将是一个载入中国高等教育史册的日子。在吉隆坡召开的国际工程联盟大会上，中国成为国际本科工程学位互认协议《华盛顿协议》的正式会员。《华盛顿协议》体系有两个突出特点：一是“以学生为本”，着重“基于学生学习结果”的标准；二是用户参与认证评估，强调工业界与教育界的有效对接。

工程教育专业认证是国际通行的工程教育质量保障制度，也是实现工程教育国际互认和工程师资格国际互认的重要基础；是一种以培养目标和毕业出口要求为导向的合格性评价，其核心是要求工科专业毕业生达到行业认可的质量标准。工程教育专业认证要求专业课程体系设置、师资队伍配备、办学条件配置等围绕学生毕业能力达成这一核心任务展开，并强调建立专业持续改进机制和文化，以保证专业教育质量和专业教育活力。

毕业设计作为本科人才培养的最后一个教学环节，是全面提高毕业生素质的一个重要的综合性实践教学环节。通过这一系统、全面的工程设计和科学研究综合训练，检查学生综合运用所学知识和基本技能、理论联系实际、独立分析并解决复杂工程技术问题的能力；完成从学生身份到工程实践者身份转变的一环。传统的毕业设计一般由指导教师根据自己课题衍生而来，有些题目甚至是虚构出来的，过于偏重理论性，计算分析内容多而实际的工程方案设计、结构设计、施工设计少，与工程实际有一定的距离。特别是一些课题由于缺乏工程现场的数据资料和设计条件，也只能纸上谈兵，学生无法获

致谢： 江苏高校品牌专业建设工程资助项目。

得完整的工程训练。专业认证标准重视考察学生综合运用所学科学理论和技术手段，提出复杂工程问题的解决方案，进而提出分析并解决复杂工程问题的能力。因此，以专业认证的要求来重新审视并优化毕业设计环节，强化学生工程素质和工程能力的锻炼，成为强化毕业设计质量、提高学生的工程素养、工程知识以及工程能力的必由之路，也是满足工程教育专业认证12条毕业要求的关键所在。

2 周密布置，精准选题

本专业毕业设计工作从前一学期末开始具体布置，召开全系教师大会，由水电系统一发布毕业设计指导教师资格及选题要求。要求每人一题，题目要避免过大、过软、过于陈旧等问题，要符合专业培养目标和毕业要求、体现理论联系实际的要求、要有新颖性和创新性。设计题目主要分两大类：工程型毕业设计和工程理论研究型毕业论文。毕业设计选题质量监控采取指导教师自查、学院教学督导组抽查、学生评价三种方式，对照表1进行评价。

表1　　毕业设计选题评价表

序号	评价项目	A（优）	B（良）	C（中）	D（差）
1	选题与专业培养目标融合度				
2	选题覆盖本专业主要骨干课程知识程度				
3	题目涉及内容新颖度				
4	题目难易度				
5	题目内容工作量				
6	题目与工程实际结合紧密度				

2016—2017学年度第二学期，水工专业毕业生总数186人，毕业设计选题完全按照学院要求全部实现设计题目工程实际化，论文题目工程理论化。本次共有154人选作毕业设计，32人选作毕业论文。经学院督导组检查，优秀题目135份，占72.5%；良好48份，占25.8%；另有3份为中等，责成教师进行了整改。

本次毕业设计选题体现了以下几个特点。

（1）题目覆盖面宽。本次毕业设计形式分设计和论文两种，题目覆盖了本专业的多个领域，设计内容有水电站设计、水能规划设计、拱坝、重力坝、土石坝、新材料坝、碾压混凝土坝等，论文涉及方向有水力学、坝工新材料、边坡稳定分析方法、坝工动力分析、流固耦合、大坝安全监控模型等十余个方向。所有选题均来自工程实际或导师的科研课题，都做到了将所学的专业理论知识与专业实际工作紧密联系在一起，可以从多方面对毕业生进行全面的训练和检验。

（2）突出解决复杂工程问题。结合专业培养方案及培养目标，围绕本专业相关应用实际，联系具体水电工程确定毕业论文（设计）题目，以提高本专业学生对所学知识的综合应用能力、文献查阅能力和解决复杂工程问题的能力，强化学生专业化素质的养成和毕业要求的达成。

（3）强调对外文文献的参考。每个设计（论文）题目均提出了参阅外文文献的种类和数量要求，以期学生具备一定的国际视野，能够在跨文化背景下进行沟通和交流。同时训练学生自主学习的能力。

（4）选题的独特性和可行性并重。根据本专业将来学生就业面临的实际工作性质和特点，我们在题目的设定时做到了每人一题，难易度均衡，既有枢纽主要建筑物设计又有专题设计。为保证题目在规定时间内全体同学基本可以顺利完成，我们要求指导教师必须对设计题目进行试做预估，确保设计内容的顺利完成，设计要求的圆满达成。

3 精心指导，提高效率

学院在学校统一要求的基础上，制定详细的细则，要求指导教师精心指导。第一阶段（前3周），指导教师周一到周五每天到自己指导小组一次；第二阶段（第4周至提交成果）：可以隔天一次到设计室，每周不少于两次，且每周累计指导时间不少于5小时（形式可以多样）。要求教师在指导过程中既要有团队集中指导讨论又要有单独个别辅导，以利培养学生的团队意识，提高他们在多学科背景下的团队中承担个体、团队成员以及负责人的角色的能力。为此我们专门设置了检查单，见表2。通过这些措施做到了对学生有要求，对教师有约束，将毕业设计的中间过程做到有血有肉。

表2　水工专业毕业设计中期检查单

检查内容	检查结果
学生出勤情况	A. 正常比例____；B. 请假比例____；C. 无故缺席比例____
团队协作互评	A. 好；B. 一般；C. 差；协作性差比例：______
任务完成情况	A. 正常；B. 超前；C. 滞后；滞后比例：______
设计过程中的独立性评价	A. 独立完成；B. 参照完成；C. 大量抄袭；独立完成比例：______
资料查阅情况	A. 中文文献；B. 外文文献；C. 较少查阅；外文文献比例：______
周进展情况记录完成情况	A. 详细完整；B. 简单粗略；C. 次数较少；详细完整比例：______
指导教师指导情况	A. 详细完整；B. 简单粗略；C. 次数较少；详细完整比例：______

4 严格检查，确保质量

为确保毕业设计质量，除了对毕业设计进行过程管理检查外，我们还对毕业设计成果进行查重工作，确保每一份毕业设计都有自己的思想，并将之落实到成果中。具体要求为：毕业论文文字复制比合格率小于等于25%，毕业设计文字复制比合格率小于等于40%。毕业论文文字复制比小于等于25%，视为通过检测，大于25%视为不通过；毕业设计满足文字复制比小于等于40%，视为通过检测，大于40%视为不通过。

5 完善答辩环节，确保成绩客观公正

本专业毕业设计成绩主要由三部分组成：指导教师成绩、评阅教师成绩、答辩组成绩，按照4∶2∶4的比例，其中指导教师不参与本组设计人员的批阅和答辩，评阅教师要参与毕业设计答辩。

指导教师从工作态度与纪律，文献检索及外语能力、选题立论能力，阅读理解与归纳分析能力、理论运用能力，写作计划与执行、论文结构及文字表达结构及文字表达四个方面给予学生评价打分。评阅教师从选题与立论、论文观点、理论和应用价值，论文结构、理论运用、归纳与分析能力两个方面给予学生评价打分。最后答辩组从语言表达的流畅性、论文观点的独创性、理论分析的逻辑性、回答问题的正确性四个方面给予学生评价打分。这样的评价方式与专业认证的要求是相适应的，既保证了对学生评价的全面性，又使得评价客观公正。

6 适应认证要求，深入探索

通过毕业设计选题、过程控制、质量检查和毕业答辩等环节基本保证了本专业毕业设计在学生培

养过程中毕业要求的达成，但为更好地落实工程教育认证的精神和指导思想，本专业拟在今后做更深入探索。第一，指导教师队伍引进校外具有高级技术职称以上的专业人员参与；第二，选题内容更加开放和全面，面对水利行业的进一步发展，要培养适应现代水利发展的人才，必须让学生在校接受更全面的锻炼；第三，探索将学生的毕业设计放在生产单位结合单位实际选定课题开展相应的设计工作；第四，成绩评定引入校外指导教师或企业评价，使得评价更加全面有效。

7 结语

我校水工专业的工程教育专业认证工作到今年已经开展了二轮，专业认证给我们人才培养工作提供了很好的方向和思路，在这个过程中我们也做了大量的工作以适应专业认证和人才培养的要求，也得到了同行专家和相关用人单位的好评。按照专业认证的最新标准开展专业建设还有很多的工作要做，特别是作为人才培养的最后一个教学环节，毕业设计的教学成效对毕业要求的达成更具有关键作用，根据最新的毕业设计成效评价从选题、过程、考核等环节不断持续改进，确保毕业要求的达成。

参 考 文 献

[1] 李智慧，张德贤. 工程教育专业认证背景下毕业设计能力培养的重要性［J］. 教育现代化，2015，(13)：40-41.

[2] 河海大学水利水电学院. 河海大学水利水电工程专业专业认证自评报告［R］. 2017，5.

[3] 张天伟，于雪涛. 工程教育认证背景下交通运输专业毕业设计质量评价指标体系［J］. 教育教学论坛，2016，(12)：195-196.

作者简介：张继勋（1974— ），男，博士，副教授，现主要从事水工专业的教学科研工作。
Email：zhangjixun@hhu.edu.cn。

基于工程专业认证标准的专业人才培养方案修订实践
——以河北农业大学农业水利工程专业为例

夏　辉　冯利军　刘宏权　郄志红

（河北农业大学城建学院，河北保定，071001）

摘　要

高等院校工程教育专业认证是我国当前高等教育关注的重点工作，是提高人才培养质量、实现人才培养标准国际实质等效、毕业生学术资格国际互认、推动高等院校教育教学改革的有力保障和强大动力。本文介绍了工程教育专业认证的概念和意义、工程认证和《华盛顿协议》关系以及我国工程教育专业认证的发展历程及专业认证标准，并以河北农业大学农业水利工程专业为例，介绍了该专业以工程教育专业认证为重要依据，对人才培养方案修订的过程和具体修订内容。新修订的2017版人才培养方案必将为提高农业水利工程专业人才培养质量以及该专业的专业认证提供重要支撑。

关键词

专业认证；《华盛顿协议》；人才培养方案；农业水利工程专业

高等教育过程中，学生的培养质量将直接关系到国家社会经济的健康发展。高等院校自1999年扩大招生以来，招生规模不断扩大。到2002年，我国高等教育规模达1600万人，高等教育从精英教育进入大众化教育阶段。在高等教育发展的新形势下，将工程教育专业认证引入到高等教育人才培养中，为提高高校人才培养质量提供保障，为高校毕业生走向国际提供机会。本文将以河北农业大学农业水利工程专业为例，介绍了工程教育专业认证背景下的高校人才培养方案修订。

1　专业认证意义

工程教育专业认证制度起源于美国，从20世纪初发展至今，其专业认证机构数量已达到45个左右，经认证机构认证的专业教学计划已经超过2万个[1]。

1.1　专业认证基本概念

工程教育专业认证是指专业认证机构针对高等教育机构开设的工程类专业教育实施的专门性认证，由专门职业或行业协会（联合会）、专业学会连同该领域的教育专家和相关行业企业专家一起对高等教育机构进行考核[2]。

1.2　专业认证的意义

从2005年我国着手建设工程教育认证体系，逐步开展相关工程专业的认证工作，经过10多年的

基金项目：河北省教育厅教改项目（2015GJJG041）；河北农业大学重点教改项目（2015ZD02）。

发展，在现有的31个工科专业类中已有16个工科专业开展了认证工作。专业认证对我国高等院校的教学改革和自身发展起到重要作用。

首先，专业认证是工程类专业人才培养质量的有力保障。工程教育专业认证的核心就是评价工科专业毕业生是否达到行业认可的既定质量标准要求，只有满足了行业所认可的质量标准要求，才能够真正保证工科类专业毕业生培养质量。因此，各高校在专业课程体系设置、师资队伍配备、办学条件配置等方面均要围绕学生毕业能力达成这一核心任务展开。与此同时，高校在各项工作开展过程中，应紧紧围绕人才培养这一中心任务，要做到以学生为本，加强“目标导向”，根据社会对于人才培养的实际需求以及用人单位对毕业生培养质量的反馈等，持续改进人才培养质量。在此期间，各高校可根据地域特点、行业特点、学科优势及高校发展的战略规划，在满足人才培养通用标准的基础上，制定具有自身特色的人才培养方案，使人才培养做到“既满足通用要求，又具有自身特色”。

其次，工程教育认证是实现毕业生学术资格国际互认的重要基础，是工程专业毕业生进入国际就业市场的“通行证”。因此，工程教育专业认证是高等院校适应经济全球化、高等工程教育国际化的必然趋势，是高等院校自身发展的重要途径。

再次，工程教育认证是推动工程类专业教育教学改革的强大动力。在工程认证过程中，各个高校可以将满足工程认证标准作为高校教育教学改革的方向和动力，完善课程体系建设和学校硬件设施建设，促进高校教学质量的提升。

2 专业认证与《华盛顿协议》

2.1 专业认证与《华盛顿协议》关系

随着世界经济全球化发展，不同国家为了实现本科工程教育的学位互认，在1989年由美国、英国、加拿大、爱尔兰、澳大利亚、新西兰6个国家共同发起和签署了《华盛顿协议》，该协议主要针对国际上本科工程教育学位资格互认，并建议毕业于任一签约成员已认证专业的人员均应被其他签约国（地区）视为已获得从事工程工作的学术资格[3]。由此可见，《华盛顿协议》是制定专业认证标准和认证体系的标尺，而专业认证则是《华盛顿协议》的有力支撑，是协议中的主要和关键性的内容。

从1989年到现在，经历了近三十年的发展后，《华盛顿协议》的适用范围不断扩大，成员国家的数量不断增长[4,5]。截至2017年，《华盛顿协议》正式缔约成员国家（地区）已经发展到18个，与1989年刚刚成立时的6个相比，增加了2倍。图1为《华盛顿协议》正式缔约成员国家（地区）数量在1989—2007年间的增长情况，可以看出进入21世纪后，《华盛顿协议》正式缔约成员国家（地区）数量快速增加，尤其是从2004年以后，正式缔约成员国家（地区）从8个增加到18个，在2004—2017年间，仅亚洲就有包括日本、新加坡、韩国、中国台湾、马来西亚、土耳其、印度、斯里兰卡和中国等9个国家（地区）正式加入《华盛顿协议》。

图2为《华盛顿协议》正式缔约成员国家（地区）在世界各大洲的分布情况，由图中可以看出，截至2017年，该协议的正式缔约成员国家（地区）分布在世界的五大洲内，分别是亚洲、欧洲、北美洲、大洋洲和非洲。其中，亚洲加入该协议的国家（地区）数量最多，在亚洲这些国家（地区）中，中国香港最早于1995年成为《华盛顿协议》正式缔约成员国家（地区），充分体现了香港在高等教育中国际化的办学理念。

除了上述的18个正式成员外，截至2017年，还包括6个国家为《华盛顿协议》的临时缔约成员国家，他们是亚洲的孟加拉国、巴基斯坦、菲律宾，北美洲的哥斯达黎加、墨西哥以及南美洲的秘鲁[4]。

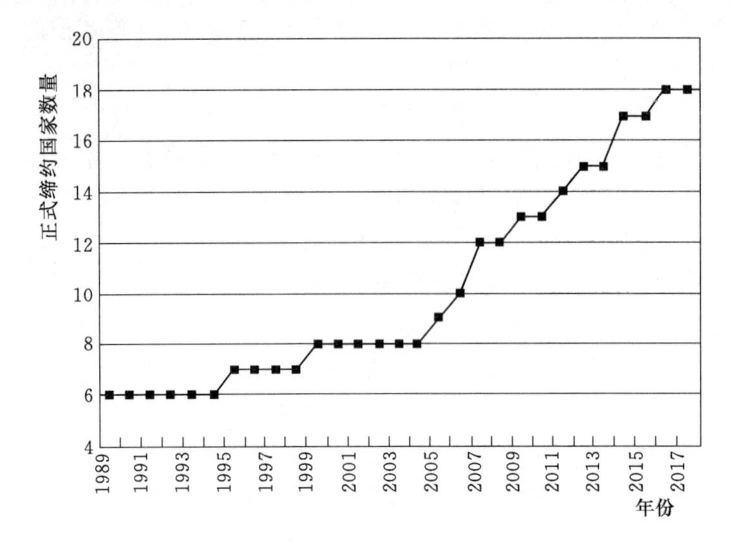

图 1 《华盛顿协议》正式缔约成员国家（地区）数量增长情况（1989—2017 年）

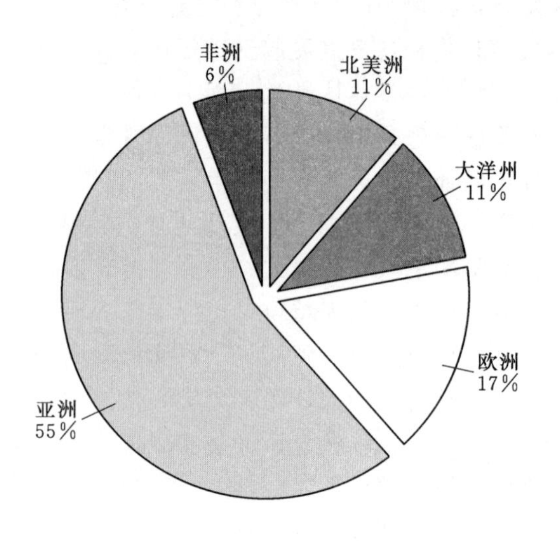

图 2 《华盛顿协议》正式缔约成员国家（地区）分布状况（2017 年）

2.2 我国工程教育专业认证发展历程

相比于美国成熟的专业认证制度，我国的高等教育专业评估起步较晚。自 2005 年以来，我国开始开展工程教育专业认证试点，逐步建成了与《华盛顿协议》要求相符合的工程教育认证体系，组织开展相关专业领域的认证工作。目前，不同专业的工程教育专业认证工作在各个高校中逐步开展，专业认证也逐步成为我国高等教育认证工作的重要组成部分。

我国于 2013 年 6 月 19 日获得《华盛顿协议》全票通过，成为该协议的临时成员，2016 年 6 月 2 日，全票通过了加入《华盛顿协议》的转正申请，成为第 18 个《华盛顿协议》正式成员。随着我国成为《华盛顿协议》的正式缔约国家，可享有《华盛顿协议》中所约定的“各成员国应保证本国或本地区的工程专业认证机构承认其他成员国在本国或本地区内所认证的工程专业实质等效”。正式加入《华盛顿协议》证明我国工程教育质量已经得到国际工程教育界的认可，通过国内工程教育专业认证的高校所培养的工程教育类学生将具有国际互认质量标准的“通行证”。

2.3 我国工程教育专业认证标准

工程教育认证标准是判断专业是否达到认证要求的依据，我国工程教育专业认证标准是以《华盛顿协议》提出的毕业生素质要求为基础，满足国际实质等效的要求。2009 年我国工程教育专业认证协会制定了《工程教育专业认证标准（试行)》，而后对认证标准又进行了一系列的调整和完善，最终于 2015 年形成《工程教育专业认证标准》。目前，我国现行认证标准由通用标准和专业补充标准两部分构成。其中，在通用标准中规定了专业在学生、培养目标、毕业要求、持续改进、课程体系、师资队伍和支持条件 7 个方面的要求；专业补充标准规定在不同专业领域在以上 7 个方面的特殊要求和补充，具体专业类型包括：机械类专业、化工类专业、计算机类专业、环境类专业、矿业类专业、食品类专业、电子信息与电气工程类专业、水利类专业、交通运输类专业等共计 10 个专业[6]。

3 专业认证背景下人才培养方案修订——以农业水利工程专业为例

河北农业大学创建于 1902 年，是我国最早实施高等农业教育的院校，河北省人民政府与国家教育部、农业部、国家林业局分别共建的河北省重点骨干大学。教育部“卓越工程师教育培养计划”实施高校及首批“深化创新创业教育改革示范高校”。而农业水利工程专业是河北农业大学创建较早的专业之一，早在1931年在农学系设立农田水利科，1946年设立农林工程系，设农田水利工程本科专业。至今为止，河北农业大学农业水利工程专业已经为社会培养了大量优秀的水利工程人才，为我国水利工程建设提供了人力支持和保障。

据中国校友会官方网站公布，在2017中国大学农业水利工程专业排行榜中，河北农业大学农业水利工程专业排名第7，与中国农业大学、石河子大学、沈阳农业大学、四川大学等共20个学校同属于4星级专业，河北省内该专业排名第一[7]。本文将以河北农业大学农业水利工程专业为例，介绍在工程教育专业认证背景下，人才培养方案的修订情况。

3.1 人才培养方案的指导思想

2015年河北农业大学贯彻落实国务院办公厅《关于深化高等学校创新创业教育改革的实施意见》（国办发〔2015〕36号）、教育部《关于全面提高高等教育质量的若干意见》（高教〔2012〕4号）和河北省人民政府办公厅《关于深化高等学校创新创业教育改革的若干意见》（省冀政办发〔2015〕31号）精神，以建设特色鲜明高水平大学为办学目标，对全校各专业人才培养方案开始进行修订工作。

农业水利工程专业在满足学校人才培养方案修订要求的基础上，结合水利类专业认证补充标准，在修订课程体系过程中，充分考虑工程认证标准中课程体系设置的具体要求。同时，广泛征求了用人单位、同行专家、授课教师、在校生及毕业生对于旧版课程体系修订的意见和建议，并参考了兄弟院校（尤其是已经通过专业认证的学校）相同学科课程体系设置情况，最终修订成2017版农业水利工程专业人才培养方案，具体流程见图3。通过对人才培养方案的修订，不但可以有效提高学生培养质量、提高毕业生考研和就业的竞争力，更重要的是修订后的人才培养方案能够满足工程教育专业认证标准的要求，将为农业水利工程专业通过专业认证及长远发展提供强有力的支撑，届时将真正实现学校对于工科专业所提出的“入主流，有特色”的学科发展要求。

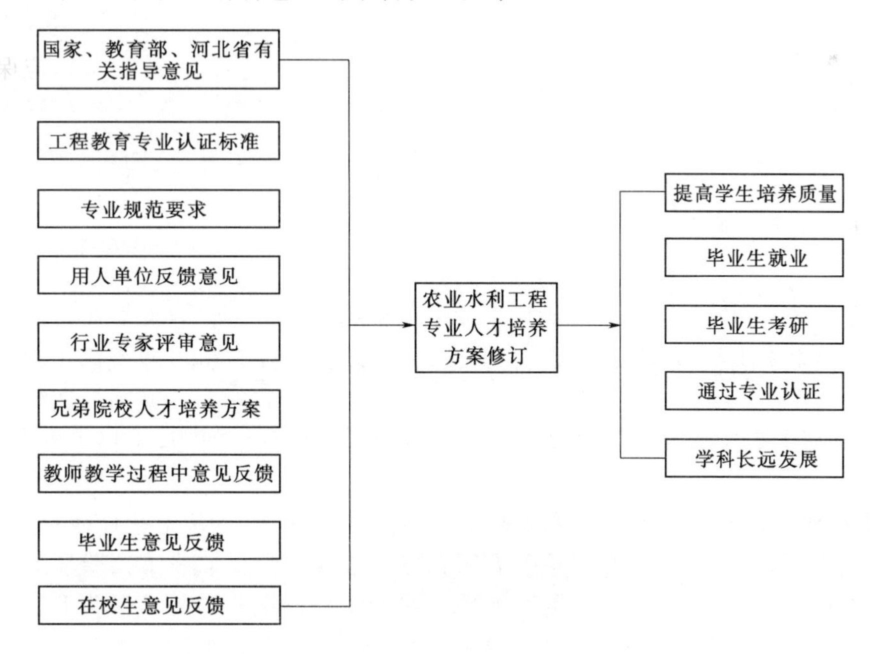

图3 农业水利工程专业人才培养方案修订流程

3.2 农业水利工程专业人才培养方案基本情况介绍

河北农业大学农业水利工程专业新修订的2017版人才培养方案与之前的2009版培养方案在课程设置及学分方面有明显的差别。具体情况见表1。

表 1　农业水利工程专业 2009 版和 2017 版人才培养方案中各种类型课程类别及学分设置

序号	2009 版人才培养方案		2017 版人才培养方案	
	课程模块名称	学分	课程模块名称	学分
1	公共必修课	35.5	通识必修课	39
			通识选修课	10
2	范围选修课—学科基础课部分	25	学科基础课	25
3	范围选修课—专业基础课部分	48	专业基础课	44
4	范围选修课—专业课部分	37	专业核心课	37
5	自由选修课—业务素质课	15	专业拓展课	16
6	自由选修课—公共选修课	10	学科拓展课	4
学分合计		170.5	学分合计	175

从表 1 可以看出，两版培养方案的差别主要体现在总学分和课程模块的名称。从总学分来看，2017 版 175 学分，2009 版 170.5 学分，学分增加了 4.5 学分。从各个课程模块来看，模块 2 和模块 4 的学分保持不变；模块 1 的学分有明显增加，增加 13.5 学分；模块 5 学分增加 1 学分；模块 3 和模块 6 的学分分别减少 4 学分和 6 学分。从课程模块的名称来看，各个课程模块名称均发生变化，新版培养方案中课程模块的名称更加言简意赅，符合当前课程模块设置要求。

图 4 是 2009 版和 2017 版人才培养方案各类课程学分的雷达图对比。

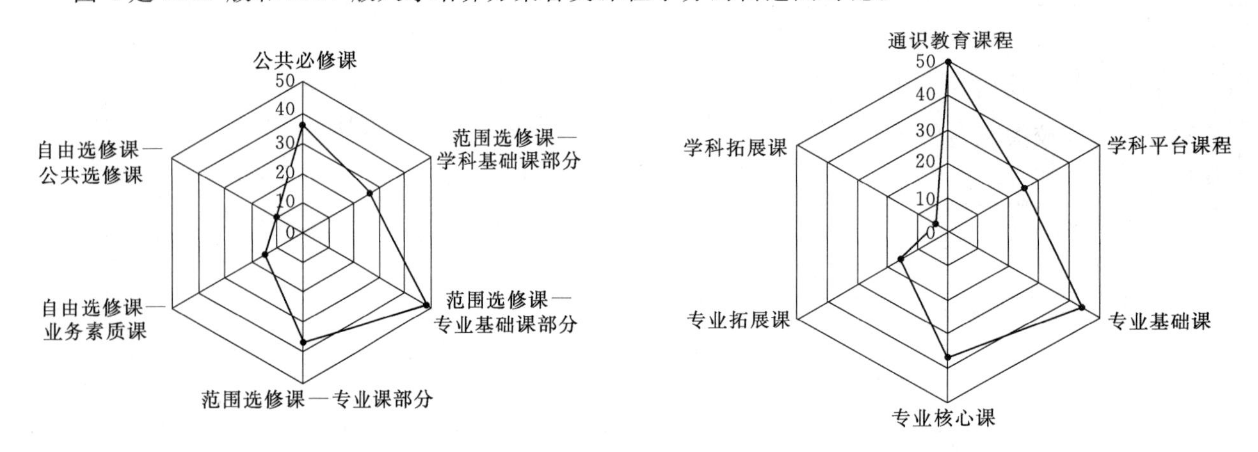

图 4　农业水利工程专业 2009 版和 2017 版人才培养方案各类课程学分情况对比图

3.3　基于专业认证的农业水利工程专业人才培养方案具体修订

2017 版农业水利工程专业人才培养方案对 2009 版培养方案主要进行了以下方面的调整和变动，见表 2 和表 3。

2017 版农业水利工程专业人才培养方案共设置各类课程 67 门，其中共计涉及 43 门课程进行调整，课程调整比例为 64.20%。本次人才培养方案在修订过程中，更加注重实践环节的设置，共计新开实验课一门，共计 32 学时，新开专业创新实践、水利工程制图实践等实践课程三门，增加实践 4 周；另外，对原有的部分实践环节的时间进行调整，增加了毕业设计、测量实习、水工建筑物课程设计、水泵与水泵站课程设计、灌溉与排水工程学课程设计等共计五门课程的学分与实践周数，实践学分增加 3.5 学分。因此，本次调整共计增加实践学分 8.5 学分，实践教学所占的比重也由最初的 14.37%增加到 20%，达到专业认证标准要求。另外，人才培养方案在修订过程中，为了适应当前社会经济和生态环境的发展要求及用人单位对毕业生的需求，培养复合型的高级工程技术人才，新增了普通化学、环境水利概论、文学修养与艺术鉴赏等共计八门课程，同时从学生就业需求、学习能力等

表 2　2017 版农业水利工程专业人才培养方案课程设置变化情况

课程变化形式		课程数量/门	学分增加量/学分	总学时/总周数增加量
新增课程	理论教学	8	20	320 学时
	实践教学	4	5	32 学时/4 周
删减课程	理论教学	16	−27.5	−440 学时
学分调整	理论教学	10	−6.5	−104 学时
	实践教学	5	3.5	3.5 周
合　计		43	—	−92 学时/7.5 周

表 3　2009 版和 2017 版农业水利工程专业人才培养方案实践教学变化情况

项　目	理论教学学分	实践教学学分	实践教学所占比重/%	备　注
2009 版人才培养方案	146	24.5	14.37	不满足专业认证要求
2017 版人才培养方案	140	35	20.00	满足专业认证要求
变化量	−6	10.5	5.63	

角度考虑，删减了 16 门课程，另有 10 门课程的课时进行了缩减。

4　结语

工程教育专业认证是高等院校走向国际化的“通行证”，是保证工程专业人才培养质量的重要措施，是当前各高校关注的焦点。河北农业大学农业水利工程专业充分利用人才培养方案修订的机会，在满足学校基本要求的基础上，广泛征求意见和建议，以工程教育专业认证标准为重要依据修订 2017 版人才培养方案。新修订的 2017 版人才培养方案必将为提高人才培养质量以及农业水利工程专业认证提供重要支撑。

参　考　文　献

[1]　孙晓新．美国高等教育专业认证制度探析 [D]．长春：东北师范大学，2007.

[2]　夏天阳．各国高等教育评估 [M]．上海：上海科学技术文献出版社，1997.

[3]　http：//cl. fzu. edu. cn/html/clkxygczygcjyrz/rzwd/2016/01/21/3fbd3e08 - 1efa - 41c7 - 8c72 - 063d1ad91b59. html.

[4]　http：//www. ieagreements. org/accords/washington/signatories/.

[5]　方峥．《华盛顿协议》签约成员工程教育认证制度之比较 [J]．高等发展与评估，2014，30 (4)：66 - 119.

[6]　中国工程教育专业认证协会．工程教育专业认证标准 [Z]．2015.

[7]　http：//www. cuaa. net/paihang/news/news. jsp? information _ id=132827.

作者简介： 夏辉（1978—　），女，博士，硕士生导师，副教授，现从事农业水利工程专业教学工作。Email：xiahui1106@163. com。

持续改进理念及机制在人才培养中的实际应用

何文社　虞庐松　蔺鹏臻　孙　文

（兰州交通大学，甘肃兰州，730070）

摘　要

专业建设是高等教育教学工作的基础。本文结合工程教育认证通用标准及水利类专业补充标准，对我校在水利水电工程专业中存在的不足进行了梳理，提出了提升本专业建设水平的改进思路、方法和教学改革与实践，并对专业建设改革与实践内容与过程进行了详细的阐述，总结了专业建设成果。本文对持续改进提升专业建设水平的思路对其他工科专业具有一定借鉴意义。

关键词

专业认证；水利水电工程；专业认证标准；持续改进

1　专业基本情况

兰州交通大学水利水电工程专业创办于 2002 年。2003 年获批“水文学及水资源”硕士学位授权点，2005 年获批“水利水电工程”硕士学位授权点，2011 年获“水利工程”一级学科硕士学位授权点，2012 年在土木工程一级学科下自设“输水结构工程”二级学科博士学位授权点。目前，是甘肃高校唯一的“水利工程”一级学科硕士学位授予点和“水利工程”重点学科。

该专业有教师 28 名，高级职称教师占 71％，有博士学位教师占 57％，89％的教师具有工程背景。每年招生全日制本科生 110 人左右，现在校本科生 419 名。

2　专业人才培养过程中存在的不足

2016 年 6 月 2 日，我国成为国际本科工程学位互认协议《华盛顿协议》的正式会员。“这是我国高等教育发展的一个里程碑，意味着英、美等发达国家认可了我国工程教育质量，我们开始从国际高等教育发展趋势的跟随者向领跑者转变。”这不仅为工科学生走向世界打下了基础，更意味着中国高等教育将真正走向世界。工程教育专业认证是目前国际通行的工程教育质量评估手段，是通过对工程教育关键环节的控制，以保障受教育者具备从事工程技术领域工作所必备的知识能力素质[1]。国际上，工程教育专业认证已在许多国家得到了实施，对工程教育发展的促进作用也已在很大程度上得到了证实，建立高等工程教育专业认证制度对于提高我国高等工程教育的国际竞争力以及确保我国高等工程教育的质量都具有十分重要的作用[2]。专业认证具有以产出为导向、以学生为中心和持续改进三大基本理念，反映了当前国际高等教育的发展趋势，对于引导和促进专业建设与教学改革、保障和提高人才培养质量至关重要。

2016 年 11 月认证专家对我校水利水电工程专业进行了现场考查，目前已通过认证。如何进一步提高专业办学水平，采取什么样的对策与思路，是值得不断探索与研究的课题。为顺应专业认证的要求，在参与专业认证过程中，及时查缺补漏，通过提交自评报告和支撑材料、专家审阅材料和反馈意见、专家开展现场考查等报告的整理分析存在下列不足。

（1）支撑毕业要求环境方面知识点的内容不系统，支撑毕业要求经济管理方面的部分课程为选修课。

（2）毕业生跟踪调查表和用人单位反馈调查表的内容设置和结果分析较为简单。

（3）课程设置中，3 门自然科学类课程、工程经济和工程管理类课程列为选修课程。环境方面的知识点涵盖在其他课程中。部分课程教学大纲对所支撑毕业要求的表述不明确、不具体。

（4）毕业（生产）实习基本在附近的已建工程实践基地进行，没有全部到在建的水利水电工程实习；专业课程实验中动手操作的项目偏少。

（5）实验仪器设备需进一步补充完善。

3　基于专业认证标准的培养方案修订

我国工程教育专业认证标准充分体现了以学生为中心的教学理念[3]。教学要求应与人才培养目标一致，其毕业要求、课程体系、课程教学大纲、培养计划、教学管理、教学质量、教学条件等要一一完善，并保证培养计划和内容的具体实施。专业认证既要根据企业人才需求来修订人才培养方案，改革教学方法，又要通过人才培养方案体现出企业的需求，相辅相成。

3.1　专业培养方案的全面修订

本着持续改进专业建设水平的精神，基于产出导向全面改造教学。按产出导向理念，在进校专家考查之后对办学中存在的不足从 2016 年 12 月至 2017 年 5 月学校开展了新一轮培养方案修订工作。

在修订过程中，依据工程教育认证标准及兰州交通大学教务处“关于修订 2017 级本科人才培养方案的通知”进行。主要针对现行的培养方案包括培养目标、毕业要求、课程体系结构及学分分配、课程设置与教学计划、毕业要求及实现矩阵等专业建设的诸多关键环节与专业认证标准仍存在一定程度的不适应之处进行改进。

3.2　修订的基本原则

3.2.1　需求导向原则

本次修订从需求是产出导向理念（OBE）的反向设计原则出发[4]，由需求决定培养目标，由培养目标决定毕业要求，再由毕业要求决定课程体系。反向设计、正向实施，把握社会需求与人才培养目标的一致性，主动对接企业，深入开展需求调研，进行专业发展论证，以需求为依据科学设置课程体系、能力和素质结构，以需求为导向制定专业人才培养目标。

3.2.2　目标导向设计课程体系原则

培养目标需明确为毕业后 5 年左右培养人才的层次、类型、主要就业领域与性质、主要社会竞争优势，关注学生“做成什么”。培养目标决定毕业要求，毕业要求是对学生毕业时所应该掌握的知识和能力的具体描述，关注的是学生完成专业学业后“能做什么”。根据毕业要求反向设计课程体系，主动对接基础课开课学院，毕业要求必须逐条地落实到每一门具体课程中，每一门课程都要对毕业要求的达成有所贡献。

3.2.3　加强培养实践能力原则

突出教学过程的实践性，做到理论与实践、知识传授与能力培养相结合。加强实验、实训、实习，课程设计等实践实验教学环节，注重实践能力培养。优化实验教学模式，提高综合性和设计性实验水平，加大学生自主实验力度，鼓励学生开展创新实验。加强各类实践教学管理，不断丰富实践实验教学内容，强化实践育人的意识，完善实践教学环节，加强产学研合作教育，拓宽学生实践锻炼的渠道，切实提高学生的实践能力。

3.2.4 创新创业教育与专业教育深度融合原则

将创新创业教育融入人才培养全过程，将创新创业教育理念融入专业人才培养方案，将创新创业能力培养融入课程教学与专业实践，着力构建与创新创业内容相互衔接的创新创业教育体系。学校应切实加强教师的进修、培训，不断提升其实践教学能力。根据自身专业特色与优势，结合学科前沿理论与方法、区域特色创业和创新创业实践等方面，设置贯穿“通识教育、基础教育、专业教育及课外教育”的创新创业课程体系。

3.3 重点工作

2017级人才培养方案修订的重点工作是人才培养目标、毕业要求和课程体系的优化设计。结合工程教育专业认证的OBE理念，根据人培养目标和毕业要求进行课程体系设置。

3.3.1 培养目标

（1）专业依据经济、社会、文化及行业发展对各类人才的需求，结合全国高等学校教学指导委员会制定的相关专业标准、工程教育专业认证通用标准、水利类补充标准、创新创业人才培养要求和《兰州交通大学章程》，突出特色，发挥优势，注重实践，重新设计科学合理的专业培养目标。

（2）专业培养目标要突出对毕业生在毕业后5年左右能够达到的职业和专业成就的总体描述。

3.3.2 毕业要求

（1）毕业要求是对学生毕业时应该掌握的知识和获得能力的具体描述，包括学生通过本专业学习所掌握的知识、技能和素养。

（2）毕业要求应能支撑培养目标的达成。

（3）参照工程教育专业认证毕业要求通用标准和补充标准，从工程知识、问题分析等12个方面细化毕业要求。

3.3.3 课程体系

（1）专业按照总学分规定和毕业要求，认真研究课程体系的构建和每门课程的内容设置，舍弃与毕业要求无关或内容陈旧的课程，删除不同课程之间相互重复的教学内容。

（2）加强实践教学环节，加大实践课时；增加经济管理知识方面的知识。

（3）课程体系应能支撑毕业要求的达成，每门课程的教学大纲、教学内容和学分设置也要能够支撑毕业要求中的具体内容。

（4）删减的部分课程放到全校公选课平台供学生选择学习。

3.4 充分发挥行业或企业专家的作用

以服务为宗旨、就业为导向、以市场为中心、能力为本位，不断提高水利水电工程专业的办学水平，进一步完善专业培养方案的合理性和适应性，专业要制定企业参与的具体措施，根据毕业生的就业趋向，企业必须参与本专业人才培养方案的修订并注意保留痕迹。毕业实习、设计，专业课教学等积极聘请行业和企业专家参与。

4 持续改进理念及机制在人才培养中的实际应用

持续改进是专业认证的保障。只有不断评价和反馈教学实施效果，及时发现并修正需要改进的教学环节，通过周期性评价形成持续改进的教学闭环反馈系统，才能持续地保持和提高培养质量[5]。本次改进主要进行了如下几方面的工作。

（1）将水利水电专业培养方案总课时压缩为170学分。

（2）将必修课课内实验、上机、实践学分计入后，总实践教学学分为51.5，占总学分比例为30.4%。完善了专业课程实验中动手操作的项目偏少的不足。

（3）将“工程经济”与“项目管理”合并为“工程经济与项目管理”，并由选修课调整为必修课。购买了水利工程概预算软件，增加了“水利工程施工与概预算”课程设计对在校生将原来经济、管理方面的选修课进行引导并限制为限选课，以满足旧版培养方案对在校生达成度的要求。

（4）根据企业的要求及当前绘图技术的发展，在计算机绘图课基础上增加了BIM应用必修课程。

（5）对部分课程教学大纲对所支撑毕业要求的表述不明确、不具体的情况进行完善，并要求进行评价课程的试题能支撑毕业要求达成度评价。

（6）新增大学生实习基地5个。今年将毕业实习由原来的类似与参观的集体实习改为分散实习。今年110名水利水电专业的毕业实习分为30个小组，每组3～5人，直接深入到施工、设计、运营管理单位。要求学生每天将实习内容、现场照片在赞学网上上传，指导教师每天对实习内容进行网上评价，使得教学管理及过程质量监控制度更加完善，收到了良好的效果。

（7）在保持“创新教育活动”和“大学生职业生涯规划2”不变的基础上，增加了创新创业类课程，并由创新创业学院负责授课。继续鼓励本专业学生采取社会实践、创新实践以及毕业实践等形式融入科研活动中，完善包括大学生创新性实验计划、开放性实验、科技竞赛、科技发明和参与教师科研课题研究等多种形式的创新教育和科研活动体系。如“挑战杯”全国大学生课外学术科技作品竞赛、“挑战杯”大学生创业计划竞赛、全国大学生水利创新设计竞赛等，进一步提升学生动手能力与创新能力。

（8）对核心专业课的考试内容做了进一步要求，增加了案例分析类题目，以考查学生的综合分析和解决复杂工程问题的能力，并增加了平时成绩的比例，以实现教学质量过程监控。

（9）在原有设备的基础上，增置水槽一座，改善水工实验室条件，确保了实验教学活动正常开展。

（10）对部分专业教学管理文件进行了修订。在总结以往教学管理经验的基础上，按照认证标准的有关要求，更新和完善了水利水电工程专业培养目标达成度的定期评价制度、水利水电工程专业持续改进的社会评价制度、毕业生跟踪调查表和用人单位反馈调查表的内容等。

（11）培养方案初稿完成后，分别聘请了四川大学、西安理工大学、甘肃水利水电勘测设院、甘肃水务投资有限责任公司、甘肃省水利厅石羊河流域管理局、甘肃省引大入秦工程管理局、甘肃水利水电工程局有限责任公司、甘肃电投九甸峡水电开发有限责任公司、甘肃省水利厅等行业或企业专家对新的2017版水利水电工程专业培养方案进行审定，对提出的意见或建议积极采纳。

5 结语

专业建设水平可以反映出一所学校的办学理念、办学特色和办学实力。我校水利水电工程专业以国家工程教育专业认证为契机，通过专业认证及与兄弟院校专业建设情况对比分析，完善了培养方案，满足了工程教育认证通用标准及水利类补充标准的要求。对本专业实验室进行了改造，在提升专业教学条件的同时，为本专业获得认证通过并持续改进提供了有利的客观条件，并为有效提高本专业课程教学水平和实验教学质量奠定了坚实的基础。通过对本专业教学文件的全面整改，系统提升了专业教学文件的针对性和对认证标准的适应性，进一步提升了本专业的建设水平。本文提出的提升专业建设和持续改进的思路及方法，对工科类专业工程教育认证及持续改进教学具有一定的借鉴和推广价值。

参考文献

[1] 陆勇．浅谈工程教育专业认证与地方本科高校工程教育改革［J］．高等工程教育研究，2015，(6)：157-161.

[2] 姜海波，金瑾，李淼. 国际工程教育认证背景下水利水电工程专业体系研究 [J]. 教育教学论坛，2016，(26)：223-225.
[3] 李志義. 解析工程教育专业认证的学生中心理念 [J]. 中国高等教育，2014，(21)：19-22.
[4] 李志义，朱泓，刘志军，等. 用成果导向理念引导高等工程教育教学改革 [J]. 高等工程教育研究，2014，(2)：29-34.
[5] 宁滨. 以专业认证为抓手推动“双一流”建设 [J]. 中国高等教育，2017，(3)：24-25.

作者简介： 何文社（1966— ），男，博士，教授，现从事水利水电工程方面的教学与科研工作。
Email：hws_@163.com。

推进工程教育专业认证的认识与体会
——以华南农业大学水利水电工程专业为例

韦　未　丛沛桐　周浩澜

（华南农业大学水利与土木工程学院，广东广州，510642）

摘　要

介绍华南农业大学水利水电工程专业目前的教学状态以及水利水电专业进行工程教育专业认证中存在在问题及不足，并进行探讨。

关键词

工程教育专业认证；水利水电工程专业；体会

2016年6月2日，《华盛顿协议》全体成员正式接纳我国为第18个正式成员。这意味着我国可实现工程教育的学位互认。因此，许多高校开展了认证工作，各个专业推进工程教育认证是大势所趋。对于水利水电工程专业，截至2016年，通过认证的有11所高校。华南农业大学水利水电工程专业于2006年设置，至今已经经历10年的发展。为进一步提高办学水平办学规模，更应该以工程教育认证为契机，提高教育质量，为广东省水利行业和社会的需求服务。

1　现状

工程教育认证虽然早在2006年就开始试点工作，但是通过认证的专业并不多，最近一两年才有越来越多的高校接触和了解工程教育认证。而华南农业大学水利水电工程专业认证的起步较晚，在开展工程教育认证的工作中，主要碰到以下问题。

1.1　重视不够

目前，很多高校以科研实力作为衡量学校办学水平的标准，对教学不够重视。学术水平高固然会培养出高水平的学生，但是如果不重视教学，并非所有高校都能培养出高水平的学生。2016年2月，教育部印发《教育部2016年工作要点》的通知指出要加快一流大学和一流学科建设，制订“双一流”实施办法。双一流大学的10项重点建设中强调了“培养拔尖创新人才。突出人才培养的核心地位，着力培养具有国家使命感和社会责任心，富有创新精神和实践能力的各类创新型、应用型、复合型的优秀人才。”这是国家、社会对人才的需要。这与工程教育认证的认证理念是一致。工程教育认证首先是从国家、社会和用人单位的需求出发决定培养学生的层次，并以学生为中心，评估专业教学是否能使学生达到毕业要求以及毕业后从事相关专业工作的能力。因此，建设双一流大学，以工程教育认证标准开展人才培养也是双一流建设的手段之一，必须要有足够重视。

1.2　教学理念的理解不够

首先是理念的改变，大到社会，小到学生的理念都要改变。长期以来，我国的教育教学以教师为主体，教师教什么学生就学什么，学生则被动地按着教师的安排学习，与社会脱节，按照传统的要求培养出的人才没有特色。而工程教育认证则是反传统教学设计，是从国家、社会和用人单位的需求开始，由需求决定培养目标，再由培养目标决定毕业要求，再由毕业要求决定课程体系。工程教育认证就是要专业认证的核心是评估专业教学是否适合学生的成长，评价学生毕业后进入相关领域从事专业工作的能力。工程教育认证首先得确定我们要“培养什么样的学生，我们的学生在什么地方有优势，如何对学生进行培养”这三个重要环节。因此，认证并不是一个专业自己的事情，而是涉及整个学校、整个社会，甚至整个国家的教育制度。

有人说工程教育认证最后变成了职业教育的认证，对于这个观点，实际上还是没有转变教学的理念。培养学生的层次要求是由社会、用人单位来确定的。而不是由学校里的教师来决定的。

1.3 教师积极性不够

很多教师对认证还不够了解，不理解做这项工作的意义。在面对各种各样的教学评估、审核评估时，觉得是一件重复繁琐的工作。每一次的教学评估、审核评估，学校、学院领导如临大敌，教师们觉得是一阵风，每次都重复地收集资料、补资料。其实各种评估的本质都是要提高教育质量，只是评估方法和方式不同而已。因此，认证要保持常态化。每一个教学环节都应该规范化、制度化。

2 探讨与体会

华南农业大学水利水电工程专业认证的起步较晚，在与兄弟院校学习取经的同时，主要做了两个方面的探索，同时也对认证有一些体会。

2.1 培养目标及毕业要求制定的探索

培养目标是反映是毕业生毕业5年内应该具备的能力。毕业要求则是为了使毕业生具备培养目标的规格而要求学生在大学本科阶段所必须学习的知识和掌握必要的能力。如果把学校比作工厂，那么毕业生就是高校生产的产品，如果人才培养目标是指为满足市场需求而生产的产品需要达到的标准，那么毕业要求则是产品加工的过程控制。因此，在人才培养的目标上，要找准定位。首先是学校定位，水利水电工程专业的培养目标应紧密围绕学校“着力培养信念执著、品德优良、知识丰富、本领过硬的高素质人才和拔尖创新人才”的人才培养总目标。其次是区域定位，华南农业大学招生生源主要来自广东，毕业后学生的去向也大多是在广东。广东省虽然是经济大省和水利大省，但广东水利具有在建工程不多、大型工程不多的特点，广东水利正处于传统水利向现代水利和可持续发展水利的转型期，由“工程水利”逐渐向“资源水利”和“生态水利”过渡期。为此，培养目标应重视区域定位，适应广东区域经济发展的需要及广东水利特色，着重偏向于“农村小水利”“信息水利”“生态水利”人才的培养。

2.2 课程体系建设的探索

根据《中国工程教育专业认证协会工程教育认证标准（2105版）》中的要求，课程体系要从教学内容、教学方式、教学资源方面保证学生达到毕业要求所必需的知识和能力，并设置了每个模块的比例要求。为此，水利水电工程专业人才培养方案在学校教务处整体的课程体系框架的基础上，突破了学校的课程体系的学分学时的统一规定，按专业特点调整了学分及学时，选择适合本专业的公共基础课或全校性的公共课。

课程体系分为四大模块：人文社会科学类通识教育课程模块（占21%）；数学与自然科学类课程模块（占16.6%）；工程基础类课程、专业基础类课程与专业类课程模块及专业选修模块（占35.4%）；实践与毕业设计（论文）模块（占27.0%）。专业课的设置要按照本专业的专业标准执行，课程体系有相对固定的传统基础科目，又有相对创新特色的课程。专业课各分为三个模块，其中工程基础类课程及专业核心课程保留了水利水电工程专业的传统科目课程，而专业拓展课程则体现了“结合广东水利特色、兼顾理论深化”的特点，开设了设计拓展类课程、专业应用拓展类课程、高级计算机工具类课程及理论研究提高类课程。

在推进水利水电工程专业进行工程教育专业认证的过程中，体会最深的就是：首先，学校的领导以及教务部门要对认证有充分重视；再者，要有制度的保障，教师全员参与；最后，要围绕四个环节展开工作。这里的四个环节包含有：培养目标及毕业要求制定环节、课程体系制定环节、教学环节、反馈与改进环节。

在培养目标及毕业要求制定环节中，建立毕业生回访制度、咨询委员会制度，结合国家、社会对人才的需求以及认证要求制定人才培养方案，再由人才培养方案制定毕业要求。人才培养方案应注重人才培养目标的制定，不可缺少企业专家的参与。虽然人才培养目标要与时俱进，但是要有相对稳定的课程以保证专业自身特点，另外还要有一定的时代性与社会性。

在课程体系制定环节，由毕业要求制定相应的课程体系。要打破学校的课程体系的学分学时的统一规定，应该按照专业特点设定，每个专业有每个专业的特点，学习的内容是不一样的，不能一刀切。学校可以开出菜单，对公共基础课或学院开出的公共课，按照工程教育认证的12条指标进行支撑，以供专业进行选择。专业课的设置要按照本专业的专业标准执行，确保本专业的专业目标特色。人才培养方案课程体系要有相对固定的传统基础科目，又有相对创新的课程。

教学环节则是根据教学大纲实施教学，并对达成度进行评价，达成度评价主要是确定学生达成毕业要求的情况。在这个环节中，关键是做好课程的教学大纲及如何对学生的学习效果进行评价，课程的教学大纲应该能反映所支撑的毕业要求。教师按照课程大纲的要求培养学生，并在教学活动中评价学生对毕业要求的达成度。

反馈与改进环节是以教学环节中达成度的评价为依据，反馈学生学习情况，从而调整改进教学活动，做到持续改进并能更好地对学生进行教学。目前很多高校的建立的反馈机制是学生对教师的评教制度，主要是从学生对教师在课堂教学中的表现来进行评价，有一定的主观因素。学生对教师提出的建议对教学活动教学质量的提高所起的作用其实不大，有时会引起师生关系的不和谐。学生对教师的评教应该是围绕“教的效果与学的效果是否一致”来开展，教师教得好不好，应该是从学生是否达到毕业要求指标点来进行评价，如果大部分的学生都达到毕业要求指标点，那么也就说明教师的教学得有效果。对于大部分学生没有达到毕业要求指标点，教师应该多与学生沟通，积极调整教学方式或教学内容。只有这样客观的反馈，才能真正地促进教师在教学中的改进。

3 结语

工程教育专业认证是一个趋势，是一个长期的工作，是真真正正的、实实在在地去为教育服务，为培养的学生服务，是一项质量工程。学校的领导以及教务部门要充分重视，教师全员参与，并有制度的保障，井然有序地开展各个环节的工作，才能持久可行地促进教学质量的提高。

参 考 文 献

[1] 李贵宝，李建国，李赞堂. 以水利类工程教育认证为契机 推进水利专业技术人员职业资格认证［J］. 学会，2016，(1)：59-64.

[2] 戴凌全，卢晓春. 工程教育专业认证背景下水利水电工程专业人才培养模式［J］. 科教导刊（下旬），2016，10：28-29.

[3] 王理萍，龙晓敏，范春梅. 基于成果导向教育的毕业要求达成度评价解析——以水利水电工程专业为例［J］. 南

昌教育学院学报，2016，5：59-62.
[4] 姜海波，金瑾，李淼. 国际工程教育认证背景下水利水电工程专业体系研究 [J]. 教育教学论坛，2016，26：223-225.

作者简介： 韦未（1975— ），女，博士，副教授，从事水利水电工程的科研与教学工作。
Email：149783008@qq. com。

基于OBE的专业课课堂教学改革与教学质量提升策略的思考

降亚楠　胡笑涛　张　鑫

（西北农林科技大学水利与建筑工程学院，陕西杨凌，712100）

摘　要

提升高等教育的质量，关键是要抓课堂教学质量，尤其是专业课的课堂教学质量，课堂教学质量的提高是高等教育质量体系中的核心环节，也是人才培养、科学研究、社会服务和文化传承的基础和保障。因此，深入开展专业课课堂教学改革，在科学评价的基础上提出课堂教学质量提升的策略，对于促进优良教风和学风的形成，最终提升人才培养质量有着至关重要的意义。本文将基于工程教育专业认证的核心理念——基于学习产出为导向的教育模式（OBE），从专业课课堂教学现状和课堂教学改革的紧迫性、专业课课堂教学改革的内容、亟待解决的专业课课堂教学问题、应采取的主要方法、OBE的实施原则和要点等方面进行专业课课堂教学改革与教学质量提升策略的思考，以期探索适合中国国情的工程专业人才培养模式，形成与国际接轨的工程人才培养体系。

关键词

OBE；课堂教学；改革；策略

1　引言

《国家中长期教育改革和发展规划纲要（2010—2020年）》指出“提高质量是高等教育发展的核心任务，是建设高等教育强国的基本要求。高等教育提高质量要加大教学投入，深化教学改革，全面实施高等学校本科教学质量与教学改革工程。”提升高等教育的质量，关键是要抓课堂教学质量，尤其是专业课的课堂教学质量，课堂教学质量的提高是高等教育质量体系中的核心环节。也是人才培养、科学研究、社会服务和文化传承的基础和保障。因此，深入开展课堂教学改革，对于提高课堂教学质量，促进优良教风和学风的形成，最终提升人才培养质量有着至关重要的意义。

OBE（Outcome Based Education）就是基于学习产出为导向的教育模式，自1981年由美国提出之后以惊人的速度获得了广泛的重视，在澳大利亚、英国、加拿大、新西兰、南非等国家得到了广泛的应用[1]。目前已形成了比较完整的理论体系，被认为是追求卓越教育的正确方向。美国工程教育认证协会（ABET）全面接受了OBE的理念，并将其贯穿于工程教育认证标准的始终。目前我国已经正式加入了工程教育专业认证的《华盛顿协议》，而《华盛顿协议》框架下工程教育专业认证的核心理念就是OBE，即突出工程教育以培养满足社会与行业需求的工程技术人才为本，以学生为中心，根据毕业生毕业5年后的社会角色定位确定培养目标，逆向设计人才培养体系，建立评价机制，并将评价结果

教改项目：西北农林科技大学2017年校级教育教学改革研究项目（JY1703070）。

用于持续改进，使培养的工程人才满足国际互认标准。

OBE要求教学设计和教学实施的目标是学生通过教育过程最后所取得的学习成果，强调以下四个问题：我们想让学生取得的学习成果是什么？我们为什么要让学生取得这样的学习成果？我们如何有效地帮助学生取得这些学习成果？我们如何知道学生已经取得了这些学习成果[2]？可见OBE贯穿了教学目标、教学设计、教学活动、教学效果评价等教学活动的各个环节。因此用OBE进行专业课课堂教学改革，并以该理念为指导思想分析教学质量、制订提升策略具有现实意义，有助于探索适合中国国情的水文与水资源工程专业人才培养模式，形成与国际接轨的水文与水资源工程人才培养体系。

2　大学专业课课堂教学现状和课堂教学改革的紧迫性

2.1　大学专业课课堂教学现状

目前部分专业课课堂教学效率较低。大学生经过了基础教育阶段的升学考试压力，身心疲惫，升入大学以后突然放松，使得部分学习不积极主动、学习方法陈旧的学生感觉力不从心，逐渐萌生厌学思想。学校管理部门为了保证人才培养质量加强了管理，使大学生将大量的课余时间和精力放在了应付考试上面。导致部分学生在大学专业课的课堂上，学习积极性不高。部分考研复试面试老师也感觉到近年考研成绩较高的部分学生在回答基础性综合性的专业问题时，要么不知所云、要么答非所问，其专业知识方面的沉淀和储备明显不足。部分学者提出，大学课堂教学低效的根本原因在于大学教师教学方法的陈旧与单调，这种方法已经不能适应新课改后当代大学生的学习特点，需要进行课堂教学方法改革。

现代教育技术在专业课课堂教学中应用不足。当前多媒体技术已经非常普遍，而大学的教学设备虽配置全面，但软件建设却相对落后。网络资源十分丰富，但在课堂教学中利用网络资源方面却相对有限。通常的情况是传统的黑板加粉笔转变为白板加多媒体，在教学资源的开发利用与教学方法的变革方面的力度仍显不足。大学课堂仍是单一的知识讲授与接受的场所。而事实上大学课堂涉及课堂教学活动的目标、过程、特点、组织、方法、师生交往、评价等多方面，是一个综合而复杂的领域。大学课堂教育不应将焦点仅仅放在专业知识的教学方面，应该把专业知识的学习、掌握与社会和各行业的时代信息紧密结合起来，通过多种途径和方法提升课堂教学质量。

专业课课堂教学与社会现实脱节。当前，随着人们对科学世界的进一步反省与认识，人们的主体意识日渐强烈，对于当代大学生更是如此。因此课堂生活能否引起学生的兴趣，其关键在于能否将课堂教学与大学生的日常生活联系起来，能否让教育真正回归社会。如部分学者指出完整的大学课堂生活包括三个有机的组成部分："师生日常生活世界是大学课堂生活的基础、社会现实生活是大学课堂生活的源泉、专业的生活世界是大学课堂生活的核心"。现代教育理论认为"教学并不是教育的必要条件，有时没有教学，教育同样发生，比如自学，而学习是教育的必要条件，任何教育都离不开受教育者的学习"。所以现代教学要以学习者的学习活动为中心。由传统以"教"的中心转向以"学"的中心。这也是现阶段社会学习渠道"多样化"与学习活动的"生活化"决定的。学习者的学习条件和学习能力发生了变化，所以大学课堂教学如果只关注专业知识讲授，不关注学生的社会生活与日常生活，不关注学生的学习需求与学习能力，会缺乏学生的理解与支持，进而使学生对课堂教学失去兴趣。

2.2　专业课课堂教学改革的紧迫性

目前在校的大学生，是我国进入新世纪后的基础教育课程改革的背景下培养的学生。从2013级开始，我国启动新课程改革（新课改）后的小学一年级新生已经升入了大学。今年新课改后的学生已经毕业，完成了大学阶段的学习。他们大学以前所受的教育受到了新课改的诸多影响：新课改反对"死记硬背、机械训练"的教学方式，倡导"自主学习、合作学习、探究学习"，提出了"研究性学习、实践中学习、参与式学习”等新型的学生学习方式。因此他们的学习方式发生了较大的变化，早已适应了更加新型的学习方式，课堂正在变为一种“学习型共同体”[3]，这些与OBE提倡的教学理念不谋而合。而目前高校的专业课课堂教学多数仍以教师讲授为主，师生之间的互动不足，专业课课堂上缺乏学生之间的合作、参与和体验。传统的课堂教学方法正面临空前的挑战，随之而来的是课堂教学效果不好、效率不高，必须通过主动快速的变革以适应当代大学生的学习特点。大学的课堂教学也只有通过变革才能与我国基础教育的改革相衔接，才能真正完成我国教育领域的彻底变革，使教育改革走上良性循环之路。

3 基于OBE的课堂教学改革思路

3.1 OBE的基本理念

OBE明确提出教学设计和教学实施的目标是学生通过教育过程后所取得的学习成果，强调如下4个问题[2]：①我们想让学生取得的学习成果是什么？②我们为什么要学生取得这样的学习成果？③我们如何有效地帮助学生取得这些学习成果？④我们如何知道学生已经取得了这些成果？这4个问题贯穿了课堂教学的目的、目标、手段和教学质量评价等环节。其中强调的成果是学生完成学习过程后最终获得的学习结果，不是学生相信、感觉、记得、知道和了解，更不是学习的暂时表现，而是学生内化的能力和素质，包括应用于工程实践的能力。

OBE的理念与教学质量分析评价和提升密切相关。如OBE强调人人都能成功，即所有学生都能在学习上获得成功，但不一定采用相同的方法，强调成功是成功之母，即成功学习会促进更成功的学习。OBE强调个性化评定，根据每个学生的个体差异，制定个性化的评定等级，并适时进行评定，从而准确掌握学生的学习状态，对教学活动进行及时修正。OBE强调精熟学习（Master Learning），教学效果评价应以每位学生都能精熟内容为前提。OBE强调绩效责任，教育者要提出具体的评价及改进的依据。OBE强调能力本位，强调教育目标应列出具体的核心能力，每一个核心能力应有明确的要求，每个要求应有详细的教学模块与之对应。可见OBE强调学习的效果，讲求采用多种方式和途径让学生达到学习目标。OBE更加关注高阶能力，如创造性思维的能力、分析和综合信息的能力、策划和组织能力等。这种能力可以通过以团队的形式完成某些比较复杂的任务来获得和评价。

3.2 传统教育与OBE理念教育的比较

与传统教育相比，OBE理念教育的新突破体现在以下10个方面[2]：①成果决定而不是进程决定；②扩大机会而不是限制机会；③成果为准而不是证书为准；④强调知识整合而不是知识割裂；⑤教师指导而不是教师主宰；⑥顶峰成果而不是累积成果；⑦包容性成功而不是分等成功；⑧合作学习而不是竞争学习；⑨达成性评价而不是比较性评价；⑩协同教学而不是孤立教学。

3.3 专业课课堂教学改革的内容思考

（1）以学生为中心，以学习过程为中心。以学生为中心的课堂教学强调“教主于学”的教学理念，即教之主体在于学、教之目的在于学、教之效果在于学。遵循以学论教的教学原则，即教什么取决于学什么，怎么教取决于怎么学，教得怎么样取决于学得怎么样。传统的认识是：教学是“教师把知识、技能传授给学生的过程”。这种传统认识有5个局限：教学局限于教书，教育局限于课程，课程局限于课堂，课堂局限于讲授，讲授局限于教材。OBE强调教学是“教学生学”，教学生“乐学”“会学”“学会”。其中“会学”是核心，要会自己学、会做中学、会思中学。因此专业课课堂教学应采取灵活多样的教学方法，让处于不同专业知识水平的学生通过不同的方法和途径进行高效的学习。

（2）以OBE理念为指导优选课堂教学方法和教学手段。OBE强调人人都能成功，即所有学生都能在学习上获得成功，但不一定采用相同的方法，强调成功是成功之母，即成功学习会促进更成功的学习。因此专业课课堂教学改革需要以OBE理念强调的4个基本问题和与传统教育比较的10项新突破为主要依据，考虑到新课改实施后当代大学生的学习习惯和学习特点，通过对不同教学方法和教学手段的教学效果进行对比分析优选课堂教学方法和教学手段。

（3）构建基于OBE理念的教学质量评价体系。OBE强调个性化评定，根据每个学生的个体差异，制定个性化的评定等级，并适时进行评定，从而准确掌握学生的学习状态，对教学活动进行及时修正。OBE强调精熟学习（Master Learning），教学效果评价应以每位学生都能精熟内容为前提。OBE强调能力本位，强调教育目标应列出具体的核心能力，每一个核心能力应有明确的要求，每个要求应有详细的教学模块与之对应。可见OBE强调学习的效果，讲求采用多种方式和途径让学生达到学习目标。OBE更加关注高阶能力，如创造性思维的能力、分析和综合信息的能力、策划和组织能力等。这种能力可以通过以团队的形式完成某些比较复杂的任务来获得和评价。综上应基于OBE理念制订有针对性的教学质量评价体系。

（4）基于OBE理念制订教学质量稳步提升的策略。通过基于OBE的教学质量评价→优选课堂教学方法和教学手段→基于OBE的教学质量评价→进一步改进课堂教学方法和教学手段这一良性循环，在多年实践后，结合专业特点梳理出若干教学质量稳步提升的策略。

3.4 亟待解决的专业课课堂教学问题

（1）专业课课堂教学方法和教学手段落后、效率不高。目前部分专业课课堂上，由于教学方法和教学手段落后导致课堂教学效率低下，因此应基于OBE理念创新和优选教学方法，灵活采用互动式讲授、以学生为中心的教学、指导性教学、对话性教学、即兴演奏式教学、班级活动、学生角色扮演等多种方法改进专业课课堂教学方法和教学手段。

（2）专业课评价标准不科学，导致学生分数高与能力差并存。传统的以平时成绩和课程考试为主要手段的教学质量评价方式，注重学生短期所学、所记的内容，导致部分学生成绩很高，但是进入工作岗位后不能用所学的专业知识解决工程实践问题。OBE强调个性化评定，根据每个学生的个体差异，制定个性化的评定等级，并适时进行评定，从而准确掌握学生的学习状态，对教学活动进行及时修正。而基于OBE理念的教学质量评价强调学习的效果，讲求采用多种方式和途径让学生达到学习目标。OBE更加关注高阶能力，如创造性思维的能力、分析和综合信息的能力、策划和组织能力等。这种能力可以通过以团队的形式完成某些比较复杂的任务来获得和评价。

（3）专业课课堂上学生积极性不高，人到心不到。新型的应试教育使得部分学生在大学专业课的课堂上，学习积极性不高。传统教育严格执行规定的学习程序，就像将学生装进了以同样速度和方式运行的"车厢"，限制了学生成功的机会。OBE强调扩大机会，即以学习成果为导向，以评价结果为依据，适时修改、调整和弹性回应学生的学习要求。"扩大"意味着通过多种途径改进学习的内容、方式与时间等，可以充分调动不同层次水平学生的积极性。

3.5 应采取的主要方法和策略

应采用定性和定量两种方法进行深入研究。定性的研究可采用"文献法"（就是通过对相关文献进行查阅、分析、整理、归纳来进行前期研究）和"调查法"（通过会议、访谈、问卷等方法）进行初步研究，之后主要采用基于问题和基于经验两个思路进行研究，基于问题的思路从发现问题、找到产生问题的原因、提出解决问题的办法三个方面进行定性研究。基于经验的思路从发现成功的典型、总结成功的经验、提出推广经验的途径和方法三个方面进行定性研究。定量的研究拟通过问卷调查、随机抽样以及课堂监测数据、考试成绩等数据进行统计分析，从而得出不同课堂教学方法和教学手段的量化评价结果。基于OBE理念的教学质量评价体系构建拟参考工程教育专业认证规范中规定的达成度评价来进行。

专业课课堂教学要紧紧抓住时代特色和现实生活的特点，以日常生活世界为基础，以课堂与社会的关系为纽带，具体有以下三个方面[3]。

（1）以大学生的日常生活世界为基础重建课堂生活，教师应有学生意识，充分把握现代大学生的特点，既要适应当代大学生的共性，又要考虑不同学生的特点，利用学生自主性强、探究性强的特点开展自主学习和探究式学习，使他们在教学过程中有参与体验，又要利用他们合作较差、学习积极性不强的特点开展合作学习，培养他们的合作精神。教师的重点是如何少讲授而调动学生的学习积极性，让学生主动地学习。让学生在课堂上学会合作、探究、实践参与等多种形式的学习方法，最终使得课堂教学过程其乐融融、师生关系平等和谐、教学效果好。

（2）通过反映社会生活的时代特点来丰富大学课堂生活内容，要把社会上已经发生或正在发生的各个方面与专业学习有机结合起来，将课堂教学与大学生的日常关切结合起来，就会调动他们学习的积极性，培养他们的创造性思维，教师也要不断学习、了解和把握最新的知识，在专业课教学过程中要引导学生正确地理解各种现象，培养他们爱岗敬业的精神，鼓励将课堂搬到野外，让教师和学生走出课堂，走出校园，到社会和自然中去学习，到各种机构中和生产生活中去学习。

（3）把握专业生活世界这一课堂的核心重现课堂生活新理念，课堂生活就是教师和学生的专业生活，有专业生活世界的规范，在教学过程中要求教师和学生恪守应有的规范与秩序，灵活地创造符合新时代学生发展的课堂教学规范与方式，融日常生活世界、社会现实世界和专业生活世界为一体，在关注师生情谊与兴趣的基础上，关注社会需要，关注学科知识，培养有知识、有灵性、有创造性的新时代的专业人才。

3.6 OBE 的实施原则和要点

OBE 的实施原则如下[4]。

（1）清楚聚焦。即要求课程设计与课堂教学要清楚地聚焦在学生完成学习后能达成的最终学习成果上，并让学生将它们的学习目标聚焦在这些学习成果上。因此教师在授课过程中必须清楚地阐述并致力于帮助学生发展知识、能力和境界，使他们能够达成预期成果。清楚聚焦是 OBE 实施原则中最重要和最基本的原则，因为它可以协助教师制定一个能清楚预期学生学习成果的学习蓝图，该蓝图可作为课程、教学、评价的设计与执行的起点，与所有的学习紧密结合，无论是教学设计还是教学评价，都是以让学生能充分展示其学习成果为前提，从第一次课堂教学开始直到最后，师生如同伙伴一样为达成学习成果而努力分享每一时刻。

（2）扩大机会。课程设计与课堂教学要充分考虑每个学生的个体差异，要在时间上和资源上保障每个学生都有达成学习成果的机会。因此要求课堂教学和课程设计不应以同样的方式在同一时间给所有学生提供相同的学习机会，而应以更加弹性的方式来配合学生的个性化要求，让学生有机会证明自己所学，展示学习成果。如果学生获得了合适的学习机会，相信它们会达成预期的学习成果。

（3）提高期待。教师应该提高对学生学习的期待，制定具有挑战性的执行标准，以鼓励学生深度学习，促进更成功的学习。提升期待主要有三个方面：一是提高执行标准，促使学生完成学习进程后达到更高水平；二是排除迈向成功的附加条件，鼓励学生达到高峰表现；三是增设高水平课程，引导学生向高标准努力。

（4）反向设计。以最终目标（最终学习成果或顶峰成果）为起点，反向进行课程设计，开展教学活动。课程与教学设计从最终学习成果（顶峰成果）反向设计，以确定所有迈向高峰成果的教学的适应性。教学的出发点不是教师想要教什么，而是要达成高峰成果需要什么。反向设计要掌握两个原则：一是要从学生期望达成的高峰成果来反推，不断增加课程难度来引导学生达成高峰成果；二是应聚焦于重要、基础、核心和高峰的成果，排除不太必要的内容或以更重要的课程取代，才能有效协助学生成功学习。

OBE 的实施要点如下[4]。

（1）确定学习成果。最终学习成果（顶峰成果）既是OBE的终点，也是其起点。学习成果应该可清楚表述和可直接或间接测评，因此往往要将其转换成绩效指标。确定学习成果要充分考虑将教育利益相关者的要求与期望，这些利益相关者既包括政府、学校和用人单位，也包括学生、教师和学生家长等。

（2）构建课程体系。学习成果代表了一种能力结构，这种能力主要通过课程教学来实现。因此，课程体系构建对达成学习成果尤为重要。能力结构与课程体系结构应有一种清晰的映射关系，能力结构中每一种能力要有明确的课程来支撑。课程体系内的每门课程要对实现能力结构有确定的贡献。课程体系与能力结构的这种映射关系，要求学生完成课程体系的学习后就能具备预期的能力结构。

（3）确定教学策略。OBE特别强调学生学到了什么，而不是老师教了什么，特别强调教学过程的输出而不是其输入，特别强调研究型教学模式而不是灌输型教学模式，特别强调个性化教学而不是“车厢”式教学。个性化教学要求教师准确把握每名学生的学习轨迹，及时把握每个人的目标、基础和进程。按照不同的要求，指定不同的教学方案，提供不同的学习机会。

（4）自我参照评价。OBE的教学评价聚焦在学习成果上，而不是在教学内容以及学习时间、学习方式上。采用多元和梯次的评价标准，评价强调达成学习成果的内涵和个人的学习进步，不强调学生之间的比较。根据每个学生能达到教育要求的程度，赋予从不熟练到优秀不同的评定等级，进行针对性评价，通过对学生学习状态的明确掌握，为学校和教师改进教学提供参考。

（5）逐级达到顶峰。将学生的学习进程划分成不同的阶段，并确定出每阶段的学习目标，这些学习目标是从初级到高级，最终达成顶峰成果。这将意味着，具有不同学习能力的学生将用不同时间、通过不同途径和方式，达到同一目标。

4 结语

本文在分析OBE理念的基础上，从专业课课堂教学现状和课堂教学改革的紧迫性、专业课课堂教学改革的内容、亟待解决的专业课课堂教学问题、应采取的主要方法、OBE的实施原则和要点等方面进行专业课课堂教学改革与教学质量提升策略的思考，以期探索适合中国国情的工程专业人才培养模式，形成与国际接轨的工程人才培养体系。

参 考 文 献

［1］ Spady William. Outcome-Based Education：Critical Issues and Answers［M］. Arlington：American Association of School Administrators，1994.

［2］ 李志义，朱泓，刘志军，等. 用成果导向教育理念引导高等工程教育教学改革［J］. 高等工程教育研究，2014，(2)：29-34.

［3］ 王鉴，王明娣. 大学课堂教学改革问题：生活世界理论的视角［J］. 高等教育研究，2013，(11)：77-83.

［4］ 李志义. 适应认证要求 推进工程教育教学改革［J］. 中国大学教育，2014，(6)：9-16.

作者简介：降亚楠（1984— ），男，博士，副教授，主要从事水文学及水资源方面的教学与科研工作。
Email：yananjiang@nwsuaf. edu. cn。

附录1　全国开设水利类四个专业的本科高校表

区域	本科高校名称
华北	清华大学 b、中国农业大学 bd、中国地质大学（北京）a、华北电力大学 ab，天津大学 bc、天津农学院 ab、天津城建大学 c，河北地质大学 a、河北农业大学 bd、河北工程大学 abd、河北水利电力学院 b，太原理工大学 abd、山西农业大学 d，内蒙古农业大学 abd、河套学院 d；天津大学仁爱学院 bc，河北农业大学现代科技学院 d、河北工程大学科信学院 b，太原理工大学现代科技学院 abd
东北	辽宁师范大学 a、大连理工大学 bc、大连海洋大学 ac、沈阳农业大学 bd、沈阳工学院（民办）bd，吉林大学 a、长春工程学院 abd、吉林农业科技学院 b，黑龙江大学 abd、东北农业大学 abd、哈尔滨工程大学 c、绥化学院 ab
华东	同济大学 c、上海海事大学 c，南京大学 a、河海大学 abcd、东南大学 c、扬州大学 abcd、中国矿业大学 a、江苏科技大学 c、淮海工学院（拟改：江苏海洋大学）c，浙江大学 bc、浙江水利水电学院 abcd、浙江工业大学 c、浙江海洋学院 c、宁波大学 c，合肥工业大学 ab、安徽理工大学 a、安徽农业大学 d、宿州学院 a、蚌埠学院 b，福州大学 bc、厦门理工学院 c、集美大学 c，江西农业大学 d、东华理工大学 a、南昌大学 b、南昌工程学院 abcd、南昌工学院 b，山东大学 b、济南大学 a、山东农业大学 ab、山东科技大学 ab、中国海洋大学 c、山东交通学院 c、鲁东大学 c；河海大学文天学院 abc、扬州大学广陵学院 b，东华理工大学长江学院 b
中南	华北水利水电大学 abcd、郑州大学 ab、河南理工大学 a、河南城建学院 a，武汉大学 abcd、三峡大学 abcd、华中科技大学 b、中国地质大学（武汉）a、长江大学 a、中南民族大学 a、武汉理工大学 c，长沙理工大学 abc、湖南农业大学 b、湖南城市学院 b，中山大学 a、华南理工大学 b、华南农业大学 b、南方科技大学 a、广东海洋大学 c、广州航海学院 c，广西大学 b、桂林理工大学 a、钦州学院 c；三峡大学科技学院 b，湖南农业大学东方科技学院 b、长沙理工大学城南学院 bc
西南	西南大学 a、西南交通大学 b、重庆交通大学 bc，四川大学 abd、四川农业大学 bd、西华大学 b、西昌学院 b，贵州大学 ab、铜仁学院 b，昆明理工大学 ab、云南农业大学 abd、昆明学院 b，西藏农牧学院 abd；成都理工大学工程技术学院 b，贵州大学明德学院 b，昆明理工大学津桥学院 b
西北	西安理工大学 abd、西北农林科技大学 abd、长安大学 ab，兰州大学 a、甘肃农业大学 abd、兰州理工大学 b、兰州交通大学 b、河西学院 b，青海大学 b、青海民族大学 b，宁夏大学 bd，石河子大学 bd、新疆农业大学 abd、塔里木大学 d；兰州交通大学博文学院 b、兰州理工大学技术工程学院 b，青海大学昆仑学院 b、新疆农业大学科学技术学院 b
合计	共计 128 所高校（含独立学院 17 所）开设专业点 206 个（含独立学院 23 个） 其中 a 水文 54 个专业，b 水工 82 个专业，c 港航 36 个专业，d 农水 34 个专业

注　a、b、c、d 分别是水文与水资源工程、水利水电工程、港口航道与海岸工程、农业水利工程；清华大学目前承办专业名称水利科学与工程，属于新专业，本书仍暂把它归类为水工专业。

附录2　水利类专业认证委员会历年认证专业点状况（2007—2017年）

专业	数量	专　业　点　高　校	专业点数
水文	15	2007：武汉大学（3+3），河海大学（3+3）； 2008：中国地质大学（武汉）（3+3），四川大学（3+3）； 2009：西北农林科技大学（3+3），内蒙古农业大学（3+3）； 2010：吉林大学（6），南京大学（3）； 2011：中山大学（6），中国地质大学（北京）（3）； 2012：西安理工大学（6）； 2013：华北水利水电大学（3），河海大学（6），武汉大学（6）； 2014：中国地质大学（武汉）（3）； 2015：四川大学（3），西北农林科技大学（3），内蒙古农业大学（3）； 2016：吉林大学（3）； 2017：华北水利水电大学，中国地质大学（北京），中国地质大学（武汉），太原理工大学，三峡大学，郑州大学	54
水工	15	2011：河海大学（6）； 2012：武汉大学（6），四川大学（6）； 2013：合肥工业大学（6），西安理工大学（6）； 2014：郑州大学（3），三峡大学（3），大连理工大学（3）； 2015：长沙理工大学（3），云南农业大学（3），福州大学（3）； 2016：山东农业大学（3），兰州交通大学（3），昆明理工大学（3）； 2017：河海大学，大连理工大学，三峡大学，郑州大学，长春工程学院	82
港航	8	2012：河海大学（6）； 2013：长沙理工大学（3）； 2014：重庆交通大学（3），大连理工大学（3）； 2016：上海海事大学（3），江苏科技大学（3），长沙理工大学（3）； 2017：重庆交通大学，大连理工大学，哈尔滨工程大学，中国海洋大学	36
农水	7	2013：武汉大学（6），西北农林科技大学（6）； 2014：内蒙古农业大学（3），中国农业大学（3）； 2015：石河子大学（3）； 2016：扬州大学（3）； 2017：太原理工大学	34
合计	45		206

注　1.（　）内为通过认证的有效期年限；下划线的为再次认证，共计17个专业点次。

2.2017年通过认证的结果待公布（从2017年开始，其结果修订为通过认证有效期6年和通过认证有效期6年有条件）。

附录3　水利类专业认证大事记（2006—2017.12）

2006年年初，姜弘道担任全国工程教育专业认证专家委员会副主任；朱尔明和陈自强为专家委员会委员。

2007年6月，水利类专业认证试点工作组成立，姜弘道任组长，林祚顶任副组长，秘书处设在教育部高等学校水利类专业教学指导委员会（河海大学教务处）。

2007年6月，由任立良、陈元芳主持的“水文与水资源工程专业认证补充要求编制与实践”获得江苏省教育厅教学改革项目立项。

2007年9月17—18日，水利类首批推荐的认证专家接受工程教育专业认证培训。

2007年10月23日，水利类启动水文与水资源工程专业（简称水文专业）认证，派专家进入武汉大学现场考查水文专业，正式开展水利类专业认证试点。

2008年1月，姜弘道、陈元芳参加在北京航空航天大学举办的认证补充标准修订研讨会。

2008年2月，李贵宝参加中国科协组团赴香港观摩香港大学进校认证考查。

2008年9月，由姜弘道、林祚顶带领参加四川大学水文专业认证部分专家到四川省水文局调研，了解生产单位对于专业人才培养的需求和水文系统先进测验设备和系统，省局张霄局长、林伟总工陪同。

2008年10月，陈元芳在南京举办的教育部水利学科教学指导委员会和中国水利教育协会高教分会联合举办的年会全体会议上作大会专题报告《水文与水资源工程专业认证试点工作情况介绍》。

2009年6月2—4日，邀请新加坡南洋理工大学专家作为观察员进校考查认证西北农林科技大学的水文专业。

2009年6月，陈元芳、胡明负责的“水利类专业认证补充标准编制与实践”获得江苏省教育厅教学改革项目立项。

2009年9月12—13日，陈元芳、梅亚东、李贵宝参加在天津召开的“全国工程教育专业认证专家经验交流会”并在大会上作专题发言。

2010年5月，水利部人事司和中国水利学会联合发出《关于推荐水利学科专业认证分委员会委员与专家的通知》。

2010年9月，由姜弘道组长带队6位专家组成的认证考察团赴澳大利亚进行认证考察学习，访问了澳大利亚工程师学会，观摩了GRIFFITH大学和CURTIN技术大学的认证现场考查。

2011年8月11日，组建水利类专业认证分委员会筹备会议在北京召开。

2011年9月，中国水利学会应邀参与中国工程教育专业认证协会的发起和筹建。

2011年10月17日，水利类启动水利水电工程专业（简称水工专业）认证试点，派专家进入河海大学现场考查认证水工专业。

2011年11月20日—12月5日，水利类认证专家吕爱华参加中国科协组团赴日工程师国际互认培训团。

2011年12月21日，水利类专业认证分委员会获批成立，姜弘道任主任，高而坤、吕明治、陈元芳任副主任，秘书处设在中国水利学会，李赞堂任秘书长，陈元芳、李贵宝等任副秘书长。

2012年年初，制定了《水利类专业认证分委员会工作规划（2012—2015年）》；水利类四个专业补充标准合并成为一个水利类专业补充标准。

2012 年 4 月 21—22 日，在南京召开了“水利类专业认证分委员会第一次（扩大）会议暨水利类专业认证工作研讨与经验交流会”，已认证的 11 所学校分别介绍了已认证专业的整改和持续改进以及好的经验等。会议邀请了全国工程教育专业认证专家委员会常务副主任、清华大学余寿文教授作了《工程教育专业认证与工程教育改革》的报告，计算机专业认证分委员会副主任、南京大学陈道蓄教授做了《认证自评报告指南》的解读，河海大学陈元芳教授作了《水利类专业 5 年认证试点经验体会与今后工作建议》的报告。

2012 年 9 月 12 日，水利类专业认证专家甘泓入选中国工程教育认证协会筹备委员会 2012—2013 年度认证结论审议委员会委员。

2012 年 10 月 23 日，水利类启动港口航道与海岸工程专业（简称港航专业）认证试点，派专家进入河海大学现场考查认证港航专业。

2013 年 2 月，《科教导刊》发表陈元芳、李贵宝、姜弘道撰写的论文《我国水利类本科专业认证试点工作的实践与思考》。

2013 年 4 月 13—14 日，在扬州召开了“水利类专业认证分委员会 2013 年工作会议”，其主题是“深入掌握标准，提高认证质量”；会议邀请了机械类专业认证分委员会副主任委员陈关龙教授作了“机械类专业工程教育认证的体会与思考”报告，全国认证结论审议委员会委员、水利类认证专家甘泓教授级高级工程师作了《关于认证结论审议委员会有关情况介绍》等。

2013 年 6 月 19 日，《华盛顿协议》全票通过接纳中国科协为《华盛顿协议》预备成员；水利类专业认证网页在中国水利学会网站开通。

2013 年 8 月 2 日，姜弘道、谷源泽等在“中国水利教育协会高等教育分会理事大会暨教育部高等学校水利类专业教学指导委员会全体（扩大）会议”上作水利类相关认证的报告。

2013 年 10 月 22 日，水利类启动农业水利工程专业（简称农水专业）认证，派专家进入武汉大学现场考查认证农水专业；水利类第一次两个专业同时进校考查认证，即武汉大学的水文专业与农水专业。

2014 年，“水利类工程教育认证专业认证体系的构建与实践”获得河海大学教学成果特等奖；编制完成《全国涉水高校水利专业点建设报告》。

2014 年 3 月 12 日，中国工程教育认证协会（筹）秘书处水利类分委会秘书处调研“水利系统企业用人单位状况”。

2014 年 3 月和 6 月，中国工程教育认证协会（筹）秘书处在北京举办 2 期全国高校专业点认证自评报告撰写辅导培训班，陈元芳应邀为培训班授课。

2015 年，制定了《水利类专业认证“十三五”工作规划（2016—2020 年）》。

2015 年 2 月 11 日，中国工程教育专业认证协会秘书处在北京组织召开“工程教育认证分支机构座谈会”，水利类分委员会委员、秘书长李赞堂教授级高级工程师，副主任委员陈元芳教授，分委员会秘书处副秘书长李贵宝教授级高级工程师出席了会议，陈元芳教授代表分委员会汇报了水利类认证工作进展及能力建设情况。吴岩副理事长在大会报告中点名表扬了 5 个认证分委员会或试点工作组，其中水利类分委员会名列其中。

2015 年 3 月 23—24 日和 25—26 日，中国工程教育专业认证协会秘书处在北京举办“工程教育认证学校培训班（第 1—2 期）”，陈元芳再次被邀请授课。

2015 年 4 月 16 日，中国工程教育专业认证协会成立，并召开第一次会员代表大会，李赞堂参加。

2015 年 12 月 19—20 日，水利类专业认证委员会在北京第一次举办专门针对专业点教师的“水利类专业工程教育认证研讨培训班”，高而坤、陈元芳、吕明治等专家作报告、授课并答疑。

2016 年，论文成果《我国水利类本科专业认证试点工作的实践与思考》获得 2016 年度江苏省教育科学研究成果三等奖。

2016 年 6 月 2 日，《华盛顿协议》全票通过由中国科协代表我国从《华盛顿协议》预备会员转正，成为该协议第 18 个正式成员，这标志着水利类专业终于成功实现本科教育国际互认。

2016 年 7 月，陈元芳应邀为“中国水利教育协会高等教育分会理事大会暨教育部高等学校水利类专业教学指导委员会全体（扩大）会议”上作《工程教育认证工作进展及标准解读》的专题报告。

2016 年 12 月 9—10 日，水利类专业认证委员会在北京举办专门针对专业点教师的“水利类专业工程教育认证研讨培训班”，陈元芳、李贵宝、姜广斌等专家作报告、授课并答疑；郑州大学、长沙理工大学与三峡大学的教师代表分别介绍了各自开展专业认证的做法和经验。

2017 年，3 月 2 日，在南京河海大学商议水利类工程教育专业认证十周年专题研讨筹备会，姜弘道、张长宽、陈元芳、胡明、吴伯健、张文雷、李贵宝等参加。

2017 年 3 月 27 日，中国工程教育专业认证协会组织的首场“工程教育专业认证自评报告答疑”（水利与交通组）在南京河海大学举办，水利类认证委员会姜弘道、高而坤、陈元芳、李贵宝应邀为水利组辅导答疑。

2017 年 5 月 22 日，中国工程教育专业认证协会组织的“专业认证新增专家培训班”在北京举办，水利类认证委员会推荐的黄海江、刘一农、杨和明等 12 位企业行业专家参加了培训。这是近年来专门为新增专家举办的一次培训会。

2017 年 7 月 21 日，水利类工程教育专业认证学术研讨会暨水利类专业认证十周年纪念，在大连市召开，共计 120 余位认证专家和专业点教师代表参加。会议主题是“专业认证促进人才培养”。研讨会共收到认证相关论文 50 余篇，会前全文印刷成册。中国水利学会秘书长于琪洋在开幕式上做了重要讲话，教育部高等教育教学评估中心副主任、中国工程教育专业认证协会副秘书长周爱军发来了书面致辞，充分肯定了水利类专业十年认证所取得的显著成绩，并对未来工作提出殷切希望和建议。水利类专业认证委员会主任姜弘道教授作了《水利类专业认证十年历程、体会及建议》的主旨报告，大连理工大学教师教学发展中心主任刘志军教授作了《以专业认证为契机　推进工程教育改革》的特邀报告。水利部水文局张建新教授级高级工程师作了《水文职业要求与工程教育浅析》报告，河海大学水文水资源学院陈元芳教授作了《水利类专业 10 年认证的实践与探索》报告，北京北清勘测设计院姜广斌教授级高级工程师作了《水利类工程教育认证工作的认识》报告。来自西安理工大学、吉林大学、四川大学、武汉大学、华北水利水电大学和河海大学等高校及中国水利水电出版社的 22 位论文作者代表分别围绕专业建设、人才培养方案与模式、课程体系建设和课程教学产出导向、毕业要求、教学质量监控、教师创新能力提升、复杂工程问题能力培养，以及水利类专业教材建设和发展等进行了大会交流发言。

2017 年 8 月 30 日，水利类专业认证专家甘泓入选中国工程教育专业认证协会第一届认证结论审议委员会委员。

2017 年 9 月，由河海大学、中国水利学会等共同完成的“构建国际实质等效水利类专业认证体系引领中国特色水利类专业建设”获得 2017 年江苏省教学成果（高等教育类）一等奖。

2017 年 9 月 23 日，工程教育专业认证骨干专家培训会在北京召开，水利类专业认证委员会派出金峰、游晓红、甘泓、胡明、李新、聂相田等委员和专家参加。

2017 年 9 月 28 日，专业类认证委员会自评报告审阅工作会议在北京召开，水利类专业认证委员会派出陈元芳、王瑞骏、顾圣平、李贵宝参加会议，陈元芳介绍了水利类有关自评报告审阅的情况。

2017 年 10 月 30 日，2018 年工程教育专业认证受理工作会议在北京召开，水利类专业认证委员会秘书处吴伯健、李贵宝参加会议。

2017 年 12 月 4 日，中国工程教育专业认证协会发文“关于受理 2018 年申请专业认证的通知”，水利类共计 23 个专业点获批，是近年来批准数量最多的一年。

注：

2007—2012 年，每年年底在南京或北京召开一次水利类专业认证结论审议会；

2013—2016 年，每年年中和年底在北京召开两次水利类专业认证结论审议会；

2017 年 7 月 20 日，在大连市召开 2017 年上半年水利类专业认证结论审议会。

附录 4 水利类工程教育专业认证进校考查专家信息汇总（2007—2017 年）

2007 年度

序号	专业	认证学校	认证时间	认证专家（组长为第一个；分号后为见习专家）	认 证 秘 书（分号后为见习秘书）
1	水文	武汉大学	10 月 23—26 日	袁 鹏，甘 泓，沈 冰，陈元芳，谷源泽，吴永祥，李贵宝 观察员：姜弘道，林祚顶，刘东生，张红月，杨 韬	候永锋，北京交通大学/现教育部高教司理工处； 杨 韬，教育部高教司理工处/西南交通大学
2	水文	河海大学	11 月 13—16 日	沈 冰，张红月，袁 鹏，梅亚东，熊 明，贾仰文，李贵宝 观察员：姜弘道，林祚顶，刘东生，谷源泽，甘 泓，吴永祥	杨 韬，教育部高教司理工处/西南交通大学

注 认证进校专家名单是实际进校的名单，会与下发文件通知中有不同之处。

2008 年度

序号	专业	认证学校	认证时间	认证专家（组长为第一个；分号后为见习专家）	认 证 秘 书（分号后为见习秘书）
1	水文	中国地质大学（武汉）	6 月 9—12 日	任立良，谷源泽，林祚顶，吴永祥，袁 鹏，李贵宝，吴吉春，陈元芳 观察员：姜弘道，沈 冰，梅亚东	杨 韬，教育部高教司理工处/西南交通大学 注：陈元芳兼业务秘书
2	水文	四川大学	9 月 17—18 日	任立良，林祚顶，沈 冰，刘东生，李贵宝，梅亚东，甘 泓，陈元芳 观察员：姜弘道，吴永祥，袁 鹏	杨 韬，教育部高教司理工处/西南交通大学 注：陈元芳兼业务秘书

注 认证进校专家名单是实际进校的名单，会与下发文件通知中有不同之处。

2009 年度

序号	专业	认证学校	认证时间	认证专家（组长为第一个；分号后为见习专家）	认 证 秘 书（分号后为见习秘书）
1	水文	西北农林科技大学	6 月 2—4 日	袁 鹏，陈元芳，刘东生，吴永祥，李贵宝；祁士华 外籍专家：陈询吉 观察员：姜弘道，林祚顶	尹 辉，中南大学
2	水文	内蒙古农业大学	10 月 14—16 日	任立良，甘 泓，谷源泽，梅亚东，沈 冰 观察员：姜弘道	尹 辉，中南大学

注 认证进校专家名单是实际进校的名单，会与下发文件通知中有不同之处。

2010 年度

序号	专业	认证学校	认证时间	认证专家（组长为第一个；分号后为见习专家）	认证秘书（分号后为见习秘书）
1	水文	吉林大学	6月2—4日	任立良，袁鹏，谷源泽，吴永祥，李贵宝；吕爱华 观察员：沈士团（监事会）	单烨，同济大学
2	水文	南京大学	10月13—15日	沈冰，陈元芳，梅亚东，甘泓，刘东生	兰利琼，四川大学

注 认证进校专家名单是实际进校的名单，会与下发文件通知中有不同之处。

2011 年度

序号	专业	认证学校	认证时间	认证专家（组长为第一个；分号后为见习专家）	认证秘书（分号后为见习秘书）
1	水文	中山大学	6月1—3日	陈元芳，吴吉春，谷源泽，李贵宝，甘泓； 程秋喜，吴时强	赵自强，北京化工大学
2	水文	中国地质大学（北京）	9月21—23日	任立良，林祚顶，袁鹏，梅亚东，刘东生； 陈建康，李赞堂	孙荣平，哈尔滨工程大学
3	水工	河海大学	10月17—19日	沈冰，吕爱华，吴时强，程秋喜，梅亚东； 高而坤，马震岳	单烨，同济大学

注 认证进校专家名单是实际进校的名单，会与下发文件通知中有不同之处。

2012 年度

序号	专业	认证学校	认证时间	认证专家（组长为第一个；分号后为见习专家）	认证秘书（分号后为见习秘书）
1	水工	武汉大学	6月18—20日	姜弘道，陈建康，吴时强； 顾圣平，吕明治，孙冰（外专业）	侯永峰，北京交通大学； 贾延琳，中南大学
2	水工	四川大学	10月17—19日	吕明治，顾圣平，马震岳； 王元战，余伦创	赵延斌，华东理工大学
3	水文	西安理工大学	10月17—19日	高而坤，谷源泽，梅亚东； 蔡付林，史美祥	单烨，同济大学
4	港航	河海大学	10月24—26日	王元战，马震岳，李贵宝； 周华君	刘贵松，电子科技大学； 刘芫健，南京邮电大学
5	水文	内蒙古农业大学	10月31—11月1日	陈元芳，李贵宝	注：认证延期现场考查
6	水文	西北农林科技大学	11月1—2日	陈元芳，李贵宝	注：认证延期现场考查

注 四川大学为2个专业联合认证。

2013 年度

序号	专业	认证学校	认证时间	认证专家（组长为第一个；分号后为见习专家）	认证秘书（分号后为见习秘书）
1	水文	华北水利水电大学	5月22—24日	陈元芳，谷源泽，吴吉春； 黄介生，顾宇平	何晋，成都信息工程学院
2	港航	长沙理工大学	5月22—24日	王元战，李贵宝，史美祥； 聂孟喜，冯卫兵	刘铁雄，中南大学

续表

序号	专业	认证学校	认证时间	认证专家（组长为第一个；分号后为见习专家）	认 证 秘 书（分号后为见习秘书）
3	水工	西安理工大学	10月16—18日	吕明治，顾圣平，聂孟喜；李 新，游晓红	许明杨，合肥工业大学
4	水工	合肥工业大学	10月16—18日	姜弘道，陈建康，吴时强	李国信，华南理工大学；黄青青，中国测绘学会
5	水文	河海大学	10月22—24日	梅亚东，李贵宝，沈 冰；刘 超，吴一红	张 征，华南理工大学
6	水文	武汉大学	10月23—25日	高而坤，任立良，袁 鹏，顾宇平，蔡付林；张展羽，黄修桥	宋向伟，滨州医学院；胡小平，杭州电子科技大学
7	农水				
8	农水	西北农林科技大学	10月29—31日	林祚顶，黄介生，甘 泓；刘晓平，聂相田	单 烨，同济大学

注 武汉大学，合肥工业大学为2个专业联合认证。

2014 年度

序号	专业	认证学校	认证时间	认证专家（组长为第一个；分号后为见习专家）	认 证 秘 书（分号后为见习秘书）
1	水文	中国地质大学（武汉）	6月16—18日	任立良，谷源泽，吴吉春；王瑞骏，黄 强	许明扬，合肥工业大学
2	港航	重庆交通大学	6月4—6日	陈建康，冯卫兵，史美祥；吴义航，张文雷	郭永琪，武汉理工大学；赵雨炀，黑龙江工程学院
3	农水	内蒙古农业大学	6月23—25日	刘 超，万 隆，李贵宝；徐兴文，郭凤台	宋向伟，滨州医学院
4	港航	大连理工大学	10月27—29日	王元战，游晓红，周华君；韩时琳，宋振贤	胡小平，杭州电子科技大学；施林森，南京大学
5	水工			姜弘道，吴时强，王瑞骏；韩菊红	
6	水工	郑州大学	10月15—17日	聂孟喜，顾圣平，吴一红；牟献友，夏庆霖（非水利专业）	郭明宙，兰州大学
7	水工	三峡大学	10月20—22日	吕明治，马震岳，李新；郝梓国（非水利专业）	陈精锋，厦门大学
8	农水	中国农业大学	10月27—29日	黄介生，张展羽，黄修桥；李世里（非水利专业），高 利（非水利专业）	曹 征，中国仪器仪表学会

注 大连理工大学为2个专业联合认证，下划线专家为联合认证组长。

2015 年度

序号	专业	认证学校	认证时间	认证专家（组长为第一个；分号后为见习专家）	认 证 秘 书（分号后为见习秘书）
1	水文	四川大学	6月16—18日	陈元芳，谷源泽，黄 强；张继群，黄振平	刘晓宇，杭州师范大学；周喜川，重庆大学
2	水文	内蒙古农业大学	6月15—17日	任立良，梅亚东，甘 泓；姜广斌，王秀茹	赵延斌，华东理工大学；张清江，西北工业大学
3	水工	长沙理工大学	6月3—5日	吕明治，王瑞骏，韩菊红	王真真，中国海洋大学
4	水工	福州大学	11月4—6日	姜弘道，吴义航，王瑞骏；金 峰，顾 浩	付艳东，中国电工技术学会

续表

序号	专业	认证学校	认证时间	认证专家（组长为第一个；分号后为见习专家）	认　证　秘　书（分号后为见习秘书）
5	水工	云南农业大学	11月9—11日	马震岳，游晓红，吴时强；胡　明，周　英	杨　韬，西南交通大学；李艳东，中国石油和化工联合会
6	水文	西北农林科技大学	11月16—18日	高而坤，贾仰文，牟献友；许　平	于三三，沈阳化工大学；张　健，中国仪器仪表学会
7	农水	石河子大学	11月4—6日	沈　冰，吴一红，张展羽；孙景亮	赵自强，教育部高等教育教学评估中心；耿　琰，华东理工大学

注　四川大学2个专业为联合认证。

2016年度

序号	专业	认证学校	认证时间	认证专家（组长为第一个；分号后为见习专家）	认　证　秘　书（分号后为见习秘书）
1	港航	上海海事大学	5月25—27日	高而坤，游晓红，周华君；张长宽，吴伯健	徐晓明，河北工业大学
2	港航	长沙理工大学	6月1—3日	王元战，冯卫兵，周　英；张建新	胡　静，黑龙江工程学院
3	农水	扬州大学	10月12—14日	黄介生，谷源泽，黄修桥；肖　娟	魏　杰，北京化工大学
4	水文	吉林大学	11月7—9日	陈元芳，甘　泓，姜广斌	盖江南，北京化工大学
5	港航	江苏科技大学	11月16—18日	张长宽，刘晓平，周　英；张洪生，陈晓峰	顾梦元，中国机械工程学会
6	水工	昆明理工大学	11月16—18日	陈建康，金　峰，李　新；陈　达，黄海燕	赵延斌，华东理工大学
7	水工	兰州交通大学	11月21—23日	马震岳，吴一红，韩菊红	杨　韬，西南交通大学；孙红霞，中国石油大学（华东）
8	水工	山东农业大学	11月23—25日	胡　明，吴时强，聂相田；马孝义	王海茹，中国电机工程学会

注　吉林大学为4个专业联合认证，兰州交大为2个专业联合认证。

2017年度

序号	专业	认证学校	认证时间	认证专家（组长为第一个；分号后为见习专家）	认　证　秘　书（分号后为见习秘书）
1	港航	重庆交通大学	5月22—24日	吕明治，陈　达，周　英；刘达玉（成都学院，非水利专业）	吴　迪，大连理工大学；刘　哲，河北工业大学
2	水工	河海大学	5月24—26日	马震岳，吴义航，韩菊红；王韶华	缪　云，中国机械工程学会；齐　萍，湖北工业大学
3	水工	长春工程学院	6月5—7日	金　峰，万　隆，吴时强；刘一农，黄海江	赵延斌，华东理工大学；陈　宇，吉林化工学院
4	水文	华北水利水电大学	6月5—7日	陈元芳，吴一红，甘　泓；陈其幸，宿　辉	赵亚敏，中国钢铁工业协会；郑前进，中国矿业大学（北京）
5	水文	中国地质大学（北京）	6月5—7日	谷源泽，吴吉春，姜广斌；杨和明	陈　兴，南京邮电大学；冷　伟，西南交通大学
6	水文	太原理工大学（联合认证）	10月23—25日	吴吉春，贾仰文，宿　辉；李继清	洪　艳，哈尔滨工程大学
7	农水			黄介生，黄修桥，蔡付林	刘　超，武汉理工大学

续表

序号	专业	认证学校	认证时间	认证专家（组长为第一个；分号后为见习专家）	认 证 秘 书（分号后为见习秘书）
8	水文	三峡大学（联合认证）	10 月 25—27 日	甘　泓，黄振平，黄海江	费　杰，山东理工大学
9	水工			金　峰，黄海燕，杨和明	王增峰，青岛科技大学
10	水文	郑州大学（联合认证）	10 月 25—27 日	梅亚东，姜广斌，顾圣平	田　敏，陕西科技大学
11	水工			马震岳，吴一红，王瑞骏	陈少靖，福州大学
12	水工	大连理工大学（联合认证）	10 月 25—27 日	高而坤，胡　明，李　新	余　江，重庆大学
13	港航			王元战，刘晓平，陈晓峰	谢其云，南京邮电大学
14	水文	中国地质大学（武汉）	11 月 1—3 日	刘　超，梅亚东，陈其幸	李　静，西安工业大学；毕海普，常州大学
15	港航	中国海洋大学	11 月 1—3 日	陈建康，陈　达，游晓红；张洪雨	杨　锋，温州医科大学；何朝成，天津理工大学
16	港航	哈尔滨工程大学	11 月 8—10 日	陈元芳，韩时琳，刘一农；陈霁巍	李　杰，中国仪器仪表学会；田　璠，武汉理工大学

注　下划线专家为联合认证组长；司振江作为见习专家参加湘潭大学的通信工程专业认证（10 月 23—25 日）；张从联作为见习专家参加西南交通大学的地质工程专业认证（10 月 25—27 日）。

附录 5　2018 年实施的工程教育认证标准

工程教育认证标准

（2017 年 11 月修订）

说明

1. 本标准适用于普通高等学校本科工程教育认证。

2. 本标准由通用标准和专业补充标准组成。

3. 申请认证的专业应当提供足够的证据，证明该专业符合本标准要求。

4. 本标准在使用到以下术语时，其基本涵义是：

（1）培养目标：培养目标是对该专业毕业生在毕业后 5 年左右能够达到的职业和专业成就的总体描述。

（2）毕业要求：毕业要求是对学生毕业时应该掌握的知识和能力的具体描述，包括学生通过本专业学习所掌握的知识、技能和素养。

（3）评估：指确定、收集和准备各类文件、数据和证据材料的工作，以便对课程教学、学生培养、毕业要求、培养目标等进行评价。有效的评估需要恰当使用直接的、间接的、量化的、非量化的手段，评估过程可以采用合理的抽样方法。

（4）评价：评价是对评估过程中所收集到的资料和证据进行解释的过程，评价结果是提出相应改进措施的依据。

（5）机制：指针对特定目的而制定的一套规范的处理流程，包括目的、相关规定、责任人员、方法和流程等，对流程涉及的相关人员的角色和责任有明确的定义。

5. 本标准中所提到的“复杂工程问题”必须具备下述特征（1），同时具备下述特征（2）～（7）的部分或全部：

（1）必须运用深入的工程原理，经过分析才可能得到解决。

（2）涉及多方面的技术、工程和其他因素，并可能相互有一定冲突。

（3）需要通过建立合适的抽象模型才能解决，在建模过程中需要体现出创造性。

（4）不是仅靠常用方法就可以完全解决的。

（5）问题中涉及的因素可能没有完全包含在专业工程实践的标准和规范中。

（6）问题相关各方利益不完全一致。

（7）具有较高的综合性，包含多个相互关联的子问题。

附录 5.1　工程教育认证通用标准

（2017 年 11 月修订，2018 年开始实施）

1　学生

1.1　具有吸引优秀生源的制度和措施。

1.2　具有完善的学生学习指导、职业规划、就业指导、心理辅导等方面的措施并能够很好地执行落实。

1.3　对学生在整个学习过程中的表现进行跟踪与评估，并通过形成性评价保证学生毕业时达到毕业要求。

1.4　有明确的规定和相应认定过程，认可转专业、转学学生的原有学分。

2　培养目标

2.1　有公开的、符合学校定位的、适应社会经济发展需要的培养目标。

2.2　定期评价培养目标的合理性并根据评价结果对培养目标进行修订，评价与修订过程有行业或企业专家参与。

3　毕业要求

专业必须有明确、公开、可衡量的毕业要求，毕业要求应能支撑培养目标的达成。专业制定的毕业要求应完全覆盖以下内容：

3.1　工程知识：能够将数学、自然科学、工程基础和专业知识用于解决复杂工程问题。

3.2　问题分析：能够应用数学、自然科学和工程科学的基本原理，识别、表达并通过文献研究分析复杂工程问题，以获得有效结论。

3.3　设计/开发解决方案：能够设计针对复杂工程问题的解决方案，设计满足特定需求的系统、单元（部件）或工艺流程，并能够在设计环节中体现创新意识，考虑社会、健康、安全、法律、文化以及环境等因素。

3.4　研究：能够基于科学原理并采用科学方法对复杂工程问题进行研究，包括设计实验、分析与解释数据并通过信息综合得到合理有效的结论。

3.5　使用现代工具：能够针对复杂工程问题，开发、选择与使用恰当的技术、资源、现代工程工具和信息技术工具，包括对复杂工程问题的预测与模拟，并能够理解其局限性。

3.6　工程与社会：能够基于工程相关背景知识进行合理分析，评价专业工程实践和复杂工程问题解决方案对社会、健康、安全、法律以及文化的影响，并理解应承担的责任。

3.7　环境和可持续发展：能够理解和评价针对复杂工程问题的工程实践对环境、社会可持续发展的影响。

3.8　职业规范：具有人文社会科学素养、社会责任感，能够在工程实践中理解并遵守工程职业道德和规范，履行责任。

3.9　个人和团队：能够在多学科背景下的团队中承担个体、团队成员以及负责人的角色。

3.10　沟通：能够就复杂工程问题与业界同行及社会公众进行有效沟通和交流，包括撰写报告和设计文稿、陈述发言、清晰表达或回应指令。并具备一定的国际视野，能够在跨文化背景下进行沟通和交流。

3.11　项目管理：理解并掌握工程管理原理与经济决策方法，并能在多学科环境中应用。

3.12　终身学习：具有自主学习和终身学习的意识，有不断学习和适应发展的能力。

4 持续改进

4.1 建立教学过程质量监控机制，各主要教学环节有明确的质量要求，定期开展课程体系设置和课程质量评价。建立毕业要求达成情况评价机制，定期开展毕业要求达成情况评价。
4.2 建立毕业生跟踪反馈机制以及有高等教育系统以外有关各方参与的社会评价机制，对培养目标的达成情况进行定期分析。
4.3 能证明评价的结果被用于专业的持续改进。

5 课程体系

课程设置能支持毕业要求的达成，课程体系设计有企业或行业专家参与。课程体系必须包括：
5.1 与本专业毕业要求相适应的数学与自然科学类课程（至少占总学分的15%）。
5.2 符合本专业毕业要求的工程基础类课程、专业基础类课程与专业类课程（至少占总学分的30%）。工程基础类课程和专业基础类课程能体现数学和自然科学在本专业应用能力的培养，专业类课程能体现系统设计和实现能力的培养。
5.3 工程实践与毕业设计（论文）（至少占总学分的20%）。设置完善的实践教学体系，并与企业合作，开展实习、实训，培养学生的实践能力和创新能力。毕业设计（论文）选题要结合本专业的工程实际问题，培养学生的工程意识、协作精神以及综合应用所学知识解决实际问题的能力。对毕业设计（论文）的指导和考核有企业或行业专家参与。
5.4 人文社会科学类通识教育课程（至少占总学分的15%），使学生在从事工程设计时能够考虑经济、环境、法律、伦理等各种制约因素。

6 师资队伍

6.1 教师数量能满足教学需要，结构合理，并有企业或行业专家作为兼职教师。
6.2 教师具有足够的教学能力、专业水平、工程经验、沟通能力、职业发展能力，并且能够开展工程实践问题研究，参与学术交流。教师的工程背景应能满足专业教学的需要。
6.3 教师有足够时间和精力投入到本科教学和学生指导中，并积极参与教学研究与改革。
6.4 教师为学生提供指导、咨询、服务，并对学生职业生涯规划、职业从业教育有足够的指导。
6.5 教师明确他们在教学质量提升过程中的责任，不断改进工作。

7 支持条件

7.1 教室、实验室及设备在数量和功能上满足教学需要。有良好的管理、维护和更新机制，使得学生能够方便地使用。与企业合作共建实习和实训基地，在教学过程中为学生提供参与工程实践的平台。
7.2 计算机、网络以及图书资料资源能够满足学生的学习以及教师的日常教学和科研所需。资源管理规范、共享程度高。
7.3 教学经费有保证，总量能满足教学需要。
7.4 学校能够有效地支持教师队伍建设，吸引与稳定合格的教师，并支持教师本身的专业发展，包括对青年教师的指导和培养。
7.5 学校能够提供达成毕业要求所必需的基础设施，包括为学生的实践活动、创新活动提供有效支持。
7.6 学校的教学管理与服务规范，能有效地支持专业毕业要求的达成。

附录 5.2　水利类专业认证补充标准
（2012 年制订并实施至今）

本专业补充标准适用于水利类专业，包括水文与水资源工程专业、水利水电工程专业、港口航道与海岸工程专业，亦适用于农业水利工程专业（以下分别简称为水文专业、水工专业、港航专业以及农水专业）。

1　课程体系

1.1　课程设置

课程由学校根据培养目标与办学特色自主设置。本专业补充标准只对数学与自然科学类、工程基础类、专业基础类、专业类课程的知识领域提出基本要求。各类课程占总学分的最低比例应达到认证通用标准的要求。

1.1.1　数学与自然科学类课程

数学类包括线性代数、微积分、微分方程、概率论和数理统计等知识领域。

自然科学类包括物理学、生态学（或环境学）等知识领城，还可包括化学知识领域。

1.1.2　工程基础类课程

水文专业包括自然地理学（或地质学）、水力学、计算机信息技术等知识领域，还可包括地理信息系统、水利工程概论、水利经济、运筹学和测量学等知识领域。

水工、港航、农水专业包括力学、制图、测量、材料、地质、经济与计算机信息技术等知识领域。

1.1.3　专业基础类课程

水文专业包括气象学、水文学原理、水文统计学和地下水水文学（或水文地质学）等知识领域，还可包括水环境化学、河流动力学、水文测验和地下水动力学等知识领域。

水工、港航、农水专业包括水利概论（或水利工程概论）、水力学、土力学、工程水文学、钢筋混凝土结构学等知识领域。根据专业特色，还可包括弹性力学与有限元法、河流动力学、海岸动力学、电工学及电气设备、水利计算、土壤学与农作学等知识领域。

1.1.4　专业类课程

水文专业包括水资源利用、水灾害防治、水环境保护等知识领域，还可包括河口水文学、海洋水文学以及工程管理、水库调度与管理等知识领域。水工、港航、农水专业包括各自工程领域的规划、设计、施工、管理等知识领域。

1.2　实践环节

实践环节包括课程实验与实习、专业实习、课程设计、毕业设计（论文）及其他实践环节等，其学分数至少占总学分的 20%。

课程实验与实习包括自然科学类、工程基础类与专业基础类部分知识领域的课程实验与实习，还包括专业类课程的实验。

专业实习包括认识实习、生产实习等。

课程设计：水文专业包括不少于 4 门专业基础课及专业课的课程设计；水工、港航、农水专业包括钢筋混凝土结构以及不少于 3 门专业课的课程设计。

其他实践环节包括工程技能训练、科技方法训练、科技创新活动、公益劳动、社会实践等。

1.3　毕业设计（论文）

毕业设计（论文）要结合工程实际进行综合训练，也可对专门技术问题进行专题研究，其时间不少于 12 周。课件制作、调研报告、技术总结等不能作为毕业设计（论文）的选题。

毕业设计（论文）内容包括选题论证、文献检索、技术调查、设计或实验、结果分析、写作、绘图、答辩等，使学生在各方面得到锻炼。

有足够多的教师从事指导。毕业设计（论文）的相关材料齐全。结合生产项目进行的毕业设计（论文）应由教师与企业或行业的专家共同指导、考核。

2 师资队伍

从事本专业专业基础课和专业课教学工作的教师中，具有高级职称或具有博士学位的教师比例应达到50%；应有能够进行双语教学的教师，并有企业或行业专家作为兼职教师承担规定的教学任务；还应有能满足实验教学要求的实验技术人员队伍。

2.1 专业背景

从事本专业必修专业课教学工作的教师，其本科、硕士和博士学历中至少有一个学历属于相应专业类的学科专业，并有较好的学缘结构。

2.2 工程背景

从事本专业专业课和专业实践环节教学工作的教师中，80%以上有参与工程实践的经历，10%以上有在相关企事业单位连续工作半年以上的经历。从事专业课教学工作的主讲教师要有明确的科研方向，应有本专业领域的科研经历。

3 支持条件

3.1 专业资料

有满足教学要求的图书、期刊、手册、年鉴、工程图纸、电子资源、应用软件等各类资源。各类资源的利用率高，有完整的学生借阅、使用档案。

3.2 实验条件

实验仪器设备种类满足各课程实验的要求，并有足够多的台套数，保证每个学生都能动手操作。

3.3 实习基地

有相对稳定的专业实习基地。实习基地所能提供的实习内容覆盖面广，能满足认识实习、生产实习的教学要求。建有大学生科技创新活动基地，参与科技活动的学生覆盖面广。